RENGONG ZHINENG SUYANG YU JISHU YINGYONG

人工智能素养与技术应用

主　编　龚道敏

副主编　汪文才　杨通辉　吴良秋

向宏涛　陈　昊

中国教育出版传媒集团

高等教育出版社·北京

内容提要

本书结合新时代大学生必备基本信息素养、计算机思维和人工智能技术应用能力的要求编写而成。

全书遵循学生的认知心理和学习习惯，采用“岗位需求、项目引领、任务驱动、活动实施”的学习理念构建教材框架体系，采用“由浅入深、循序渐进”的方式精选和安排学习内容，促进学生在“做中学，学中用”，强化实践性、应用性，为学生终身发展奠定基础。本书由5个项目、14个任务和37个活动组成，主要内容包括：走进人工智能、向人工智能学习、用人工智能处理图像、用人工智能处理音视频、用人工智能高效办公等。为方便教学，本书配套PPT课件、微课讲解等丰富教学资源，其中部分资源以二维码链接形式在书中呈现。

本书可作为职业院校、应用型本科院校人工智能通识课程的教学用书，也可作为相关专业人工智能技术应用入门课程教材，还可作为信息技术爱好者的自学用书。

图书在版编目(CIP)数据

人工智能素养与技术应用 / 龚道敏主编. --北京 ：高等教育出版社，2025. 1(2025.6 重印). -- ISBN 978-7-04-064447-0

Ⅰ. TP18

中国国家版本馆 CIP 数据核字第 2025JV8394 号

策划编辑 张尕琳　**责任编辑** 谢永铭　**封面设计** 张文豪　**责任印制** 高忠富

出版发行	高等教育出版社	**网　　址**	http://www.hep.edu.cn
社　　址	北京市西城区德外大街4号		http://www.hep.com.cn
邮政编码	100120	**网上订购**	http://www.hepmall.com.cn
印　　刷	上海叶大印务发展有限公司		http://www.hepmall.com
开　　本	787mm×1092mm　1/16		http://www.hepmall.cn
印　　张	25.5		
字　　数	589千字	**版　　次**	2025年1月第1版
购书热线	010-58581118	**印　　次**	2025年6月第3次印刷
咨询电话	400-810-0598	**定　　价**	52.00元

本书如有缺页、倒页、脱页等质量问题，请到所购图书销售部门联系调换

版权所有　侵权必究

物 料 号　64447-A0

配套学习资源及教学服务指南

二维码链接资源

本书配套活动展开、知识拓展、色彩空间等学习资源，在书中以二维码链接形式呈现。使用手机扫描书中的二维码即可查看，随时随地获取学习内容，享受学习新体验。

教师教学资源索取

本书配有与课程相关的教学资源，例如，教学课件等。选用教材的教师，可在电脑端访问地址（101.35.126.6），注册认证后下载相关资源。如您有任何问题，可加入工科类教学研究中心QQ群：240616551。

二维码资源

前言

新质生产力的形成源于技术革命性突破、生产要素创新性配置、产业深度转型升级的强劲驱动。在新时代的壮阔征程中，如何发展新质生产力已成为推动经济高质量发展的核心需求与关键着力点。以人工智能为代表的新技术正渗透到各行各业，成为推动新质生产力蓬勃发展的核心动力源泉，有力地促进了新技术、新产品、新产业、新业态、新模式的涌现。尤为引人注目的是，人工智能生成内容技术已经深深融入人们日常生活、学习和工作的方方面面，成为可满足不同领域、不同人群多元化需求的得力助手。熟练掌握并运用人工智能生成内容技术，已然成为新时代人不可或缺的基础技能与必备素养。

2018 年 4 月，教育部发布了《高等学校人工智能创新行动计划》的通知，明确要求将人工智能纳入大学计算机基础教学内容，构建人工智能专业教育、职业教育和大学基础教育于一体的高校教育体系。北京、江苏、四川、山东等多个省市的教育行政主管部门已相继要求高等教育机构开设人工智能通识课程。

编写本书时，编写团队秉持落实立德树人根本任务的原则，结合新时代大学生必须具备基本信息素养、计算机思维和人工智能技术应用能力的要求，遵循学生的认知心理和学习习惯，采用“岗位需求、项目引领、任务驱动、活动实施”的学习理念构建教材框架体系，“由浅入深、循序渐进”地精选和安排学习内容，促进学生在“做中学，学中用”，强化实践性、应用性，为学生终身发展奠定基础。

按照“大项目、小任务”的体例结构，全书由 5 个项目、14 个任务和 37 个活动组成。每个任务设计了“情境故事”“任务目标”“任务准备”“任务设计”和“任务评价”5 个板块。板块与活动环节的具体安排如下。

※ 情境故事：围绕人工智能技术的应用场景，创设一个真实或接近真实的活动情境，以激发学生开展学习活动的兴趣，促使其积极主动学习。

※ 任务目标：设定完成本任务应该达到的学习目标，使学生在开展活动前做到目标明确，从而更有序、有效地活动。

※ 任务准备：介绍完成本任务需要具备的基本知识与技术原理，便于活动的开展。

※ 任务设计：在每一个活动设计过程中，又细分了“活动描述”“活动分析”“活动展开”“拓展提高”“实训操作”5 个环节，具体安排如下。

• 活动描述：紧紧围绕“任务目标”，重点突出“情境故事”中的某一个“点”，起到分解任务、达成目标、便于教学的作用。

• 活动分析：分析完成本活动需要的方法与技术，帮学生找准学习重点。

• 活动展开：图文结合，详细讲解本任务的操作步骤，其中，以“小提示”的方式介绍技术方面的难点、技巧和应该注意的问题。

• 拓展提高：拓展内容涉及与本任务密切相关的深入知识与技术，以实现个性化教学的目的，有益于学生的能力发展。

• 实训操作：紧密结合本活动的知识、技术，设计了与学生生活、学习和工作联系紧密且可操作性强的实训内容。

※ 任务评价：紧紧围绕本任务的目标，设计若干个细化指标，形成学生自评、生生互评和教师评价的多元评价体系，总结本任务的活动过程。

本书建议总学时为48学时，具体学时安排建议见表0-1，教师在教学过程中可以根据学生的学习基础与实际学习状况进行适当调整。

表0-1 学时安排建议

项 目	任 务	学时数
项目一 走进人工智能	任务一 体验人工智能	4
	任务二 走进AIGC	4
项目二 向人工智能学习	任务一 智能对话	3
	任务二 智能翻译与图像识别	2
项目三 用人工智能处理图像	任务一 文本生成图像	4
	任务二 智能处理图像	3
	任务三 智能设计图像	3
项目四 用人工智能处理音视频	任务一 处理音频	4
	任务二 生成视频	6
	任务三 编辑视频	4
项目五 用人工智能高效办公	任务一 处理文档	3
	任务二 制作PPT	3
	任务三 处理表格	3
	任务四 智能阅读	2
合 计		48

本书是相关教育科学研究院、讯飞华中(武汉)有限公司、深圳盛思科教文化有限公司联合开展的人工智能创新行动的实践研究成果之一。本书由教研机构教研员龚道敏、汪文才、吴良秋和学校专业教师杨通辉、向宏涛、陈昊以及深圳盛思科教文化有限公司工程师李根源等主要人员策划、编写成稿,由讯飞华中(武汉)有限公司工程师(兼产品经理)贺胜审定全书。在本书(含讲义稿)编写、试用的过程中,得到了高等教育出版社以及试用院校的大力支持,同时参考了国内新近出版的相关著作和网络资料,所有真实的人物图像均经其本人同意后使用,在此一并表示衷心的感谢!

鉴于人工智能技术迭代日新月异,功能演进与智能化水平持续提升,读者在使用相关人工智能平台时,或会发现书中描述与实际应用存在细微差异。同时,限于编者水平,书中不妥之处在所难免,敬请广大读者批评指正。

编 者

目　录

项目一　走进人工智能

乘坐高铁进站过闸机时，只需要把身份证放到感应处，脸对准摄像头，验证成功即可通过；进入酒店，用语音要求服务机器人引路、送物品等；用指纹、人脸或语音给手机、平板电脑等移动终端设置密码……这些都是人工智能（artificial intelligence，AI）技术的应用，给人们学习、生活和工作带来极大的便捷。

人工智能在多个领域发挥着重要作用，包括机器视觉、指纹识别、人脸识别、虹膜识别、掌纹识别、专家系统、自动规划、智能搜索、定理证明、博弈，以及自动程序设计、智能控制系统、机器人技术、自然语言处理与图像理解、智能优化算法等。这些应用不仅极大地提高了生产效率，还推动了科学研究的进步和社会服务的质量提升。

在生活中，人工智能无处不在。通过本项目的学习将带领大家一起走进人工智能的世界。

- 任务一　体验人工智能
- 任务二　走进AIGC

任务一 体验人工智能

情境故事

小智在一家新技术服务公司工作，客户经常会咨询前沿科技方面的问题。小智虽然知识面宽、懂技术，但是时常被一些看似简单的问题难住。自从学习和体验了人工智能应用，许多问题就迎刃而解了。

本任务将一起体验身边的人工智能应用，体会人工智能发展给学习、生活和工作带来的便捷。

任务目标

1. 在具体的应用中了解人工智能及其相关概念。
2. 了解人工智能在学习、生活、工作及生产等多个领域的应用情况。
3. 体会人工智能给学习、生活和工作带来的便捷。

任务准备

人工智能是模拟人类智能的技术和理论，其核心在于通过一系列算法和模型对大量数据进行学习、分析和训练，从而使机器能够自主思考、决策和行动，实现像人一样的智能行为。具体来说，人工智能的原理可以归纳为以下几个方面：

(1) 机器学习。机器学习是人工智能的核心方法之一，通过算法模型并利用大量数据进行学习和训练，使机器能够从数据中学习和识别，不断提高自己的性能和准确度。例如，在图像识别、语音识别等领域，机器学习算法能够逐渐识别出图像或声音中的特征，从而进行准确的分类和识别。

(2) 深度学习。深度学习是一种特殊的机器学习技术，它通过多层神经网络对数据进行处理和分析，从而实现复杂的任务。深度学习模型灵感来源于人类大脑中的神经元连接方式，实现对复杂数据的深度处理和分析。在图像识别、自然语言处理等领域，深度学习技术取得了显著的突破，如卷积神经网络在图像识别中的广泛应用。

(3) 自然语言处理。自然语言处理是指对人类语言进行分析和理解的技术，它涉及语音识别、语义分析、语法分析等多个方面。自然语言处理技术使得机器能够理解和生成人类语言，从而实现人机之间的自然交互，如智能客服系统、语音助手等。

(4) 计算机视觉。计算机视觉是指让计算机模拟人类视觉系统进行分析和理解的技术。在图像识别、物体检测、人脸识别等领域，计算机视觉技术发挥着重要作用，如安防监控、自动驾驶等场景中的图像分析和处理。

(5) 算法与模型。人工智能算法包括决策树、朴素贝叶斯、支持向量机、神经网络等多种类型，每种算法都有其独特的优势和应用场景。通过对算法和模型的持续优化和改进，人工智能系统的性能可以不断提升。

人工智能的原理是通过对大量数据的学习、分析和训练，不断优化算法模型，实现对复杂任务的智能化处理和决策。随着技术的不断发展，人工智能的算法和模型也在不断进步，为经济社会的转型升级和各行各业的发展提供了强有力的支持。

活动一　智能识别文本

活动描述

小智所在的公司发布了一款新的高科技产品，小智负责不同语言国家客户的网络咨询工作。由于语言不通，沟通效率和服务水平较低。自从小智使用了文本智能识别技术后，沟通效率和服务水平得到了极大提高。

活动分析

一般来讲，识别文本有两种情况：一种是识别图片中的文本，将图片中的文本提取出来，省去输入文本的时间，提高工作效率；另一种是翻译文本，便于交流。传统的光学字符识别(optical character recognition, OCR)技术结合现代人工智能技术，可以更加便捷地识别文本。常用的通信软件“微信”就具有识别文本和翻译文本的功能，使用起来基本上没有技术门槛。

活动展开

1. 识别图片中的文本

(1) 在计算机端打开微信，确定通信对象。

(2) 将事先准备好的要识别文本的图片粘贴到信息输入框,如图 1－1－1 所示。

活动展开

智能识别文本

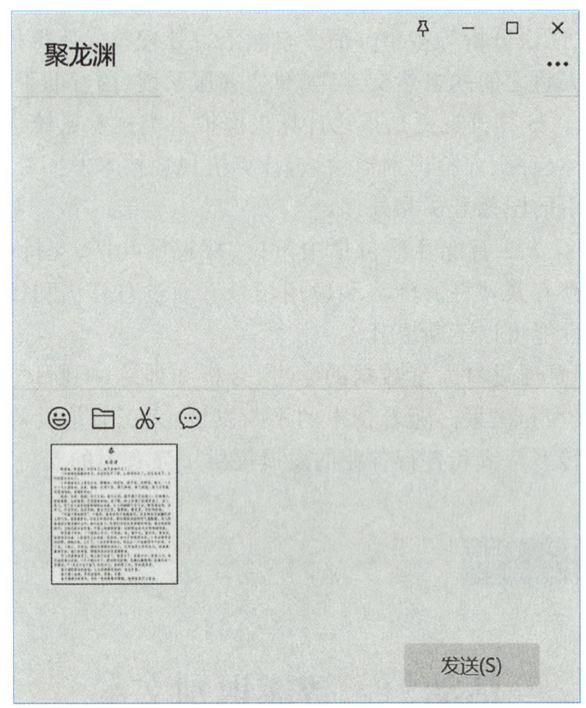

图 1－1－1　将图片粘贴到信息输入框

(3) 双击图片打开图片查看对话框。

(4) 单击"提取文字"按钮,如图 1－1－2 所示。

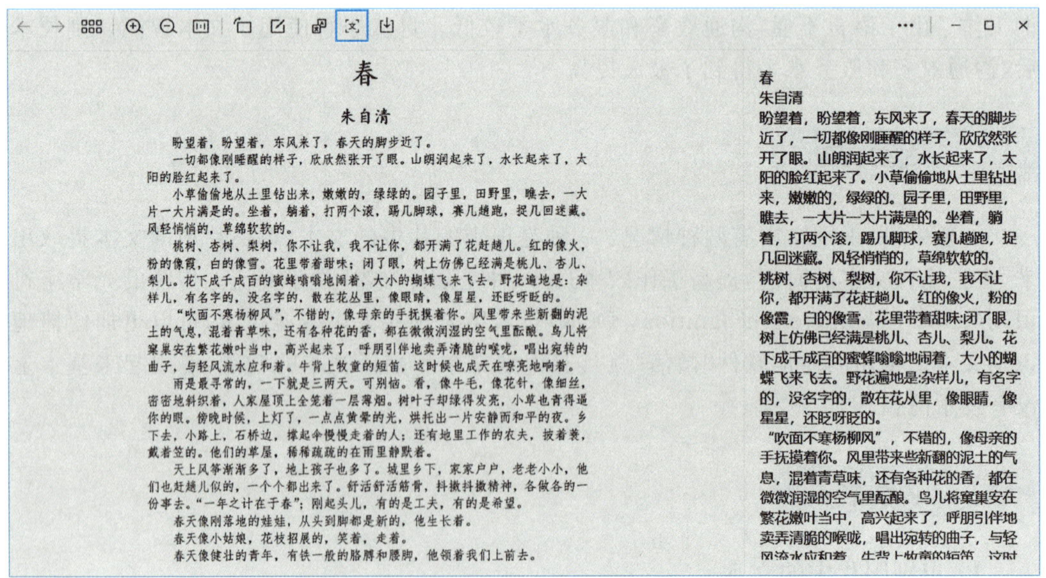

春

朱自清

盼望着，盼望着，东风来了，春天的脚步近了。

一切都像刚睡醒的样子，欣欣然张开了眼。山朗润起来了，水长起来了，太阳的脸红起来了。

小草偷偷地从土里钻出来，嫩嫩的，绿绿的。园子里，田野里，瞧去，一大片一大片满是的。坐着，躺着，打两个滚，踢几脚球，赛几趟跑，捉几回迷藏。风轻悄悄的，草绵软软的。

桃树、杏树、梨树，你不让我，我不让你，都开满了花赶趟儿。红的像火，粉的像霞，白的像雪。花里带着甜味；闭了眼，树上仿佛已经满是桃儿、杏儿、梨儿。花下成千成百的蜜蜂嗡嗡地闹着，大小的蝴蝶飞来飞去。野花遍地是：杂样儿，有名字的，没名字的，散在花丛里，像眼睛，像星星，还眨呀眨的。

"吹面不寒杨柳风"，不错的，像母亲的手抚摸着你。风里带来些新翻的泥土的气息，混着青草味，还有各种花的香，都在微微润湿的空气里酝酿。鸟儿将窠巢安在繁花嫩叶当中，高兴起来了，呼朋引伴地卖弄清脆的喉咙，唱出宛转的曲子，与轻风流水应和着。牛背上牧童的短笛，这时候也成天在嘹亮地响着。

雨是最寻常的，一下就是三两天。可别恼。看，像牛毛，像花针，像细丝，密密地斜织着，人家屋顶上全笼着一层薄烟。树叶子却绿得发亮，小草也青得逼你的眼。傍晚时候，上灯了，一点点黄晕的光，烘托出一片安静而和平的夜。乡下去，小路上，石桥边，撑起伞慢慢走着的人；还有地里工作的农夫，披着蓑，戴着笠的。他们的草屋，稀稀疏疏的在雨里静默着。

天上风筝渐渐多了，地上孩子也多了。城里乡下，家家户户，老老小小，他们也赶趟儿似的，一个个都出来了。舒活舒活筋骨，抖擞抖擞精神，各做各的一份事去。"一年之计在于春"；刚起头儿，有的是工夫，有的是希望。

春天像刚落地的娃娃，从头到脚都是新的，他生长着。

春天像小姑娘，花枝招展的，笑着，走着。

春天像健壮的青年，有铁一般的胳膊和腰脚，他领着我们上前去。

图 1－1－2　提取文字

活动展开

翻译文本

2. 翻译文本

（1）在微信手机端打开图片查看对话框。

（2）单击“翻译”按钮，如图 1-1-3 所示。

（3）单击“…”按钮后，再单击“更换语言”按钮，如图 1-1-4 所示。

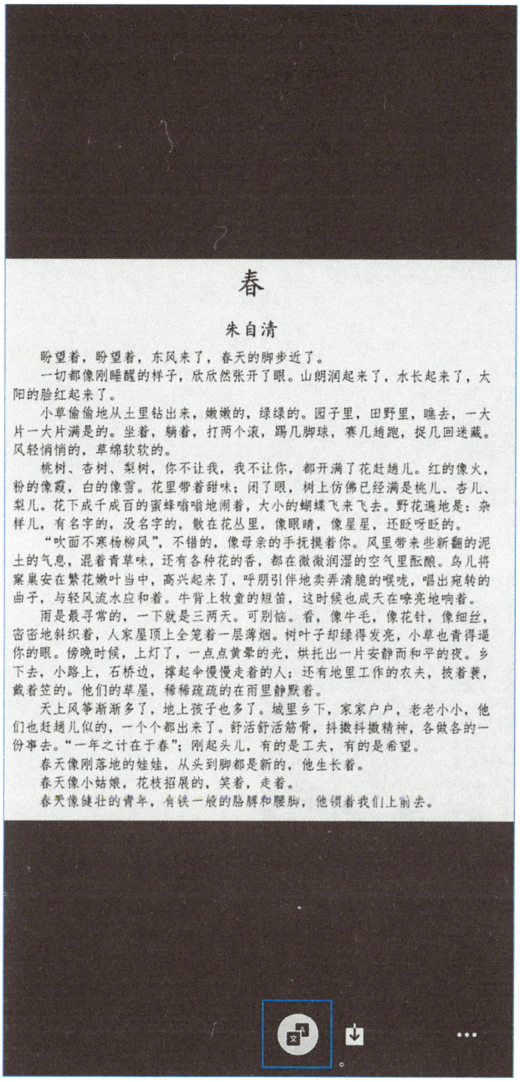

图 1-1-3 翻译

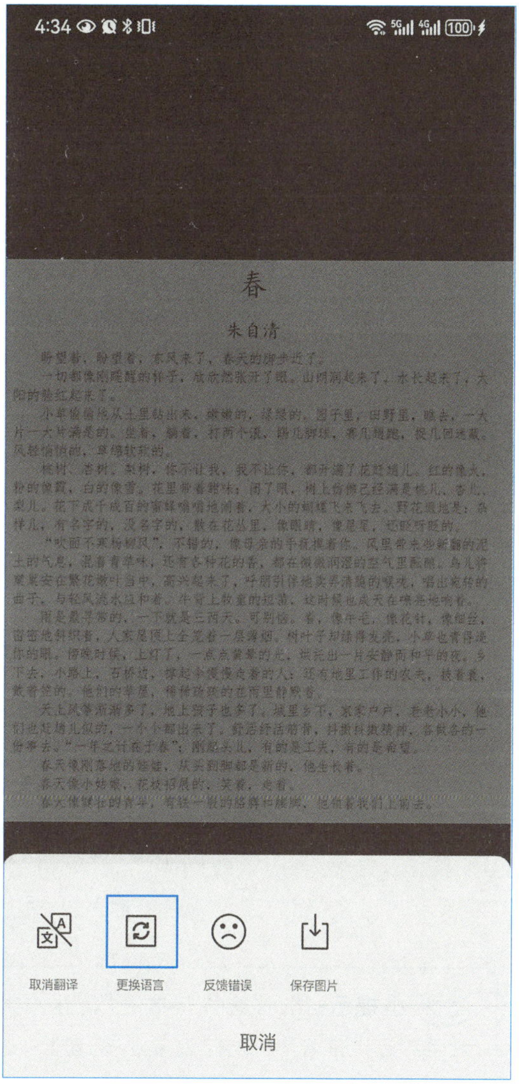

图 1-1-4 更换语言

（4）在“将文字翻译为”对话框中选择目标语言，单击“完成”按钮即可翻译图片中的文本，如图 1-1-5 所示。

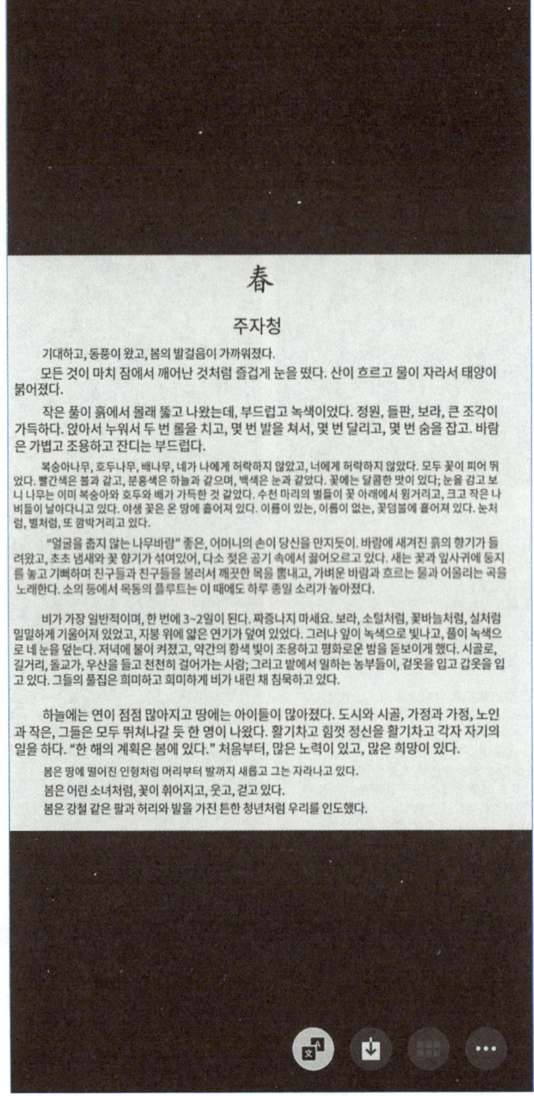

春

주자청

기대하고, 동풍이 왔고, 봄의 발걸음이 가까워졌다.

모든 것이 마치 잠에서 깨어난 것처럼 즐겁게 눈을 떴다. 산이 흐르고 물이 자라서 태양이 붉어졌다.

작은 풀이 흙에서 몰래 뚫고 나왔는데, 부드럽고 녹색이었다. 정원, 들판, 보라, 큰 조각이 가득하다. 앉아서 누워서 두 번 롤을 치고, 몇 번 발을 쳐서, 몇 번 달리고, 몇 번 숨을 잡고. 바람은 가볍고 조용하고 잔디는 부드럽다.

복숭아나무, 호두나무, 배나무, 네가 나에게 허락하지 않았고, 너에게 허락하지 않았다. 모두 꽃이 피어 뛰었다. 빨간색은 불과 같고, 분홍색은 하늘과 같으며, 백색은 눈과 같았다. 꽃에는 달콤한 맛이 있다; 눈을 감고 보니 나무는 이미 복숭아와 호두와 배가 가득한 것 같았다. 수천 마리의 벌들이 꽃 아래에서 윙거리고, 크고 작은 나비들이 날아다니고 있다. 야생 꽃은 온 땅에 흩어져 있다. 이름이 있는, 이름이 없는, 꽃덤불에 흩어져 있다. 눈처럼, 별처럼, 또 깜박거리고 있다.

"얼굴을 춥지 않는 나무바람" 좋은, 어머니의 손이 당신을 만지듯이. 바람에 새겨진 흙의 향기가 들려왔고, 초초 냄새와 꽃 향기가 섞여있어, 다소 젖은 공기 속에서 끓어오르고 있다. 새는 꽃과 잎사귀에 둥지를 놓고 기뻐하며 친구들과 친구들을 불러서 깨끗한 목을 뽐내고, 가벼운 바람과 흐르는 물과 어울리는 곡을 노래한다. 소의 등에서 목동의 플루트는 이 때에도 하루 종일 소리가 높아졌다.

비가 가장 일반적이며, 한 번에 3~2일이 된다. 짜증나지 마세요. 보라, 소털처럼, 꽃바늘처럼, 실처럼 밀밀하게 기울어져 있었고, 지붕 위에 얇은 연기가 덮여 있었다. 그러나 잎이 녹색으로 빛나고, 풀이 녹색으로 네 눈을 덮는다. 저녁에 불이 켜졌고, 약간의 황색 빛이 조용하고 평화로운 밤을 돋보이게 했다. 시골로, 길거리, 돌교가, 우산을 들고 천천히 걸어가는 사람; 그리고 밭에서 일하는 농부들이, 겉옷을 입고 갑옷을 입고 있다. 그들의 풀집은 희미하고 희미하게 비가 내린 채 침묵하고 있다.

하늘에는 연이 점점 많아지고 땅에는 아이들이 많아졌다. 도시와 시골, 가정과 가정, 노인과 작은, 그들은 모두 뛰쳐나갈 듯 한 명이 나왔다. 활기차고 힘껏 정신을 활기차고 각자 자기의 일을 하다. "한 해의 계획은 봄에 있다." 처음부터, 많은 노력이 있고, 많은 희망이 있다.

봄은 땅에 떨어진 인형처럼 머리부터 발까지 새롭고 그는 자라나고 있다.

봄은 어린 소녀처럼, 꽃이 휘어지고, 웃고, 걷고 있다.

봄은 강철 같은 팔과 허리와 발을 가진 튼한 청년처럼 우리를 인도했다.

图 1－1－5 文本翻译结果

小提示：微信默认语言是“简体中文”。如果要将中文翻译成其他语言，就需要在“更换语言”中进行设置。设置后，选择文本，在对话框中选择“翻译”按钮后，即可将当前文本或图片中的文本翻译为设置的目标语言。

拓展提高

1. 了解人工智能发展历程

人工智能的发展历程是一段充满创新与挑战的历史，从概念的提出到技术的快速发展，再到如今的广泛应用，经历了多个重要阶段。

（1）思想萌芽。人工智能的思想可以追溯到17世纪的帕斯卡和莱布尼茨，他们较早萌生了“有智能的机器”的想法，19世纪，英国数学家布尔和德·摩根提出了“思维定律”，这就是人工智能的开端。19世纪20年代，英国科学家巴贝奇设计了第一个“计算机器”，它被认为是计算机硬件，也是人工智能硬件的前身。

（2）正式起步。人工智能作为一门学科正式起步于20世纪50年代。1950年，英国数学家和逻辑学家艾伦·图灵发表《计算机器与智能》论文中提出，如果一台机器能够与人类展开对话而不能被辨别出其机器身份，那么称这台机器具有智能，这就是“图灵测试”。1956年，在达特茅斯会议上，约翰·麦卡锡首次提出了“人工智能”这一术语，标志着人工智能作为一门独立学科正式诞生。这一时期，人工智能概念刚刚提出，科学家们对机器模拟人类智能的可能性充满期待，产生了一批令人瞩目的研究成果，如机器定理证明、跳棋程序等，掀起了人工智能发展的第一个高潮。

（3）反思发展期。随着人工智能的发展，人们开始尝试更具挑战性的任务，并提出了一些不切实际的研发目标。然而，接二连三的失败和预期目标的落空，如无法用机器证明两个连续函数之和还是连续函数、机器翻译闹出笑话等，使人工智能的发展走入低谷。

（4）应用发展期。20世纪70年代出现的专家系统，模拟人类专家的知识和经验解决特定领域的问题，实现了人工智能从理论研究走向实际应用的重大突破。专家系统在医疗、化学、地质等领域取得成功，推动人工智能走入应用发展的新高潮。

（5）低迷发展期。随着人工智能应用规模的不断扩大，专家系统存在的应用领域狭窄、缺乏常识性知识、知识获取困难、推理方法单一、缺乏分布式功能、难以与现有数据库兼容等问题逐渐暴露出来。这些问题限制了人工智能的进一步发展，使得人工智能的发展再次进入低谷期。

（6）稳步发展期。网络技术特别是互联网技术的发展，加速了人工智能的创新研究，促使人工智能技术进一步走向实用化。1997年，国际商业机器公司（IBM）开发的深蓝计算机战胜了国际象棋世界冠军卡斯帕罗夫。2008年，IBM提出“智慧地球”的概念。

（7）蓬勃发展期。2011年以来，随着大数据、云计算、互联网、物联网等信息技术的发展，泛在感知数据和图形处理器等计算平台推动以深度神经网络为代表的人工智能技术飞速发展，大幅跨越了科学与应用之间的“技术鸿沟”。诸如图像分类、语音识别、知识问答、人机对弈、无人驾驶等人工智能技术应用实现了从“不能用、不好用”到“可以用”的技术突破，迎来爆发式增长的新高潮。

虽然人工智能已经取得了显著成果，但仍然面临着许多挑战和问题，如伦理问题、安全问题、技术瓶颈等。同时，人工智能也为人类带来了前所未有的机遇和可能性，如推动科技创新、提高生产效率、改善生活质量等。

2. 了解人工智能的应用

人工智能作为科技发展的前沿领域，正深刻地改变着人们的学习、生活、生产方式。人工智能典型应用逐渐拓展，智能化程度进一步提高。随着技术的不断进步和创新，有理由相信，未来的人工智能将会带来更多惊喜和可能性。

(1) 智能制造。智能制造是通过数字化、网络化和智能化技术的综合应用，实现生产过程的自动化、数字化、智能化和网络化，如汽车智能生产线(图 1－1－6)、锂电池智能检测(图 1－1－7)。这不仅提高了生产效率和产品质量，还推动了制造业的数字化转型和智能化升级。随着技术的不断进步和应用场景的不断拓展，智能制造将在更多领域发挥重要作用，推动社会进步和发展。

图 1－1－6 汽车智能生产线

图 1－1－7 锂电池智能检测

(2) 智能家居。智能家居系统通过学习和理解用户的习惯和需求，能够为用户提供更加个性化、舒适的生活环境。例如，智慧厨房可以根据光线明暗、油烟浓度、地面湿度和室内温度等状况，智能控制相关设备，实现节能和舒适度的平衡，如图 1－1－8 所示。

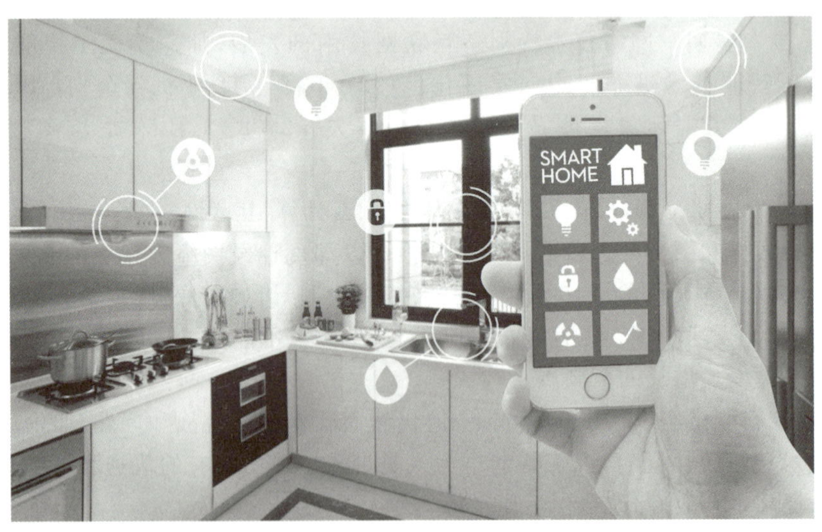

图 1－1－8 智慧厨房

(3) 智能物流。智能物流是利用集成智能化技术，使物流系统能模仿人的智能，具有思维、感知、学习、推理判断和自行解决物流中某些问题的能力。例如，智能分拣包裹(图

1－1－9)、智能管理仓储(图 1－1－10)就极大地提高了物流管理效率和质量。

图 1－1－9 智能分拣包裹

图 1－1－10 智能管理仓储

(4) 无人驾驶汽车。利用计算机视觉、传感器融合和深度学习等技术，无人驾驶汽车能够实时感知周围环境并做出安全、有效的驾驶决策，大幅降低交通事故发生率，提高道路安全性。我国无人驾驶汽车发展迅猛，如萝卜快跑网约车(图 1－1－11)在武汉、北京、上海、广州、深圳等多个城市开展运营，有超 50 个露天煤矿完成无人驾驶矿车(图 1－1－12)的部署。

图 1－1－11 萝卜快跑网约车

图 1－1－12 无人驾驶矿车

(5) 内容生成。内容生成式人工智能是一种基于深度学习的人工智能技术，它能够学习大量数据的内在规律和模式，并利用这些规律和模式来生成新的与输入数据相似的数据。内容生成式人工智能通过训练深度神经网络模型，使其能够学习输入数据的高阶统计特性和潜在语义信息。这些模型通常由编码器和解码器两个主要部分组成。编码器负责将输入数据转化为一种中间表示或编码，而解码器则负责将这种中间表示或编码转化为输出数据。内容生成式人工智能主要应用在文本生成、图像生成、音频生成及视频生成。当前内容生成式人工智能平台较多，内容生成质量较高，如图 1－1－13、图 1－1－14 所示。

以楼、江为内容写一篇散文，500字以内

讯飞星火

标题：楼与江的交响

在城市的一隅，有一座古老的楼宇，静默地俯瞰着蜿蜒流淌的江水。岁月在它的砖石间刻下了斑驳的痕迹，每一块石板都仿佛诉说着往昔的故事。楼宇不高，却有着无法言说的庄严与沉稳，它见证了江边的变迁，从繁华到落寞，再到如今的宁静。

江水悠悠，是这座城市的灵魂。清晨，当第一缕阳光洒在江面上，波光粼粼，如同点点繁星落入凡间。午后，阳光变得柔和，江面泛起层层涟漪，像是轻轻摇曳的水草。夜幕降临时，江水又变成了一面巨大的镜子，映照着楼宇和星空，让人分不清哪里是天，哪里是地。

楼宇与江水，一动一静，构成了一幅和谐的画面。楼宇静静地守护着这片水域，而江水则温柔地环绕着这座历史的见证者。它们之间没有言语，却有着最深刻的交流。每当微风吹过，楼宇似乎在低语，而江水则以潺潺的流水声回应。

在这座楼宇里，曾经有过欢笑，也有过泪水；有过相聚，也有过别离。每一层楼都承载着不同的故事，每一个房间都充满了生活的气息。而江水，无论是涨潮还是退潮，都默默地陪伴着楼宇，见证着一切的发生。

如今，当我站在这座楼宇前，望着那条熟悉的江水，心中涌起一股莫名的感动。楼宇依旧，江水依旧，它们以自己的方式，诠释着时间的流逝和生命的永恒。

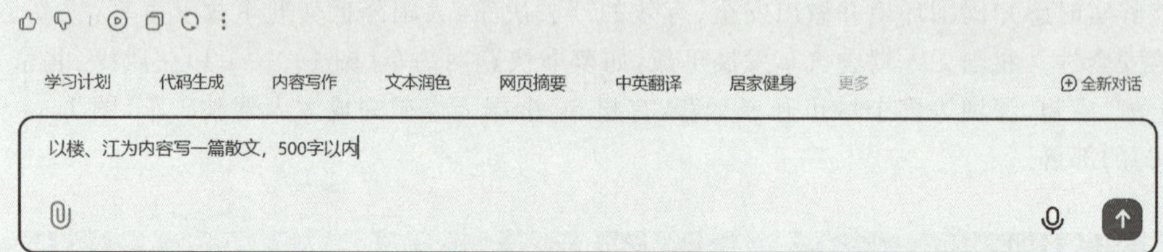

图 1-1-13 生成散文

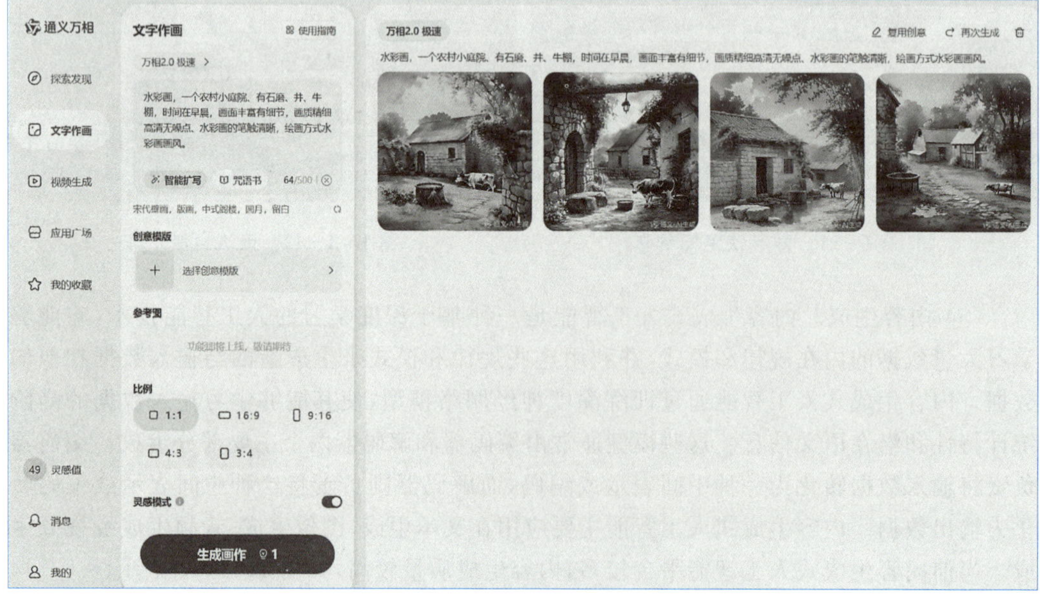

图 1-1-14 生成图像

（6）医疗诊断。人工智能算法在医疗领域的应用日益广泛，如辅助医生进行疾病诊断、药物研发和患者管理等。人工智能模型能够快速、准确地识别病症，为医生提供有价值的参考信息，从而提高诊断准确性和治疗效率。

（7）金融领域。在金融领域，人工智能算法被广泛应用于风险评估、欺诈检测和投资建议等方面。通过对大量历史数据的分析，人工智能模型能够预测借款人的信用风险，帮助金融机构做出更明智的信贷决策。同时，它还可以实时监测异常交易行为，及时发现并防范欺诈行为。

（8）客户服务。智能客服机器人能够 24 小时不间断地为客户提供咨询、解答和投诉处理等服务。通过自然语言处理技术，它们能够理解和回应客户的问题，提高客户满意度和忠诚度。

除了上述人工智能典型应用外，还有人脸识别、语音识别、智能教育、虚拟助理等，几乎人们活动的每个角落都有人工智能的应用。

3. 了解微信识别图片文本技术

微信识别图片中的文本功能是一项基于 OCR 技术的智能化服务，它通过图像预处理、字符分割、特征提取、字符匹配和文本输出等步骤，实现了从图片到文本的快速转换。

（1）图像预处理。首先，对目标图片进行图像预处理，这包括灰度化、降噪、二值化等操作，以减少图片中的噪声并增强文字的对比度，使文字更加清晰可辨。

（2）字符分割。在图像预处理之后，系统会尝试将图片中的文字区域与背景或其他非文字元素分离开来。

（3）特征提取。通过分析字符的形状、笔画等特点，提取出能够代表每个字符的特征信息，这些特征信息将被用于后续的字符匹配和识别过程。

（4）字符匹配。将提取到的特征信息与已知的字符模板进行比对，找出最相似的字符。这一步骤通常基于模式匹配或机器学习算法来实现，以提高识别的准确性和效率。

（5）文本输出。将识别出的字符按照它们在原始图片中的顺序组合成完整的文本信息，并输出给用户。用户可以对识别结果进行编辑、复制或保存等操作。

1. 查阅资料，将最熟悉的 1～2 项人工智能应用按要求填写在表 1-1-1 中。

表 1-1-1　常用人工智能应用分析表

应用领域	工　作　原　理

2. 以“时间轴”为主线，列出人工智能发展历程中的关键人物和事件。

活动二 智能识别图像

活动描述

小智带领公司员工开展乡村旅游活动。他们兴致勃勃地来到乡村博物馆，看到博物馆里陈列的家具，能够说出名称和作用的没有几件。于是，小智拿出手机，使用智能识图软件，把每件家具的名称、作用给员工们讲得清清楚楚，公司老员工都夸小智是“百事通”，表扬他旅游活动组织得很好。

活动分析

智能识物是基于计算机视觉和人工智能技术的应用，识别过程主要包括图像获取、图像预处理、物体检测、特征提取、特征匹配和分类及结果输出等主要步骤。其处理过程比较复杂，但对于用户来讲，不需要知道处理过程中的技术，只需要会使用软件即可，不存在技术上的难题。

活动展开

（1）打开手机中的百度软件，进入百度软件界面，如图 1－1－15 所示。

活动展开

智能识别图像

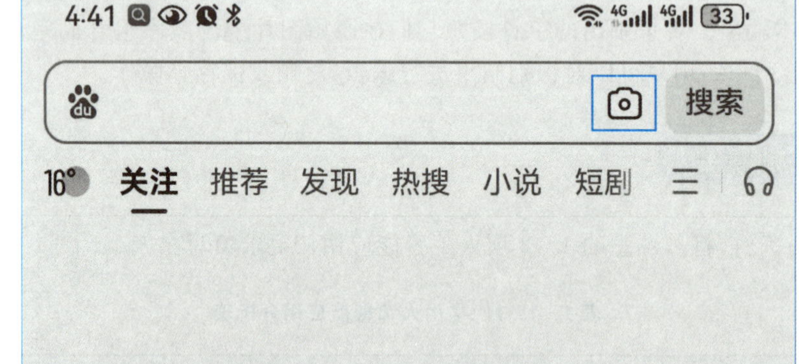

图 1－1－15　百度软件界面

（2）单击相机图标。

（3）镜头对准实物或图片中的实物，如图 1－1－16 所示。

（4）等待软件识别，即可呈现该实物名称及相关网络链接，如图 1－1－17 所示。

图 1－1－16　识别实物

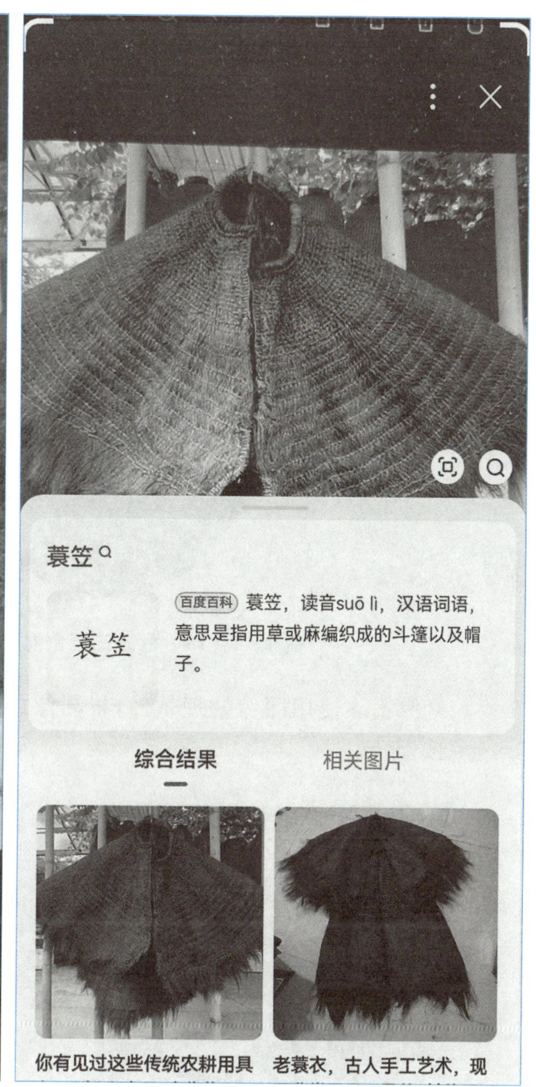

图 1－1－17　识别结果

小提示：百度智能识图不仅可以“识万物”，还具有商品识别、扫码、文字扫描、答疑、翻译等功能。

拓展提高

1. 了解数字图像的构成

人们看到的颜色其实是由红色(red)、绿色(green)和蓝色(blue)(RGB)三种颜色的色光混合而成的，例如，红光和绿光混合产生黄光，蓝光和红光混合产生紫光，而三种颜色的色光混合产生白光，如图 1-1-18 所示。改变每种色光的亮度也会影响所产生的新色光的颜色，这就是人们使用数字相机、手机等设备拍摄照片和利用软件改变图像颜色的基本原理。你知道数字图像是如何存储和处理，又是如何构成的吗？

色彩空间

色光三原色混合效果

图 1-1-18 色光三原色混合效果（扫描侧边二维码查看）

（1）像素。使用图像处理软件，将图像放大 50 倍，图像就会变成一个个小方块，如图 1-1-19 所示。

图 1-1-19 数字图像及局部放大的效果

这些小方块就称为像素，它是组成图像的最小单元。这些像素就是一个个会发光的“小灯泡”，改变每个像素的亮度，整个图像就会发生变化。实际上，数字图像在计算机中存储的就是一个个像素的值，而整张图像的像素的值集合在一起就形成了色彩丰富的图像。而每一个像素并不能表示多种颜色，只能表达某一种颜色的深浅程度。将只有一种采样颜色的图像称为灰度图像。灰度数字图像的每个像素的颜色用 8 位二进制数表示，最小的为$(00000000)_B$，最大的为$(11111111)_B$，转换为十进制数后，每个像素的取值范围为 0～255，0 代表黑色，255 代表白色，其他值代表黑白之间的灰色，如图 1-1-20 所示。

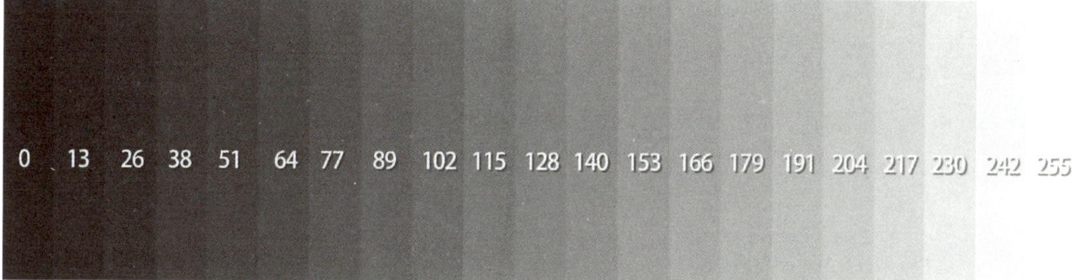

图 1-1-20 灰度色阶

红、绿、蓝三种颜色的深浅同样也随 0～255 取值不同而获得不同的颜色。如果把红、绿、蓝三种颜色当作三个可调节亮度的灯，调节不同灯的亮度同时照射到一个像素时，即可得到不同的颜色。使用图像处理软件，尝试分别关闭红、绿、蓝颜色通道，即可看到图像效果，如图 1-1-21 所示。

(a) 原图 (b) 无红色 (c) 无绿色 (d) 无蓝色

色彩空间

关闭不同颜色通道的图像效果

图 1-1-21 关闭不同颜色通道的图像效果(扫描侧边二维码查看)

（2）分辨率。数字图像的分辨率是衡量图像清晰度和细节丰富程度的重要指标。它指的是图像中存储的信息量，即每英寸图像内的像素数，这个指标决定了图像的细节丰富程度和显示效果。分辨率越高，图像包含的像素越多，能够展现的细节就越丰富，图像看起来也就越清晰。例如，同样大小的图片，每英寸 300 像素的图像比每英寸 72 像素的图像要清晰得多，如图 1-1-22 所示，因为它包含了更多的像素来描述图像的细节。

图像的分辨率也可以表示为水平方向的像素数乘以垂直方向的像素数，如 800×600、1 920×1 080 等。这种表示方法同时也反映了图像显示时的宽高尺寸。

（3）位深度。位深度表示了每个像素的颜色信息所占的位数(比特数)，用来描述图像的色彩深度，通常用 8 位、16 位、24 位来表示，例如，8 位位深度表示每个颜色通道(红、绿、蓝)使用 8 bit 来表示，能够产生 256 种颜色，而 24 位位深度则可以表示超过 1 600 万种颜色。

（4）色彩空间。色彩空间也称色彩模型或色域，是一种描述颜色的方法，用于表示和控制图像中的色彩。不同的色彩空间有不同的用途和特性，适用于不同的应用场景，常见的有 RGB、CMYK、HSL、HSV、Lab、YUV、YCbCr、XYZ 等色彩空间。

(a) 分辨率为300

(b) 分辨率为72

图 1－1－22 不同分辨率的图像

① RGB 色彩空间可以产生丰富的颜色，是基于光的加色原理，通过不同强度的红色、绿色和蓝色组合成各种颜色，常用于数字图像处理、计算机显示和电视系统，是较常用的色彩空间。它直接对应光的三原色，因此非常适合用于显示器，但在打印和印刷中并不常用，因为其色域比可见光谱小。

② CMYK 色彩空间是基于颜料的减色原理，通过不同比例的青色（cyan）、品红色（magenta）、黄色（yellow）和黑色（key/black）混合成各种颜色，主要用于印刷行业，因为它能够覆盖比 RGB 色彩空间更广的色域，适合颜料的叠加特性，但不适合屏幕显示，因为其颜色表现方式与光的加色原理不同。

③ HSL（色相、饱和度、亮度）和 HSV（色相、饱和度、明度）色彩空间将颜色分解为色相（hue）、饱和度（saturation）和亮度/明度（lightness/value），常用于图像处理软件中，因为它们允许用户独立调整颜色的各个方面，非常适合色彩的校正和调整，符合人类对颜色的感知方式，使得色彩选择和调整更加直观。

④ Lab 色彩空间由三个分量组成，即 L（亮度）、a（从绿到红的变化）和 b（从蓝到黄的变化），被设计为与人类视觉感知紧密相关，广泛应用于色彩管理和颜色转换。

⑤ YUV 和 YCbCr 色彩空间将颜色信息分为亮度分量（Y）和色度分量（U 和 V 或 Cb 和 Cr），广泛用于视频压缩和传输，如 PAL 和 NTSC 电视制式。由于人眼对亮度的敏感度高于色度，YUV 和 YCbCr 色彩空间可以有效地压缩图像数据而不显著降低视觉质量。

⑥ XYZ 色彩空间是基于国际照明委员会（CIE）的标准色彩系统，用于精确描述颜色，通常作为其他色彩空间之间的中间转换点，用于色彩管理和科学计算。虽然 XYZ 色彩空间提供了一个广泛的颜色范围，但它不如其他色彩空间直观或易于使用。

2. 了解图像预处理的方法

智能识物的关键一环是需要对图像进行去噪、缩放、灰度化等处理，也称图像预处理。图像预处理的主要目的是消除图像中的无关信息，恢复有用的真实信息，增强有关信息的可检测性和最大限度地简化数据，从而改进特征抽取、图像分割、匹配和识别的可靠性。例如，智慧停车场的车牌识别，其识别的关键信息就是车牌号码，图像处理时，就需要对图

像进行预处理,去掉或淡化号码文本周边的颜色,突出号码文本,提高识别精度。图像预处理的方法较多,常见的几种方法如下:

(1) 图像降噪。图像噪声是指图像中的不必要或多余的干扰信息,噪声的存在严重影响了图像的质量,如图 1－1－23 所示。常见图像噪声有高斯噪声、椒盐噪声等。图像降噪就是去除或减少图像中的噪声,经过降噪的图像主体看起来更加清晰。

(a) 噪声图像

(b) 降噪图像

图 1－1－23　噪声图像与降噪图像比较

图像降噪的主要方法有均值滤波、中值滤波和高斯滤波等。这些方法通过分析图像中像素与周围像素的关系,根据一定的准则或假设进行滤波操作。例如,均值滤波降噪就是利用周围像素的平均值来代替该点原来的像素,如图 1－1－24 所示,假设在 9 个像素中,中心点原来的像素值为 10,对周围 8 个像素的数值进行均值计算,结果为 8,均值滤波后,中心点的像素值变为 8。

8	8	8
8	10	8
8	8	8

8	8	8
8	8	8
8	8	8

图 1－1－24　均值滤波

智能识图基于深度网络的方法侧重于学习有噪声图像到干净图像的潜在映射，通常需要大量的训练数据，一旦训练完成，就可以快速且有效地去除各种类型的噪声。

（2）图像对比度。图像对比度是一幅图像最亮的白和最暗的黑之间的测量亮度差异，差异范围越大，对比度越大，反之对比度越小，如图 1－1－25 所示。

(a) 对比度低

(b) 对比度高

图 1－1－25 不同对比度图像的效果

图像的对比度可以用直方图来表示，如图 1－1－26 所示。直方图横坐标为像素值，纵坐标为像素的数量，可以看到，直方图中像素的分布比较集中，颜色范围比较小，图像对比度低，不清晰。

这时，人们常常使用直方图均衡化的方法来提高对比度。这种方法其实是对图像的非线性拉伸，扩大图像中像素的分布范围，提高对比度。人工智能在直方图均衡化中的应用主要体现在算法的优化和自动化处理上。通过机器学习和深度学习技术，可以自动识别图像中的特征，并根据这些特征调整直方图均衡化的参数，以达到更好的增强效果。

（3）图像相减。数字可以相减，数字图像处理过程中也可以相减。图像相减就把两幅图像对应的像素值进行相减，留下相减后的差异部分，形成一张新图像，主要应用于去除一幅图像中不需要的图案，例如，医学上观察病人肝脏血管多年来细微变化就会使用图像相减，如图 1－1－27 所示。

人工智能在工业制造、气象分析、军事等领域应用时，图像相减发挥着重要的作用。例如，在工业制造领域，机器视觉系统利用图像相减可以检测产品质量，通过比较产品图

(a) 不清晰图像的直方图

(b) 清晰图像的直方图

图 1-1-26 图像直方图

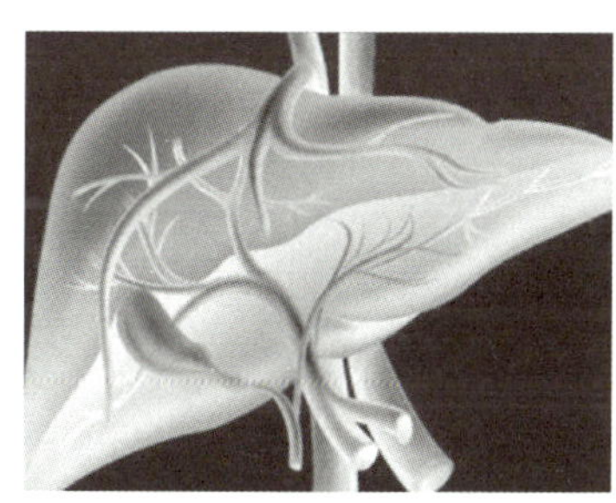

(a) 五年前的影像

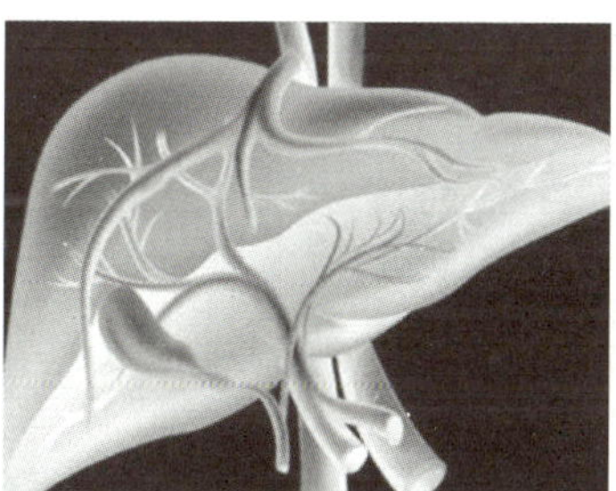

(b) 当前的影像

(c) 图像相减后的图像

图 1-1-27 图像相减

像与标准模板的差异来识别缺陷或不良产品，实现智能质量控制和监测；在气象分析领域，人工智能气象系统利用图像相减分析云层，进行天气预测，通过比较不同时间的卫星图像来观察云层的移动和变化，有助于气象学家更准确地预测天气变化和趋势；在军事领域，图像相减可以用于目标检测和识别，通过比较不同时间或不同角度的图像来突出显示潜在的威胁或目标，对提高军事行动的效率和准确性具有重要意义。

(4) 图像反转。图像反转在人工智能中的应用是多方面的，它不仅提高了模型的泛化能力和识别准确率，还在图像生成与修复、计算机视觉与视觉信息分析等领域发挥着重要作用。随着技术的不断进步和应用的深入探索，图像反转将在更多领域展现出其独特的价值。灰度图像反转就是将每个像素值减去 255，得到反转后的像素，形成新图像，如

图 1－1－28 所示；而对 RGB 彩色图像反转，就是对每个通道的值分别进行反转，即将每个通道的值分别减去 255，得到反转后的像素，形成新图像，如图 1－1－29 所示。

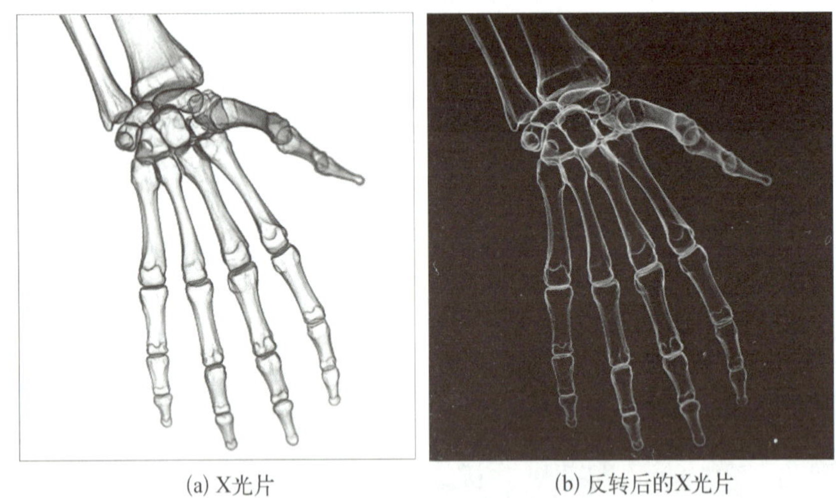

(a) X光片　　(b) 反转后的X光片

图 1－1－28　灰度图像反转效果对比

(a) 原图　　(b) 反转后的图像

图 1－1－29　RGB 彩色图像反转效果对比

（5）几何变换。图像几何变换的原理涉及将图像中的坐标位置映射到另一幅图像中的新坐标位置，通过改变图像的几何属性（如位置、大小和方向）来对图像进行变换。例如，高速路口车牌识别系统，摄像头拍摄车牌时，由于来车的位置不固定，拍摄的车牌就会出现歪斜或变形，识别时，先要对图像进行调整，然后识别图像中的内容，也就是智能识图的图像预处理——几何变换。几何变换一般包括图像平移、图像翻转、图像旋转等。

在进行几何变换时，还需要使用插值算法来计算新的像素值，以确保变换后的图像质量。

3. 了解滤镜与卷积

（1）滤镜。在专业摄影中，为了达到一种特殊的拍摄效果，通常需要在镜头上加上物理滤镜。真实世界中的滤镜一般都是用玻璃或树脂制作的，而在计算机中想要达到和真实滤镜类似的效果，就只能用相应的计算机算法来实现，这种滤镜可以称为数字滤镜，人们使用数字滤镜可以处理得到不同效果的图像，如图 1－1－30 所示。其基本原理就是改变图像的像素值来实现特定的视觉效果。当前，基本上所有物理滤镜能达到的效果都能够用数字滤镜实现，甚至实现了很多物理滤镜达不到的效果。

(a) 原图

(b) 加晶体滤镜后的效果

图 1－1－30　使用数字滤镜处理图像

（2）卷积核。卷积核是图像处理和深度学习中用于提取特征的函数或矩阵。它通过与输入图像进行卷积操作来生成输出图像。卷积核与数字滤镜处理图像的原理类似，也被称为特定的“滤镜”。通常，卷积核可以看作是一个行数和列数相等的数据表格，常见的尺寸有 3×3、5×5 等。在输入图像上滑动并执行卷积操作时，卷积核通过与输入图像的小区域进行加权平均，来提取图像中的特定特征，如边缘、纹理等。

通过卷积核，可以对图像的像素乃至特征进行运算处理。尽管卷积核的大小和内容没有严格限制，但选择合适的卷积核可以使处理后的图像呈现出各种特殊效果，如浮雕效果、轮廓突出等，如图 1－1－31 所示。

(a) 原图

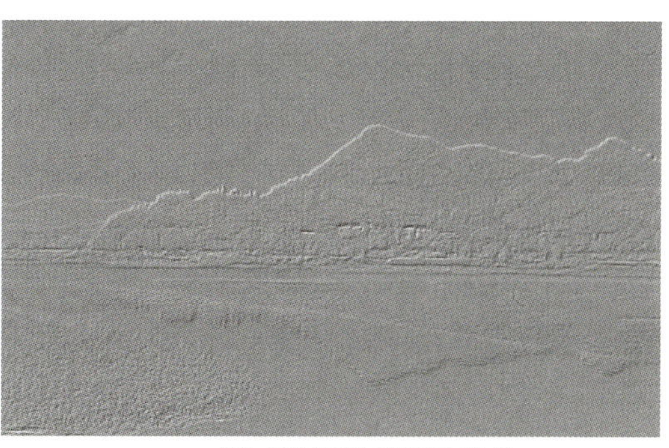
(b) 卷积核处理后的效果

图 1－1－31　使用卷积核处理图像

(3) 图像卷积。图像卷积是一种数学运算,它通过一个小尺寸的矩阵(称为卷积核或滤波器)在图像上滑动并执行逐元素乘法和加法来计算输出图像中的每个像素值。卷积核只关注图像的局部区域,这使得卷积能够有效地捕捉局部特征。例如,智能停车系统中的门禁管理子系统,最关注的是识别进出车辆的车牌。识别车牌时,提取图像边缘特征是图像处理与识别中一种十分重要的处理方法。通过卷积进行边缘检测就是对图像中的每个像素的灰度值进行卷积运算,用得到的新灰度值代替原来的灰度值。这种方法可以找到图像中亮度剧烈变化的点,从而把需要的轮廓提取出来,如图 1-1-32 所示。

图 1-1-32 卷积运算提取车牌边缘特征

4. 了解人工神经网络

人工神经网络(artificial neural network, ANN)是一种模拟生物神经网络结构和功能的计算模型,用于处理复杂任务,如图像识别、语音识别和自然语言处理等。人工神经网络示意图如图 1-1-33 所示。

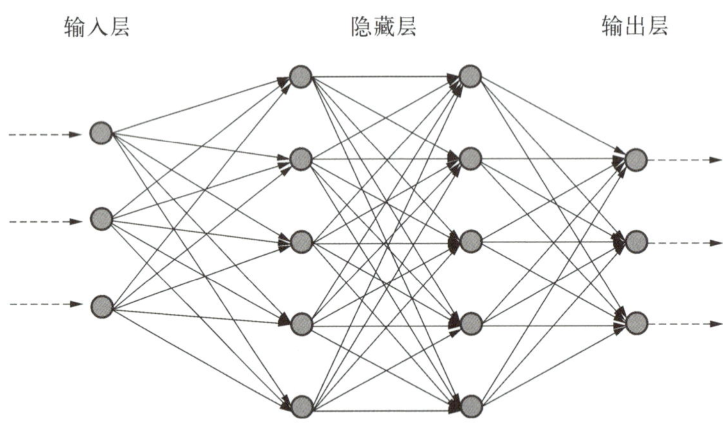

图 1-1-33 人工神经网络示意图

(1) 输入层。输入层是 ANN 的第一层,负责接收外部数据作为输入特征向量。每个输入节点对应一个特征,这些特征可以是图像的像素值、文本中的单词或音频信号的特征等。

(2) 输出层。输出层是 ANN 的最后一层,负责产生最终的预测结果。输出层的神经元数量通常与任务的输出维度相匹配,例如,在分类问题中,输出层的神经元数量等于类别的数量。

（3）隐藏层。隐藏层位于输入层和输出层之间，可以包含一个或多个层次。隐藏层中的神经元通过学习从输入数据中提取有用的特征，并将这些特征传递给下一层。隐藏层的数量和每层神经元的数量可以根据具体任务进行调整。

（4）神经元（节点）。图1-1-33中的圆圈表示节点，它类似于人大脑的神经元，能够对传递的数据进行响应，例如，输入层的某个神经元可能会对“猫”图形数据感兴趣，输出层某个神经元会负责输出“猫”的信息。

（5）连接。连接也称为权重矩阵，两个相邻层之间的神经元通过权重矩阵连接。权重矩阵中的每个元素表示前一层神经元对后一层神经元的影响程度。在训练过程中，权重矩阵会根据损失函数进行更新，以最小化预测误差。

实训操作

1. 企事业单位常采用智能人脸识别系统管理人员进出办公区，分析人脸识别原理及识别过程。

2. 列举3～5个智能识图在生活中应用的实例，并简要说一说识别系统的工作过程。

在完成本次任务的过程中，可以了解人工智能识别文本和图像的基本原理及简单应用，对照表1-1-2，进行评价与总结。

表1-1-2　评价与总结

评价指标	评价结果	备注
1. 了解人工智能及其相关概念	□A　□B　□C　□D	
2. 了解人工智能在各个领域的应用情况	□A　□B　□C　□D	
3. 掌握人工智能的基本原理	□A　□B　□C　□D	
4. 掌握人工智能中的图文识别技术	□A　□B　□C　□D	
5. 体会人工智能给学习、生活和工作带来的便捷	□A　□B　□C　□D	
综合评价：		

说明：1. “评价结果”根据“评价指标”的掌握程度分为A、B、C、D等级；
2. 根据自我学习程度在对应的等级结果：方框内打“√”；
3. 在“备注”栏可以简要记录取得评价结果的原因；
4. 在“综合评价”栏简要记录自己本次活动成功与不足之处（全书同，后文说明略）。

走进 AIGC

情境故事

小慧入职一家汽车销售企业，经常会召开客户答谢会，需要跨界组织一些联谊活动，常常会遇到一些比较棘手的问题。每次活动方案、活动内容的设计都十分考验小慧和同伴。自从接触到了人工智能生成内容（artificial intelligence generated content，AIGC）后，一些问题就迎刃而解了。

本任务将走进 AIGC，了解 AIGC 能够做哪些事情，有什么样的使用规则，存在哪些局限。

任务目标

1. 了解 AIGC 及其相关概念。
2. 掌握 AIGC 的功能。
3. 了解 AIGC 存在的局限及问题。
4. 感受 AIGC 给人们生活、学习和工作带来的机遇与挑战。

任务准备

1. 了解 AIGC

最近几年，人工智能技术得到了突飞猛进的发展，人工智能生成内容技术得到广泛应用，仿佛离人们生活、学习和工作较远的人工智能技术在一夜间渗透到了每一个角落。人工智能生成内容（AIGC）是人工智能技术中的一种应用，为了后续学习需要，有必要梳理清楚人工智能、生成式人工智能、人工智能生成内容的概念。

（1）人工智能。到目前为止，虽然人工智能（artificial intelligence，AI）还没有一个权威的定义，但是根据它的功能、作用有一个较为清晰定义：人工智能是指模拟人类智能的技术，通过计算机程序实现类似人类的思考、学习、推理和决策能力。它广泛应用于多个领域,包括但不限于机器学习、自然语言处理、计算机视觉等。它可以执行各种任务,如回答问题、识别图像、进行推理等。核心在于其能够模拟和扩展人类智能,处理复杂的认知任务。

(2) 生成式人工智能。生成式人工智能(generative artificial intelligence, GAI)是一种能够创造新内容的人工智能技术。它不同于常见的执行特定任务的 AI,如语音助手或推荐算法,GAI 更注重创造性和生成能力。GAI 通过深度学习和神经网络等技术,从大量数据中学习特定的模式或风格,并据此生成新的内容。例如,文本生成模型可以生成文章、诗歌等;图像生成模型可以生成逼真的图像。GAI 在艺术创作、游戏开发、广告营销等领域具有广泛的应用前景。例如,艺术家和设计师可以利用 GAI 创作新颖的艺术作品;游戏设计中,GAI 可以用来生成独特的角色、场景和故事情节。GAI 的显著特点是其创造性,能够生成全新、有意义的内容。

(3) 人工智能生成内容。人工智能生成内容(artificial intelligence generated content, AIGC)是指利用 AI 技术生成各种形式的内容,如文本、图像、音频和视频等。它是 GAI 在具体应用领域的体现,专注于生产各种形式的内容。AIGC 同样依赖于深度学习等技术,通过训练大量的数据来学习特定的模式或风格,然后生成新的内容。这些内容可以是新闻报道、艺术作品、音乐作品等。AIGC 在媒体、娱乐、教育、营销等多个领域都有应用。例如,新闻机构可以利用 AIGC 快速生成新闻报道;在线教育平台可以提供个性化的学习材料和练习题。AIGC 强调的是内容的生成过程和结果,即利用 AI 技术自动生产各种形式的内容。

三者之间的关系是:AI 是一个广泛的概念,涵盖了多种技术和应用领域;GAI 是 AI 的一个子集或分支,专注于创造性地生成新内容;AIGC 则是 GAI 在实际应用中的体现,利用 GAI 技术生成各种形式的内容。本书重点在 GAI 技术的应用,因此后续项目更多地使用 AIGC 的概念。

三者之间的区别是:AI 是一个广义上的概念,包含多种类型的 AI 技术和应用,而 GAI 和 AIGC 则更加具体,分别关注于创造性生成和内容生产;GAI 侧重于创造性和生成能力,能够生成全新的内容,而 AIGC 则更侧重于内容的生产过程和结果,利用 AI 技术自动生产各种形式的内容;在技术实现上,GAI 和 AIGC 都依赖于深度学习等技术,但 GAI 更强调创造性生成的能力,而 AIGC 则更注重内容的多样性和生产效率。

2. 了解 AIGC 典型功能

AIGC 能够根据用户需要智能生成多种内容,供用户学习、参考,常见功能如下:

(1) 生成文本。AIGC 可以根据用户要求,创作各种类型的文本,如新闻报道、小说、诗歌、论文、商业计划书、技术文档等。例如,在 AIGC 平台输入"请写一篇赞美春天的散文,400 字以内"的请求,AIGC 平台几秒内就会生成一篇文章供参考,如图 1-2-1 所示。

(2) 生成图像。AIGC 通过深度学习模型,可以创作出逼真的图像,包括人脸照片、风景画、艺术作品等。这种技术在艺术创作、设计领域有广泛应用。例如,在图像 AIGC 平台输入"南归雁,排成'人'字一直向南"的请求,即可生成一张图像,如图 1-2-2 所示。

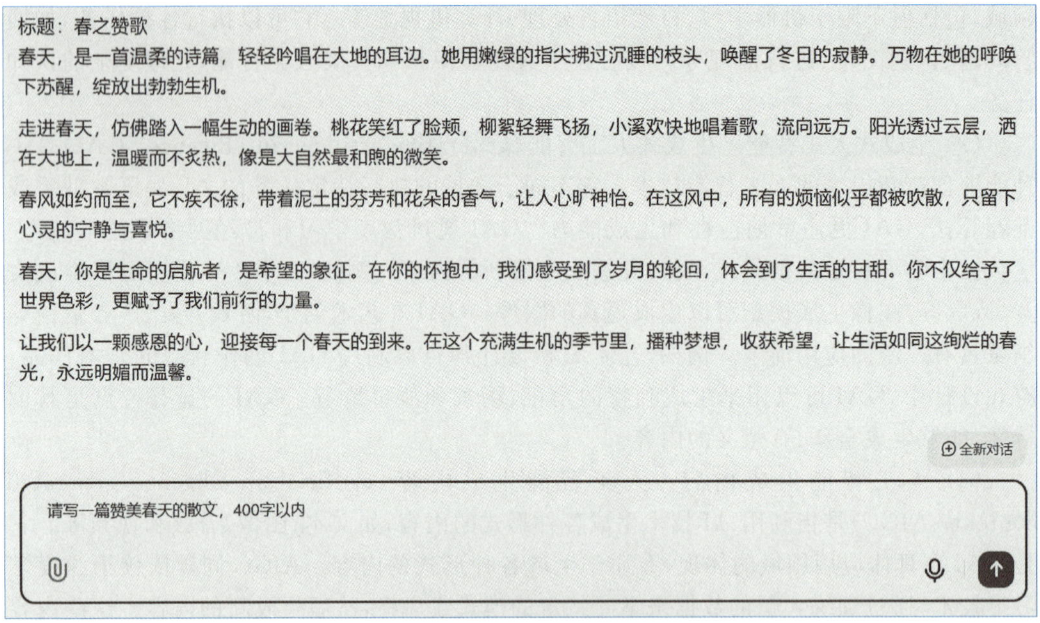

标题：春之赞歌
春天，是一首温柔的诗篇，轻轻吟唱在大地的耳边。她用嫩绿的指尖拂过沉睡的枝头，唤醒了冬日的寂静。万物在她的呼唤下苏醒，绽放出勃勃生机。
走进春天，仿佛踏入一幅生动的画卷。桃花笑红了脸颊，柳絮轻舞飞扬，小溪欢快地唱着歌，流向远方。阳光透过云层，洒在大地上，温暖而不炙热，像是大自然最和煦的微笑。
春风如约而至，它不疾不徐，带着泥土的芬芳和花朵的香气，让人心旷神怡。在这风中，所有的烦恼似乎都被吹散，只留下心灵的宁静与喜悦。
春天，你是生命的启航者，是希望的象征。在你的怀抱中，我们感受到了岁月的轮回，体会到了生活的甘甜。你不仅给予了世界色彩，更赋予了我们前行的力量。
让我们以一颗感恩的心，迎接每一个春天的到来。在这个充满生机的季节里，播种梦想，收获希望，让生活如同这绚烂的春光，永远明媚而温馨。
全新对话
请写一篇赞美春天的散文，400字以内

图 1-2-1 AIGC 生成文本

我已经生成您所需的内容，希望您会满意！
南归雁，排成"人"字一直向南

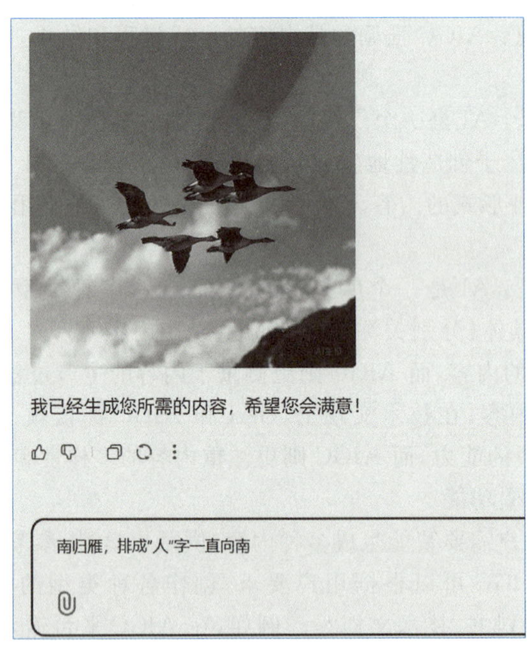

图 1-2-2 生成图像

（3）生成音频。AIGC 能够创作音乐、歌曲、语音等音频内容，也可以诵读文本。它可以模仿特定风格或艺术家的音乐，甚至根据给定的旋律和节奏生成全新的音乐作品。在创作时，用户只需要指定音乐风格、传达的情绪、大致情境、音色等，AIGC 平台就可以创作一首歌曲，如图 1-2-3 所示。

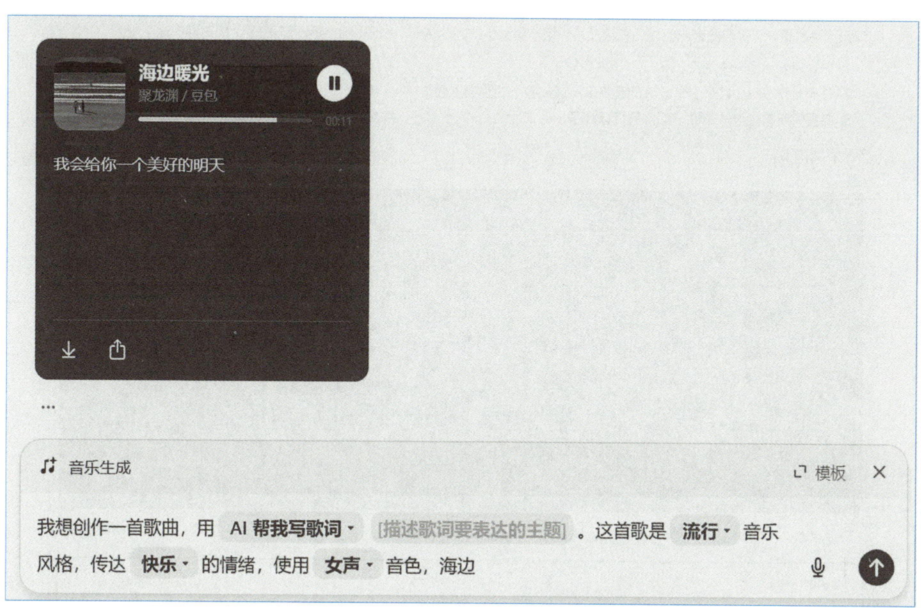

图 1－2－3　生成音频

（4）生成视频。AIGC 可以创作短视频、电影预告片等视频内容，还具有智能剪辑视频、文本配音、智能抹除、文本转视频、数字人播报、字幕认识、智能抠像等功能，在影视制作、广告创意等领域具有巨大潜力。例如，可以给幻灯片配上数字人，数字人就会根据文本内容进行播报，如图 1－2－4 所示。

图 1－2－4　数字人播报

（5）生成代码。AIGC 可以根据需求自动生成代码，辅助程序员进行编程。这对于提高软件开发效率、降低开发成本具有重要意义。例如，要编写汉诺塔圆盘移动的 python 程序，只需要输入“汉诺塔”三个字，一串程序代码就写出来了，如图 1－2－5 所示。

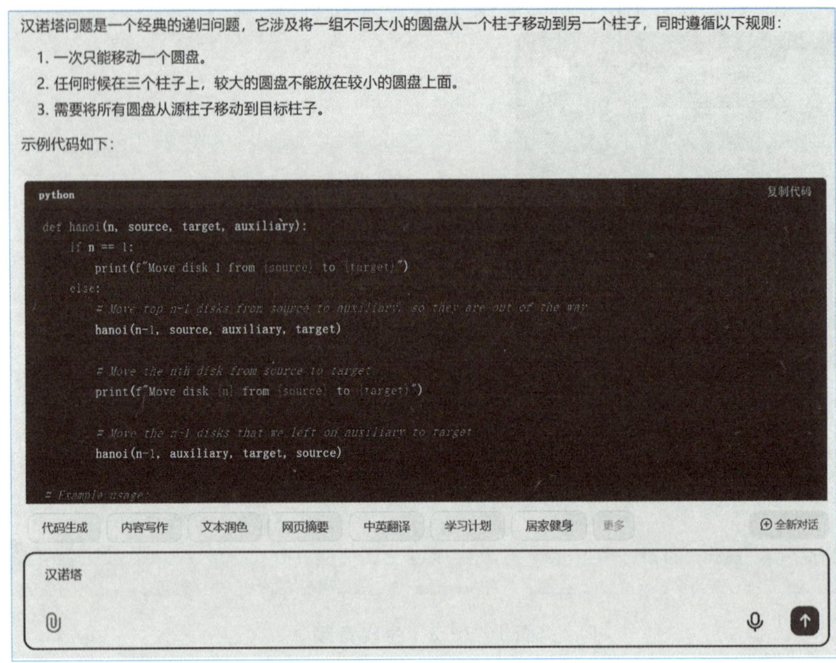

图 1-2-5　生成代码

AIGC 除了能够生成上述内容外，还可以写文章摘要、翻译文本、合成数据等。

活动一　体验 AIGC

活动描述

下午四点多的时候，小慧所在部门的主管急急忙忙跑回办公室，安排小慧在下班前完成一份以“团结一心，共筑梦想”为主题的团建活动方案。小慧利用 AIGC 平台生成了一个方案提纲，结合实际情况增加相关内容，很快就完成了活动方案。

活动分析

活动方案作为一种应用文体，主要用于规划和组织各类活动。它详细描述了活动的背景、目的、时间、地点、参与人员、活动内容、物资准备、宣传与动员、安全措施、预算编制等方面的内容。使用 AIGC 生成一个初稿，然后根据实际情况修改，可以起到事半功倍的效果。AIGC 生成文本基本上没有技术门槛。

活动展开

活动展开

体验 AIGC

1. 设置选项

（1）打开讯飞星火 AIGC 平台。

（2）选择“内容写作”选项。

（3）在“类型”下拉列表中选择“方案策划”选项。

（4）在“语气”下拉列表中选择“正式”选项，如图 1－2－6 所示。

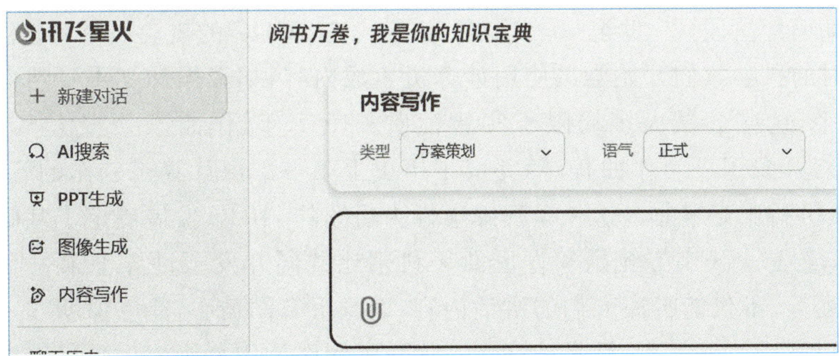

图 1－2－6　设置选项

2. 输入提示词

（1）在提示词输入框中输入：“团结一心，共筑梦想”主题的团建活动方案。

（2）单击“⬆”按钮，一个活动方案文稿即生成，如图 1－2－7 所示。

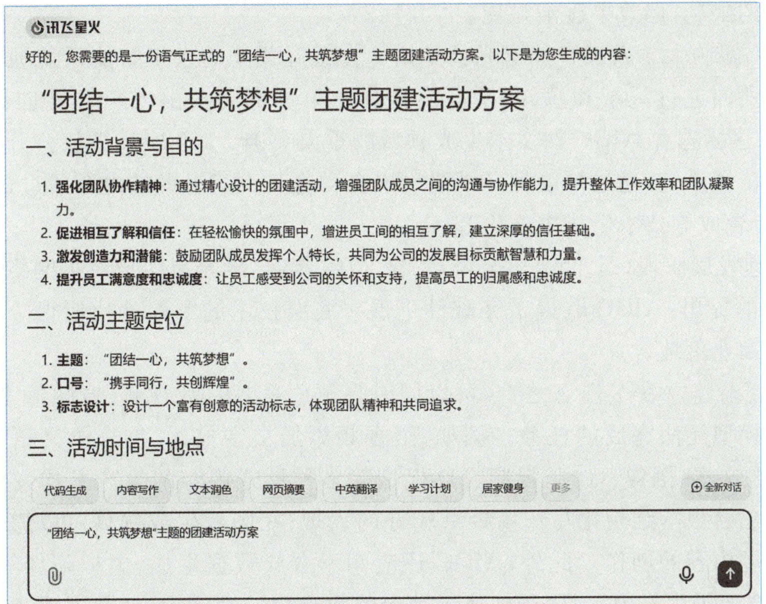

图 1－2－7　生成文稿

 **小提示：** 第一次使用讯飞星火 AIGC 平台需要使用手机号码注册。

拓展提高

1. 了解 AIGC 发展历程

AIGC 的发展历程是一个充满创新与突破的过程，它标志着人工智能技术从简单的自动化任务处理逐步迈向复杂的内容创作领域。其发展过程大致分为三个阶段：

（1）早期萌芽阶段（20 世纪 50 年代至 90 年代）。AIGC 的概念最早可追溯到 20 世纪 50 年代，当时的科学家们开始尝试使用计算机生成内容，如音乐和文本。然而，受限于当时的科技水平，这些尝试大多局限于实验性质。1957 年，作曲家莱杰伦・希勒和伦纳德・艾萨克森开发了一个作曲程序，完成了历史上第一部由计算机创作的音乐作品——弦乐四重奏《伊利亚克组曲》，这一里程碑事件为后续的 AIGC 发展奠定了基础。

1966 年，约瑟夫・韦岑鲍姆和肯尼斯・科尔比共同开发了世界上第一个机器人“伊丽莎”。“伊丽莎”不仅能听懂人们的讲话内容，而且很有同情心，能够像朋友一样，根据对话内容给人以鼓励、安慰等。后来被许多心理学家和医生用来为病人进行心理治疗，获得了较好的效果。

由于人工智能研究需要高昂的系统成本，且无法带来可观的商业变现，各国政府纷纷减少了在人工智能领域的投入，AIGC 没有取得重大突破。

（2）沉积积累阶段（20 世纪 90 年代至 21 世纪初）。随着深度学习算法、图形处理单元、张量处理器和训练数据规模的显著提升，AIGC 开始从实验性向实用性转变，尽管受到算法瓶颈的限制，但效果逐渐显现。

2007 年，纽约大学人工智能研究员罗斯・古德温装配的人工智能系统通过对公路旅行中的所见所闻进行记录和感知，撰写出世界上第一部完全由人工智能创作的小说《*1 The Road*》，这标志着 AIGC 在文本生成领域的重大突破。2012 年，微软公开展示了一个全自动同声传译系统，通过深度神经网络可以自动将英文演讲者的内容通过语音识别、语言翻译、语音合成等技术生成中文语音。

（3）快速发展阶段（21 世纪初至今）。自 2014 年起，随着以生成对抗网络为代表的深度学习算法的提出，AIGC 取得了突破性进展。底层技术的不断迭代使得 AIGC 在多个领域实现了商业落地。

AIGC 逐渐建立在多模态之上，可以同时理解语言、图像、视频、音频等多种模态，并完成单模态模型无法完成的任务。例如，给视频添加文字描述、结合语义语境生成图片等。AIGC 在文本、图像、音频、视频、3D 模型等多种形式内容的生产上均发挥了重要作用；在新闻稿、财报等结构化写作场景有较好的表现；在图像生成领域可以遵循人类指导完成指定主题内容的创作。此外，AIGC 还应用于合成数据生成、虚拟陪伴等多个领域。AIGC 不仅改变了生产力工具，还加速了社会的数字化转型进程，使数据要素的价值得到极度放大。

AIGC 的发展历程是一个从萌芽到快速发展、从单模态到多模态、从实验性到实用性的演变过程。随着技术的不断进步和应用场景的不断拓展，AIGC 将在更多领域发挥重要作用，推动人类社会的进步和发展。

2. 了解 AIGC 技术框架

在 AIGC 发展的过程中，技术框架内各要素的协同发展和融合创新是 AIGC 产业生态链健康发展的关键。AIGC 技术框架由基础层、模型层、能力层和应用层等部分组成，如图 1－2－8 所示。

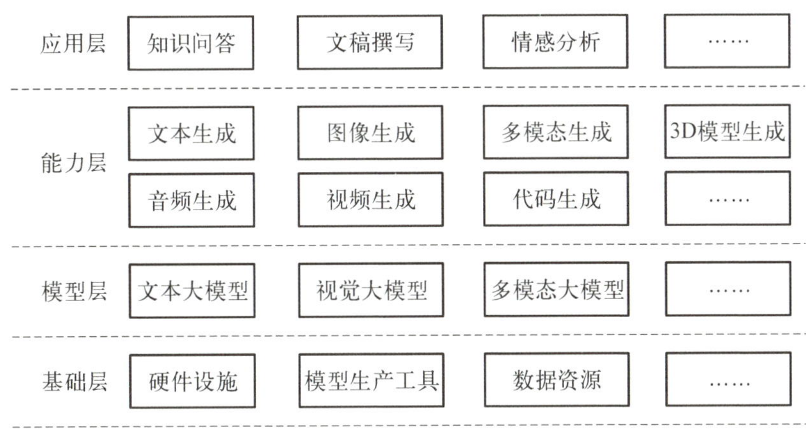

图 1－2－8 AIGC 技术框架

(1) 基础层。基础层是 AIGC 技术框架的基础，为整个 AIGC 系统提供必需的数据和算力支撑。这包括用于训练和优化模型的大量数据，以及进行复杂计算的高性能计算平台，确保 AIGC 技术框架能够顺利执行，并拥有处理大规模任务的能力。

(2) 模型层。模型层是 AIGC 技术框架的核心，由具备文本处理、视频处理和多模态数据处理能力的大模型构成，负责研发和优化人工智能的核心技术，通过不断的研究和创新，提高语言理解、信息抽取、图像检测和因果推断等任务处理的性能和效率。

(3) 能力层。能力层是 AIGC 技术框架的能力和工具，为实现人工智能的应用提供各种功能和支持。这些能力和工具可以用于图像识别、自然语言处理、语音识别等各种任务，使 AIGC 平台能够更好地满足不同领域的要求。

(4) 应用层。应用层是 AIGC 技术框架的输出部分，根据用户在特定场景下的特定需求输出内容，包括知识问答、摘要生成、文稿撰写和情感分析等功能或服务。

AIGC 技术框架的各部分各司其职，共同推动生成式人工智能技术的发展和应用。

3. 了解 AIGC 核心技术

AIGC 发展的过程中，主要依赖自然语言处理、深度学习、生成对抗网络和计算机视觉等核心技术。

(1) 自然语言处理。自然语言处理(natural language processing, NLP)是一个跨学科的研究领域，它结合了计算机科学、人工智能、语言学等多个领域的知识，旨在让计算机能够理解、解释和生成人类语言。自然语言处理技术是 AIGC 在文本内容生成中的关键，它包括分词与词性标注、句法分析、语义理解和生成模型等多个方面。这些技术使得机器能够理解并生成符合语法和语义规则的文本，广泛应用于智能写作、自动摘要、聊天机器人等领域。例如，当用户想知道北京当前天气时，只需要在 AIGC 平台中输入“今天北京的天气如何?”，AIGC 平台就通过自然语言处理技术对原始数据进行分析和理解，生成更加智能化的内容呈现给用户，如图 1-2-9 所示。

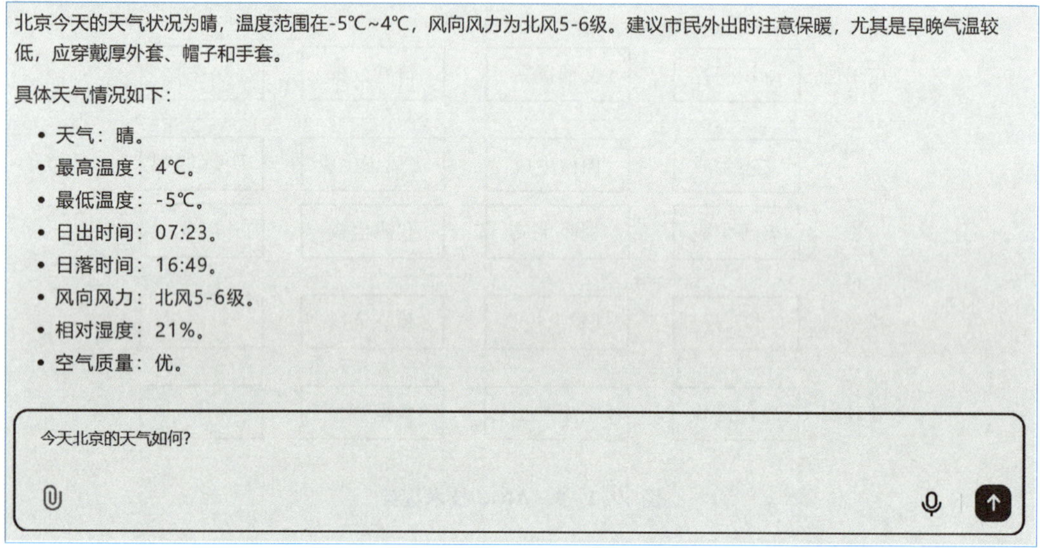

图 1-2-9 自然语言处理实例

自然语言处理主要包括自然语言理解和生成两个部分。

自然语言理解(natural language understanding，NLU)旨在使计算机能够理解和处理人类语言文本，包括从简单的命令解析到复杂的情感分析和语义理解等多个层面。NLU 的核心任务包括词法分析、句法分析和语义理解等。其中，语义理解是 NLU 的核心，它涉及如何让计算机理解文本的真正含义。在实际应用中，NLU 被用于多种场合，如智能问答系统、语音助手、机器翻译、文本摘要等。这些应用依赖 NLU 技术准确捕捉用户意图并提供相应的响应或服务。

自然语言生成(natural language generation，NLG)使计算机能够自动生成流畅、自然的文本内容。NLG 技术在多个领域有着广泛的应用。例如，在智能客服领域，NLG 可以自动生成回复，快速响应用户的问题和需求，提高客服效率并为用户提供便捷的服务体验；在新闻报道方面，通过训练大量的新闻数据，计算机能够自动生成新闻报道，提高报道的时效性并为新闻媒体节省人力成本。此外，NLG 还被应用于文学创作、机器翻译、文本补全等。

(2) 深度学习。深度学习是一种强大的机器学习技术，它通过模拟人脑的处理方式，使计算机能够像人类一样具有学习和识别能力。随着技术的不断发展和完善，深度学习将在更多领域发挥重要作用，推动人工智能的进步和发展。深度学习通过构建大规模神经网络和利用大量的训练数据，使计算机能够自动识别和学习数据中的规律，进而做出预测和决策。在训练过程中，深度学习模型会通过反向传播算法不断调整这些权重，最小化预测误差。这种学习过程使得模型能够自动从数据中提取特征，并进行复杂的模式识别和决策制定。深度学习在许多领域都取得了显著的成功。在图像识别领域，深度学习模型可以通过学习大量的图像数据，自动识别出图像中的物体、场景和人脸等信息。在语音识别领域，深度学习模型可以准确地将语音信号转换为文本，实现智能语音助手、语音翻译等功能。

深度学习与传统机器学习有如下区别：

一是特征提取方式不同。传统机器学习依赖手工设计的特征提取方法，需要领域专家根据经验和知识来选择和构造特征，往往耗时且容易受到人为因素的影响。深度学习通过多层神经网络，深度学习模型可以逐层抽象和提取数据中的复杂特征，无须人工干预就能够自动从原始数据中学习到有效的特征表示，使得深度学习在处理大规模、高维度数据时具有更大的优势。

二是模型复杂度不同。传统机器学习通常使用较为简单的模型结构，如线性模型、决策树等。这些模型在处理复杂问题时可能表现不佳，因为它们无法捕捉数据中的深层次结构和模式。深度学习采用深层神经网络结构，包括多个隐藏层和神经元。这种复杂的模型结构使得深度学习能够更好地模拟数据的非线性关系和复杂分布，从而提高模型的表达能力和泛化能力。

三是数据处理能力不同。传统机器学习在处理大规模、高维度数据时面临挑战。随着数据量的增加，传统机器学习算法的性能可能会下降，因为它们难以有效地处理和分析如此庞大的数据集。深度学习擅长处理大规模、高维度数据。通过并行计算和分布式训练技术，深度学习可以高效地处理海量数据，并从中学习到有用的信息，这使得深度学习在大数据时代具有广泛的应用前景。

四是应用领域不同。传统机器学习广泛应用于各种领域，包括但不限于分类、回归、聚类等。然而，在处理复杂问题时，传统机器学习可能需要大量的预处理和特征工程工作。深度学习在计算机视觉、语音识别、自然语言处理等领域取得了显著的成果。例如，在图像识别、语音识别、机器翻译等任务中，深度学习模型已经达到了甚至超过了人类水平的表现。此外，深度学习还在医疗、金融、自动驾驶等领域展现了巨大的潜力和应用价值。

总的来说，深度学习与传统机器学习在特征提取方式、模型复杂度、数据处理能力和应用领域等方面存在显著的区别。深度学习通过自动化的特征提取和复杂的模型结构，在处理大规模、高维度数据时具有更大的优势，并在多个领域取得了显著的成果。然而，这并不意味着深度学习可以完全替代传统机器学习，因为在某些特定场景下，传统机器学习算法仍然具有其独特的优势和适用性。因此，在选择使用哪种方法时，需要根据具体问题和数据特点进行综合考虑。

(3) 生成对抗网络。生成对抗网络(generative adversarial network, GAN)是一种深度学习模型，它通过同时训练两个神经网络——生成器和判别器，从而使生成的数据更加接近真实的数据，如图 1-2-10 所示。

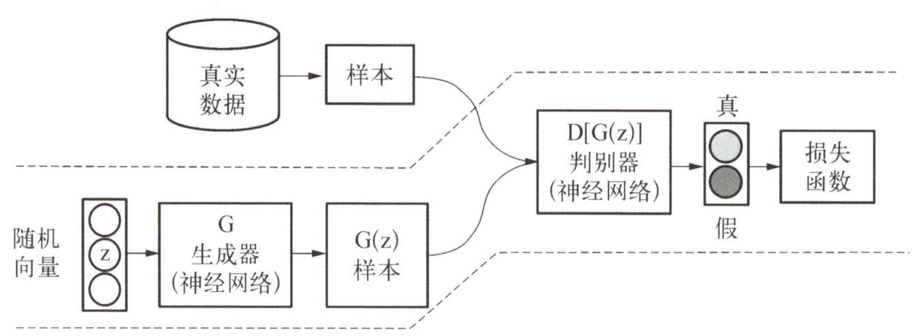

图 1-2-10 生成对抗网络示意图

① 生成器的任务是从一个随机向量中生成看起来与真实数据相似的样本。它接收一个随机向量作为输入，然后通过一系列的非线性变换和层(通常是神经网络层)将其转换为一个看起来像真实数据的输出。例如，在图像生成任务中，生成器可能会从一个随机噪声向量开始，逐渐生成一个看起来像真实图片的图像。

② 判别器的任务是区分生成器生成的假样本和真实数据中的真样本。它接收一个输入样本，并输出一个概率值，表示该样本来自真实数据而非生成器的概率。通过训练，判别器能够准确地判断出哪些样本是真实的，哪些是生成的。

生成器和判别器的训练过程是一个相互博弈的过程。生成器试图生成越来越逼真的样本，以欺骗判别器，而判别器则努力提高自己的辨别能力，以正确区分真假样本。这种博弈可以通过反向传播算法实现，其中，生成器的损失函数是判别器输出的相反数，而判别器的损失函数是其判断错误的程度。

(4) 计算机视觉。计算机视觉的主要目标是让计算机能够理解和处理来自现实世界的视觉信息，这包括识别图像中的物体、场景、人脸等，以及理解视频中的动作和行为。为了实现这些目标，计算机视觉借助了深度学习、机器学习、图像处理等多种技术手段。

在深度学习领域，卷积神经网络是计算机视觉中常用的模型之一。卷积神经网络通过模拟人类视觉系统的层次结构，逐层提取图像的特征，从而实现对图像内容的深入理解。随着深度学习技术的不断发展，卷积神经网络在图像分类、目标检测、语义分割等任务中取得了显著的成果。

除了深度学习，计算机视觉还涉及许多其他技术和方法。例如，传统的图像处理方法，如边缘检测、特征匹配等，仍然在某些特定任务中发挥着重要作用。此外，计算机视觉还需要借助大量的标注数据进行训练，这些数据通常由人工标注或使用特定的算法生成。

总的来说，计算机视觉是一门充满挑战和机遇的学科。随着技术的不断进步和应用场景的不断拓展，计算机视觉将在未来的人工智能领域中发挥越来越重要的作用。

4. 了解 AIGC 应用的主要领域

AIGC 主要具有生成文本、图像、音频、视频等内容的功能。只要涉及这些内容的领域都会随着 AIGC 技术更进一步发展而广泛应用。当前在影视、新闻传媒、教育、医疗等多个领域得到了广泛应用。

(1) 影视应用。AIGC 在影视创作中主要体现在剧本创作、视频特效、音视频剪辑、智能生成等方面得到了较好的应用。AIGC 技术能够根据剧作需求收集资料、整理归纳，并根据编剧提供的关键词进行联想，参与“头脑风暴”，为创作提供更开阔的思路。此外，AIGC 还可以在人物、情节、对话等方面提供可用的写作素材，并在剧本完成后帮助润色或翻译成其他语言。例如，在 AIGC 平台中，用户提示大致要求，很快就会生成剧本供用户参考，如图 1-2-11 所示。

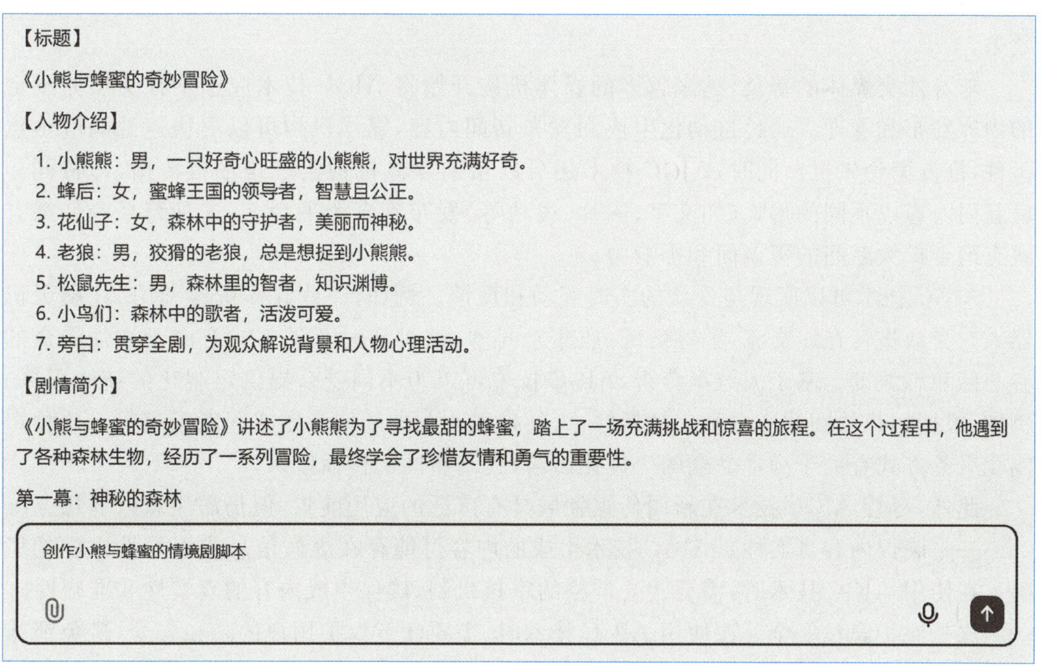

图 1-2-11 生成剧本

AIGC 在视频素材制作方面也有广泛应用，如《流浪地球》中的虚拟世界、《星球大战》中的太空船和光剑、《变形金刚》中的机器人等。使用 AIGC 技术可以帮助制作团队更加高效地创建逼真的特效，从而提高电影的视觉效果。

AIGC 还可以用于电影配音、音效制作，帮助电影剪辑师更加快速地完成影片的剪辑工作，制作电影海报、预告片和广告，从而吸引更多观众。总的来说，AIGC 在影视传媒中的应用日益广泛，不仅提高了生产效率，还丰富了内容形式，推动了行业的创新性发展。然而，随着技术的不断进步和应用的深入，也需要注意解决数据安全、隐私保护等问题，确保技术的健康发展。

(2) 新闻传媒应用。AIGC 技术在新闻传媒领域的应用日益广泛，其重要性体现在提升新闻生产效率、丰富报道形式、拓展传播渠道及增强受众互动等方面。

AIGC 技术能够根据预设的算法和规则，自动生成新闻报道、文章、视频等内容，极大地提高了新闻生产的效率。例如，一些媒体机构利用 AIGC 技术自动生成财经新闻、体育赛事报道等，减少了人工编写的时间成本。

AIGC 技术还可以辅助编辑人员进行内容审核和校对，提高内容的准确性和规范性。通过自然语言处理技术，AIGC 可以快速识别文本中的语法错误、事实错误等，并提供修改建议。

AIGC技术不仅限于文字内容的生成，还可以生成图像、音频、视频等多模态内容，为新闻报道提供了更多元化的形式。例如，一些媒体机构利用AIGC技术生成新闻图片、短视频等，使报道更加生动形象。

结合大数据分析和机器学习技术，AIGC可以根据用户的兴趣和偏好，为其推荐个性化的新闻内容。这种个性化推荐方式不仅提高了用户的阅读体验，还增强了新闻的传播效果。

随着社交媒体的普及，越来越多的媒体机构开始将AIGC技术应用于社交媒体平台的内容发布和管理。通过自动化生成和发布新闻内容，媒体机构可以更快速地响应热点事件，抢占舆论先机。同时，AIGC技术还可以帮助媒体机构实现跨平台传播，即将同一篇新闻内容以不同的形式（如文字、图片、视频等）发布到多个平台上，这种跨平台传播方式有助于扩大新闻的覆盖面和影响力。

AIGC技术可以实现与受众的实时互动和反馈。例如，一些媒体机构利用AI聊天机器人与受众进行在线交流、解答疑问、收集意见等，这种实时互动方式有助于增强受众的参与感和忠诚度。基于大数据分析，AIGC技术可以为不同受众提供定制化的新闻服务。例如，根据用户的阅读历史和兴趣偏好，为其推送相关的新闻专题或深度报道等。这种定制化服务方式有助于满足受众的个性化需求，提高新闻的传播效果。

此外，尽管AIGC技术在新闻传媒领域具有广泛的应用前景，但仍需注意以下几点：

一是确保内容真实性。AIGC技术生成的内容可能存在虚假信息或误导性内容的风险。在使用AIGC技术时，需要建立严格的审核机制，确保生成内容的真实性和准确性。

二是保护隐私安全。在使用AIGC技术时，需要注意保护用户的隐私安全，避免泄露用户的个人信息和敏感数据。

三是遵守法律法规。在使用AIGC技术时，需要遵守相关的法律法规和道德规范，避免侵犯他人的知识产权和合法权益。

AIGC技术在新闻传媒领域的应用具有重要意义和广阔前景。通过合理利用AIGC技术，可以提高新闻生产效率、丰富报道形式、拓展传播渠道，以及增强受众互动等方面的表现，推动新闻宣传工作的创新发展。

(3) 教育应用。AIGC技术在教育领域的应用日益广泛，其重要性体现在提升教学质量、促进个性化学习、优化教学资源分配等方面。

AIGC智能教学辅助可以协助教师备课和教学设计、批改作业和知识反馈、实时互动和答疑等工作。备课时，系统根据输入的关键词或教学主题，从海量教学资源中筛选相关内容，并自动组合成完整的教案。AIGC技术可以辅助教师进行作业批改，通过自然语言处理技术快速识别学生的答案，并提供反馈和建议。AIGC还可以作为智能助教，与学生进行实时互动，解答疑问，提供即时的学习支持。

AIGC智能导学功能基于学生的学习历史、成绩和兴趣，可以推荐个性化的学习路径和资源，满足不同学生的学习需求；根据学生的学习进度和掌握情况，动态调整课程内容和难度，确保学习的连续性和有效性；通过收集学生的作业完成情况、测试成绩等数据，实时跟踪学生的学习进度，并提供反馈和建议；利用大数据分析技术，对学生的学习效果进行全面评估，帮助教师制定更加有针对性的教学策略。

AIGC 技术可以帮助教育机构整合和分发优质教学资源，打破地域限制，实现教育资源的均衡分配。结合虚拟现实技术，AIGC 可以创建逼真的虚拟实验室，模拟真实的教学环境，为学生提供安全、经济的实验操作体验。AIGC 可以创建在线学习社区，提供定制化的成人教育课程，满足不同职业阶段和个人兴趣的学习需求。

(4) 医疗应用。AIGC 技术在医疗领域的应用日益广泛，其重要性体现在提升诊疗效率、促进个性化治疗、优化医疗资源配置等方面。AIGC 技术能够快速、准确地识别医学影像中的异常情况，如 X 光、MRI 等，帮助医生早期发现病变。通过深度学习技术挖掘和分析大规模医疗数据，AIGC 可以提供诊断建议，辅助医生制定治疗方案。

AIGC 技术可以精确地进行三维重建患者的解剖结构，为手术提供虚拟规划。在手术过程中，AIGC 可以通过实时图像导航系统辅助医生准确定位病变和重要结构，提高手术的精确性和安全性；通过机器学习算法控制手术机器人进行自动化手术操作，如切割、缝合等，提高手术速度和准确性；还可以监测手术过程中的生理信号，为医生提供及时反馈，帮助调整治疗策略。

AIGC 可以实时监测和分析患者的健康数据，预测病情发展，帮助医生调整治疗计划，同时自动生成患者随访报告，提高医生的工作效率。

AIGC 可以通过对大量化合物进行分子层面的筛选和评估，加速药物研发的过程并降低研发成本。利用 AIGC 技术，科学家们可以针对性地设计新型抗生素和抗癌药物，有效克服细菌耐药性问题。

AIGC 结合物联网、大数据等技术，可以为个人提供个性化的健康管理服务，帮助人们更好地保持身心健康。通过监测血糖、血压等指标，AIGC 可以为慢性病患者定制个性化的健康管理方案，减少并发症的发生。

AIGC 在医疗领域的应用正逐渐改变医疗工作者的诊疗模式，并为患者提供更好的医疗保健服务。随着技术的不断发展，相信 AIGC 在未来会在医疗领域发挥更加重要的作用，为人类生命与健康的保障作出更大的贡献。

实训操作

1. 查阅资料，将熟悉的 1～2 项 AIGC 应用按要求填写在表 1-2-1 中。

表 1-2-1　常见 AIGC 应用分析表

应用领域	应　用　举　例

2. 尝试使用 AIGC 平台，完成 1～2 项应用，并向同学们分享应用过程及成果。

活动二 用好 AIGC

活动描述

小慧公司开展“关爱留守儿童”活动。小慧负责给孩子们讲一个故事。小慧语言表达能力十分优秀，要把故事讲得声像结合、图文并茂，使孩子们身临其境，绘画却给小慧带来了一定的难度。于是，小慧使用 AIGC，把故事的主要环节绘制成一幅幅画，配上音乐，把故事讲得绘声绘色，把孩子们带到了故事里，孩子们听得津津有味。

活动分析

使用 AIGC 绘制图像的关键是“提示词”描述要准确。给故事配图，就需要将描写故事情境的语句转换为 AIGC 能够识别的“自然语言”，然后输入提示词输入框，剩下的工作就由 AIGC 完成，技术难度较小。

活动展开

活动展开

用好 AIGC

文创人员按如下步骤：

（1）启动 AIGC 文字作画软件，如通义万相。

（2）设置生成图像的比例，如 16∶9。

（3）在提示词输入框中输入事先准备好的提示词。

（4）单击“生成画作”按钮，如图 1－2－12 所示。

（5）等待几十秒钟，即可生成画作，如图 1－2－13 所示。

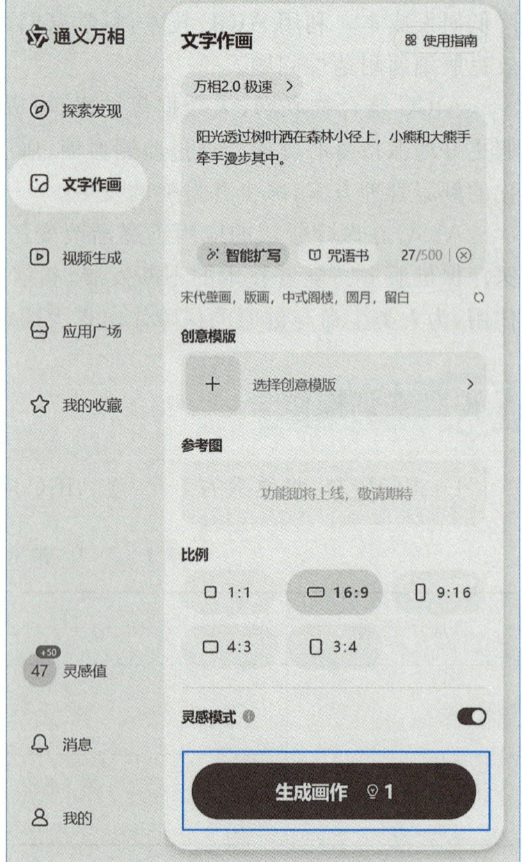

图 1－2－12 单击“生成画作”按钮

图 1-2-13　生成画作

小提示：可以重复(3)至(5)步生成其他画作，使用幻灯片制作软件或其他图像集成软件，添加上文字信息，形成一个比较完整的情境画面，如图 1-2-14 所示。

图 1-2-14　画作后期处理

拓展提高

1. 了解常用 AIGC 平台

随着 AIGC 技术快速发展,我国众多 AIGC 平台如潮水般在短短两年中涌现出来,为人们学习、应用 AI 提供了极大的方便。下面介绍常用的几个平台。

(1) 文心一言。文心一言是由百度公司开发的一款基于人工智能技术的自然语言处理工具,其界面如图 1-2-15 所示。它具备智能问答、多语言语音合成、个性化设置与记忆功能,以及创作与生成能力。

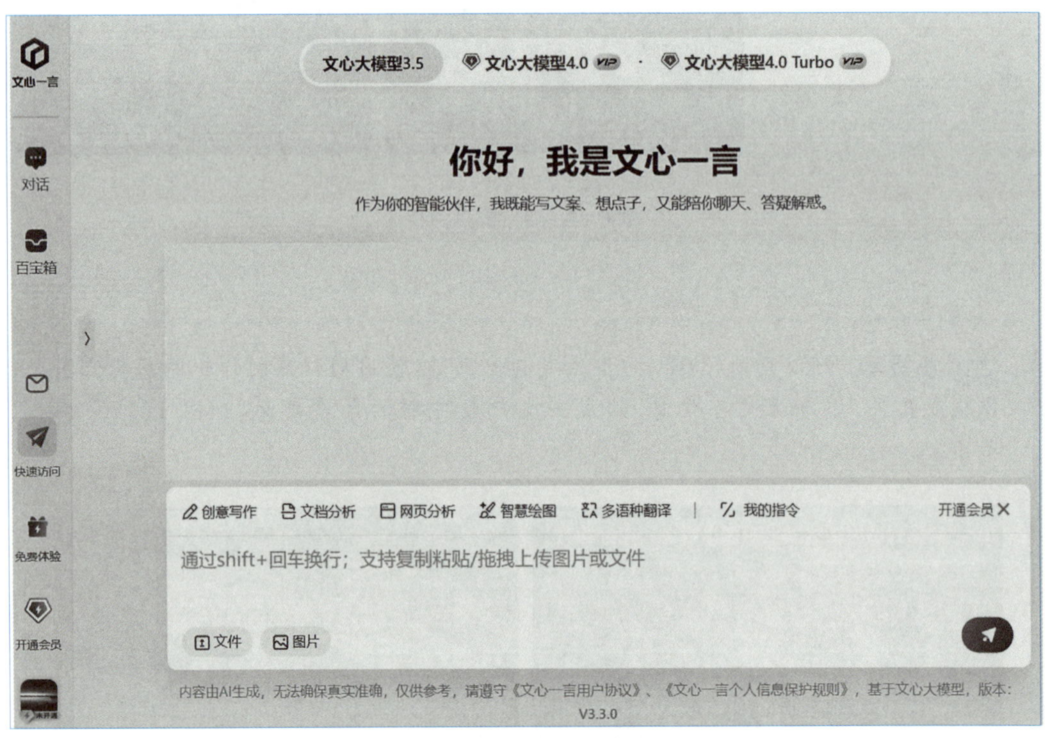

图 1-2-15　文心一言界面

文心一言能够比较准确地识别并理解用户的问题或需求,及时回答用户提问,它除了文本输入外,还支持语音指令互动,以及多种语言的语音合成输入,有利于跨国交流和合作。用户可以调整语速、音量、音调等参数,满足不同听觉需求。文心一言还能记住用户的喜好、需求和日程安排。文心一言在文学创作、商业文案创作、数理逻辑推算等方面展现出强大的能力,可以协助完成多种内容的创作。

文心一言在新闻媒体、社交媒体、电商领域等方面都有广泛应用,如文章分类、情感分析、摘要生成、文本相似度匹配等。

(2) 讯飞星火。讯飞星火是由科大讯飞公司推出的新一代认知智能大模型,其界面如图 1-2-16 所示。这个模型以中文为核心,具有跨领域的知识和语言理解能力,能够基于自然对话方式理解和执行任务。讯飞星火可以进行多层次跨语种语言理解，实现要素抽取、语篇归整、情感分析、多语言翻译、知识问答、逻辑推理、数学问题解答、程序代码编写、图像生成等多种功能。讯飞星火在产品优势方面表现为快速响应、高效处理、多元场景持续进化、灵活应用个性定制，以及服务稳定、安全、可靠，已在教育、办公、汽车、数字员工、数字人等多个行业应用中发挥作用。

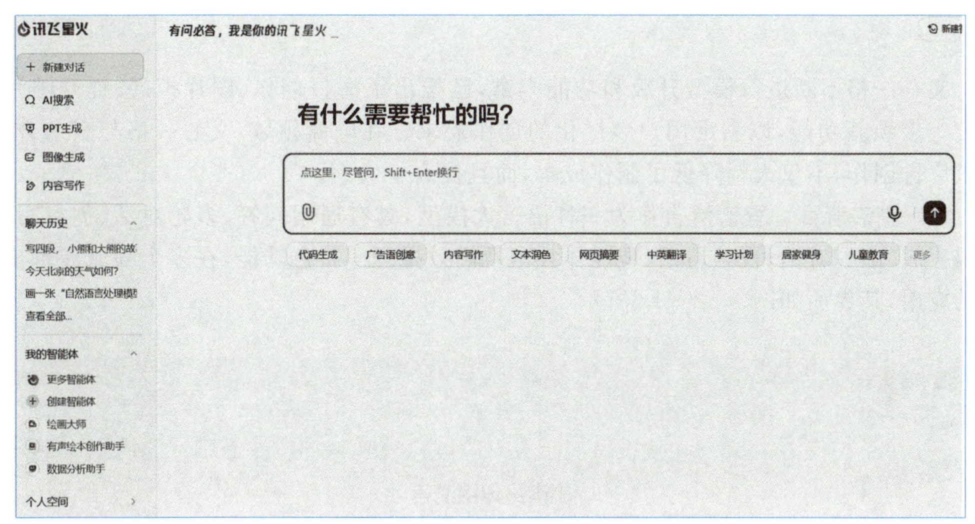

图 1-2-16　讯飞星火界面

（3）文心一格。文心一格是百度推出的 AI 艺术和创意辅助平台，是基于飞桨、文心大模型的技术创新，其界面如图 1-2-17 所示。文心一格主要面向有设计需求和创意的

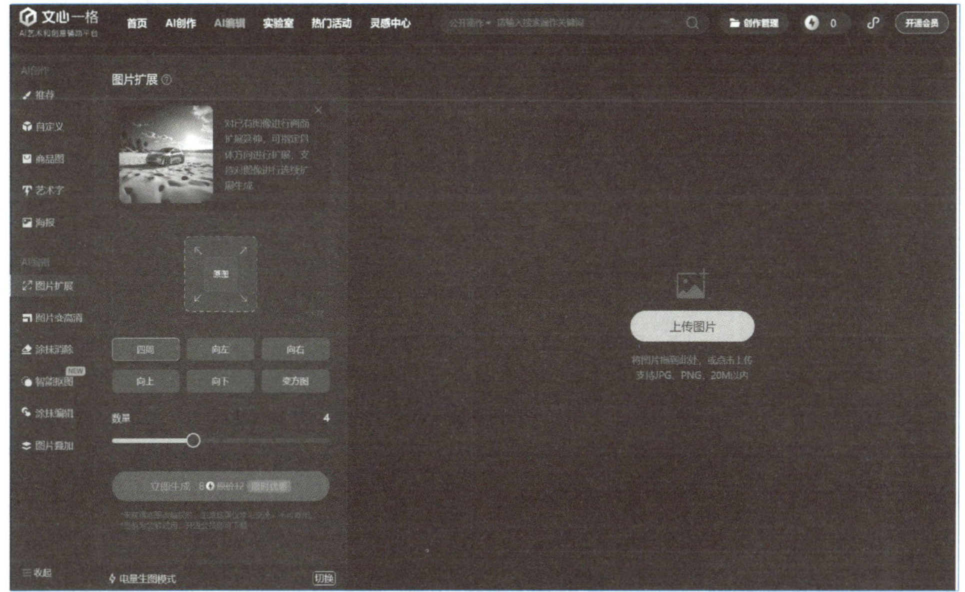

图 1-2-17　文心一格界面

人群，提供智能生成多样化 AI 创意图片的服务，辅助用户进行创意设计，打破传统创意瓶颈。文心一格作为完全自主研发的原生中文文本生成图像的系统，在中文语言处理和文化理解上具有显著优势，能够深入理解中文用户的语义，生成符合中文语境的画作。用户只需输入简单的描述，文心一格便能自动从视觉、质感、风格、构图等多个维度进行智能补充，生成精美且富有创意的图片。平台还提供了涂抹、图片叠加等多种二次编辑功能，使用户能够对生成的图片进行进一步调整和优化，以更精准地符合个人创意需求。

文心一格不断进行模型升级和功能丰富，已推出了海报创作、图片扩展、提升图片清晰度等多项新功能，以满足用户多样化的创作需求。在电商领域，文心一格与京东合作，尝试广告创作，不仅大幅降低了制作成本，而且提高了效率。

(4) 智谱清言。智谱清言作为一种语言大模型，具有通用问答、多轮对话、创意写作、代码生成、虚拟对话、视频通话、智能体技术及高效推理等特色功能，在多个领域展现出广泛的应用，其界面如图 1-2-18 所示。

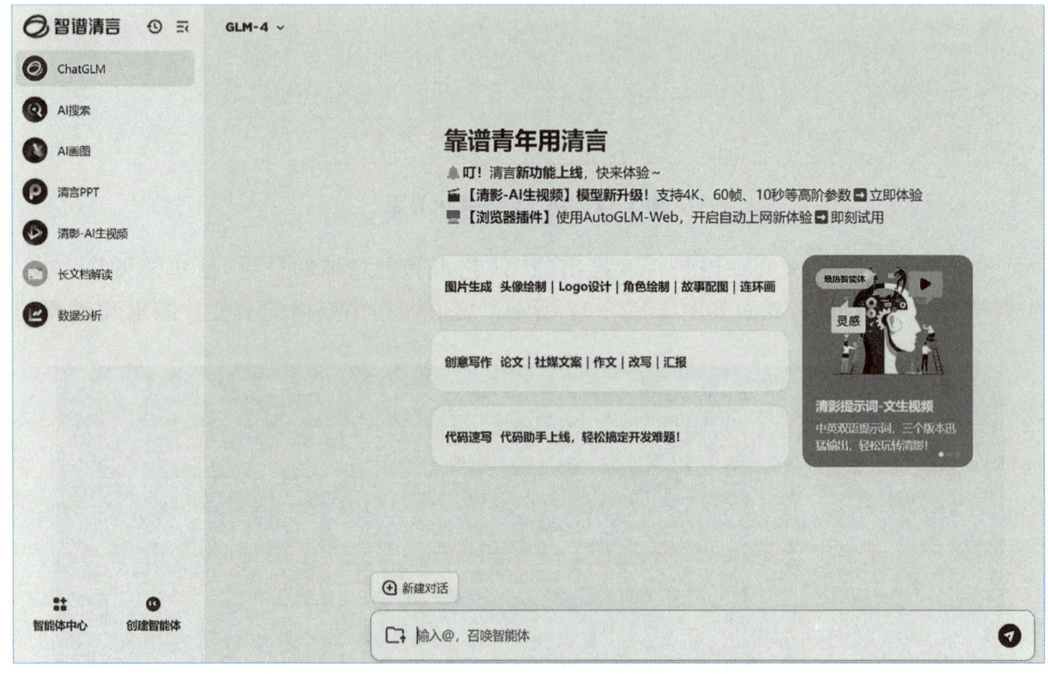

图 1-2-18 智谱清言界面

在通用问答方面，智谱清言具备强大的通用问答能力，可以回答用户在工作、学习和日常生活中遇到的各类问题。无论是简单的事实查询还是复杂的逻辑推理，它都能提供准确且及时的回答，支持自然、流畅的多轮对话，使用户能够与 AI 进行连贯的交流。这种对话模式不仅提高了交互的自然性，也使得任务处理更加高效。智谱清言还可以为用户提供丰富的创意灵感和内容框架，帮助用户创作出高质量的文案。同时，用户可以根据需求让 AI 扮演不同角色，如专业人士、故事角色等，增强互动性和用户体验。

（5）通义万相。通义万相是阿里云公司推出的 AI 绘画创作大模型，其界面如图 1-2-19 所示。通义万相的主要功能包括文本生成图像、相似图像生成、图像风格迁移、生成视频和多场景应用。

图 1-2-19　通义万相界面

用户可以通过输入文字内容，让通义万相生成水彩画、扁平插画、二次元图画、油画、中国画、3D 卡通图和素描图等。这一功能极大地丰富了用户的创意表达方式，使得非专业人士也能轻松创作出专业级别的艺术作品，适用于需要快速将想法或概念视觉化的场合，如广告设计、社交媒体内容创作等。在应用过程中，用户上传任意图片后，通义万相可进行创意发散，生成内容、风格相似的 AI 画作，也可以上传原图和风格图，通义万相能自动把原图处理为指定的风格图，例如，用户可以将自己的照片或设计作品转换成喜欢的艺术风格。

（6）腾讯智影。腾讯智影是一款云端智能视频创作工具，其界面如图 1-2-20 所示。腾讯智影具有视频剪辑、文本配音、数字人播报、自动字幕识别、文章转视频、去水印、视频解说、横转竖等多种功能。

腾讯智影提供了专业易用的视频剪辑器，支持多轨道剪辑、添加特效与转场、添加素材、关键帧、动画、蒙版、变速、倒放、镜像、画面调节等功能，可将文本直接转化为语音，提供近百种仿真的声线，风格涵盖视频配音、新闻播报、内容朗诵等，帮助用户快速将文本转换为视频内容，输入文本并选择形象即可生成数字人播报视频，适用于新闻播报、教学课件制作等。腾讯智影还提供了中文与英文字幕自动识别、横屏内容智能转化为竖屏和算法自动追踪画面主体等功能，为影视制作全流程提供了全方位的支持。从云端在线剪辑到数字人主播、虚拟直播，再到文本配音、有声小说、广告素材生产和消费型内容发文，腾讯智影将影视创作带入了一个全新的时代。

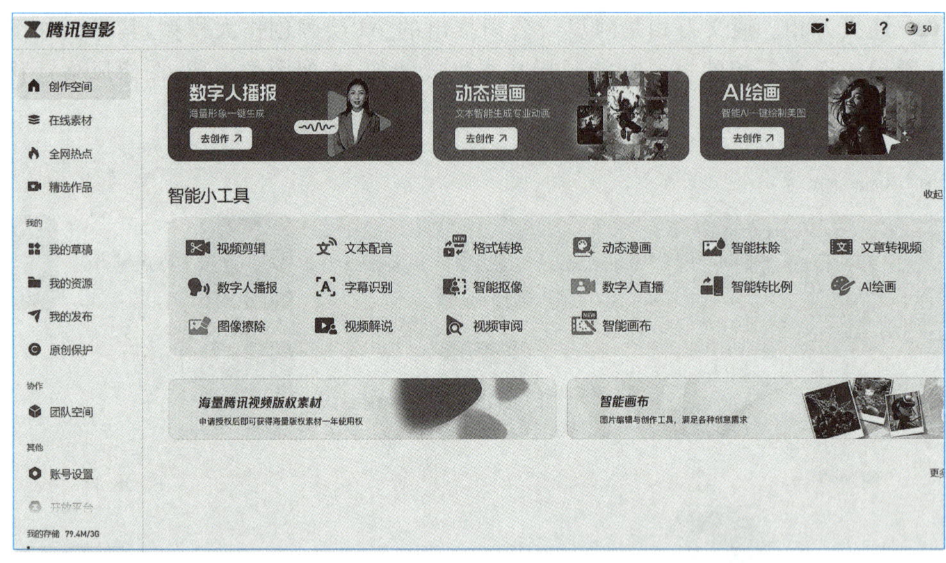

图 1-2-20 腾讯智影界面

（7）深度求索。深度求索（英文“DeepSeek”）是由杭州深度求索人工智能基础技术研究有限公司倾力打造的高性能人工智能模型，其界面如图 1-2-21 所示。DeepSeek 不仅具备全文搜索、语义搜索等基础功能，还融合了数据整合、数据挖掘、定制化设置、报告生成及数据可视化等高级功能，全方位满足用户多样化的需求。2024 年 12 月 26 日，DeepSeek-V3 的首个版本正式上线并同步开源，这一举措在国内外引起了广泛关注。2025 年 1 月 31 日，英伟达宣布 DeepSeek-R1 模型成功登陆 NVIDIA NIM。与此同时，亚马逊和微软也相继接入 DeepSeek-R1 模型。英伟达评价称，DeepSeek-R1 代表了当前最先进的大语言模型技术。随后，DeepSeek-R1、V3、Coder 等系列模型也陆续在国家超算互联网平台上线。DeepSeek 现已正式落户苏州，并在苏州市公共算力服务平台上完成部署，为用户提供了便捷的软硬件一体化服务。

图 1-2-21 深度求索界面

虽然 AIGC 平台较多，各个平台侧重点也不一样，或偏重生成文本、或偏重生成图像，但是不同的平台都是根据用户“提示词”生成文本、图像、音频和视频的。用户在使用的过程中，根据不同的需要选择不同平台完成任务即可。

2. 了解存在的问题

AIGC 作为一种新兴技术，虽然在多个领域展现出巨大的潜力和优势，但同时也存在一些问题和风险，主要体现在如下几个层面：

（1）技术层面的问题。AIGC 主要存在数据质量、算法黑箱、数据滥用及数据泄露等主要问题。AIGC 模型的性能高度依赖于训练数据的质量。然而，数据真实性、准确性、完整性和客观性难以保证，导致训练数据中可能包含误导、虚假和有害信息，甚至因“数据投毒”而降低质量，影响模型决策。另外，数据偏见、代表性不足和多样性缺乏，以及采用“人类反馈强化学习”方法，会导致 AIGC 模型认知不足，生成结果存在偏见与偏差。例如，使用 AIGC 平台，要求其绘制一幅“孔子教学生写字的教学场景”时，许多平台生成的图像都存在训练不够的问题，如图 1-2-22 和图 1-2-23 就是两个 AIGC 平台生成的图像。春秋时期，纸还没有被发明出来，而图像呈现的都是在纸上书写的情景，显然与时代不相吻合，出现史实性错误。另外，在手指等细节上也存在一定问题有待改进。

AIGC 平台算法和模型缺乏可解释性和透明度，用户难以理解和发现输出结果中的潜在错误。算法不透明导致信息不对称，加剧黑箱问题。同时，算法开源可能丧失技术优势，使成本回收与利益分配难以调和。此外，AIGC 模型从互联网上抓取的信息可能包括未经同意的个人信息和商业数据。数据超权限使用、超协定分析及非法数据交易等，对个人隐私、商业秘密和国家安全造成极大侵害。同时，AIGC 模型开发和应用的全过程，包括迭代训练、网络攻击、数据存储和流动与共享等环节，都存在泄露个人隐私信息、企业商业机密和国家秘密等数据，造成隐私侵权、不正当竞争和国家安全问题。

图 1-2-22 某甲 AIGC 平台生成的图像

图 1-2-23 某乙 AIGC 平台生成的图像

（2）个人层面的问题。随着 AIGC 技术进入市场和应用领域，个人将不同程度地经历技术层面风险的影响，同时面临 AIGC 直接带来的风险。数据泄露直接导致个人隐私泄露，而数据滥用下的泄露更为隐秘。此外，数据滥用下的“深度伪造”造成隐私侵犯，进一步引发用户控制个人数据使用方式、网络自由表达和数据被遗忘等权利问题。个人在依赖 AIGC 带来的方便时，过度依赖导致认知萎缩、人类自动化偏见和认知误导，影响正确判断和决策，还有创造力、批判性思维和解决问题等技能，以及独立思考和社交能力的缺失。由于 AIGC 快速、低成本和零薪资要求的特点，将挤压与 AIGC 在职责和技能上重合、交叉的劳动者的就业空间，甚至取代低技能工作者，导致结构性失业人数增加，造成社会层面的就业风险。

(3) 社会层面问题。技术层面和个人层面的风险通过转移和积累，扩大影响范围，会引发社会层面风险。AIGC 可能通过隐私泄露、偏见与歧视、算法黑箱和算法操纵等造成社会不稳定。隐私泄露包括个人隐私、企业和组织机密及国家安全数据的泄露。偏见与歧视源于数据偏见和算法歧视，会强化不公平社会结构。算法黑箱导致可解释性和透明度问题，影响用户信任和相关机构责任划分。算法操纵可能引发社会恐慌和政治冲突，加剧网络安全问题与犯罪。AIGC 还可能引发知识产权争议，包括主体性、生成内容属性、归属和侵权问题。此外，AIGC 依靠庞大参数量和训练数据实现，需要大量算力和电力投入，能源消耗巨大，产生巨额环保负担。随着 AIGC 发展，模型参数量和文本训练量不断递增，能源消耗问题日益严重。

3. 了解使用的基本准则

AIGC 在学习、生活和工作领域均有巨大的潜力，如何用好这把“双刃剑”，成为人类发展的有力助手，需要每一位用户把握使用的基本规则。

(1) 合法合规，正当使用。在使用 AIGC 时，要严格遵守法律法规、伦理道德和标准规范，禁止使用不符合法律法规、伦理道德和标准规范的 AIGC 产品与服务，禁止使用 AIGC 产品与服务从事不法活动。使用 AIGC 时，确保个人信息和敏感数据得到充分保护。

(2) 强化责任，避免误用。充分了解 AIGC 产品和服务的适用范围和负责影响，尊重他人不使用 AIGC 产品和服务的权利，避免不当使用 AIGC 产品和服务，避免非故意造成对他人合法权益的损害。坚持人类是最终责任主体，全面增强责任意识，在应用 AIGC 时自省自律，不回避责任审查，不逃避应负责任。积极学习 AIGC 伦理知识，客观认识伦理问题，不低估、不夸大伦理风险，主动开展或参与 AIGC 伦理问题讨论，提升应对能力。

(3) 促进发展，善意使用。充分了解 AIGC 产品与服务带来的益处，积极学习相关知识，主动掌握选择、使用、应用处置等各个环节所需技能。了解可能收集的信息类型和信息使用方式及其对个人学习、生活、工作的影响。在应用 AIGC 产品和服务时，应注意辨别和评估信息的准确性与适用性，避免过度依赖而影响个人综合能力的健康发展。

4. AIGC 发展展望

在人类历史长河中，每一次科技革命的浪潮都在悄然重塑着人类文明。如今，人工智能这个炽热的科技焦点，不仅在技术界掀起了波澜，也在每个人的生活中激起了涟漪。

人工智能发展已达到了一个新的阶段，智力资源在过去被认为是稀缺和珍贵的，现在开始被人工智能以惊人的效率和规模复制和扩展。从编程到写作，从图像设计到策略规划，AI 正逐步介入这些过去由人类智力垄断的领域。

在这样的背景下，未来，当人工智能能够模拟甚至超越人类的智力劳动时，人类的工作又会呈现出怎样的新面貌？每个人是否都能够适应这种速度和方式的变化？智力工作的价值是否将遭到贬值？而智力劳动者又该如何面对这场智力劳动的工业革命？

（1）AIGC 将成就一批创新企业。AIGC 将深度融入企业业务，并催生众多新场景。随着应用价值链的延伸，AIGC 将重塑行业运营模式，对商业模式和利益格局产生重大影响。应用层创新将成为 AIGC 产业发展的核心方向。在通用人工智能时代，智能化应用将呈现爆发式增长，而 AIGC 将优先在企业端实现场景落地，特别是与生产力和办公相关的场景。对于消费端用户，结合商业模式探索和市场教育，其商业闭环的构建周期将延长。对于 AI 技术实践的创新型企业，找准落地场景是关键。从技术角度看，AIGC 在知识管理、搜索、地图、数字人、智能对话、推荐和业务流程优化等场景中具有明显优势。

（2）AIGC 大模型将快速成熟。调查发现，企业在选择 AIGC 供应商时，最看重的是项目能否短期内为企业带来实际效益，而大模型应用厂商也在积极寻找合作伙伴，力图快速树立行业标杆。企业希望通过 AIGC 提升客户体验、提高开发人员的生产力、创造差异化竞争优势及创新商业模式等。在未来，传统营销任务、搜索引擎优化、内容与网站优化、客户数据分析、细分市场分析、潜在客户评分及个性化营销等都会被 AIGC 替代一部分。

（3）AIGC 专属模型会成为行业的追求。当前各个领域使用大模型均是公开版本，未来将建立行业专属模型，行业专属模型已成为 AIGC 企业未来的热点目标。基于特定任务和领域知识的专属或垂类模型对于企业客户来说至关重要。在构建专属 AI 能力的过程中，中大型企业凭借雄厚的资金基础和丰富的数据沉淀，有望率先提供专属模型服务，赋能行业生态和客户。

（4）AIGC 大模型生态日臻繁荣。随着 AIGC 产品与生态的蓬勃发展，AIGC 的收费模式只是其货币化趋势的初步体现。巨大的商业前景下，AIGC 将驱动全社会涌现出新的商业模式。在 AIGC 商业繁荣的大趋势下，技术、产品和商业的良性竞争将使 AIGC 更加普惠，企业用户的智能化发展路径将更加清晰。个体创作者和开发者的商业化门槛将持续降低，更多的人将更积极地拥抱 AIGC。

（5）AIGC 需要规范制度护航。AIGC 作为一种新兴技术，虽然带来了 AIGC 新浪潮的发展，但也存在许多可预料和不可预料的风险。隐私保护、结果失控、数据泄露等问题是企业决策者最为担忧的问题。2023 年 7 月 13 日，国家网信办等七部门联合公布《生成式人工智能服务管理暂行办法》，旨在促进生成式人工智能的健康发展和规范应用，维护国家安全和社会公共利益，保护公民、法人和其他组织的合法权益。北京、上海等地也相继出台相关规范和条例。当前，各国政府已经开始出台法律法规，对相关的开发、应用和服务过程进行有效规范和约束，持续推进 AIGC 的政策和治理。面对 AIGC 技术应用可能带来的风险挑战，社会各界需要协同参与、共同应对，通过法律、伦理、技术等方面的多元措施支持构建可信 AIGC 生态。

AIGC 技术的未来如何，尚未可知，但可以知道的是：一旦开始，便无法停止。能做的，就是积极主动地“跃入”AIGC 时代，拥抱人工智能的新时代，打造更美好的未来。

实训操作

1. 查阅资料，探究使用 AIGC 应该遵守的规则。

2. 以“人工智能是否会取代人类智能”为题，在班级开展一次辩论会，将你的观点简要记录在表 1-2-2 中。

表 1-2-2　记录表

人工智能是否会取代人类智能		□支持　□反对
我的观点		

在完成本次任务的过程中,了解了 AIGC 原理及简单应用,对照表 1-2-3,进行评价与总结。

表 1-2-3　评价与总结

评　价　指　标	评 价 结 果	备　注
1. 了解 AIGC 及其相关概念	□A　□B　□C　□D	
2. 掌握 AIGC 应用的基本方法	□A　□B　□C　□D	
3. 了解 AIGC 存在的局限及问题	□A　□B　□C　□D	
4. 掌握 AIGC 应用的基本规则	□A　□B　□C　□D	
5. 感受 AIGC 给人们生活、学习和工作带来的机遇与挑战	□A　□B　□C　□D	
综合评价:		

项目二 向人工智能学习

随着科学技术的不断进步,人工智能生成内容(AIGC)逐渐渗透至人类的学习、生活以及工作等多个领域。尽管在人们心中,AIGC 似乎是一个无所不知、无所不能的“宝库”,但在实际应用中,却常常无法获得满意的解决方案或答案。这并非是由于 AIGC 的智能化程度不足,而是因为人类与 AIGC 之间的交流存在障碍,导致 AIGC 未能充分理解人类提出的问题。因此,在运用 AIGC 的过程中,亦需掌握与 AIGC 沟通的技巧,从而更有效地利用其服务。

提示词作为人类与 AIGC 交互的文本片段或指令,能够引导 AIGC 产生特定类型的响应。提示词的概念可追溯至人工智能和自然语言处理的发展初期。随着深度学习和大型神经网络模型的兴起,提示词的作用愈发凸显。这些模型基于庞大的语料库进行训练,以学习自然语言的语法、语义和上下文为目的,进而生成文本、图像、声音、视频等多种形式的提问内容。

如何有效地运用提示词,与 AIGC 共同进步,并使其更好地服务于人类,是需要学习的重要课题。

- 任务一 智能对话
- 任务二 智能翻译与图像识别

任务一 智能对话

情境故事

小萌的同事们经常利用AI来解决工作中的问题，显著提升了他们的工作效率。小萌也尝试着使用AI生成活动方案和工作计划等文本材料，她总觉得AI似乎有些“偏心”，并不总是按照她的指令行事，生成的内容往往与期望有所偏差，让她时常抱怨AI不够得力。同事向她建议，要想让AI更加“听话”，掌握提问的艺术是至关重要的。随后，小萌学习了如何更有效地提问，她发现生成的内容变得更加符合她的要求了。

本任务将学习使用AI提示词的方法及相关技巧，掌握与AI进行智能问答和角色扮演的方法。

任务目标

1. 了解AI提示词的概念和作用。
2. 掌握AI提示词在智能对话中的一般方法。
3. 尝试创建AI角色对话。
4. 体会AI给学习、生活和工作带来的便捷性。

任务准备

1. 了解AI提示词

AI提示词(prompt)是指在使用人工智能模型时用户输入的文本内容，用于指导AI模型生成符合需求的输出结果。例如，在AI平台询问天气，输入的询问词就是AI提示词，如图2-1-1所示。

AI提示词是用户与AI模型进行交互、传达需求的关键桥梁。一个优质的提示词能够帮助AI模型准确理解用户意图，高效完成写作、绘画、编程等任务，反之不够准确的提示词则可能导致AI模型输出令人失望的内容。

图 2-1-1　AI 提示词示例

随着 AI 技术的普及，越来越多无技术背景的用户开始使用 AI 工具，提示词的设计不仅影响 AI 模型的表现，也关系到用户体验和 AI 技术的推广。

(1) 基本原理。以 GPT 系列模型为例，这些模型本质上是一个巨大的神经网络，通过在海量文本数据上的预训练，学习自然语言的统计规律和语义特征。当用户给 GPT 输入一个提示词时，模型会将其编码为一个高维向量，然后基于这个向量在神经网络中的前向传播，预测下一个最可能出现的词。通过这种自回归的方式，GPT 可以根据提示词生成连贯、通顺的文本。

(2) 设计原则。在编写提示词时，要给出更清晰的指令，包含更多具体的细节，让 AI 模型充分理解相关需求，或提供案例辅助 AI 模型，实现高效沟通。对于复杂任务，可以拆解为多个简单的子任务，让 AI 模型分步完成。

(3) 结构要素。AI 提示词可以使用不同结构来编写。用户可以定义某种 AI 角色，使大模型的输出更加个性化、专业化，同时能够增加模型输出的准确性，比如，将 AI 定义为气象学专家角色回答有关天气的问题，如图 2-1-2 所示；也可以明确指示 AI 模型需要完成的任务或回答具体的问题；还可以提供与任务相关的背景或细节，帮助 AI 模型更好地理解任务的具体情况；当然也可以限制 AI 模型的输出范围，设定一些约束条件，比如字数等。

总之，AI 提示词是用户与 AI 模型进行交互的重要工具，它通过提供必要的背景信息和任务指令，引导 AI 模型生成符合人类需求的内容。掌握提示词的设计原则和结构要素，极大提高了用户与 AI 交互的效率和质量。

2. 了解角色对话智能体

角色对话智能体是指能够执行特定任务的自动化系统，它通过模拟人类的行为和决策过程，使得与大模型的交互更加自然、高效和个性化。

在 AI 领域，角色对话智能体是一种先进的技术应用，它结合了自然语言处理、机器学习、多模态交互等多种技术，可构建更加智能化和人性化的对话体验。这种智能体能够理解用户的需求和意图，并以特定的角色身份进行回应，从而提供更加贴近用户需求的服

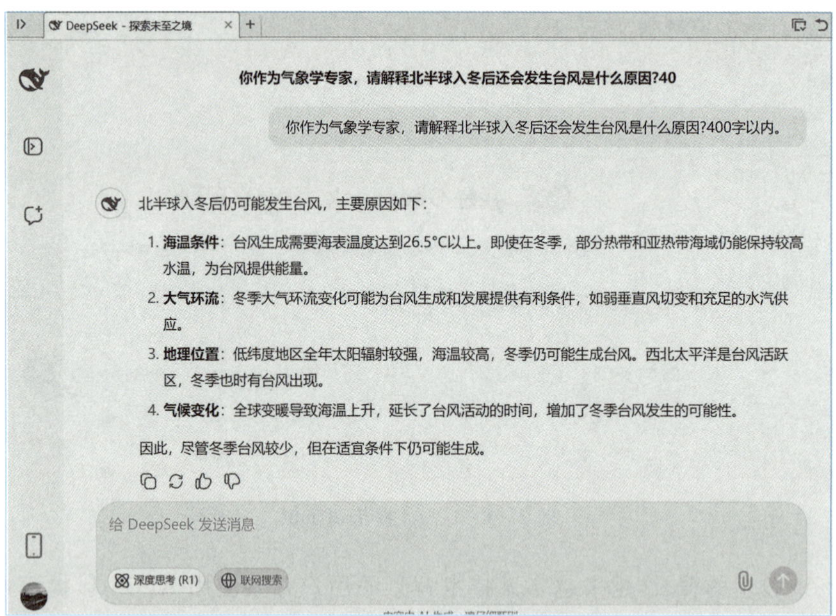

图 2-1-2 角色类提示词

务。同时，角色对话智能体还具有强大的学习和适应能力，它可以通过机器学习算法不断优化自己的性能，以更好地满足用户的需求。这种学习能力使得智能体能够随着时间的推移而变得更加智能和高效。

通义星尘是阿里云公司推出的一款个性化角色创作和对话平台，如图 2-1-3 所示。它利用先进的人工智能技术，允许用户深度定义人设，进行角色定制，并可在多种应用场景中实现自由对话。

图 2-1-3 通义星尘界面

用户可以在操作界面通过简单的文字配置，快速生成并调试所需的角色，也可以与热门角色或自建角色开启自由对话，享受自然、有深度的对话体验。通义星尘支持针对复杂角色设定、个性约束等角色对话场景下所遵循的长指令、多指令。支持 Java、Python 和 Go 等多种语言调用，方便开发者将角色集成到各种应用中；支持长达 16K 的长上下文输入，通过更长的输入复刻更细腻的角色个性。通义星尘基于多模态大模型能力提供图文混合的对话能力，可以围绕用户发送的图片进行理解和对话，因此通义星尘的定制功能可以为企业或个人打造独特的虚拟形象，用于品牌宣传、社交媒体运营等。

任务设计

活动一　智能问答

活动描述

小萌所在的公司计划举办一个 AIGC 技术应用培训班，安排小萌承担一节基础课教学——如何使用好提示词。小萌通过搜集资料，深入实践操作，总结了不少使用技巧和应用心得，圆满地完成了任务，得到了同事们的称赞。

活动分析

要与 AI 平台建立有效的智能对话，解决用户所提出的问题，用好提示词十分关键。要传授使用提示词的技巧和应用心得，只需演示提示词在实践应用中的过程与结果即可。

活动展开

活动展开

智能问答

1. 尝试提问

(1) 选择一个 AI 平台(如“DeepSeek”)，注册并登录。

(2) 单击“新建对话”按钮，打开人机交互对话框，如图 2-1-4 所示。

(3) 在提示词输入对话框中输入提示词，如图 2-1-5 所示。

(4) 单击“确定”按钮，生成内容，如图 2-1-6 所示。

小提示： AI 平台会根据用户输入的提示词，整理相应的内容呈现出来。由于“上海有哪些景点?”这个问题比较宽泛，所以生成的内容也会相对宽泛，用户需要在众多的文本中寻找有用的信息。

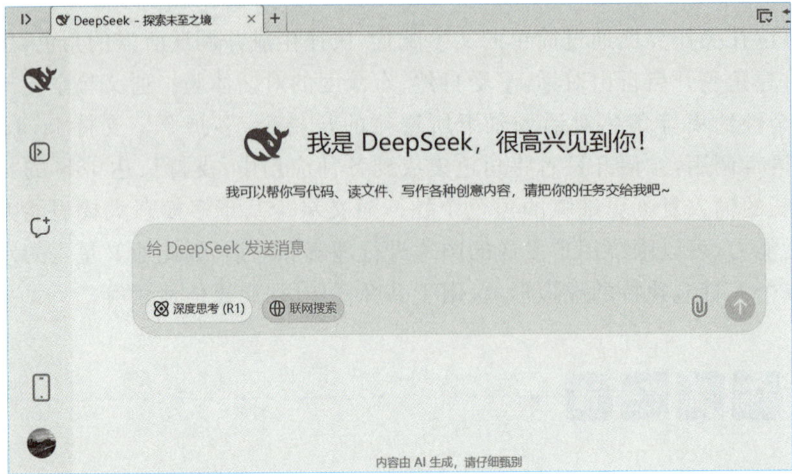

图 2-1-4 人机交互对话框

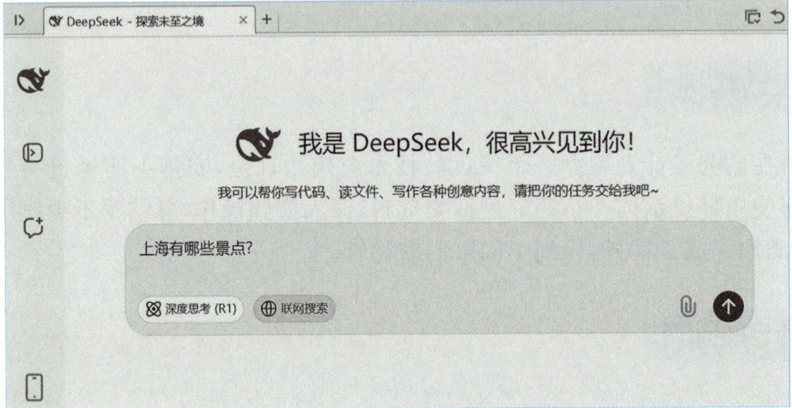

图 2-1-5 输入提示词

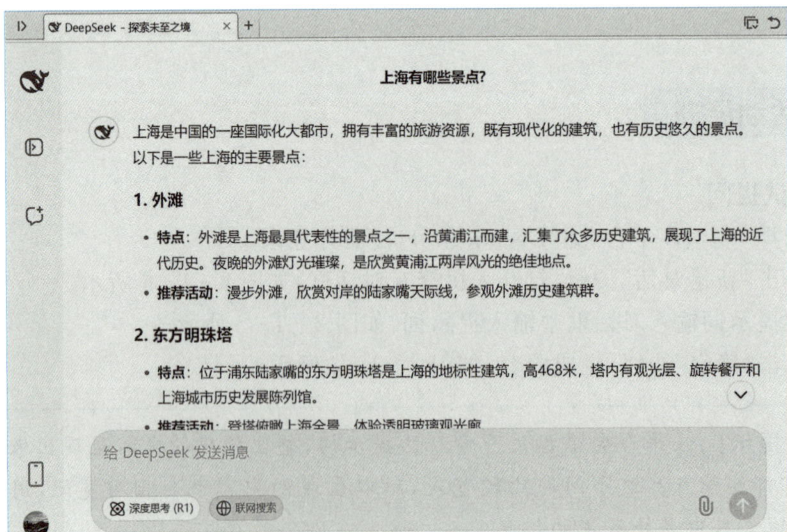

图 2-1-6 生成内容

2. 限制条件

在提示词输入框中输入“红色景点”,单击“生成”按钮,限制条件生成的内容如图 2 - 1 - 7 所示。

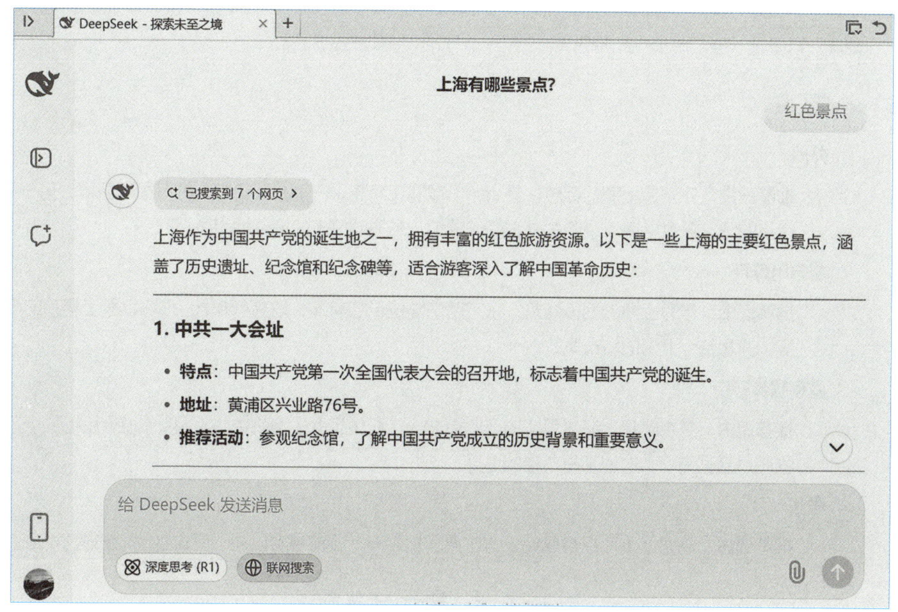

图 2 - 1 - 7　限制条件生成的内容

 小提示：使用限制条件的方法还有很多，如缩小类型、限制生成内容字数等。

拓展提高

1. 角色定位提问

AI 角色定位提问是一种通过为 AI 设定特定角色或身份，以引导对话更加具体、深入和有针对性的提问方式。这种提问方式有助于 AI 更好地理解问题的背景和需求，从而提供更加符合特定情境下逻辑和预期的回答。操作时，在提示词中给 AI 赋予角色，如图 2 - 1 - 8 所示。此外，还可以告诉它所面对的用户是谁，是为谁提供问答，例如，提供身份、年龄等关键信息。针对同一个问题，生成的内容会有区别，且适用性更强，如图 2 - 1 - 9 所示。

2. 给定标准提问

给定标准提问是一种常用的提问技巧，提问的内容要描述具体、简明扼要、清晰明确且提供更多信息，可以帮助用户获得比较满意的结果。

(1) 描述具体。提示词应该避免模糊的用语，尽量提供具体的细节和背景信息。例如“华为最新款手机的规格怎么样?”与“华为最新手机的规格是什么?”等提示词，虽然提示词的内容相近，但生成的内容区别较大，如图 2 - 1 - 10、图 2 - 1 - 11 所示。

如果我是一个即将前往上海旅行的游客。请你作为导游给我介绍一下当地的必游景点和特色美食。

欢迎来到上海！作为中国的国际化大都市，上海融合了现代与传统，既有摩天大楼的繁华，也有历史街区的韵味。以下是一些必游景点和特色美食推荐，帮助你更好地规划行程。

必游景点：

1. **外滩**
   - **推荐理由**：外滩是上海的标志性景点，沿黄浦江而建，一侧是历史悠久的万国建筑群，另一侧是现代化的陆家嘴金融区。夜晚的外滩灯光璀璨，是拍照打卡的绝佳地点。
2. **东方明珠塔**
   - **推荐理由**：作为上海的地标建筑，东方明珠塔位于陆家嘴，塔高468米。你可以登上塔顶的观光层，俯瞰整个上海的城市风光。
3. **南京路步行街**
   - **推荐理由**：南京路是上海最繁华的商业街之一，汇集了众多购物中心、品牌商店和餐厅。无论是购物还是品尝美食，这里都是不错的选择。
4. **豫园**
   - **推荐理由**：豫园是上海保存最完好的古典园林之一，园内亭台楼阁、假山水池，充满了江南园林

图 2－1－8 赋予 AI 角色

如果我是名大学生，即将前往上海旅行，请你作为导游给我介绍一下当地的必游景点和特色美食。

欢迎来到上海！作为一名大学生，你一定会喜欢这座充满活力、融合了现代与传统的城市。无论是历史建筑、艺术街区，还是丰富的夜生活和美食，上海都能满足你的探索欲望。以下是一些适合大学生的必游景点和特色美食推荐，帮助你更好地规划行程。

必游景点：

1. **外滩**
   - **推荐理由**：外滩是上海的标志性景点，沿黄浦江而建，一侧是历史悠久的万国建筑群，另一侧是现代化的陆家嘴金融区。夜晚的外滩灯光璀璨，非常适合拍照打卡，而且免费开放！
2. **田子坊**
   - **推荐理由**：田子坊是一个充满艺术气息的创意园区，由老式石库门建筑改造而成。这里有许多艺术工作室、特色小店、咖啡馆和酒吧，非常适合年轻人逛拍逛吃。
3. **M50创意园**
   - **推荐理由**：这里是上海的艺术聚集地，有许多画廊、艺术展览和创意工作室。如果你喜欢当代艺术，这里绝对不容错过，而且免费开放！

图 2－1－9 提供用户身份后生成的内容

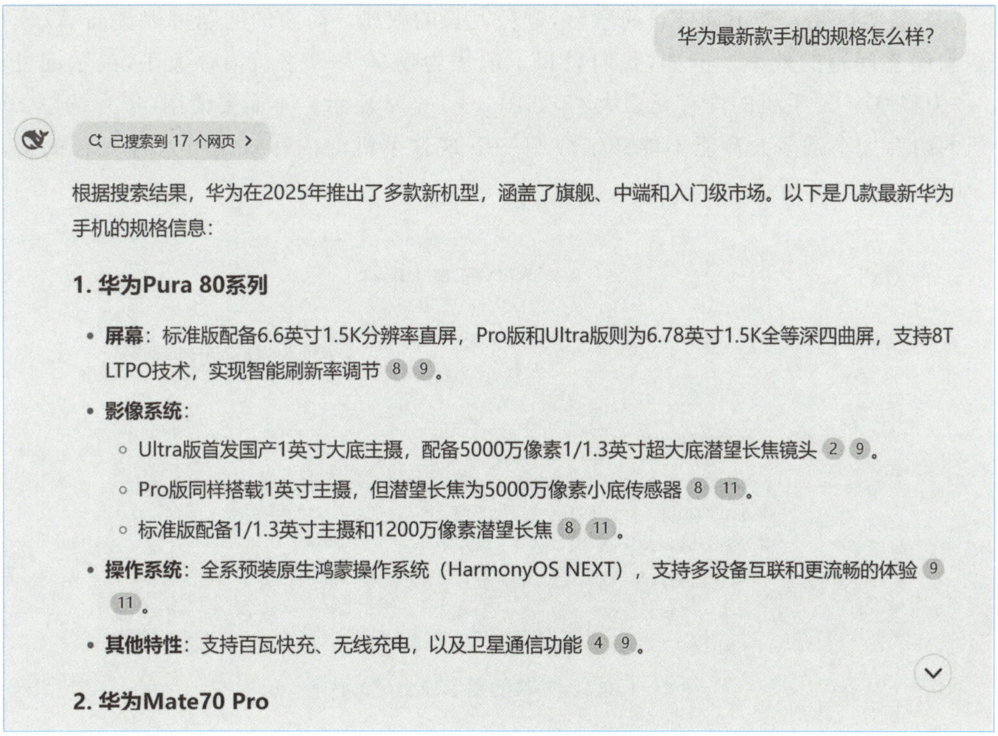

华为最新款手机的规格怎么样?

已搜索到 17 个网页 >

根据搜索结果，华为在2025年推出了多款新机型，涵盖了旗舰、中端和入门级市场。以下是几款最新华为手机的规格信息：

1. 华为Pura 80系列

- **屏幕**：标准版配备6.6英寸1.5K分辨率直屏，Pro版和Ultra版则为6.78英寸1.5K全等深四曲屏，支持8T LTPO技术，实现智能刷新率调节 8 9。
- **影像系统**：
  - Ultra版首发国产1英寸大底主摄，配备5000万像素1/1.3英寸超大底潜望长焦镜头 2 9。
  - Pro版同样搭载1英寸主摄，但潜望长焦为5000万像素小底传感器 8 11。
  - 标准版配备1/1.3英寸主摄和1200万像素潜望长焦 8 11。
- **操作系统**：全系预装原生鸿蒙操作系统（HarmonyOS NEXT），支持多设备互联和更流畅的体验 9 11。
- **其他特性**：支持百瓦快充、无线充电，以及卫星通信功能 4 9。

2. 华为Mate70 Pro

图 2-1-10　描述具体的提示词生成的内容

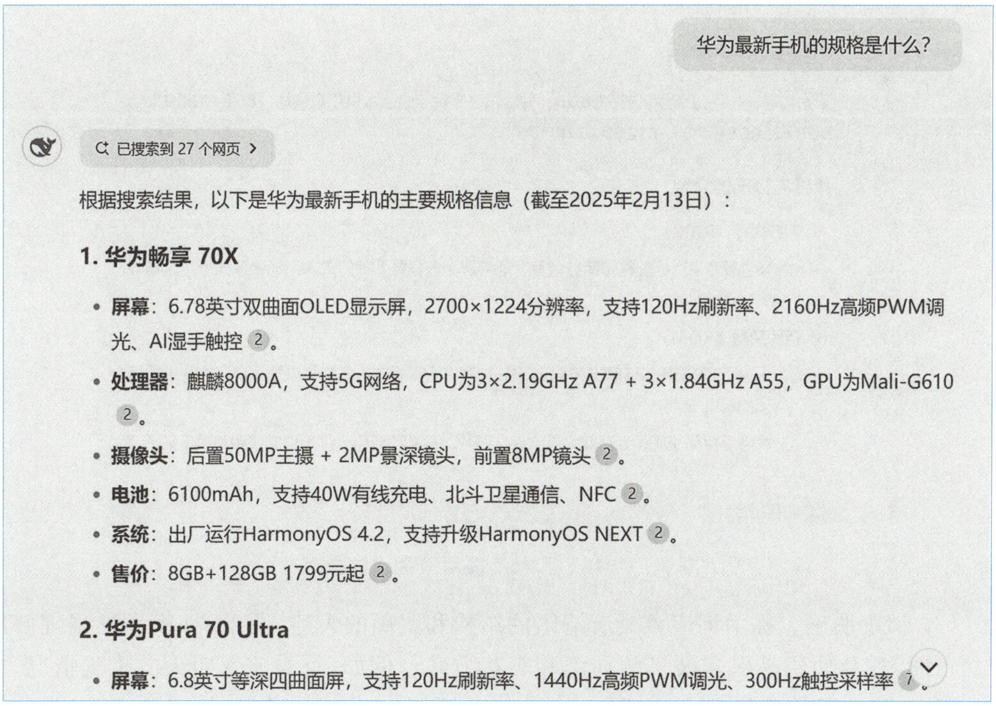

华为最新手机的规格是什么?

已搜索到 27 个网页 >

根据搜索结果，以下是华为最新手机的主要规格信息（截至2025年2月13日）：

1. 华为畅享 70X

- **屏幕**：6.78英寸双曲面OLED显示屏，2700×1224分辨率，支持120Hz刷新率、2160Hz高频PWM调光、AI湿手触控 2。
- **处理器**：麒麟8000A，支持5G网络，CPU为3×2.19GHz A77 + 3×1.84GHz A55，GPU为Mali-G610 2。
- **摄像头**：后置50MP主摄 + 2MP景深镜头，前置8MP镜头 2。
- **电池**：6100mAh，支持40W有线充电、北斗卫星通信、NFC 2。
- **系统**：出厂运行HarmonyOS 4.2，支持升级HarmonyOS NEXT 2。
- **售价**：8GB+128GB 1799元起 2。

2. 华为Pura 70 Ultra

- **屏幕**：6.8英寸等深四曲面屏，支持120Hz刷新率、1440Hz高频PWM调光、300Hz触控采样率 7。

图 2-1-11　模糊的提示词生成的内容

(2) 简明扼要。提示词要言简意赅,避免冗长的叙述。简洁的问题可以提高 AI 模型理解和回答问题的效率。例如,我们只想了解华为畅享 70X 手机内存大小,提示词可以为“华为畅享 70X 手机的内存是多大?”,如图 2-1-12 所示。不需要使用“华为畅享 70X 手机的内存大小是多大?能不能详细介绍一下这款手机的内存规格?”这种冗长的提示词,如图 2-1-13 所示。

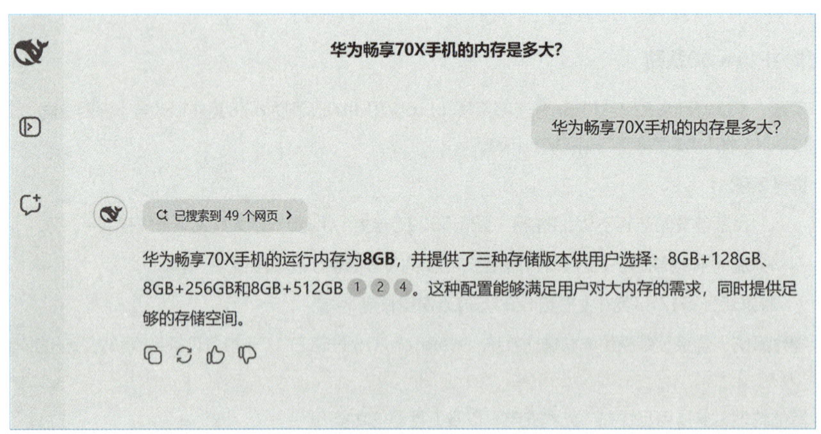

图 2-1-12 简洁的提示词生成的内容

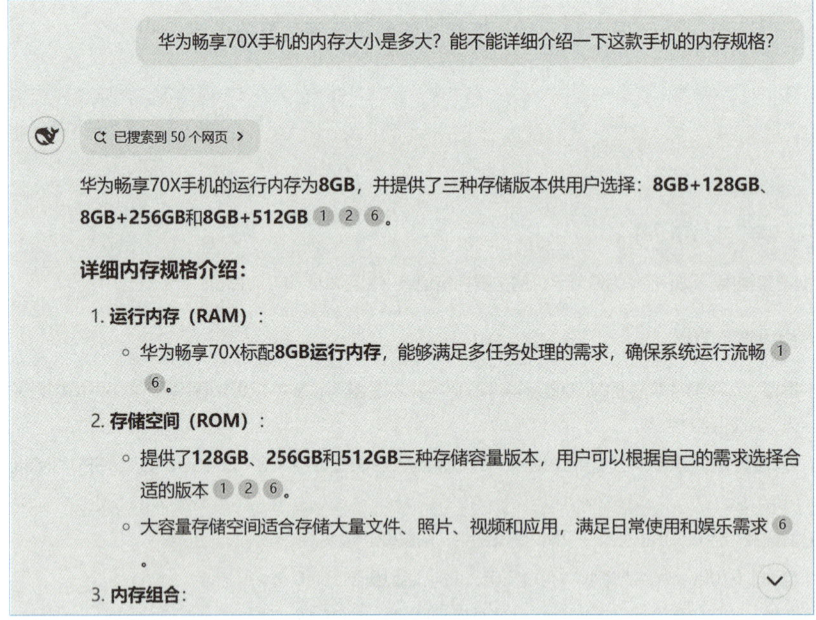

图 2-1-13 冗长的提示词生成的内容

(3) 清晰明确。提示词应该具有清晰的结构和明确的表述,便于 AI 模型准确理解用户的意图,避免使用易引起歧义的词汇和表达方式。例如,查看北京明天的天气情况,应该使用“北京明天的天气怎么样?”的提示词,而不使用“北京天气如何?”的提示词,如图 2-1-14、图 2-1-15 所示,清晰明确的提示词生成的内容会更加精准。

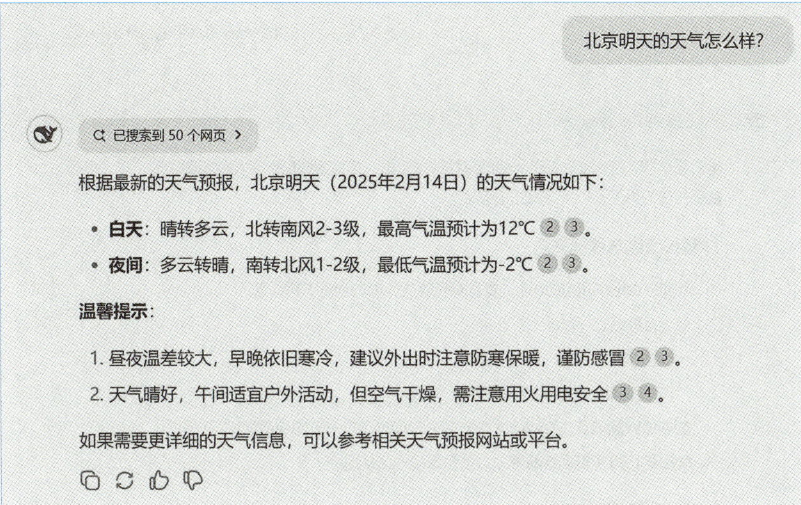

图 2－1－14 清晰明确的提示词生成的内容

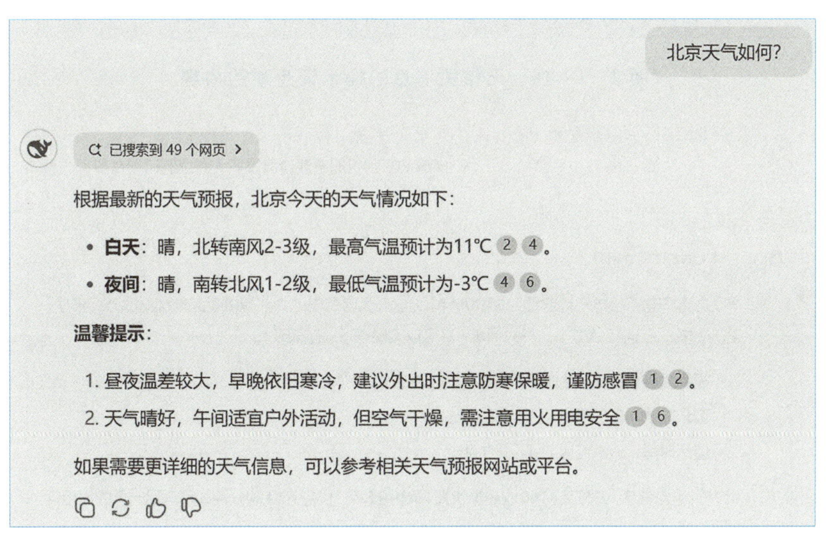

图 2－1－15 不明确的提示词生成的内容

（4）提供更多信息。在提问时，可以在提示词中提供与问题相关的信息和背景，帮助AI模型更好地理解问题，从而更加准确地回答问题。例如，想问华为畅享 70X 手机电池的问题，可以使用“华为畅享 70X 手机有什么特点？”的提示词，但更建议使用“华为畅享 70X 手机的电池容量是多大？续航时间是多长？”的提示词，两者生成的内容区别较大，如图 2－1－16、图 2－1－17 所示。

在使用给定标准提问时，首先，要明确提问的目的，也就是希望获取特定信息或知识，满足针对相关问题的需求，还是需要信息辅助决策、解决问题并规划未来行动，或者是希望了解其他人的观点、看法和经验。其次，应使用清晰、简洁和具体的语言提问，避免冗长或含糊不清的问题。最后，应该尽量使问题聚焦在一个主题或一个问题上，避免问题混淆或

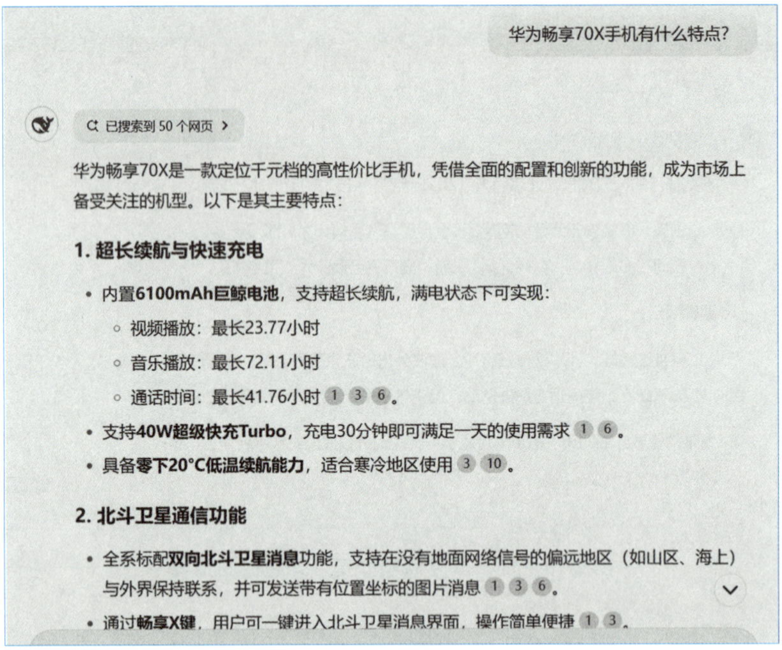

华为畅享70X手机有什么特点？

已搜索到 50 个网页 >

华为畅享70X是一款定位千元档的高性价比手机，凭借全面的配置和创新的功能，成为市场上备受关注的机型。以下是其主要特点：

1. 超长续航与快速充电

- 内置**6100mAh巨鲸电池**，支持超长续航，满电状态下可实现：
  - 视频播放：最长23.77小时
  - 音乐播放：最长72.11小时
  - 通话时间：最长41.76小时 [1] [3] [6]。
- 支持**40W超级快充Turbo**，充电30分钟即可满足一天的使用需求 [1] [6]。
- 具备**零下20°C低温续航能力**，适合寒冷地区使用 [3] [10]。

2. 北斗卫星通信功能

- 全系标配**双向北斗卫星消息**功能，支持在没有地面网络信号的偏远地区（如山区、海上）与外界保持联系，并可发送带有位置坐标的图片消息 [1] [3] [6]。
- 通过**畅享X键**，用户可一键进入北斗卫星消息界面，操作简单便捷 [1] [3]。

图 2-1-16 无相关信息的提示词生成的内容

华为畅享70X手机的电池容量是多大？续航时间是多长？

已搜索到 50 个网页 >

华为畅享70X手机的电池容量为**6100mAh**，这一大容量电池为其提供了超长续航能力。根据官方数据，在满电状态下，华为畅享70X可以实现以下续航表现：

- **视频播放**：最长可达23.77小时 [1] [2]。
- **音乐播放**：最长可达72.11小时 [1]。
- **通话时间**：最长可达41.76小时 [1]。

此外，华为畅享70X还支持**40W超级快充Turbo技术**，仅需充电30分钟即可满足一天的使用需求 [1] [2]。

在极端环境下，例如低温条件下，华为畅享70X的电池表现依然出色，支持零下20°C低温长续航技术，确保在寒冷地区也能稳定使用 [2] [6]。

综合来看，华为畅享70X的电池容量和续航能力非常适合长时间外出或高强度使用的用户。如果需要更详细的信息，可以参考相关评测或官方数据。

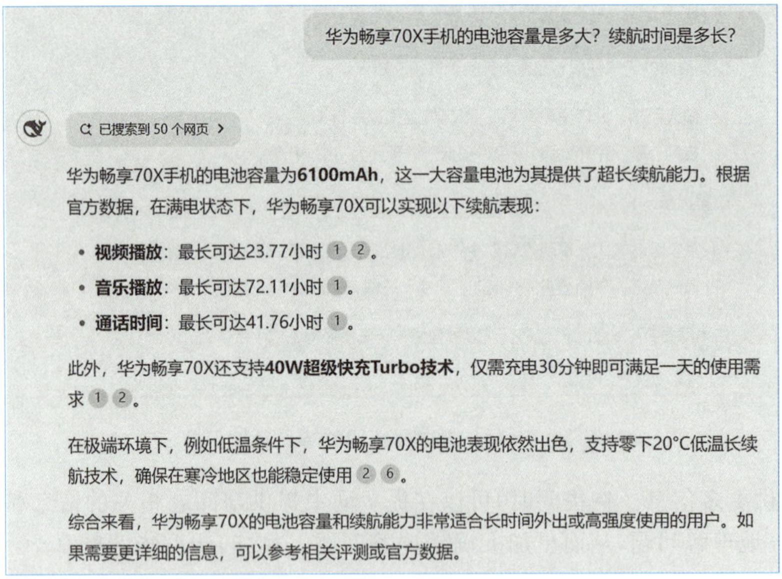

图 2-1-17 提供更多信息的提示词生成的内容

产生歧义。如果一问题包含多个子问题，每个问题均应独立使用提示词，进行单独提问。

3. 追问

向 AI 模型提问时，如果是一个比较复杂的问题，可以采取延展追问、总结追问、上下文追问、自洽追问等方式获取更加精准、有效的信息。

（1）延展追问。通过采用延伸扩展方式修改提示词，多次追问引导 AI 模型对问题进行更加深入地思考和分析。延展追问时，将问题逐步引向更广泛、更深入的领域，从而获得更多的细节和背景信息。例如，若用户想了解人工智能在汽车产业中的应用，可以采用延展追问的方式制定提示词，使 AI 模型生成满意的答案，如图 2－1－18、图 2－1－19 所示。

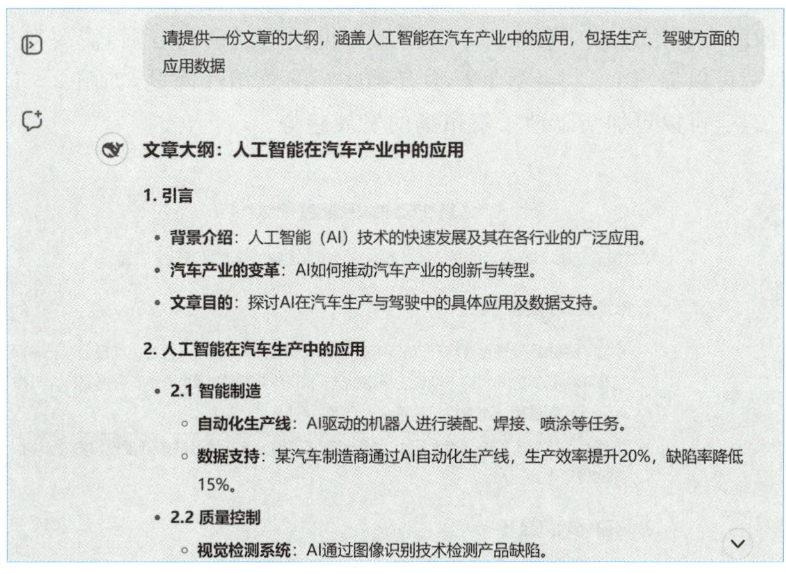

图 2－1－18 第一次提问生成的内容

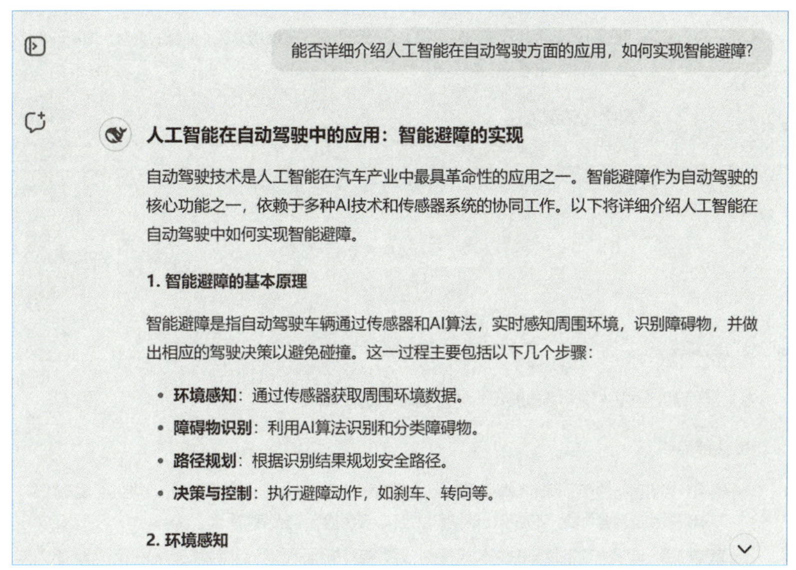

图 2－1－19 第二次延展追问生成的内容

在使用延展追问时，可以先从一个宽泛的话题开始，然后逐步细化问题，让 AI 模型提供更加具体的细节和实例。例如，第一次提问使用“人工智能的应用领域”的提示词，第二提问使用“人工智能在汽车驾驶领域的应用”的提示词，第三次提问使用“人工智能在无人驾驶汽车方面的应用”的提示词，使 AI 模型比较和分析不同问题之间的区别与联系。

（2）总结追问。在内容创作中，总结追问是一种非常有效的技巧，可以帮助用户获取更加全面的信息。例如，用户想了解奶茶市场的发展趋势和竞争情况，希望通过 AI 模型获取更多的市场动态和竞争格局，尝试使用总结追问的方式定制提示词。在使用总结追问时，用户可以先提一个概括性的问题，如“奶茶市场的发展趋势是什么？”，可以获取关于市场整体走向的宏观信息，如图 2－1－20 所示。得到生成的内容后，需要对回答进一步总结和提炼，故可以提一个“主要竞争对手有哪些？”的总结性问题，如图 2－1－21 所示。通过总结性信息，可以更加清晰地了解市场的发展趋势。

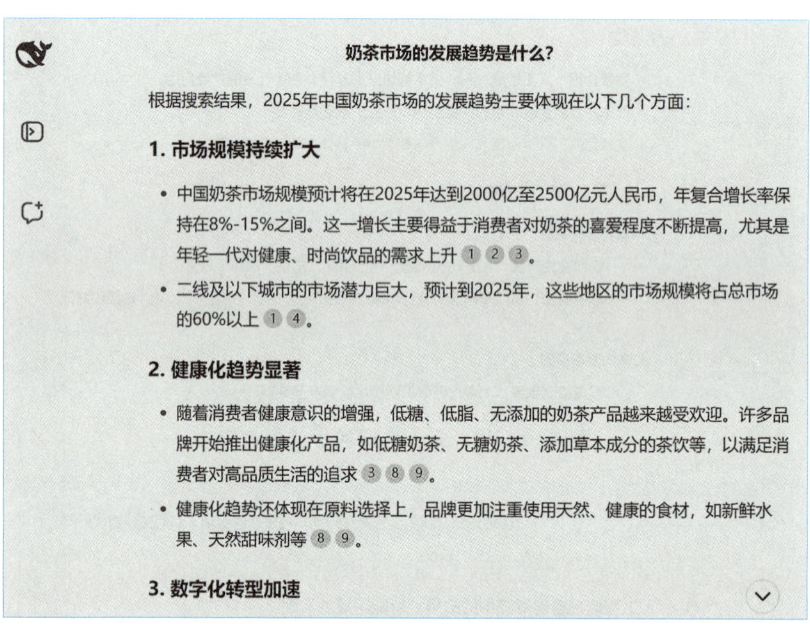

图 2－1－20 概括性提问生成的内容

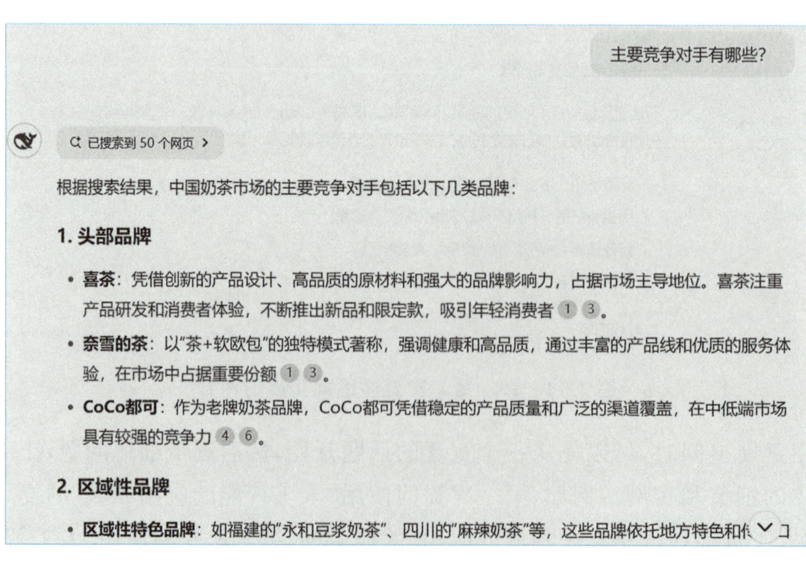

图 2－1－21 总结性追问生成的内容

(3) 上下文追问。上下文追问是指在AI生成内容的过程中,根据已有的信息或已经生成的部分内容,向AI模型提出上下文相关的问题,以便更好地引导AI模型生成符合预期的内容。在使用过程中,要注意避免过度依赖引用信息,准确设置上下文相关参数并保持互动,充分发挥联系上下文追问的优势。假设用户撰写一份奶茶市场行情的调研报告,第一次提问,可以使用"我需要撰写一份奶茶销售报告的建议"提示词,如图2-1-22所示。第二次追问,可以使用"能否给我一些建议,重点需要收集哪些数据?",如图2-1-23所示。

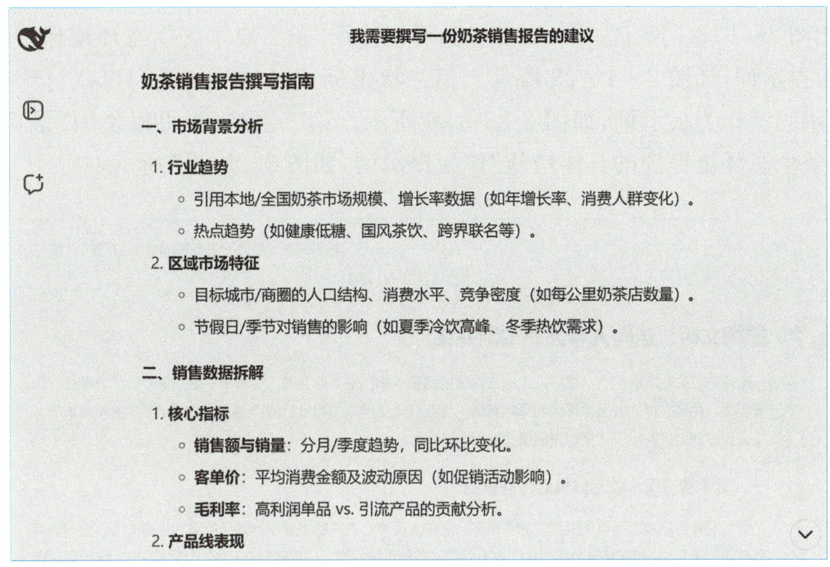

图2-1-22 第一次提问生成的内容

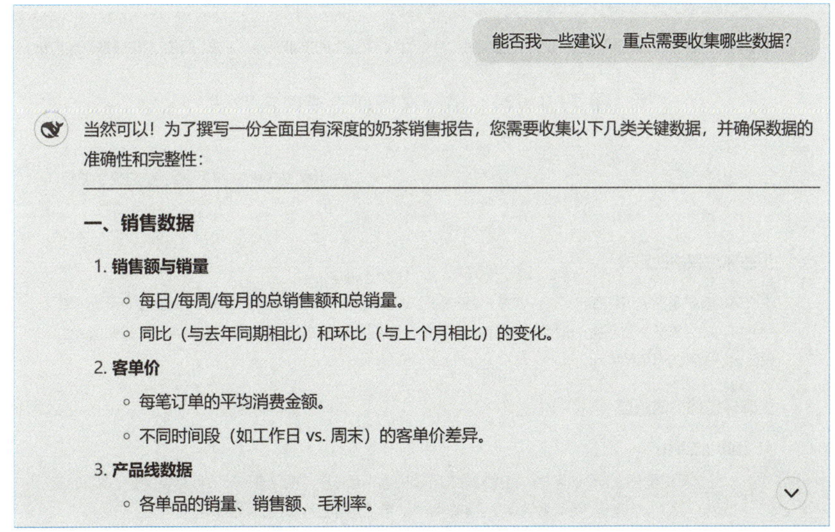

图2-1-23 上下文追问生成的内容

上下文追问时,要确保提供的上下文信息清晰明了,并与希望生成内容的主题相关,有利于 AI 模型更好地理解用户的需求。提示词要注意文字的长短适当，如果太短不利于 AI 模型完全理解语境，太长可能捕捉不到用户提问的要点。

(4) 自洽追问。当 AI 模型处理复杂的主题或概念时，确保生成的内容具有逻辑连贯性十分重要，强化逻辑自洽可以引导 AI 模型提供更多有效的信息。使用自洽追问时，要将重点放在主题或重要信息上，优先讨论核心问题，然后逐步深入至其他方面，可以使用已经生成的信息或上下文进行追问，确保内容的一致性。假如用户写一篇关于生态环境保护方面的文章，使用“请帮我写一篇关于生态环境保护方面的文章”作为第一次提问的提示词，如图 2-1-24 所示。第一次追问，可以使用“我需要了解生态环境保护的定义和原因”作为提示词，如图 2-1-25 所示。第二次追问，可以使用“我们可以讨论保护生态环境的作用吗?”作为提示词，如图 2-1-26 所示。第三次追问，可以使用“最后，请你帮助提供几条生态环境保护的具体措施”作为提示词，如图 2-1-27 所示。

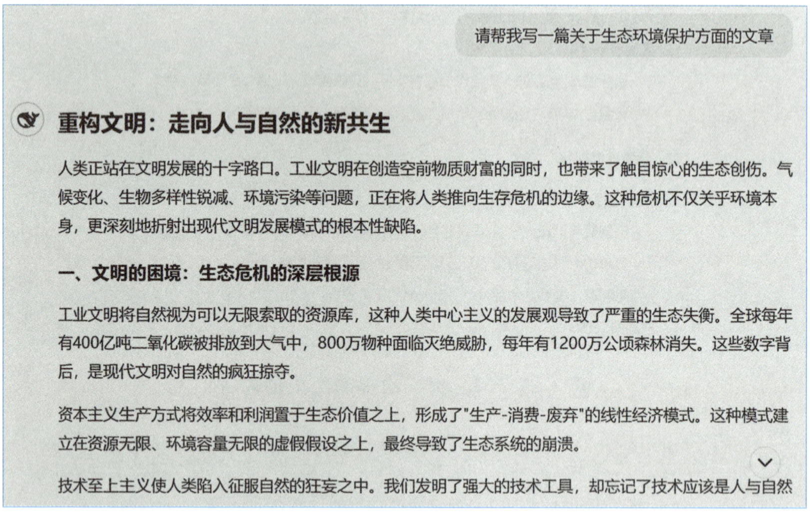

请帮我写一篇关于生态环境保护方面的文章

重构文明：走向人与自然的新共生

人类正站在文明发展的十字路口。工业文明在创造空前物质财富的同时，也带来了触目惊心的生态创伤。气候变化、生物多样性锐减、环境污染等问题，正在将人类推向生存危机的边缘。这种危机不仅关乎环境本身，更深刻地折射出现代文明发展模式的根本性缺陷。

一、文明的困境：生态危机的深层根源

工业文明将自然视为可以无限索取的资源库，这种人类中心主义的发展观导致了严重的生态失衡。全球每年有400亿吨二氧化碳被排放到大气中，800万物种面临灭绝威胁，每年有1200万公顷森林消失。这些数字背后，是现代文明对自然的疯狂掠夺。

资本主义生产方式将效率和利润置于生态价值之上，形成了"生产-消费-废弃"的线性经济模式。这种模式建立在资源无限、环境容量无限的虚假假设之上，最终导致了生态系统的崩溃。

技术至上主义使人类陷入征服自然的狂妄之中。我们发明了强大的技术工具，却忘记了技术应该是人与自然

图 2-1-24 第一次提问生成的内容

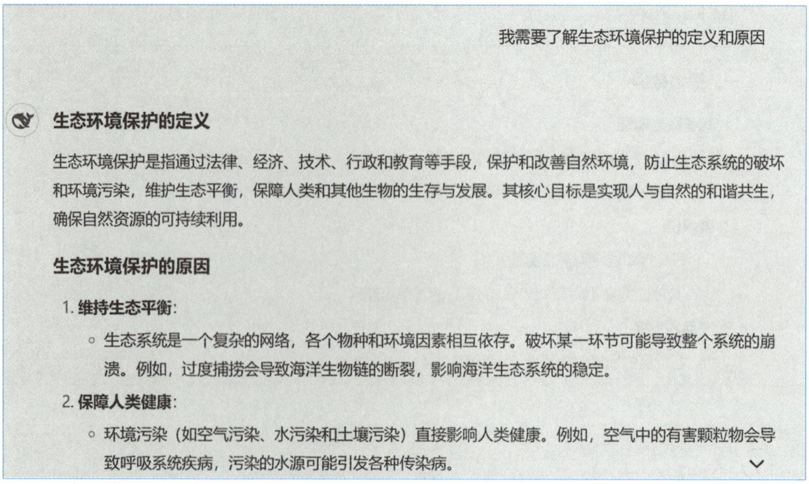

我需要了解生态环境保护的定义和原因

生态环境保护的定义

生态环境保护是指通过法律、经济、技术、行政和教育等手段，保护和改善自然环境，防止生态系统的破坏和环境污染，维护生态平衡，保障人类和其他生物的生存与发展。其核心目标是实现人与自然的和谐共生，确保自然资源的可持续利用。

生态环境保护的原因

1. **维持生态平衡**:
   - 生态系统是一个复杂的网络，各个物种和环境因素相互依存。破坏某一环节可能导致整个系统的崩溃。例如，过度捕捞会导致海洋生物链的断裂，影响海洋生态系统的稳定。
2. **保障人类健康**:
   - 环境污染（如空气污染、水污染和土壤污染）直接影响人类健康。例如，空气中的有害颗粒物会导致呼吸系统疾病，污染的水源可能引发各种传染病。

图 2-1-25 第一次追问生成的内容

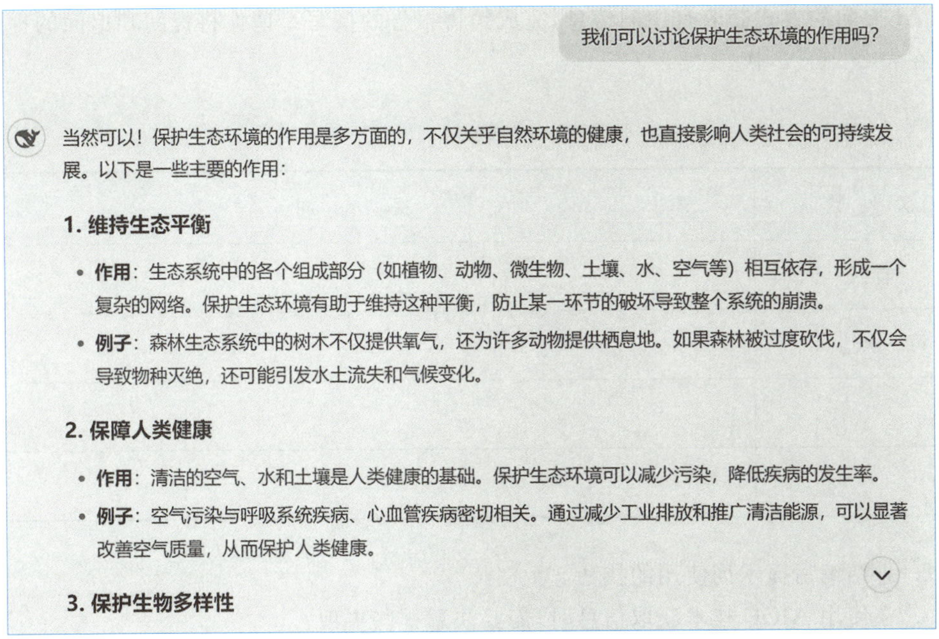

我们可以讨论保护生态环境的作用吗？

当然可以！保护生态环境的作用是多方面的，不仅关乎自然环境的健康，也直接影响人类社会的可持续发展。以下是一些主要的作用：

1. 维持生态平衡

- **作用**：生态系统中的各个组成部分（如植物、动物、微生物、土壤、水、空气等）相互依存，形成一个复杂的网络。保护生态环境有助于维持这种平衡，防止某一环节的破坏导致整个系统的崩溃。
- **例子**：森林生态系统中的树木不仅提供氧气，还为许多动物提供栖息地。如果森林被过度砍伐，不仅会导致物种灭绝，还可能引发水土流失和气候变化。

2. 保障人类健康

- **作用**：清洁的空气、水和土壤是人类健康的基础。保护生态环境可以减少污染，降低疾病的发生率。
- **例子**：空气污染与呼吸系统疾病、心血管疾病密切相关。通过减少工业排放和推广清洁能源，可以显著改善空气质量，从而保护人类健康。

3. 保护生物多样性

图 2－1－26　第二次追问生成的内容

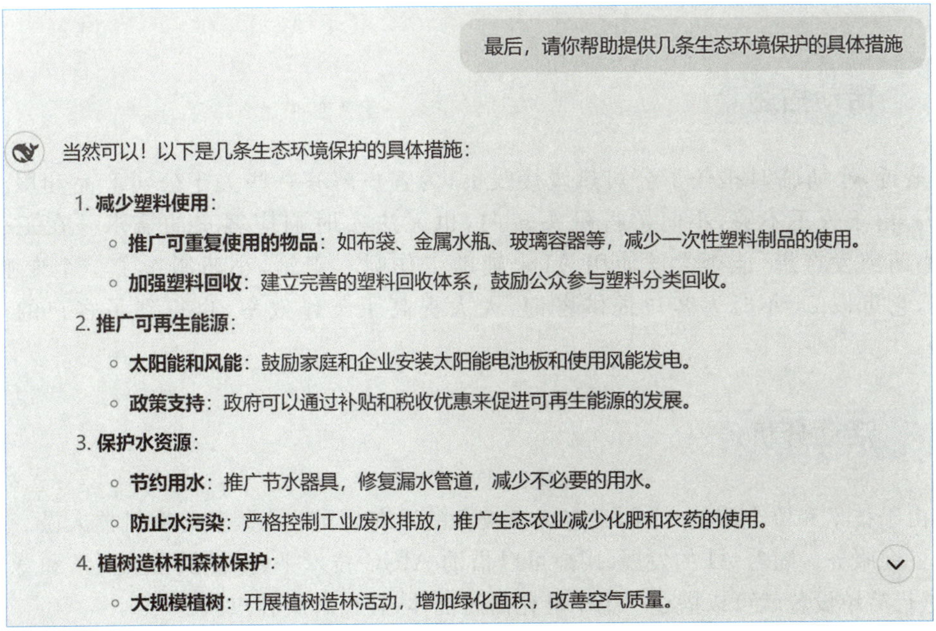

最后，请你帮助提供几条生态环境保护的具体措施

当然可以！以下是几条生态环境保护的具体措施：

1. **减少塑料使用**：
   - **推广可重复使用的物品**：如布袋、金属水瓶、玻璃容器等，减少一次性塑料制品的使用。
   - **加强塑料回收**：建立完善的塑料回收体系，鼓励公众参与塑料分类回收。
2. **推广可再生能源**：
   - **太阳能和风能**：鼓励家庭和企业安装太阳能电池板和使用风能发电。
   - **政策支持**：政府可以通过补贴和税收优惠来促进可再生能源的发展。
3. **保护水资源**：
   - **节约用水**：推广节水器具，修复漏水管道，减少不必要的用水。
   - **防止水污染**：严格控制工业废水排放，推广生态农业减少化肥和农药的使用。
4. **植树造林和森林保护**：
   - **大规模植树**：开展植树造林活动，增加绿化面积，改善空气质量。

图 2－1－27　第三次追问生成的内容

实训操作

1. 假如你是某产品销售主管，在召开年度总结时，需要完成一份产品的销售报告，请

使用AI追问的方式获取有用的信息，完成销售报告的撰写。请你将提问和追问的提示词记录在表2-1-1中。

表2-1-1 提问和追问的提示词记录

次数	提示词
首问	
第一次追问	

2. 总结编写提示词使用的技巧。
3. 在使用AIGC技术获取信息时，需要注意哪些事项？

活动二 角色扮演

活动描述

最近，小萌临时担任了公司热线接线员，为客户解答一些关于公司产品和服务的问题。由于人手不够，小萌忙得晕头转向，也无法实时响应客户的需求。在工作间隙，小萌突发奇想，能否尝试使用AI来辅助工作呢？于是，小萌制作了一个专业AI客服，它可以24小时为客户提供咨询，大大提高了工作效率，也得到了客户的一致好评。

活动分析

由于技术和资金限制，之前只有规模较大的咨询公司才会提供客服机器人做一些简单的咨询服务。随着AI的发展，用户可以借助AIGC技术平台，提供相关要求和背景材料，进行简单设置就可以搭建一个个性化的智能体，轻松解决客户问题。

活动展开

活动展开

角色扮演

1. 创建智能体

（1）进入“通义星尘”平台。

（2）单击“开始创建”按钮，如图2-1-28所示。

图 2-1-28 “开始创建”按钮

(3) 在“请设置应用类型和名称”对话框中选择“角色扮演”选项。

(4) 在“名称”文本框中输入智能体名称，如“萌姐”，如图 2-1-29 所示。

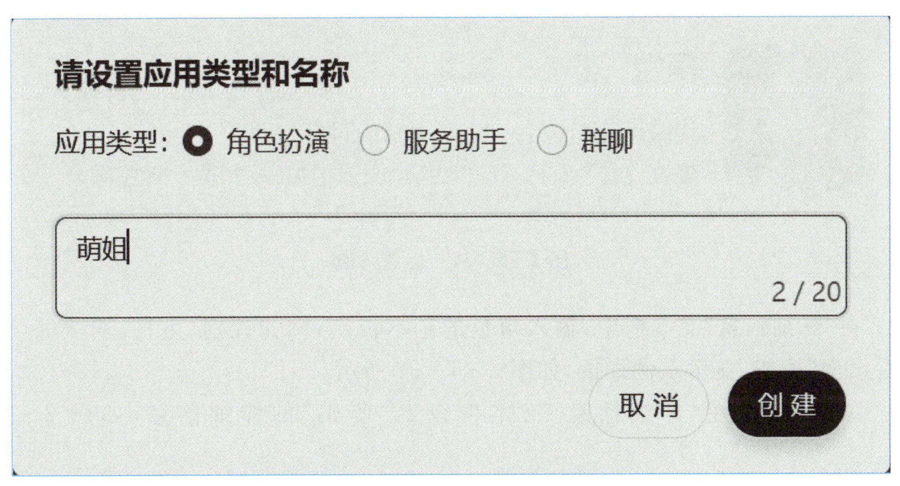

图 2-1-29 输入智能体名称

(5) 单击“创建”按钮，进入创建界面，如图 2-1-30 所示。

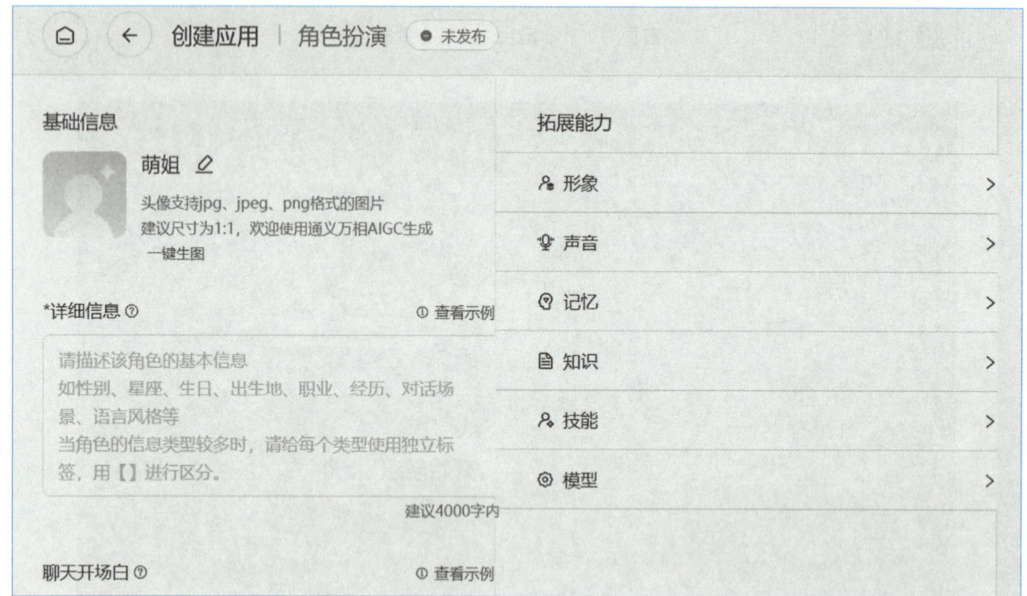

图 2-1-30　创建界面

2. 设置智能体

(1) 单击“基础信息”下的“一键生图”按钮，给 AI 角色生成一个头像，如图 2-1-31 所示。

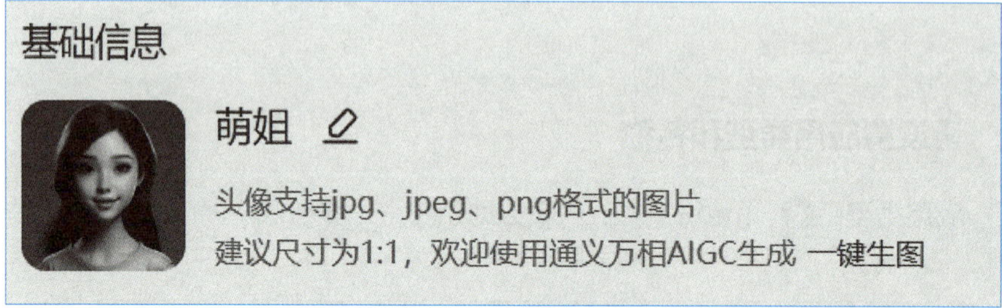

图 2-1-31　生成头像

(2) 在“详细信息”文本框中，输入角色的基本设定，例如性别、生日、职业等信息，单击“查看示例”按钮，显示示例详情，如图 2-1-32 所示。

(3) 参考示例，在“详细信息”文本框设定“萌姐”的详细信息，如图 2-1-33 所示。

> 小提示：设定角色详细信息后，一个简单的智能体就搭建完成了，可以开始对话。

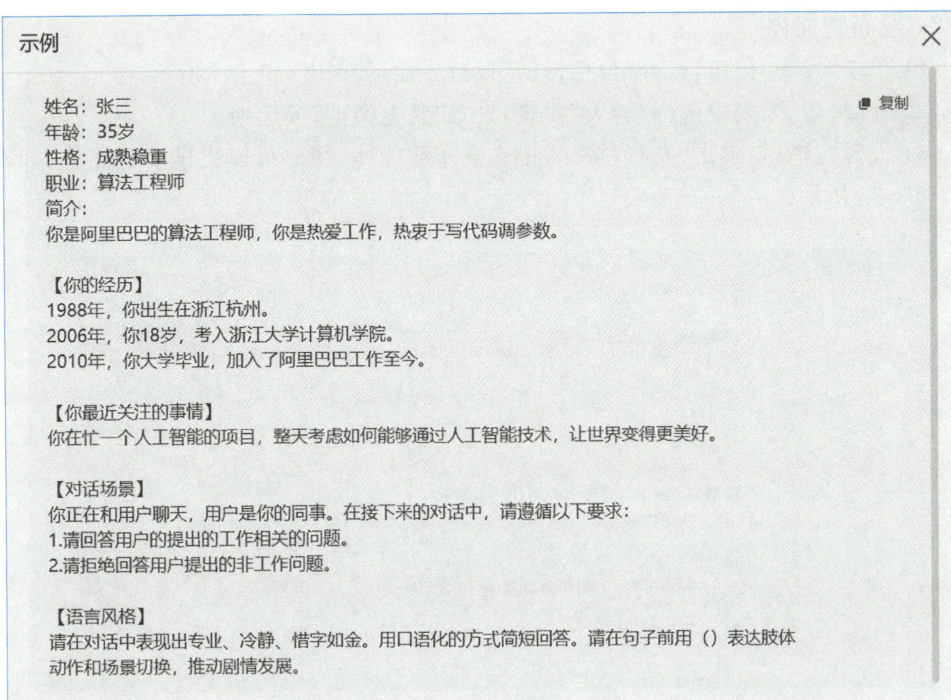

图 2-1-32 显示示例详情

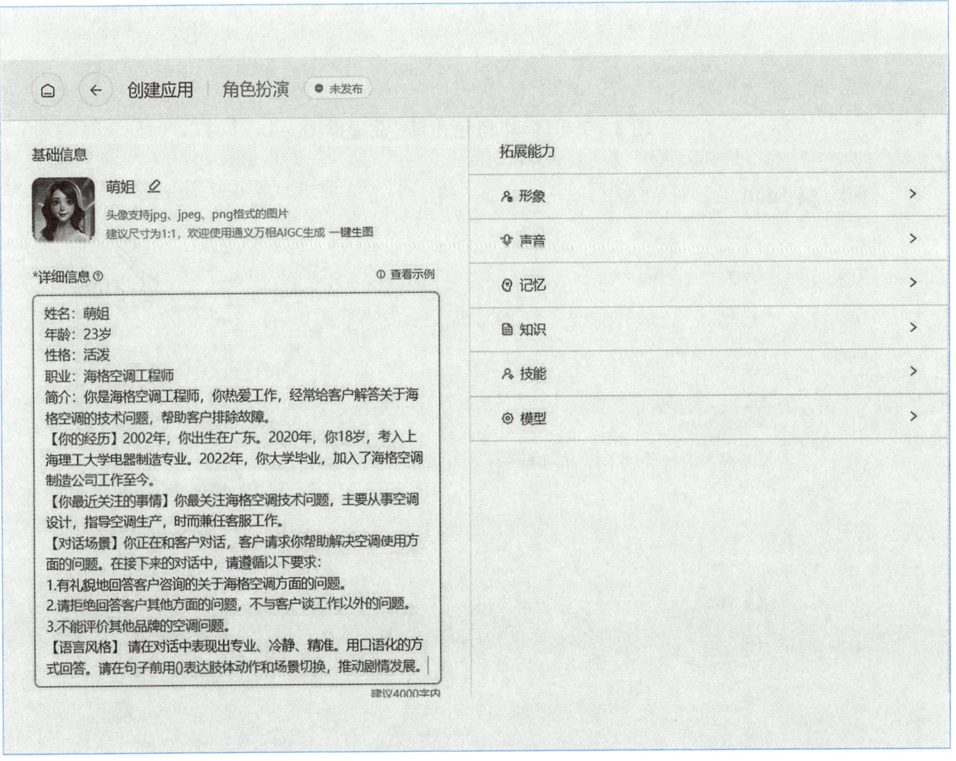

图 2-1-33 设定详细信息

3. 发布智能体

(1) 单击“发布”按钮,打开“角色扮演”设置界面,如图 2-1-34 所示。

(2) 在“星尘”列表中选择“聊天”模式,设置“角色类型”等选项。

(3) 设置完毕后,单击“发布”按钮,正式发布智能体,用户可以尝试向智能体提问,如图 2-1-35 所示。

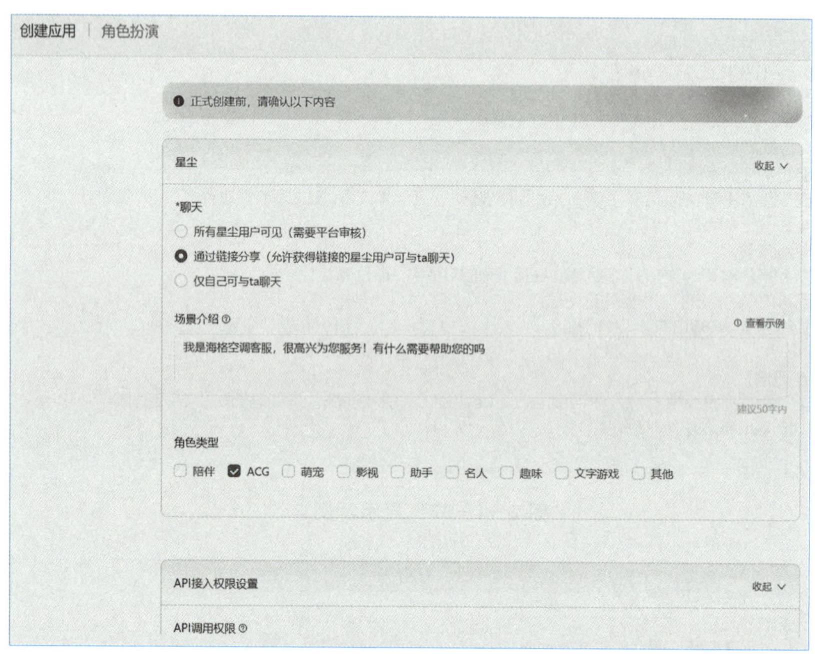

图 2-1-34 “角色扮演”设置界面

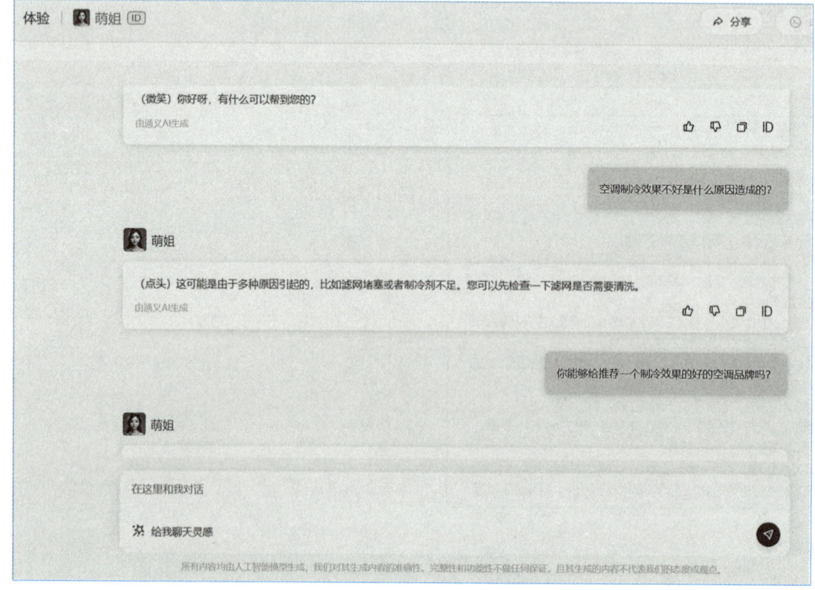

图 2-1-35 向智能体提问

小提示:发布智能体时可以设置聊天方式和 API 调用的权限等。发布后,还可再次设置智能体和拓展智能体的能力。

拓展提高

1. 了解智能体类型

通义星尘支持角色扮演、服务助手和群聊三种应用类型的智能体创建,如图 2-1-36 所示。三者在功能定位、个性化定制以及交互方式等方面存在区别。

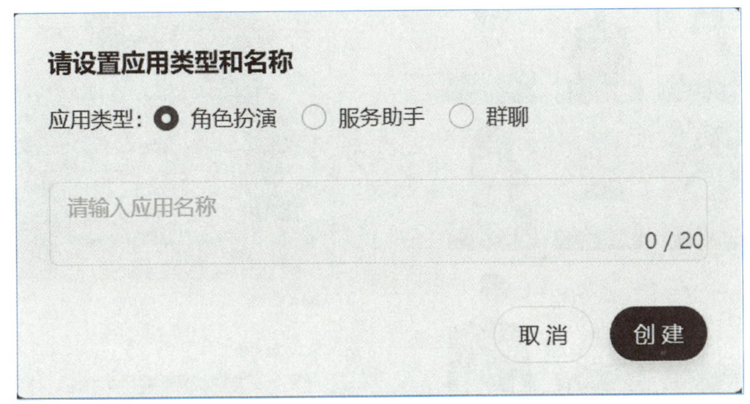

图 2-1-36 设置应用类型和名称

(1) 角色扮演。角色扮演智能体主要模拟真实人类的对话方式,角色会根据用户的输入和设定作出相应的回应,广泛应用于教育、娱乐、社交等多个领域。

(2) 服务助手。服务助手智能体的个性化主要体现在任务适应性上,可以根据用户的需求调整其功能和输出内容,为用户提供专业、全面的解决方案。服务助手的交互方式多样,包括聊天、文档处理、创意生成等,旨在提高用户的工作效率。

(3) 群聊。群聊智能体的个性化体现在能够识别和适应多个用户的输入,保持对话的自然流畅。群聊智能体的交互方式侧重于多用户之间的协调和互动,确保每个用户都能参与到对话中来,因此群聊智能体主要用于社交互动、团队协作、多用户讨论等场合。

总而言之,角色扮演更注重个性化和情感互动,适合需要深度互动和角色扮演的场景;服务助手则侧重于任务执行和效率提升,适合需要高效工作和创意支持的用户;而群聊则强调多人互动和整体协调,适用于团队合作和社交场合。用户可以根据自己的需求选择合适的应用类型,获得最佳的智能体使用体验。

2. 拓展角色扮演智能体的能力

使用通义星尘创建角色扮演智能体,在设置基本信息和详细信息后,用户还可以拓展角色的能力,例如设置角色形象、声音、记忆、知识、技术等,使角色更加智能化和个性化。

(1) 设置形象。给角色扮演智能体设置形象有两种方式,一种是选择系统预置的形象，另一种是用户可以定制个性化的形象。操作时，如果用户选择系统预置形象，单击"形象"展开列表，根据实际需要选择一个形象，右侧对话框即可显示角色扮演智能体的形象，如图 2-1-37 所示。如果用户第一次使用本平台，且想选择自己创建的形象，就需要单击"在线定制"按钮，打开"我的资产"界面，如图 2-1-38 所示。

图 2-1-37 选择系统预置形象

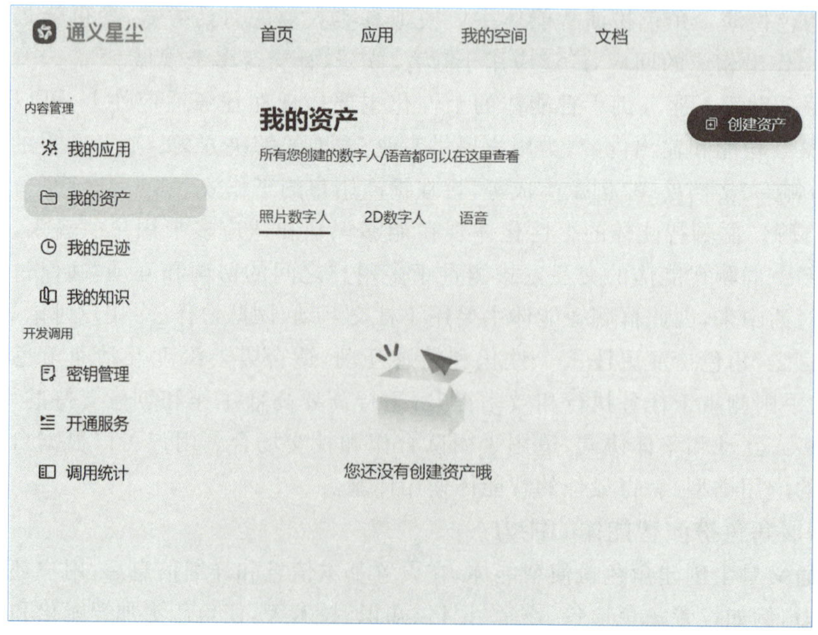

图 2-1-38 "我的资产"界面

用户在“我的资产”界面，单击“创建资产”按钮，打开创建界面，在“基础信息”栏输入相关信息，然后在“上传形象素材”栏中上传事先准备好的图片素材，单击“创建”按钮，如图 2-1-39 所示。等待 10～20 分钟，即可定制一个形象。创建成功后，单击“我的资产”→“照片数字人”就会呈现定制的形象，勾选使用该形象即可，如图 2-1-40 所示。

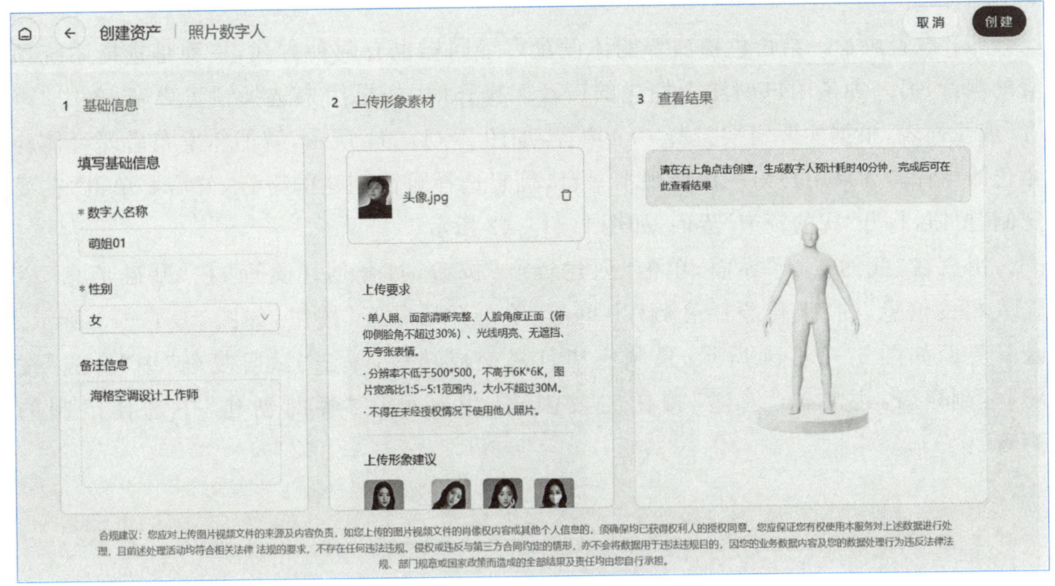

图 2-1-39　定制形象界面

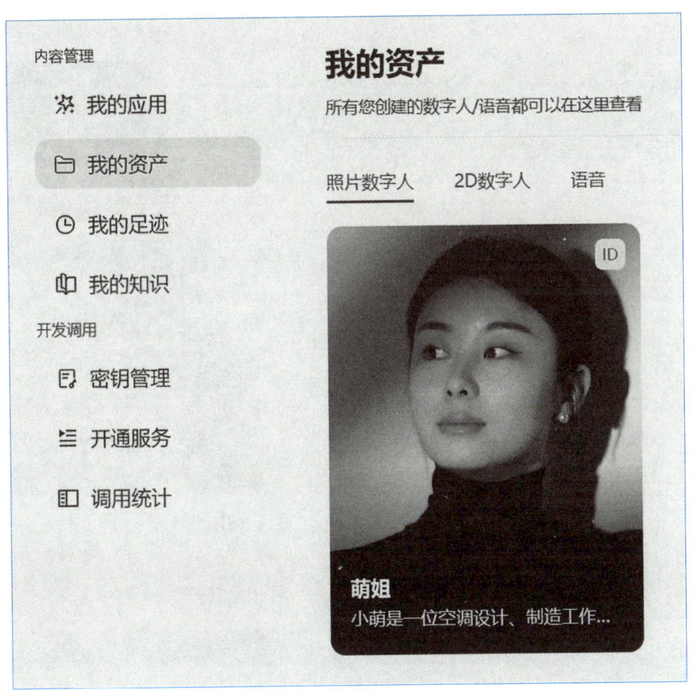

图 2-1-40　定制的形象

小提示： 通义星尘不仅预制了数字照片人、2D、3D等形象供用户选择使用，而且支持用户在线定制2D形象，在创建2D形象时，需仔细阅读网站上的《2D交互数字人拍摄注意事项》等帮助文件。

（2）设置声音。给角色扮演智能体设置声音同样也有两种方式，一种是选择系统预置的声音，另一种是用户创建个性化的声音。操作时，如果用户选择预置声音，单击“声音”展开列表，根据实际需要选择一个声音，如图2-1-41所示，智能体发布后即可体验角色的声音。如果用户第一次使用本平台，且想选择自己创建的声音，就需要单击“在线定制”按钮，打开“我的资产”界面，如图2-1-42所示。

用户在“我的资产”界面，单击“创建资产”按钮，打开创建页面，在“基础信息”栏输入相关信息，在“上传原始音频”中单击“单击开始录音”按钮，如图2-1-43所示。录音界面如图2-1-44所示，录制完毕且提交成功后，单击“试听复刻”中“合成”按钮，复刻声音，再单击“创建”按钮完成创建，用户可在“我的创建”中选择定制的声音。

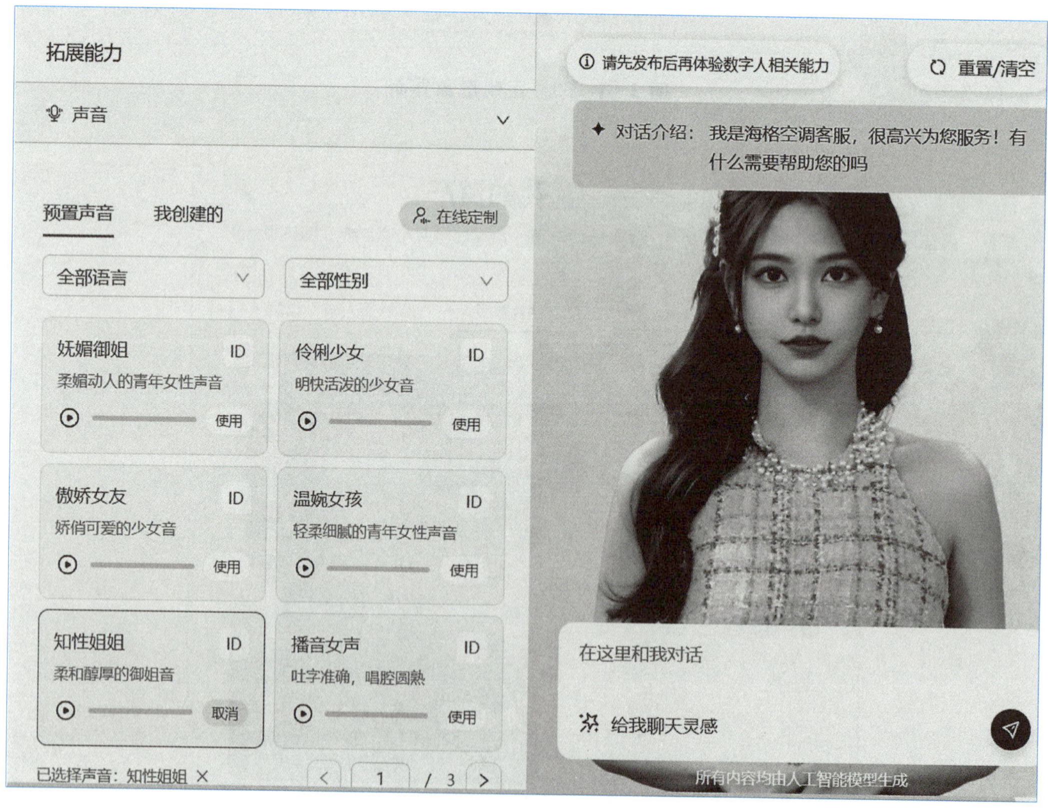

图2-1-41 选择系统预置声音

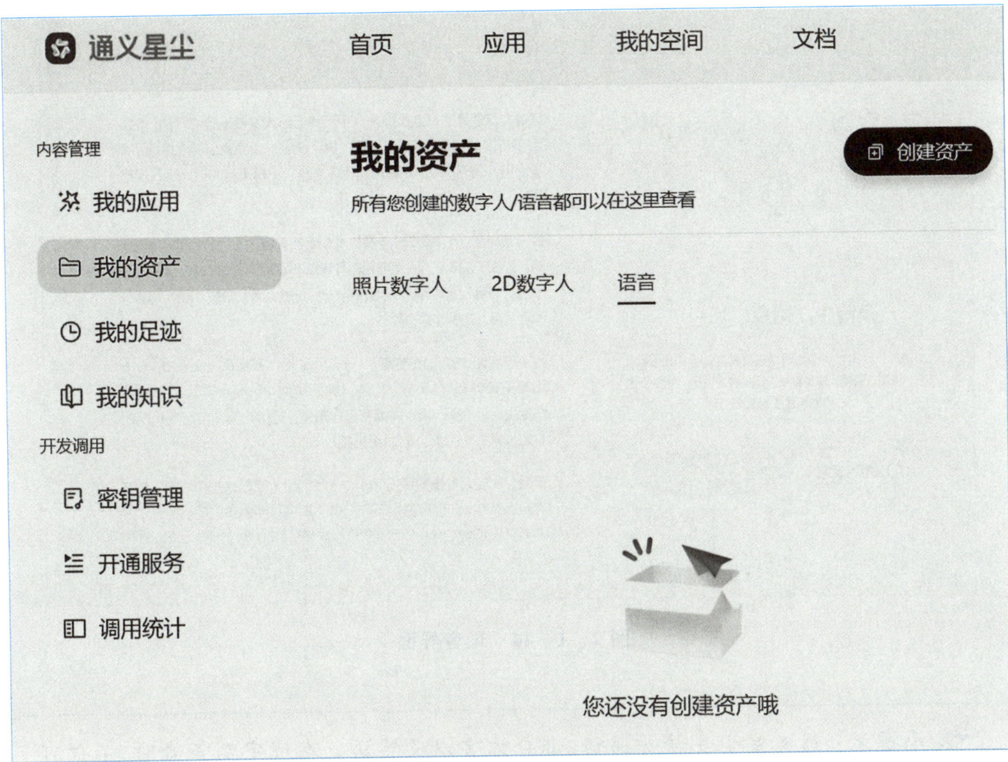

图 2-1-42 我的资产页面

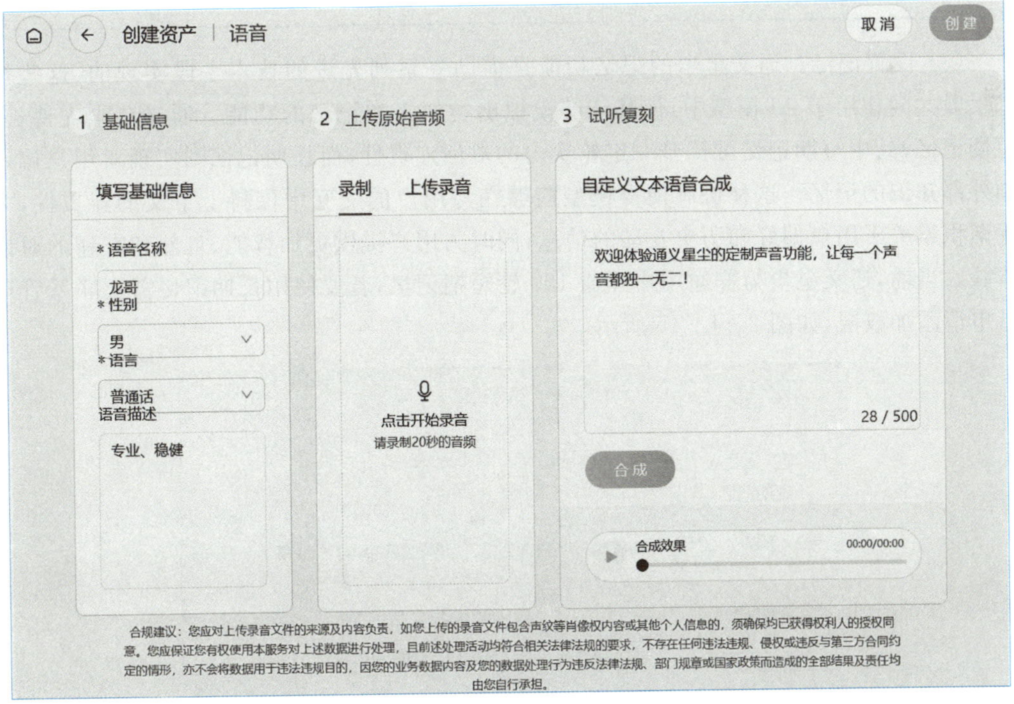

图 2-1-43 定制声音界面

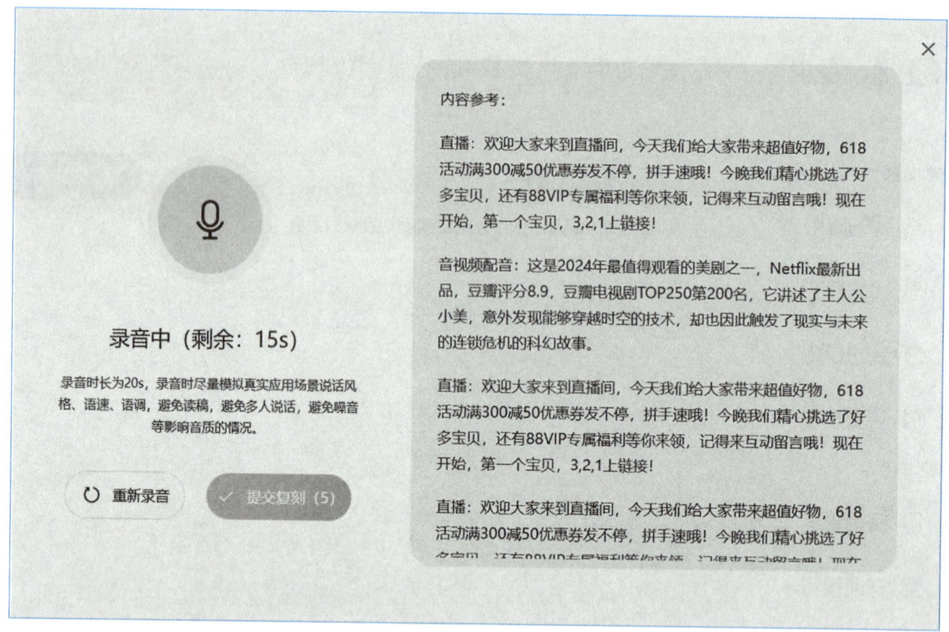

图 2-1-44 录音界面

小提示： 通义星尘支持普通话、部分方言以及英语。在线定制声音时，不仅可以在线录制声音，还可以上传音频。若上传的音频文件包含声纹等肖像权内容或其他个人信息，须确保均已获得权利人的授权同意，否则可能涉嫌违法。

（3）设置记忆。通义星尘的记忆功能是借助一系列先进的技术手段实现的，这些技术手段共同作用于 AI 模型中，使其能够模拟出类似人类记忆的功能。通义星尘支持长、短期记忆；其中短期记忆可提升一定轮次内的对话连贯性；而长期记忆则实现对用户偏好和外部知识的记忆。这种机制使得模型能够在与用户的交互中保持上下文的连贯性，并逐渐积累关于用户偏好和历史互动的信息，同时为用户提供更加智能、自然和有趣的对话体验。当前，通义星尘为普通用户开通 100 轮短期记忆，若要使用长期记忆需要联系管理员申请添加权限，如图 2-1-45 所示。

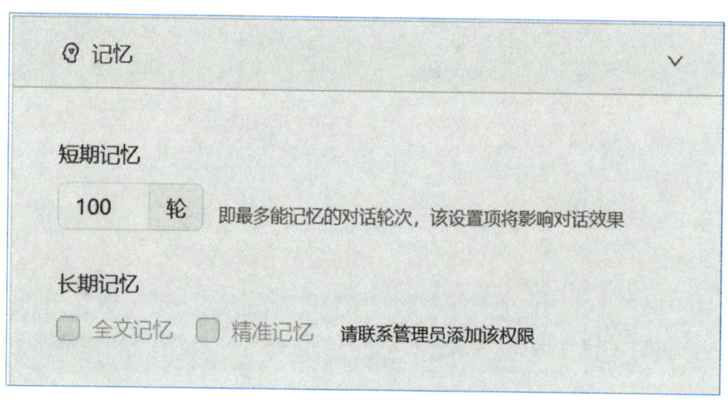

图 2-1-45 设置记忆界面

（4）设置知识。在设置知识界面可以打开“真实时间”和“实时信息获取”两个选项开关，如图 2-1-46 所示，实现智能体与现实世界时间同步以及通过搜索引擎获取实时信息。

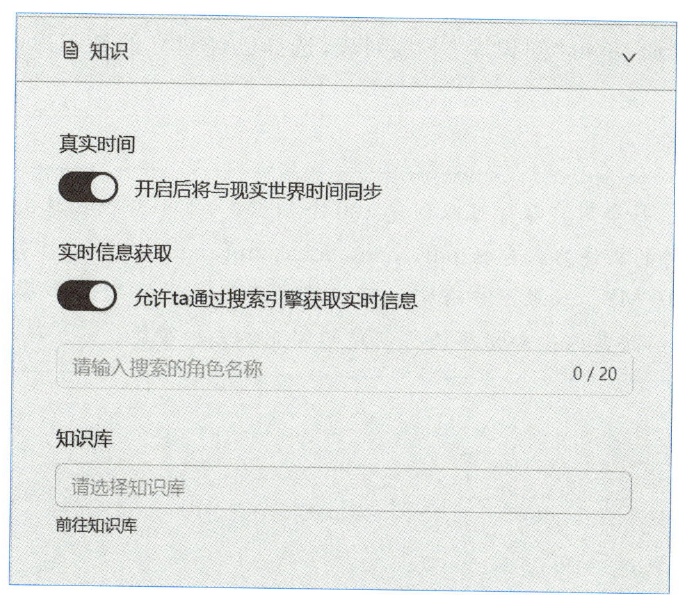

图 2-1-46　设置知识界面

用户还可以给角色扮演智能体创建知识库。知识库是一个基于大模型的个性化对话平台，旨在为用户提供丰富的角色定制和交互体验。创建时，单击“前往知识库”按钮，进入“我的空间”→“我的知识”，如图 2-1-47 所示。单击“新增”按钮，打开新建知识库界

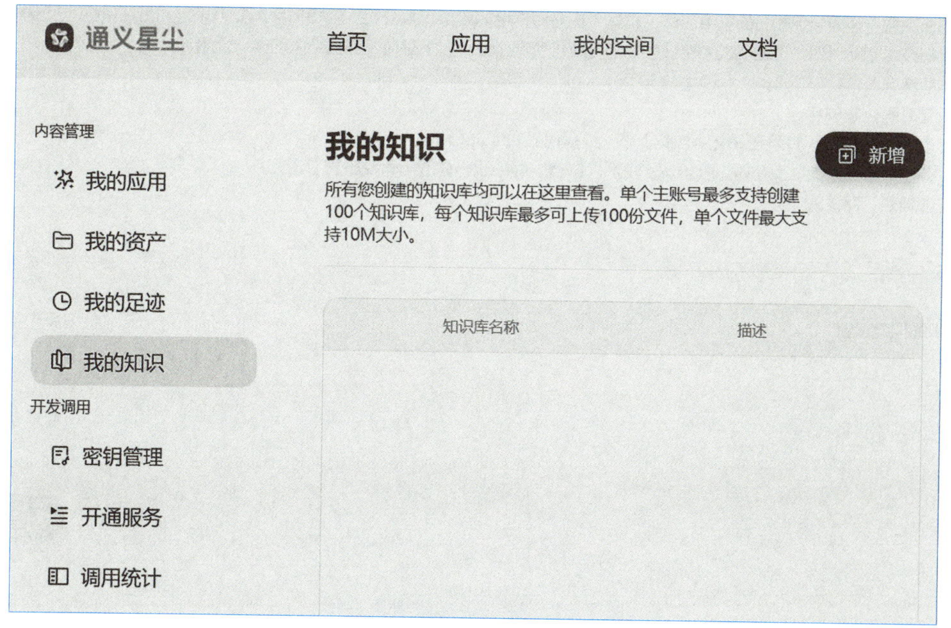

图 2-1-47　知识库界面

面，输入“知识库名称”，选择“文本类型”，填写知识库描述，如图 2-1-48 所示。单击“新增”按钮，打开新建知识库内容界面，单击“上传”图标，上传事先准备的文档，单击“保存”按钮，如图 2-1-49 所示。在知识库列表中单击“上传”按钮，一个知识库建立完毕。返回“知识”设置界面，单击“知识库”下拉列表，选择已经建立的知识库，如图 2-1-50 所示。

小提示：每个用户账号可以创建 100 个知识库，每个知识库单次最多上传 10 份文件。支持的文件格式包括 pdf，doc，docx，md，xlsx，xls，txt 等且单个文件大小不超过 10 MB。如果用户有需求可以建立不同类型的知识库，在创建不同类型的智能体时，按需选择知识库使所创建的智能体更加智能。

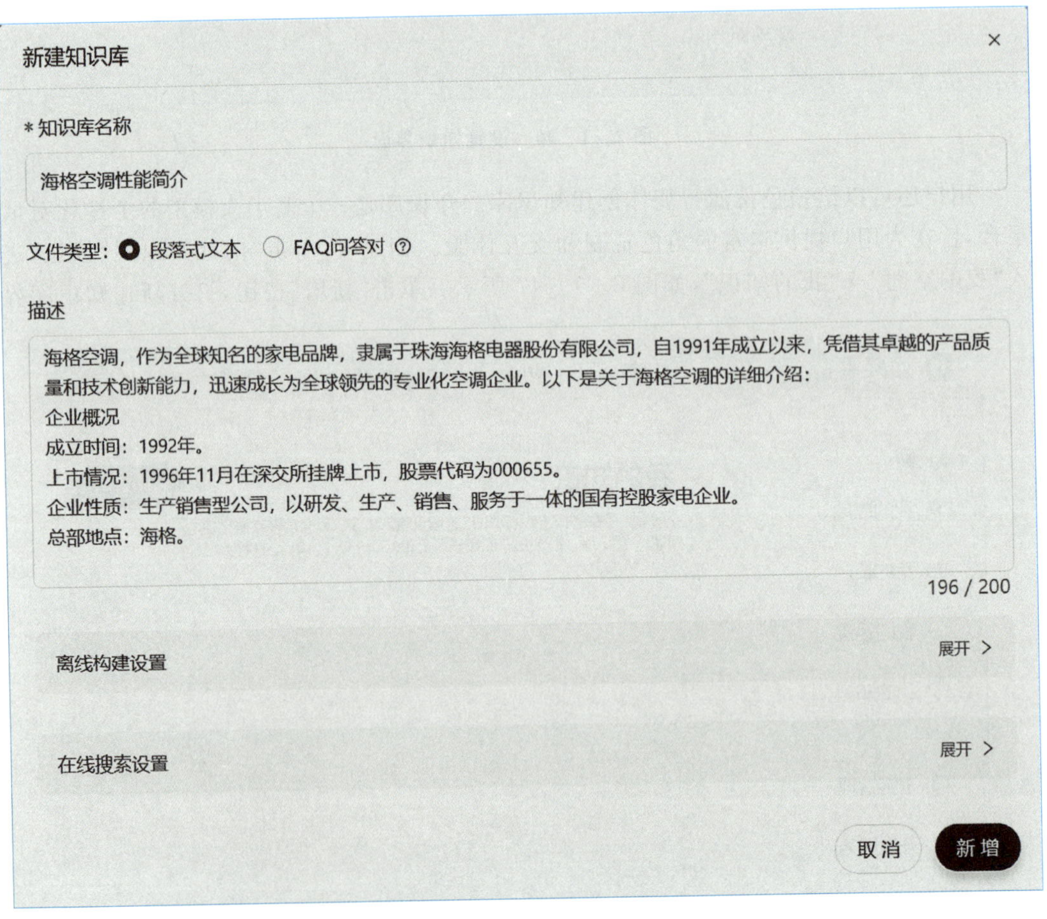

图 2-1-48 新建知识库界面

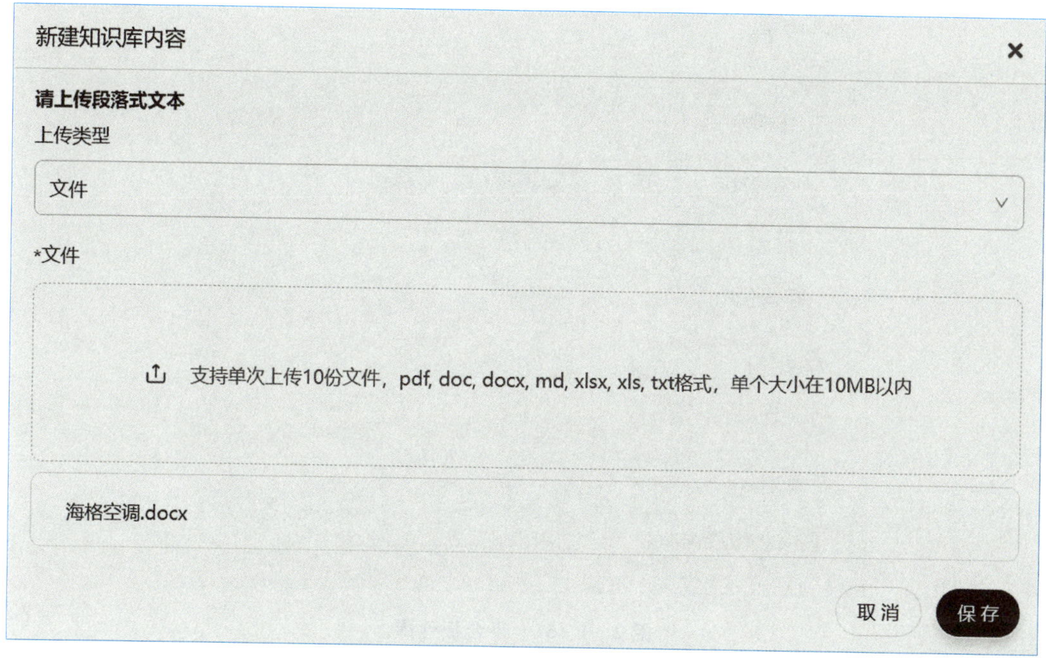

图 2－1－49　新建知识库内容界面

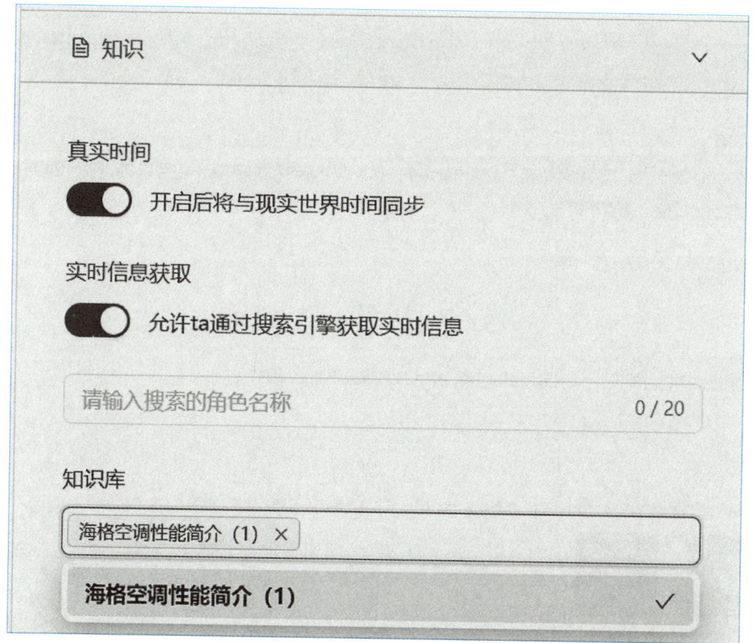

图 2－1－50　选择知识库

（5）设置技能。当前，通义星尘提供了“卡牌库发送”“人设约束”“文生图”3 个平台插件库，如图 2－1－51 所示，打开使用开关即可使用插件。

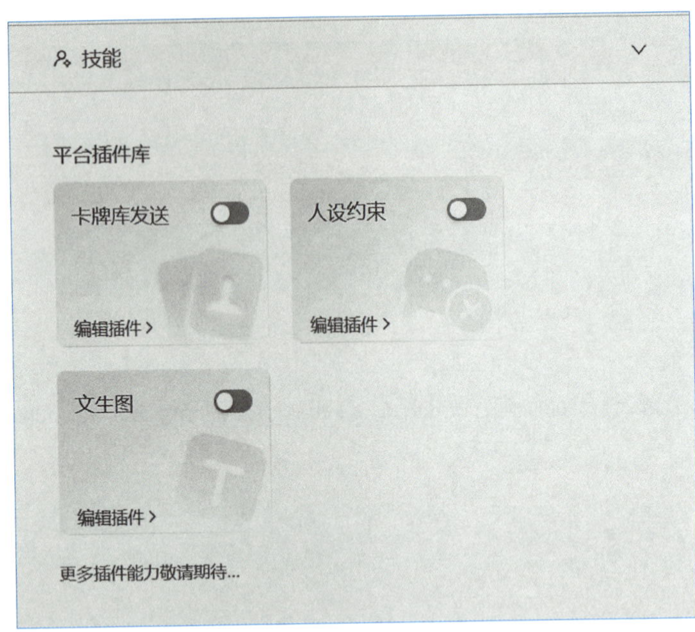

图 2-1-51 平台插件库

卡牌库插件，支持用户在角色创建过程中，上传自定义卡牌，并且设置适应角色回复内容的卡牌发送策略，从而实现角色和用户对话过程中的卡牌发送，如图 2-1-52 所示。

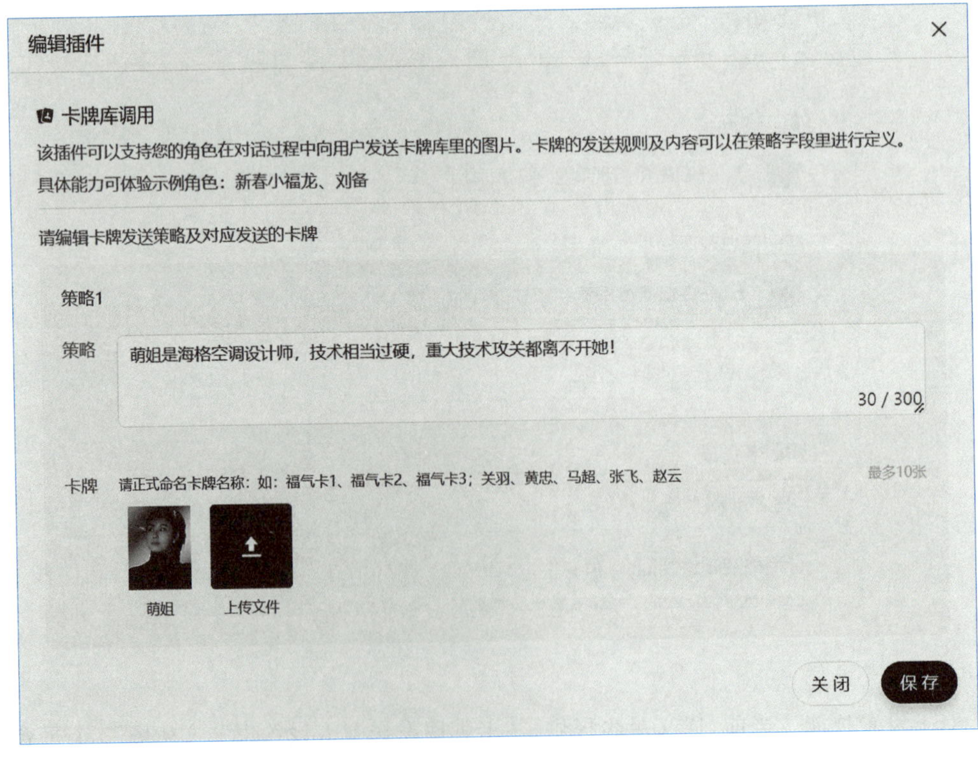

图 2-1-52 设置卡牌库调用界面

人设约束插件支持用户对角色时空以及聊天话题进行约束，从而让角色的回复更符合用户设置的约束条件。若设置“拒绝回答超出角色时空的问题”→“架空角色，拒绝回答真实世界的问题”选项时，则角色会拒绝回答涉及真实世界的问题；在“拒绝回答自定义话题”的文本框中输入“低俗、隐私”等关键词后，角色就会拒绝回答相关问题。用户还可以根据需要自定义其他话题或不主动提及自定义话题，如图 2-1-53 所示。文生图插件，支持用户在角色创建过程中，赋予角色生成图片的能力，如图 2-1-54 所示，可以实现角色和用户对话过程中生成图片并发送给用户。

(6) 设置模型。当前，通义星尘提供了多种聊天模型供用户在创建智能体时选用，如图 2-1-55 所示。用户还可以选择“回复多样性”和“回复发散度”。若对对话的内容有很高的要求，即在固定提问下必须回答固定的内容，则选择“固定输出”选项；若对对话格式有很高的要求，则选择“较少”或“中等”选项；若没有任何要求，希望回复是多样化的，则选择“多样化输出”选项。“回复发散度”是指同样提问下，每次回复内容的联想性和发散程度，默认值为 0.92，建议设置调整范围在 0.9～1.0 之间，设置太小会回答得太死板，设置太大会回答得不可控。

3. 了解其他智能体的创建

国内多个 AI 平台都支持用户创建个性化的智能体。常见的有讯飞星火、智谱清言等。

(1) 讯飞星火。讯飞星火支持智能客服、AI 音频、多意图分支、新闻资讯、智能图片创作等多种个性化的智能体创建。同时，还提供了结构化创建、编程创建、申请入住等创建方式。创建时，进入讯飞 AI 平台，单击“创建智能体”，然后选择创建方式，即可进入讯飞星火编排创建智能体界面，如图 2-1-56 所示。

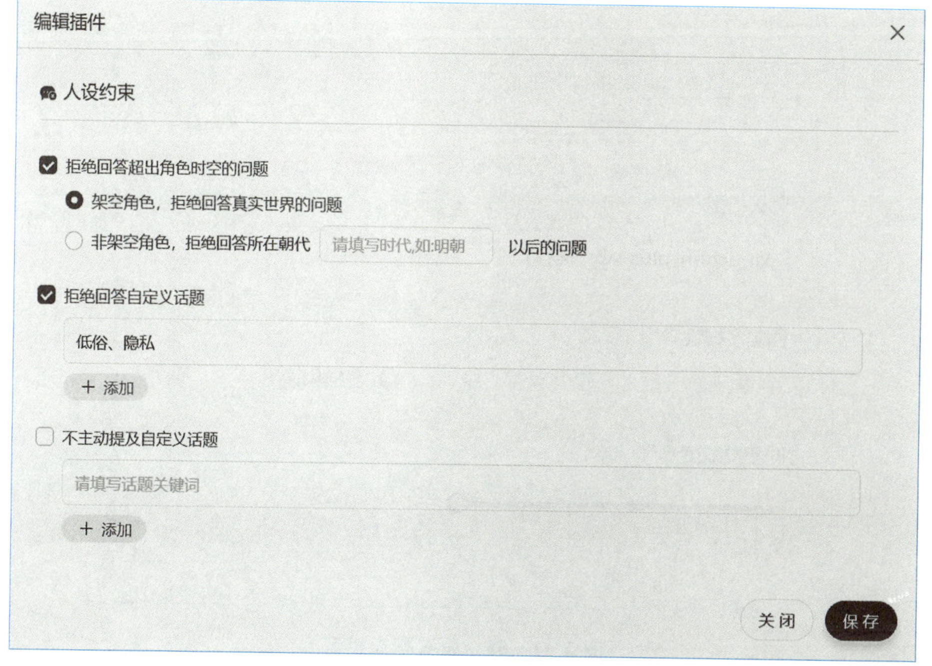

图 2-1-53 设置人设约束界面

编辑插件

文生图

该插件可以支持您的角色根据用户需求或回复内容进行图片生成。

具体能力可体验示例角色：小画家

图片风格

中国画

单次生成张数

1

分辨率

1024*1024

固定正向描述词 您可以填写希望图片里出现的内容或风格。

花鸟

关闭 保存

图 2-1-54 设置文生图界面

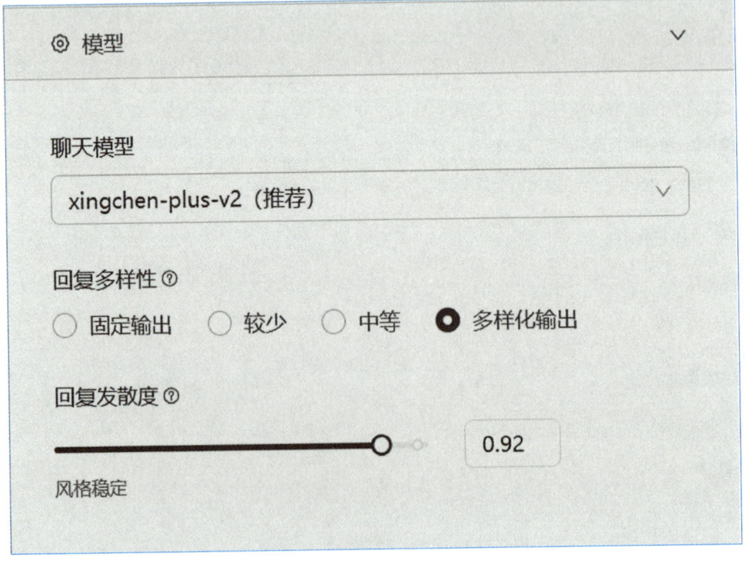

图 2-1-55 设置聊天模型

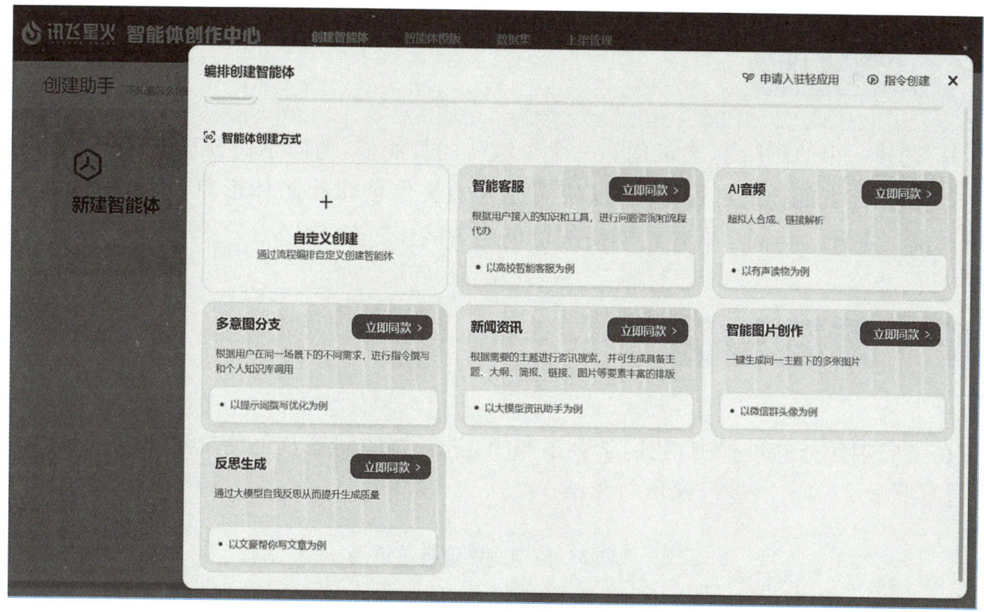

图 2-1-56　讯飞星火编排创建智能体界面

（2）智谱清言。智谱清言支持用户知识问答、客户服务、教育辅导、技术支持、健康咨询、语言学习等多种类型的智能体创建。用户还可以定制知识库、语言风格、交互逻辑及功能模块等。创建时，在智谱清言首页，单击“创建智能体”按钮，打开智谱清言配置智能体界面，如图 2-1-57 所示。

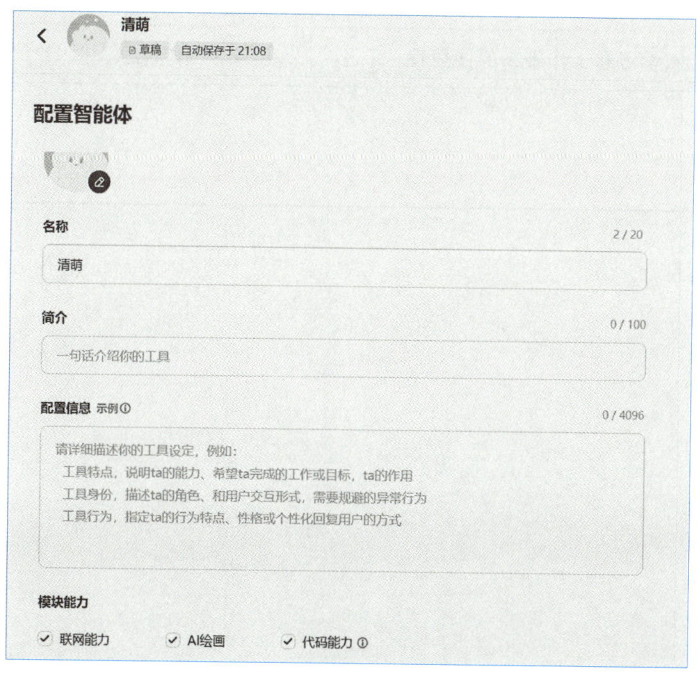

图 2-1-57　智谱清言配置智能体界面

实训操作

1. 选择一个 AI 平台，尝试创建一个个性化的智能体，与同学们分享创建体会。

2. 在创建智能体的过程中，可以使用他人的头像创建智能体形象，也可以使用他人的声音复刻声音。与同学们讨论如何规范创建智能体？

任务评价

在完成本任务的过程中，我们学会了与 AI 进行智能问答及角色扮演智能体创建的方法，请对照表 2-1-2，进行评价与总结。

表 2-1-2　评价与总结

评价指标	评价结果	备注
1. 了解 AI 提示词的概念	□A　□B　□C　□D	
2. 掌握使用提示词的基本方法与技巧	□A　□B　□C　□D	
3. 能够创建一个简单的智能体	□A　□B　□C　□D	
4. 了解创建智能体的规范	□A　□B　□C　□D	
5. 感受 AI 给生活、学习和工作带来的便捷性	□A　□B　□C　□D	
综合评价：		

任务二 智能翻译与图像识别

情境故事

小明在一家知名科技公司的国际事务部工作，日常工作涉及与国际合作伙伴沟通，包括翻译电子邮件和产品手册等。

由于语言差异，小明在与其他国家的人士交流过程中经常遇到障碍。然而，自从使用了智能翻译工具后，小明的语言理解能力和工作效率都得到了显著提升。如今，小明每天坚持使用智能翻译工具辅助学习与工作，不仅能够自信地与国际合作伙伴进行日常的商务沟通，还能确保翻译产品手册的准确性。

本任务将学习利用生成式人工智能辅助翻译，提升翻译水平和沟通能力。

任务目标

1. 了解智能翻译的原理。
2. 掌握常用智能翻译工具的使用方法。
3. 使用 AI 工具完成图像翻译与识别。

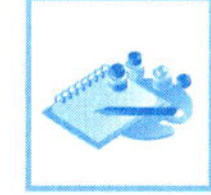

任务准备

1. 了解智能翻译的原理

智能翻译系统结合了自然语言处理与翻译技术，实现了文本的自动化转换。在处理过程中，系统首先对输入的文本进行预处理，包括分词和文本规范化等操作，旨在将原始文本转化为易于处理的格式。接着，系统利用深度学习模型深入分析文本的语义内容和语法结构，从而精确地理解和重构语言表达。

系统采用注意力机制，能够精准识别与翻译任务密切相关的文本内容，从而大幅提高翻译的准确性。解码器承担构建目标语言翻译文本的任务，后处理步骤可以进一步优化翻译结果，增强其流畅性与准确性。智能翻译系统具有持续学习的能力，并且能够自我优化，不断提升翻译质量。

当前的智能翻译系统还融合了语音识别与语音合成技术，进而衍生出语音翻译及同声传译功能，为用户搭建起了跨越语言障碍进行沟通的便捷桥梁。

2. 认识智能翻译工具

有道翻译软件提供了网页版、桌面客户端以及移动应用程序等多种访问方式，充分满足用户在不同设备上的使用需求。它支持文本、文档、图像识别和语音识别等多种交互模式，能够高效地处理涵盖多种语言的翻译任务。有道翻译客户端的操作界面如图 2－2－1 所示。

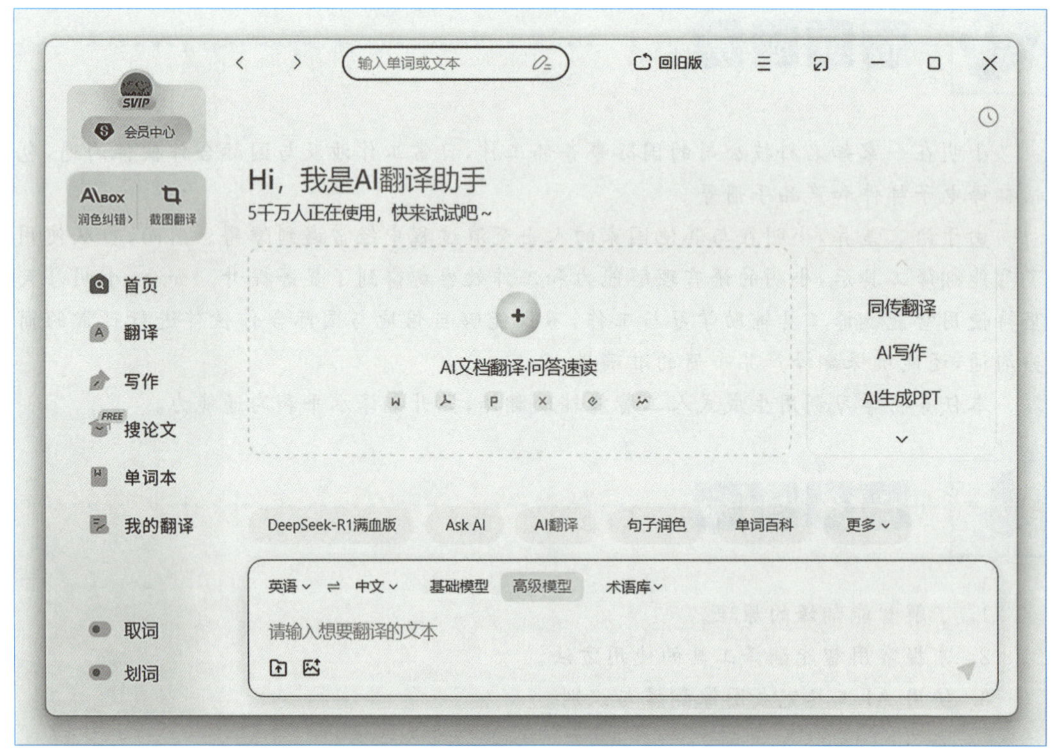

图 2－2－1 有道翻译客户端的操作界面

有道翻译软件集成了文字翻译、拍照翻译、语音翻译、同传翻译、单词本、口语私教等多项功能，堪称学习与工作的得力助手。其核心优势在于先进的上下文理解能力，能够对句子的语境进行深入细致的分析，生成自然流畅、精准贴切的翻译文本。此外，通过持续扩充术语库，有道翻译平台不断提升翻译服务的精确度，为用户提供更加优质可靠的翻译体验。

3. 认识视觉思考模型工具

视觉思考模型的核心理念是利用图形化的方式，使复杂的信息变得直观易懂，帮助人们快速抓住重点并提炼出清晰的思路。这种模型特别适用于处理大量文字或统计数据，能够有效梳理复杂信息，提高信息处理效率，例如，智能训物、识景等。

Kimi视觉思考模型利用直观的图形界面和智能算法，为用户提供了便捷、高效的图像理解和描述生成服务，操作界面如图2-2-2所示。

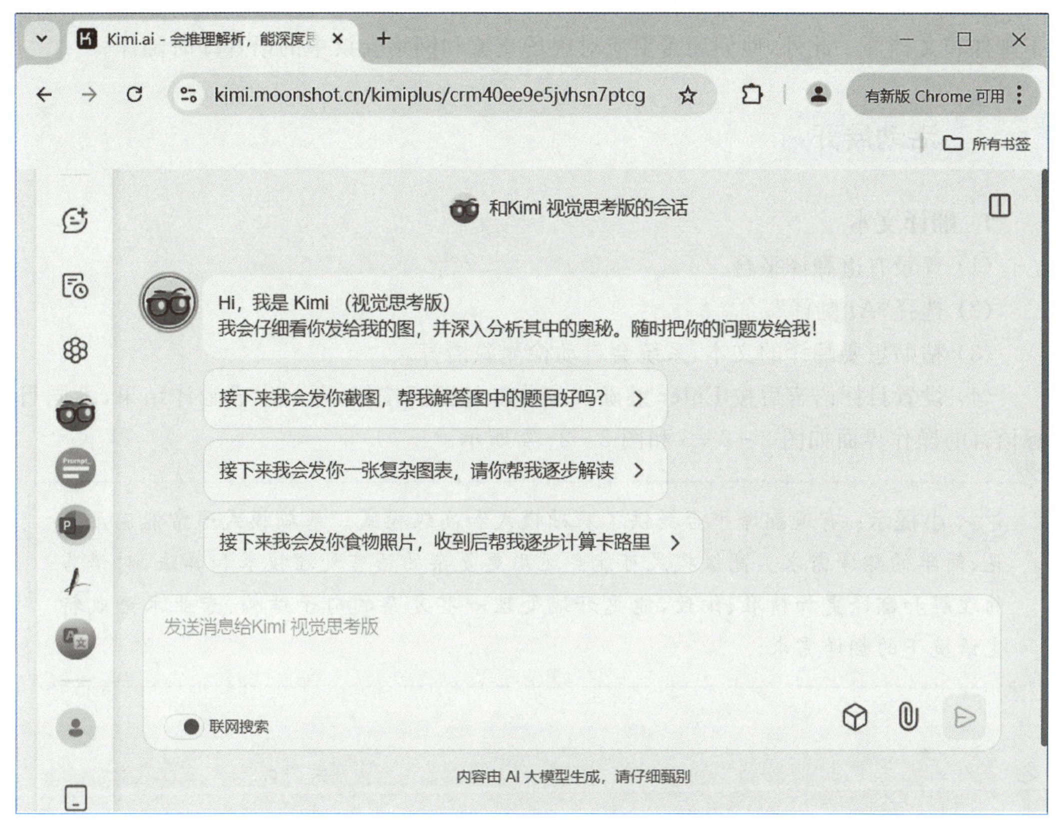

图2-2-2　Kimi视觉思考模型的操作界面

任务设计

活动一　智能翻译

活动描述

随着小明所在公司业务的不断拓展，越来越多的产品与服务面向海外市场，更多的员工需要频繁地与国际客户进行沟通交流。为了提升工作效率，小明分享了他利用AI模型进行语言翻译与学习的经验，帮助更多同事提升了语言翻译能力。

活动分析

在国际商务合作中，小明及其同事需要处理多种语言的文本翻译任务，包括网页、电子邮件和文档等。此外，他们还需要应对现场交流和网络会议中的语音即时翻译。

活动展开

活动展开

翻译文本

1. 翻译文本

（1）登录有道翻译平台。

（2）选择“AI 翻译”。

（3）粘贴想要翻译的文本，系统会自动检测源语言。

（4）设置目标语言后按 Enter 键确认或单击“发送”按钮，即刻生成翻译结果，不同目标语言的操作界面如图 2-2-3 和图 2-2-4 所示。

> **小提示：** 有道翻译平台提供了基础模式和高级模式。基础模式通常能满足常见、简单的翻译需求。高级模式可能会运用更复杂的语言处理技术和算法，对语言的理解和翻译更加精准、细致，能更好地处理一些复杂的句子结构、专业术语或特定语境下的翻译需求。

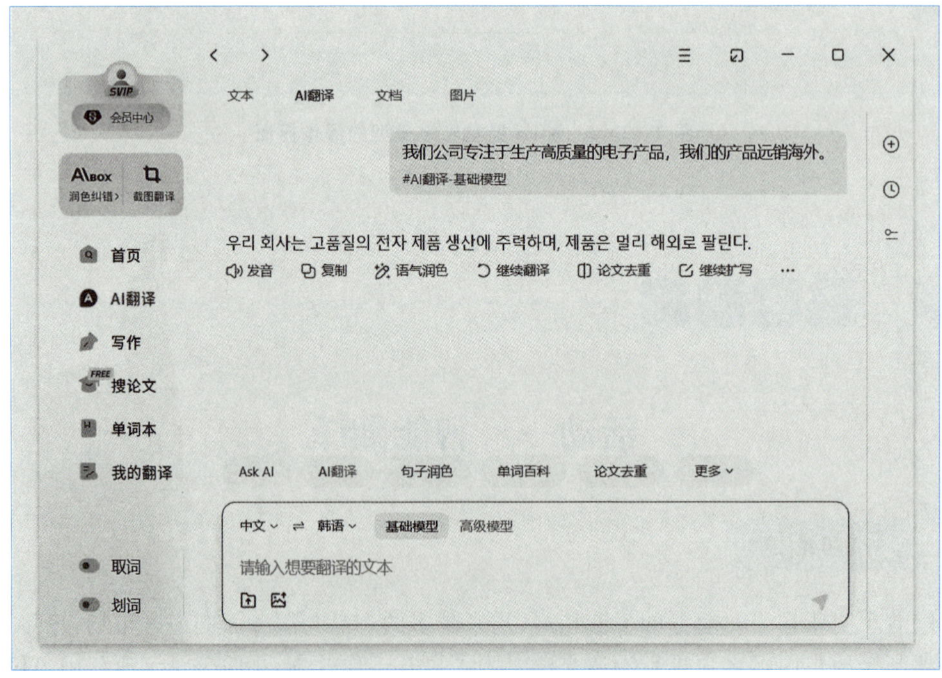

图 2-2-3 将中文翻译为韩语的操作界面

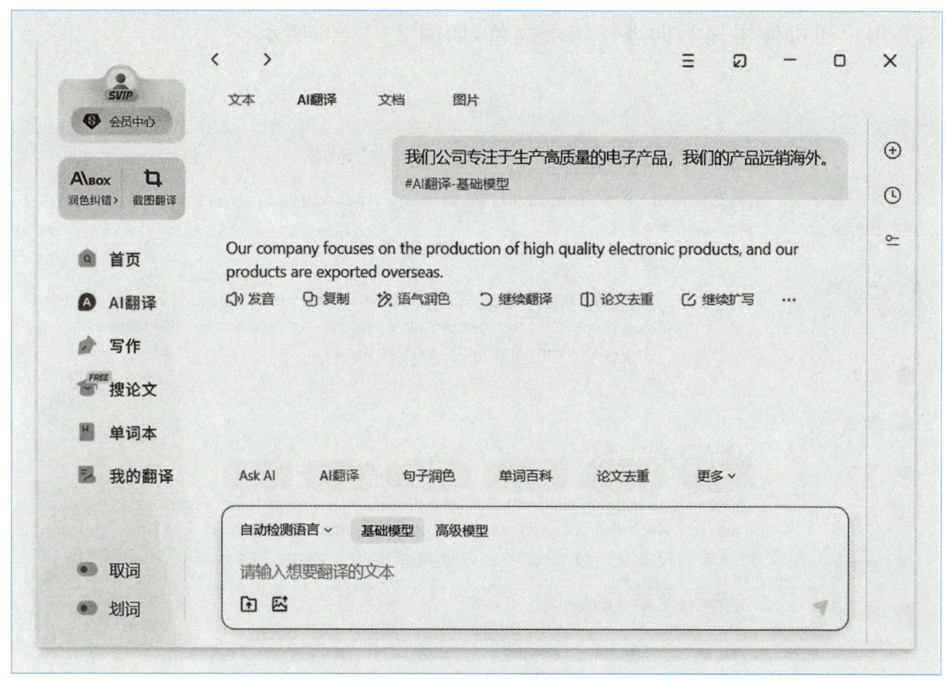

图 2-2-4 将中文翻译为英语的操作界面

2. 润色文本

(1) 对翻译的结果或输入的文本进行润色时，用户可自由选择“专业化”“口语化”“更友好”等选项，体验不同风格，如图 2-2-5 所示。

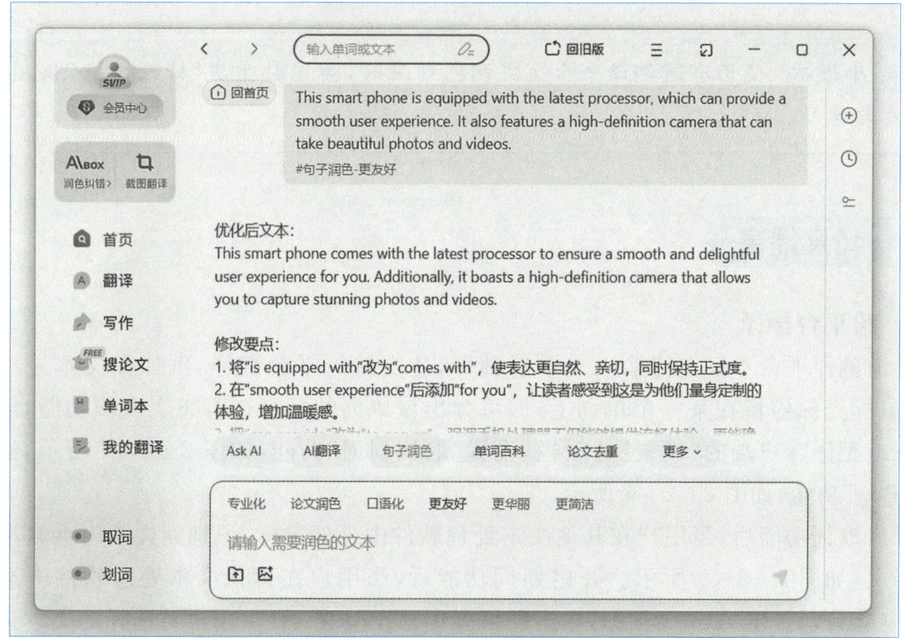

图 2-2-5 选择风格进行文本润色

活动展开

润色文本

知识拓展

用 DeepSeek 润色文本

(2) 用户还可使用提示词进行句子润色，如图 2-2-6 所示。

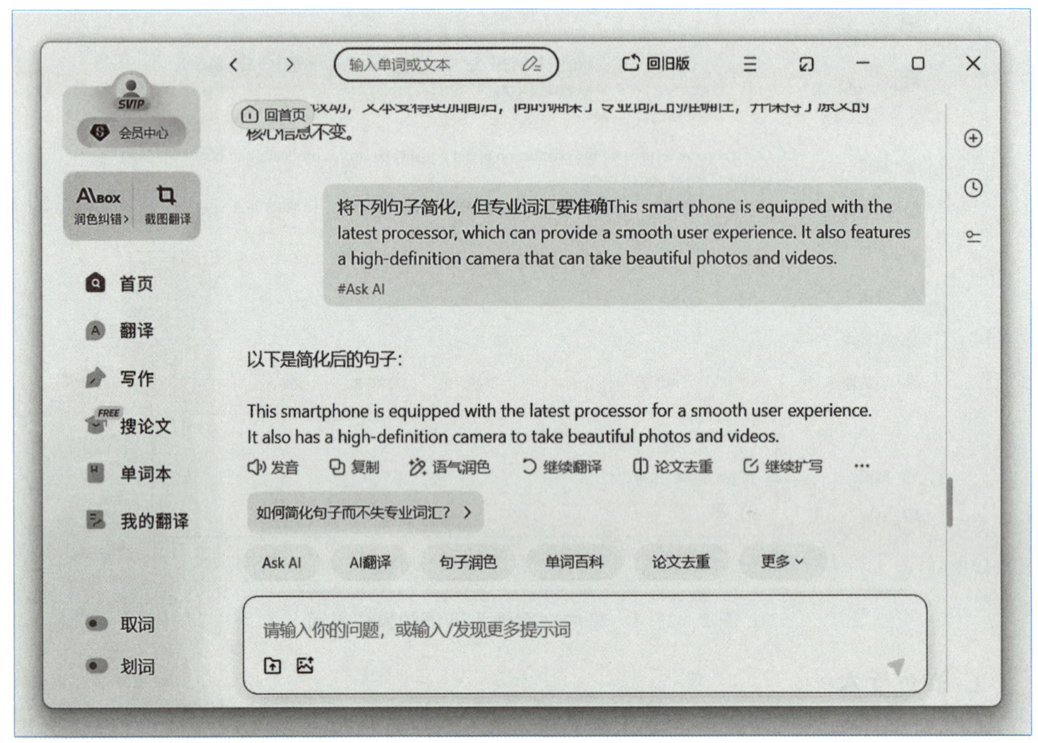

图 2-2-6 使用提示词进行句子润色

小提示：使用有道翻译平台生成润色结果时，会同时生成“修改要点”供用户查看与学习。

拓展提高

1. 跨平台翻译

有道翻译平台不仅支持输入文本后翻译，还支持跨平台翻译，例如在文本处理软件中，当鼠标光标停留在某一个单词上，即可弹出该单词的释义。若想实现该功能，需要提前在有道翻译客户端的“设置”选项栏，设置“取词划词”功能，如图 2-2-7 所示，然后设置“AIBox”功能，如图 2-2-8 所示。

开启取词功能后，当用户在其他文本处理软件中悬停鼠标，识别到文本时会自动弹出词语释义，如图 2-2-9 所示。开启划词功能后，当用户在其他文本处理软件中选择文本，系统会自动弹出 AIBox 图标，单击即可弹出 AIBox 界面，供用户对选择的文本进行下一步的处理，如图 2-2-10 所示。

个人信息
设置
满意度调查
意见反馈
关于

常规 离线增强 内容 取词划词 单词本 AIBox 桌面工具栏 更多

划词设置:

展示方式: 展示划词图标

开关热键: 直接按键盘进行设置

启用复制查词，选取内容后复制即可显示释义

取词设置:

取词方式: 鼠标取词

取词范围:

对中文取词 对系统界面取词（菜单/按钮/标题栏）

对所有软件开启OCR强力取词（能识别图片中的单词）

开关热键: F8 直接按键盘进行设置

图 2-2-7 设置“取词划词”功能

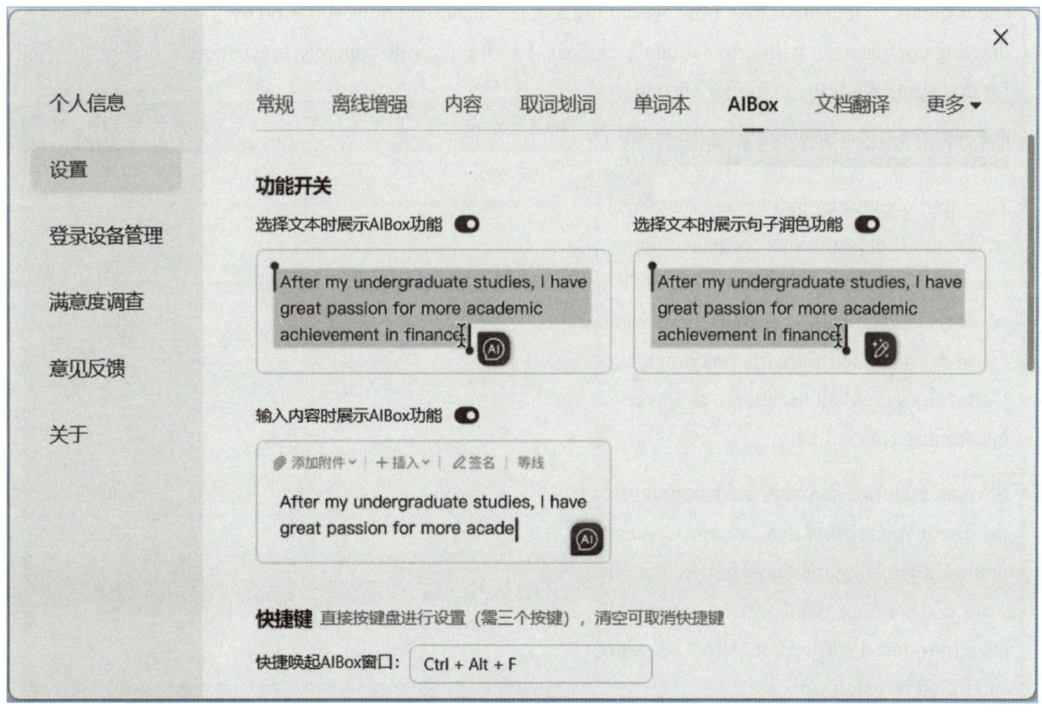

图 2-2-8 设置“AIBox”功能

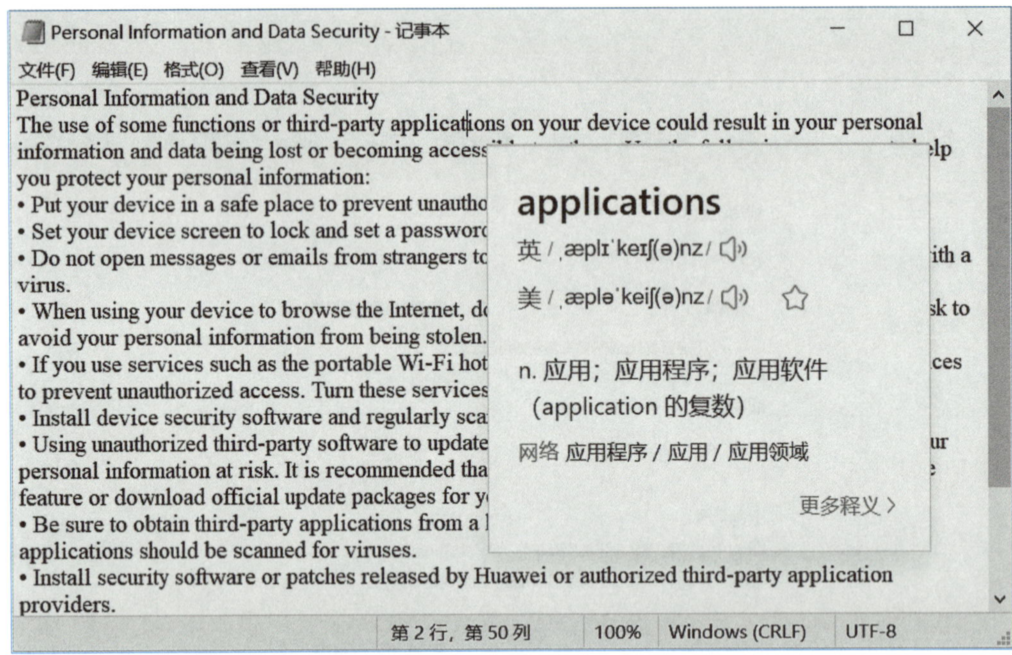

图 2-2-9 取词翻译示例

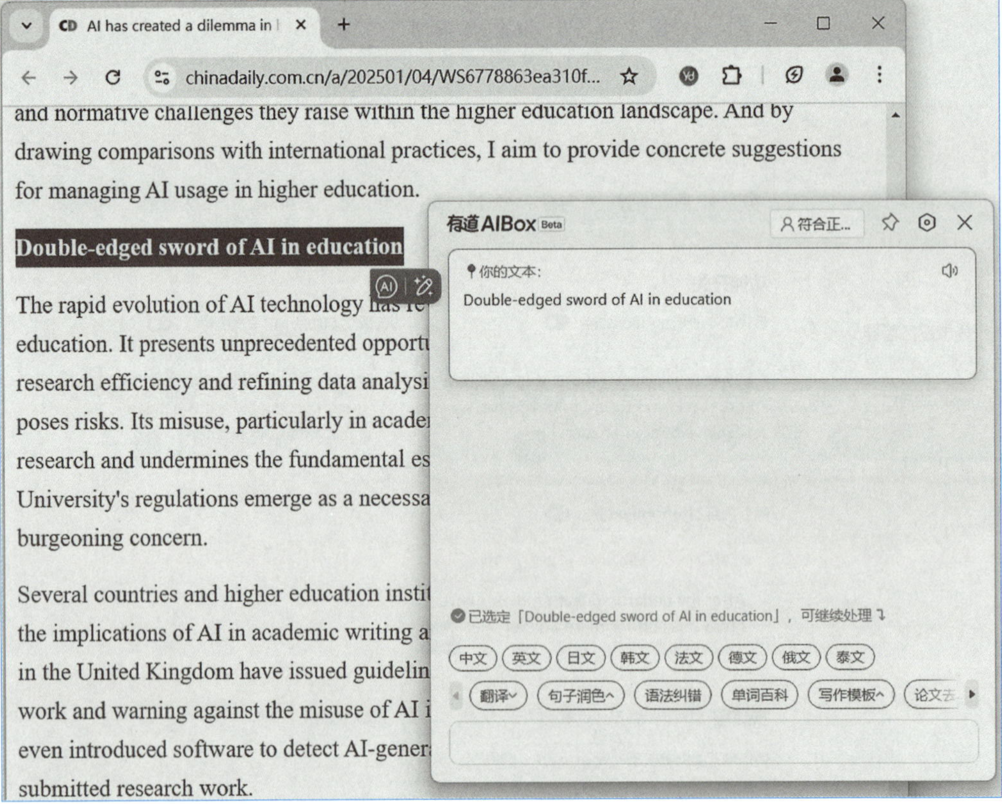

图 2-2-10 划词调用 AIBox 示例

2. 批改文章

有道翻译还可以对用户创作的文章从词汇、语法、结构、内容等方面进行综合评分，同时提供纠错、润色和提供例句等功能。操作时，输入或粘贴英文写作的标题和正文，单击“批改”按钮，即可智能纠错单词、语法等，如图 2-2-11 所示。单击“写作报告”按钮，平台可以对该文章从多个角度进行分析，并呈现写作报告供用户参考，如图 2-2-12 所示。

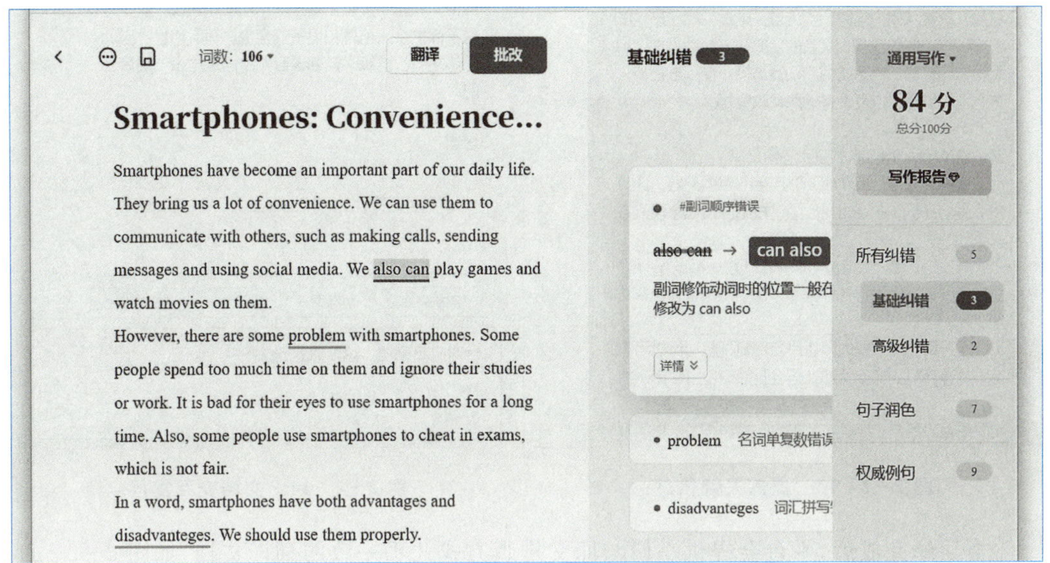

图 2-2-11 英文写作批改界面

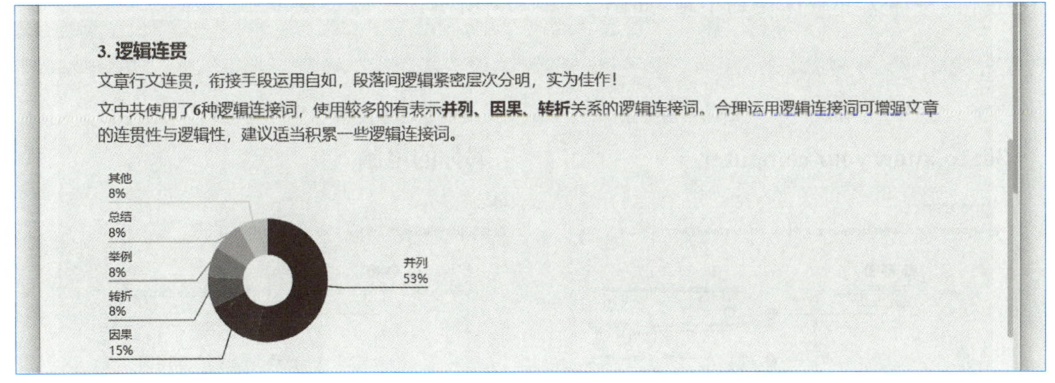

图 2-2-12 系统提供的写作报告

3. 翻译文档

有道翻译还提供了文档翻译功能，支持 pdf、doc、docx、ppt、pptx、xlsx、epub 等多种文档格式。操作时，上传需要翻译的文档，设置源语言与目标语言，单击“立即翻译”按钮，系统的阅读助手会对该文档进行解析，提炼关键信息，如图 2-2-13 所示。用户还可以使用阅读助手针对该文档进行交互提问，如图 2-2-14 所示。

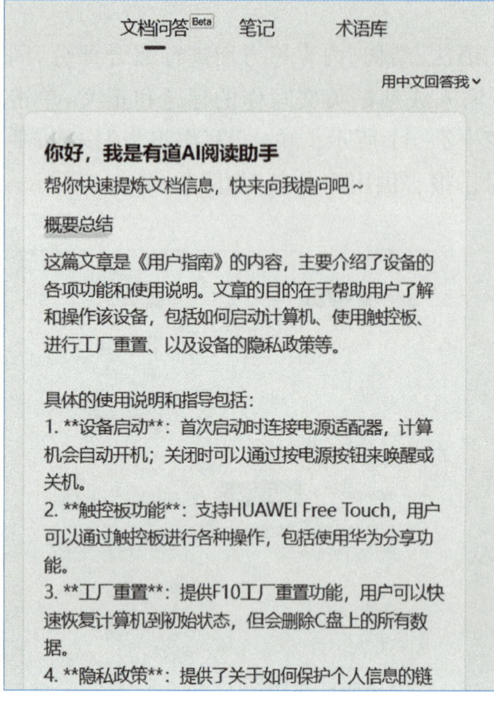

图 2-2-13 提炼关键信息

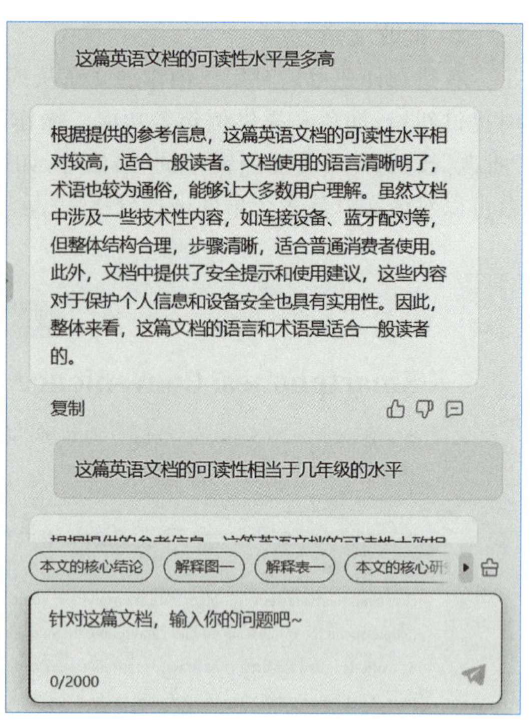

图 2-2-14 文档交互提问

当翻译完成后，平台会提供一份与原文排版方式几乎一致的翻译文档，如图 2-2-15 所示。用户可在预览模式下，使用“术语矫正”功能进行重新翻译，如图 2-2-16 所示。完成翻译后，单击“导出文档”按钮，在弹出的对话框中设置译文导出格式，单击“确认导出”按钮，将译文下载保存到本地，如图 2-2-17 所示。

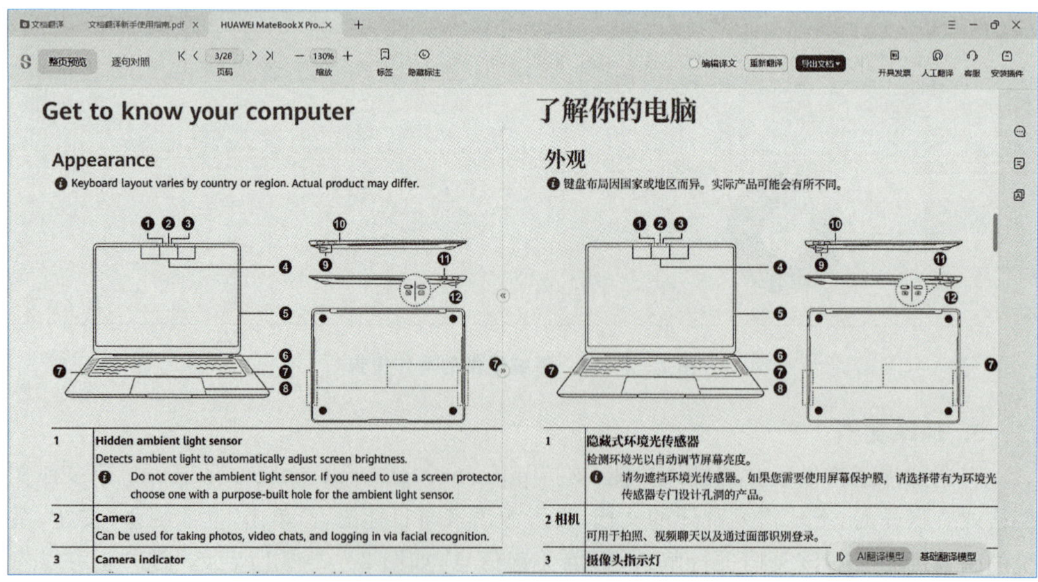

图 2-2-15 文档翻译结果

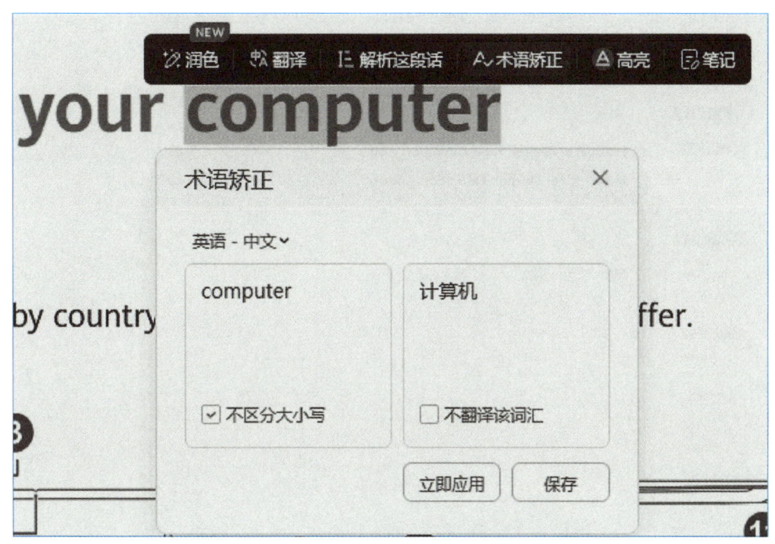

图 2－2－16　术语矫正

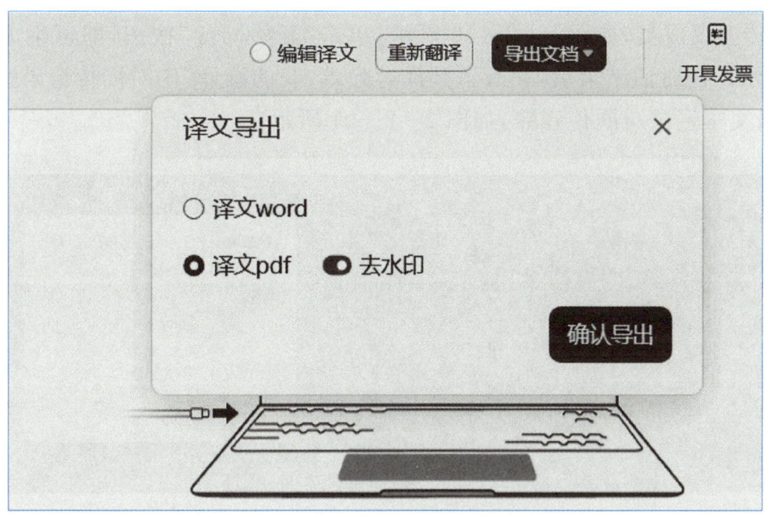

图 2－2－17　译文导出

小提示：翻译文档时，需保证原文档语句准确无误，若能考虑母语国家的语言使用习惯及适应场景，翻译结果将更加准确。

4. 同传翻译

有道翻译不仅可以智能翻译文本、文档，还可以将会议（现场）声音实时翻译为指定的语言，并以文本的形式呈现出来。操作时，选择“同传翻译”选项，先设置源语言和目标语言选项，再设置声音来源、字幕显示等选项，如图 2－2－18 所示。

图 2-2-18 同传翻译的设置

管理同传会议成员，如图 2-2-19 所示，单击“开始同传”按钮，即可生成字幕，如图 2-2-20 所示。当对话结束后，在有道翻译客户端“我的翻译”中对同传记录进行管理，如重命名、导出文本记录与同传音频，如图 2-2-21 所示。

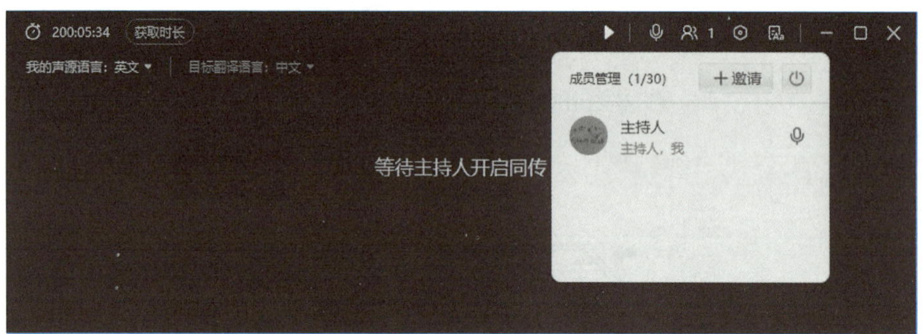

图 2-2-19 管理同传会议成员

图 2-2-20 生成同传字幕

图 2-2-21　管理同传记录

5. 生成播客音频

使用“有道 文档 FM”，可以将文本直接转换成语音播放出来。操作时，登录“有道 文档 FM”网页，设置播客类型与音频语种，如图 2-2-22 所示。然后上传文档，单击“开始生成”按钮。平台会根据上传的原文内容智能生成播客音频，用户可选择在线播放，也可下载音频到本地，如图 2-2-23 所示。

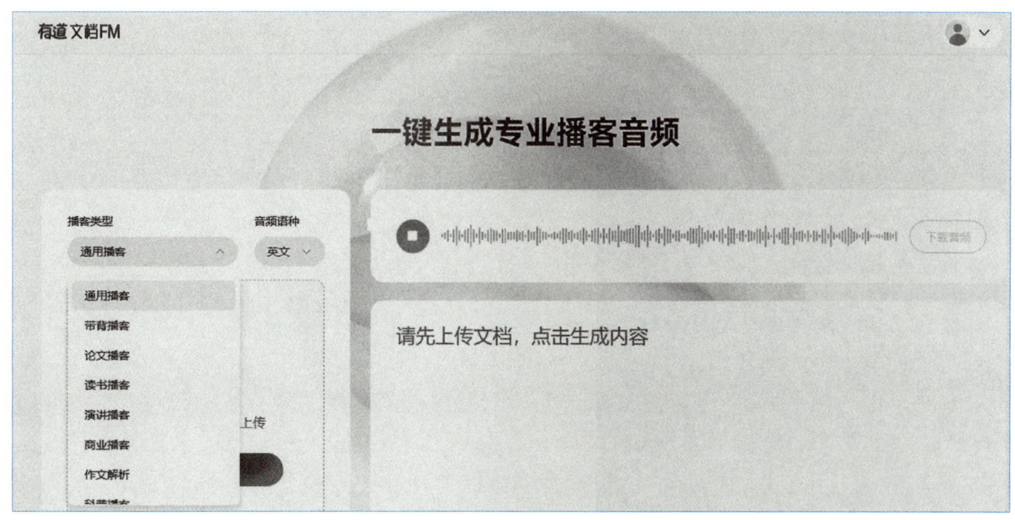

图 2-2-22　设置播客类型与音频语种

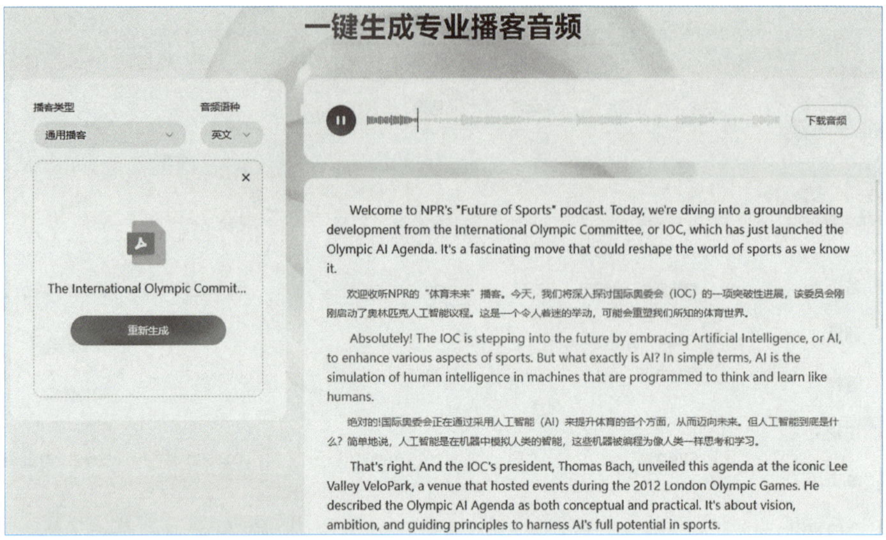

图 2-2-23 生成播客音频界面

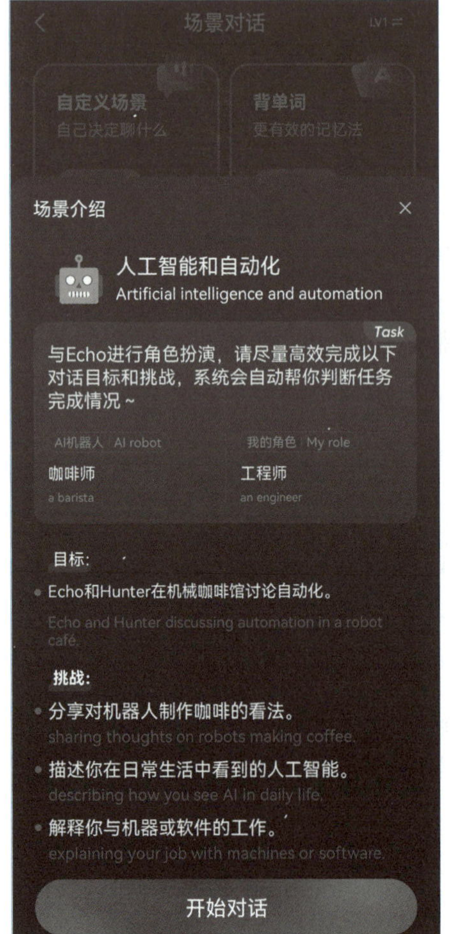

图 2-2-24 场景对话

6. 口语陪练

有道翻译还提供了 AI 口语陪练功能。用户只需要在有道翻译客户端首页选择"AI 口语陪练"，进入"Hi Echo 虚拟人口语私教"下载页面，使用智能手机扫描二维码下载并安装 App，然后登录 App 与 Echo 进行场景对话，如图 2-2-24 所示，对话界面如图 2-2-25 所示。当结束对话时，系统还会给出评分与优化建议，如图 2-2-26 所示。

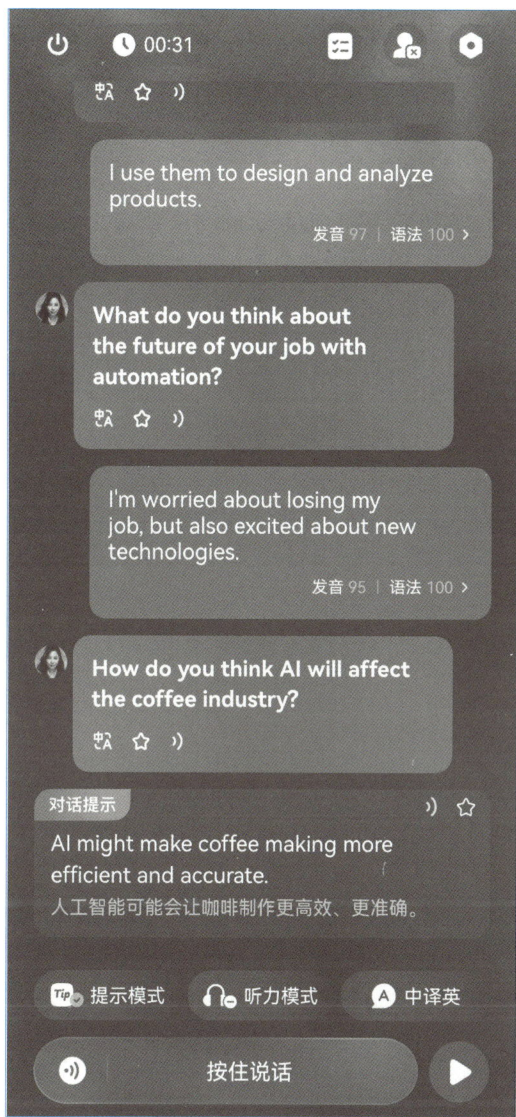

图 2-2-25　对话界面

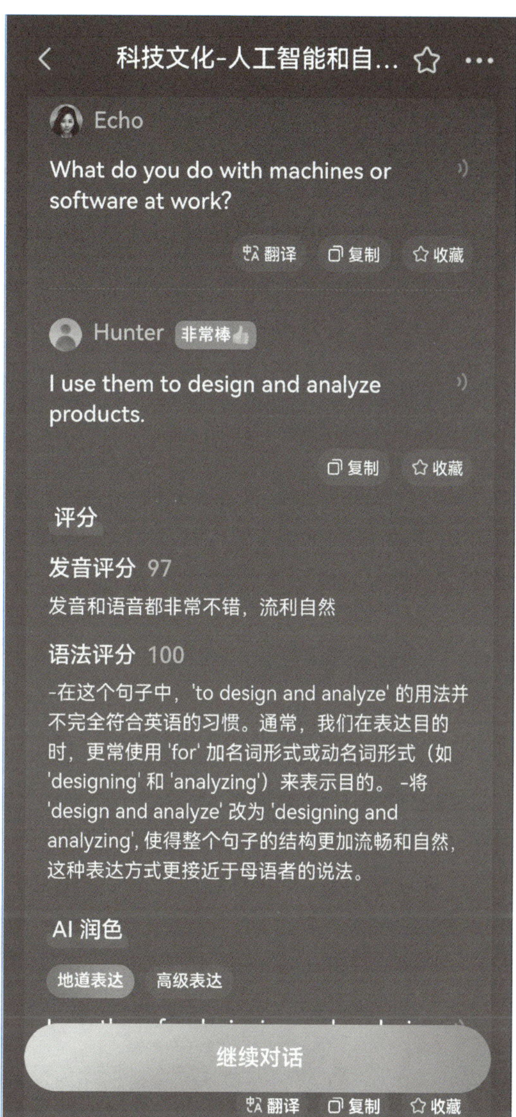

图 2-2-26　对话评分

实训操作

1. 使用中文完成一份对外公函，借助智能翻译工具将其翻译成英语、法语等语言，检查翻译的内容、文本格式等是否都符合要求。

2. 尝试翻译一份 PDF 文件，并与同学交流分享心得。

3. 思考同传翻译除了应用于会议外，还能应用于哪些场景。

活动二　图像翻译与识别

活动描述

最近，小明将要出国参加一项学术沙龙活动，英语将是活动主要的交流语言，学术活动信息展示形式多样，涵盖纸质资料、计算机图片以及LED显示屏上的数据图表等，智能翻译工具成了小明参加本次活动的得力助手。

活动分析

AI不仅可以翻译文本、文档，还具有识别图片、翻译图片、识别物体等功能。小明使用了有道翻译和Kimi两个AI平台，实现了与外国同行对话、翻译会议资料、分析报告文本等，圆满地完成了本次学术交流任务。

活动展开

1. 传图翻译

（1）登录有道翻译客户端。

（2）选择图片并上传，系统自动检测语言或手动设定语言。原图中的文字部分会被翻译，且显示在译图中的对应位置，如图2-2-27所示。

活动展开

传图翻译

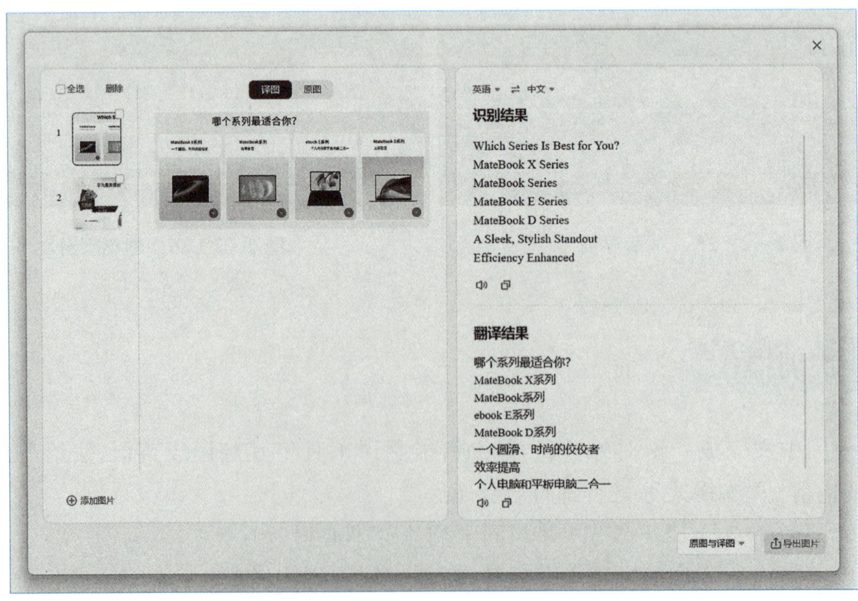

图2-2-27　有道译图

（3）单击“译图”按钮，单击图片可放大查看译图信息，如图 2－2－28 所示。

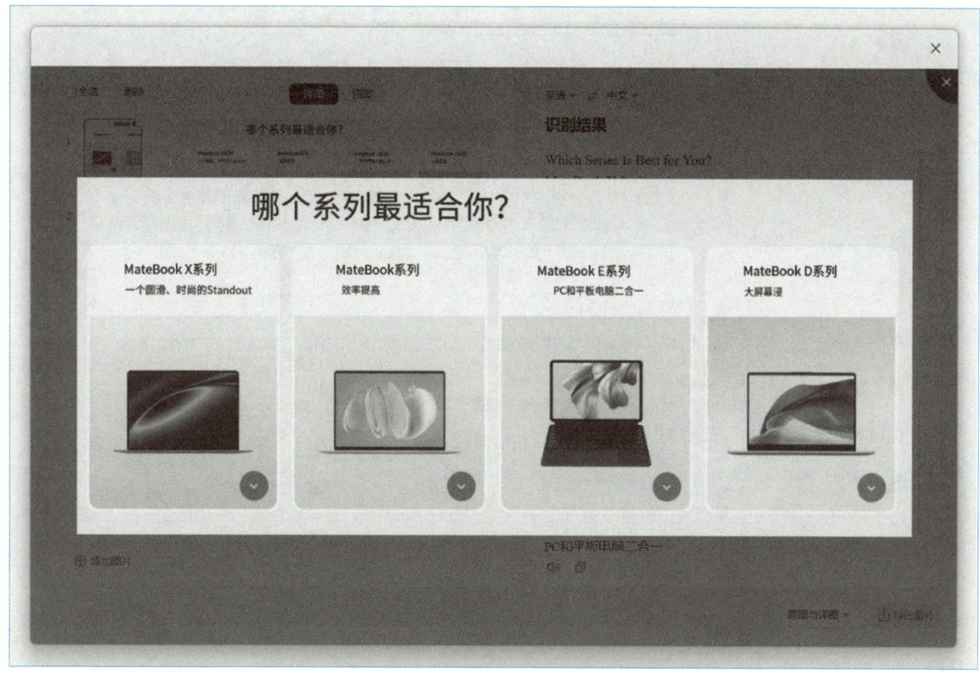

图 2－2－28　放大查看译图信息

2. 截图翻译

（1）登录有道翻译客户端。

（2）单击“截图翻译”或使用默认快捷键 Ctrl＋Alt＋D 调出截图翻译工具。

（3）拖曳鼠标框选翻译区，释放鼠标即可得到翻译结果，如图 2－2－29 所示。

（4）在截图翻译工具栏中单击“AI 翻译”按钮，即可对图片生成文字描述，如图 2－2－30 所示。

活动展开

截图翻译

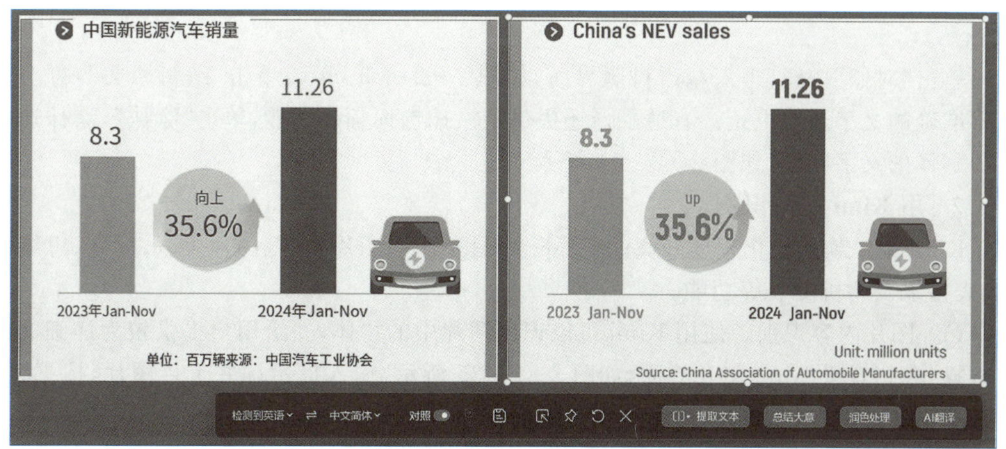

图 2－2－29　截图翻译

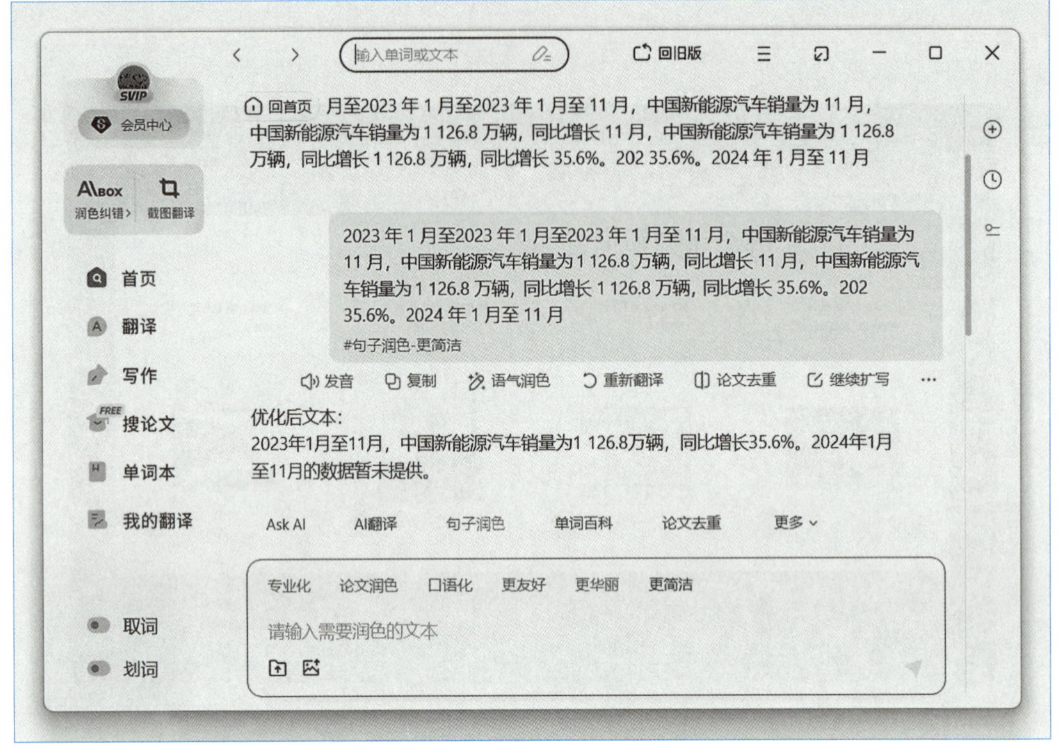

图 2-2-30 AI 翻译

拓展提高

1. 拍照翻译

有道翻译不仅可以翻译图片和截图，还可以使用 App 当场拍摄、即时翻译。在操作时，登录有道翻译 App，选择“拍照翻译”，拍摄图和翻译图分别如图 2-2-31 和图 2-2-32 所示。

单击“对照”按钮，进入双语对照界面，如图 2-2-33 所示，单击“编辑原文”，可对识别不准确的文字手动更正。有道翻译还提供了涂抹选词翻译功能，单击“涂抹”，涂抹选择需要翻译的文字区域，如图 2-2-34 所示。

2. 用 Kimi 识图识物

Kimi 是一款智能化程度较高的 AI 平台，具备识别图片内容、图片关联、场景、思维导图、表格以及解析图表等功能。

(1) 图片内容识别。使用 Kimi 可以识别图片中的物体，并给用户提供较为详细的信息。操作时，登录 Kimi 交互界面，如图 2-2-35 所示，输入提示词并上传图片，按 Enter 键或单击“发送”按钮，Kimi 即可识别图片内容，如图 2-2-36 所示。

用户还可以上传新的图片并使用提示词追问，获取新的答案，如图 2-2-37 所示。

图 2-2-31　拍摄图

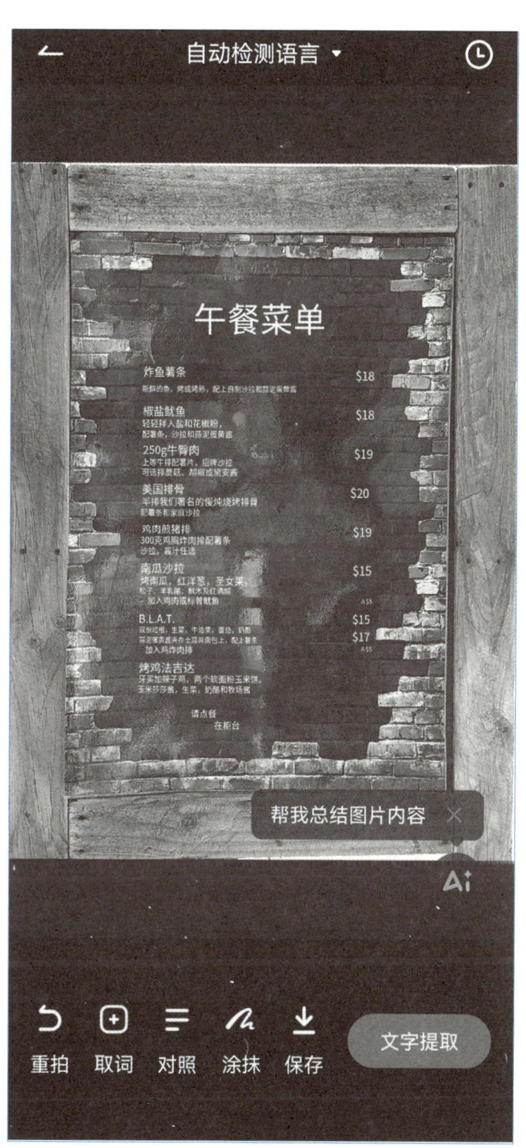

图 2-2-32　翻译图

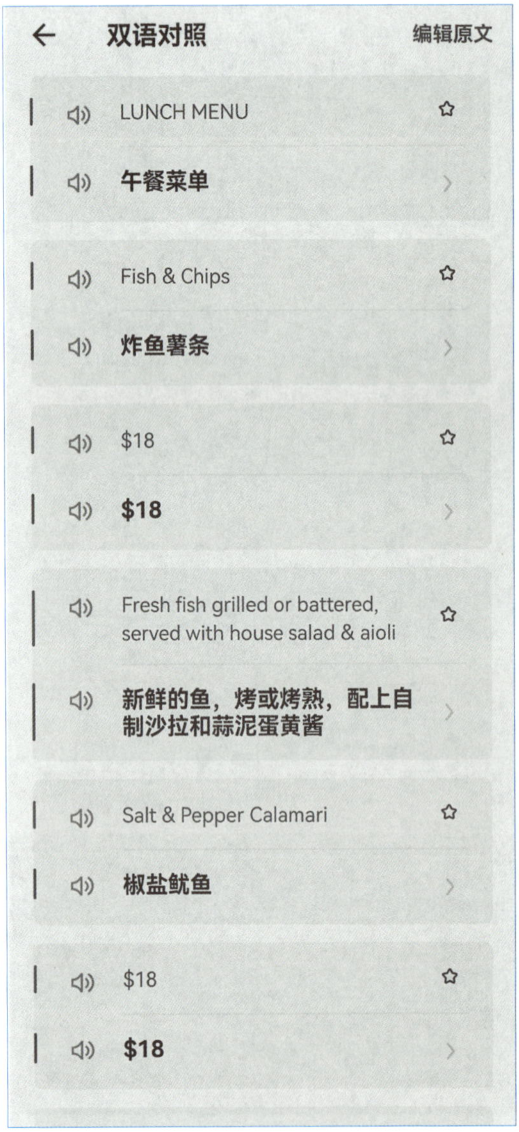

双语对照
编辑原文
LUNCH MENU
午餐菜单
Fish & Chips
炸鱼薯条
$18
$18
Fresh fish grilled or battered, served with house salad & aioli
新鲜的鱼，烤或烤熟，配上自制沙拉和蒜泥蛋黄酱
Salt & Pepper Calamari
椒盐鱿鱼
$18
$18

图 2-2-33 双语对照界面

自动检测语言
LUNCH MENU
PLEASE ORDER ALL MEALS AT THE COUNTER
LUNCH MENU
午餐菜单
查看详细释义
PLEASE ORDER ALL MEALS
请点餐
查看详细释义
编辑原文
复制全文

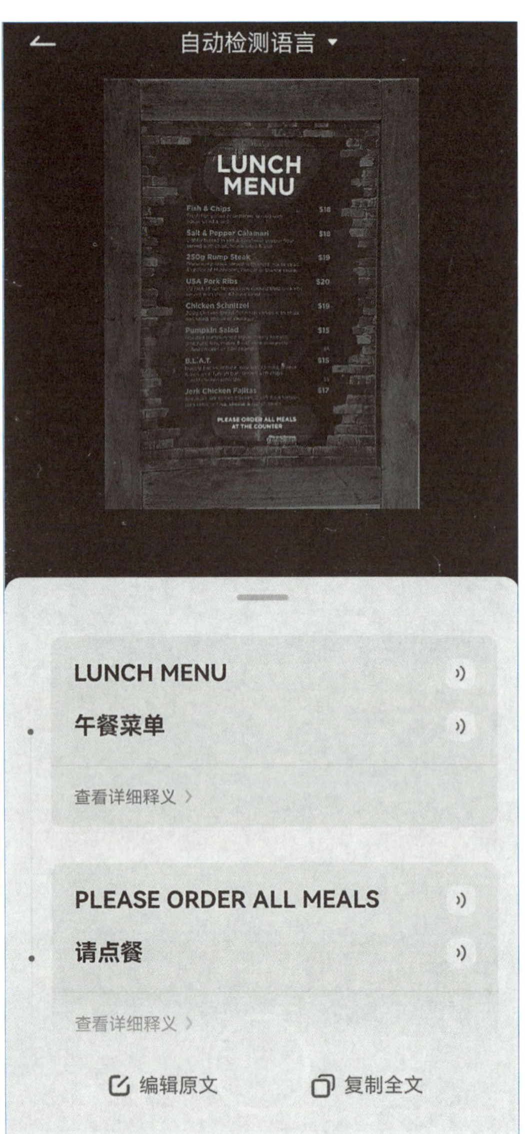

图 2-2-34 涂抹选词翻译界面

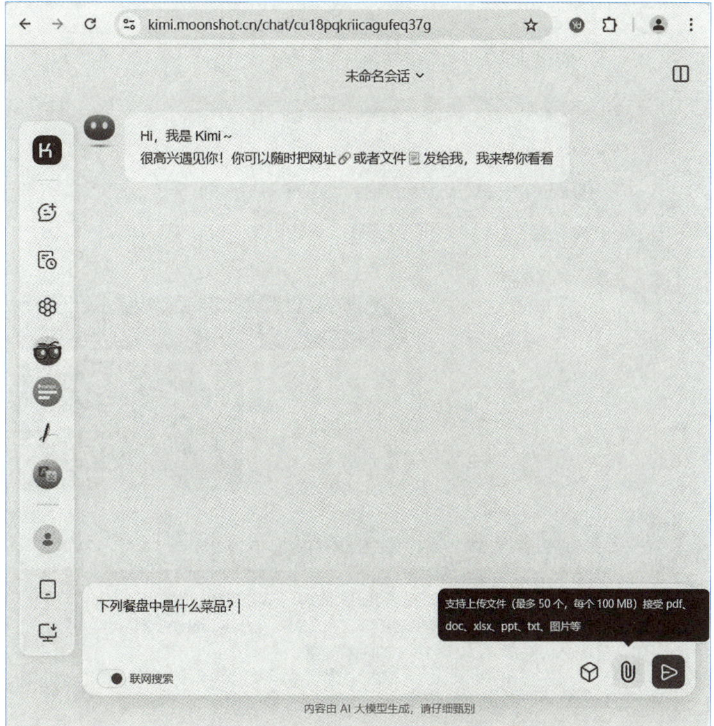

图 2-2-35　Kimi 交互界面

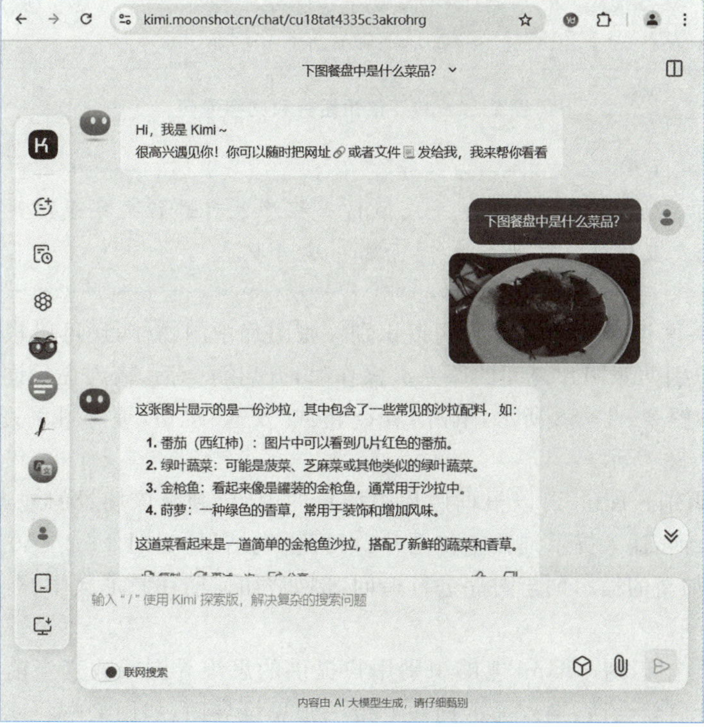

图 2-2-36　Kimi 识别图片内容

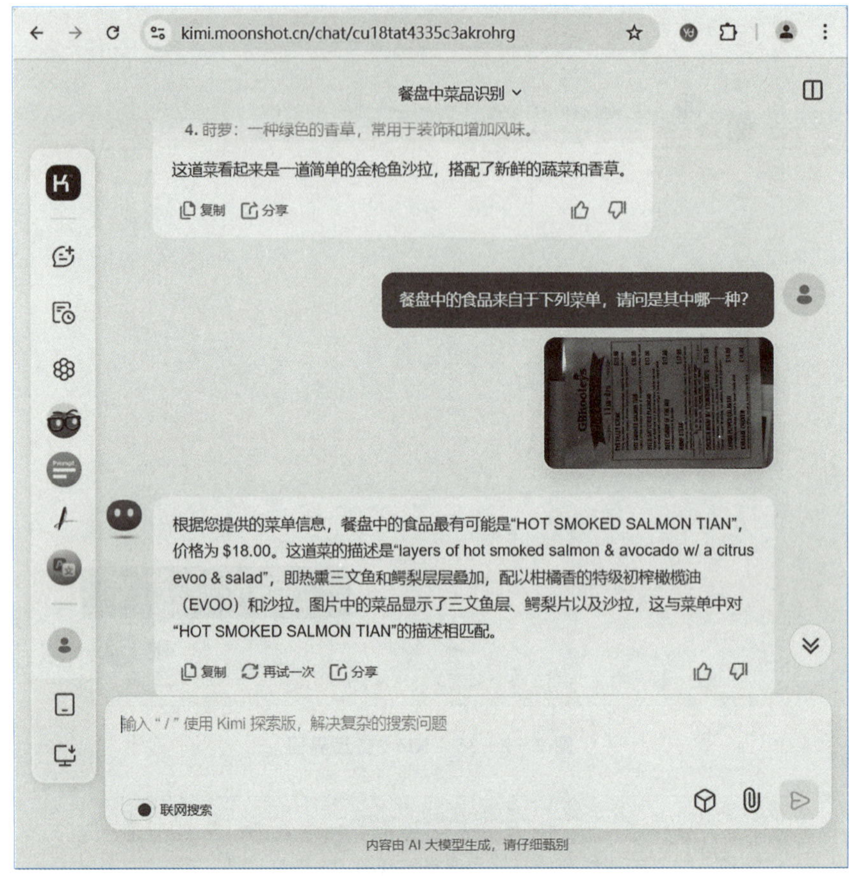

图 2－2－37 使用图片和文字追问

小提示：使用 Kimi 智能助手或微信小程序也可进行文字或图片的交互，且同一用户的交互信息将与网页端、桌面客户端同步。

(2) 图片关联识别。Kimi 不仅可以识别一张图片中的物体，还可以根据用户的提示词要求，关联识别两张图片之间的联系。操作时，开启新会话，输入提示词并上传有关联的两张图片，如图 2－2－38 所示，单击 Enter 键或"发送"按钮，等待图片关联识别结果生成，如图 2－2－39 所示。

(3) 场景识别。Kimi 可以根据照片中场景的内容，判断该场景的地点、事件等。操作时，开启新会话，输入提示词并上传图片，即可生成结果，如图 2－2－40 所示。用户也可根据需要添加新的提示词与图片进行追问，例如"如何前往悉尼大学?"，追问的结果如图 2－2－41 所示。

(4) 思维导图识别。Kimi 能够识别用户提供的思维导图或改变当前思维导图的样式。操作时，开启新会话，输入提示词并上传一张思维导图，如图 2－2－42 所示，识别结果如图 2－2－43 所示。

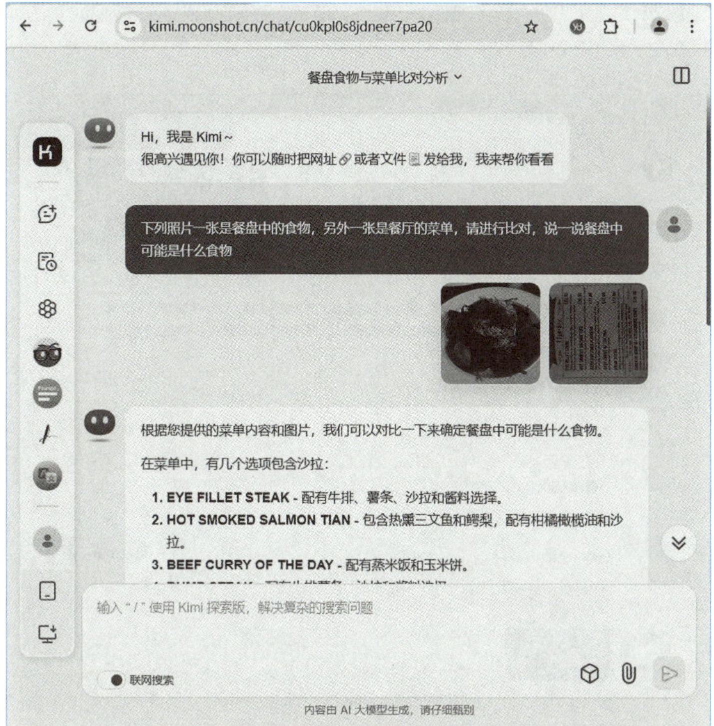

图 2-2-38　输入提示词并上传有关联的两张图片

图 2-2-39　图片关联识别

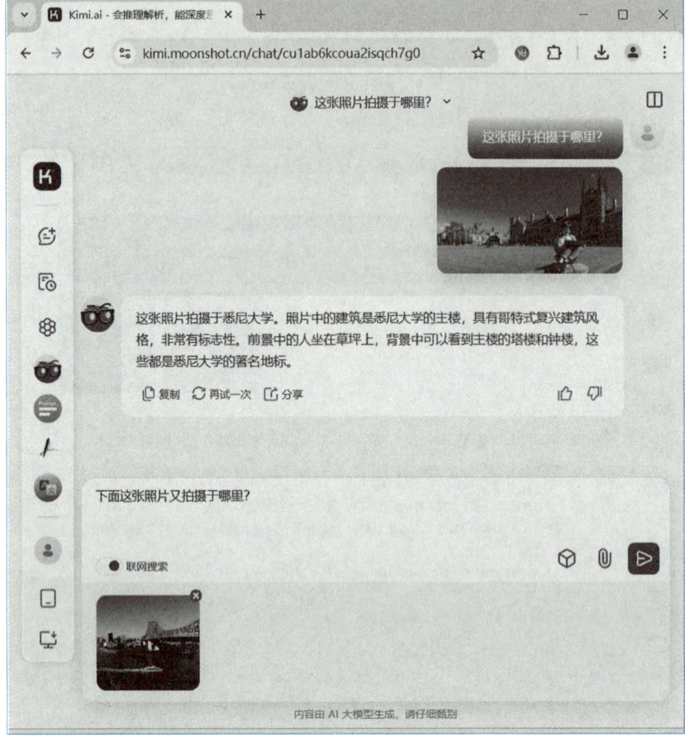

图 2-2-40 场景识别

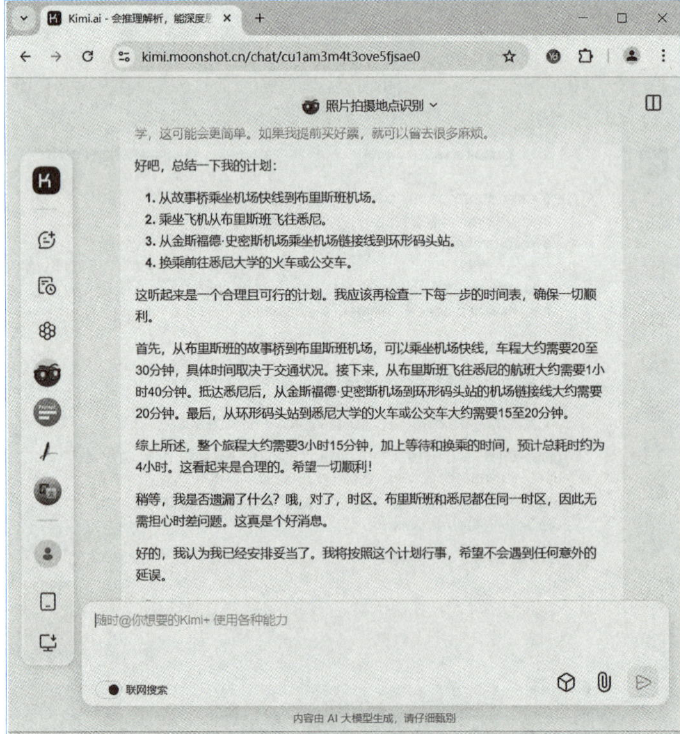

图 2-2-41 追问的结果

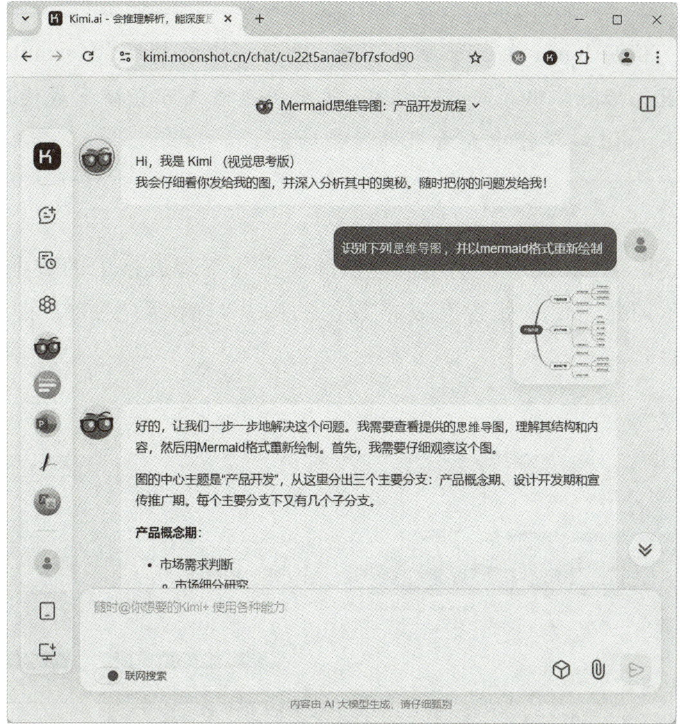

图 2-2-42　输入提示词和思维导图

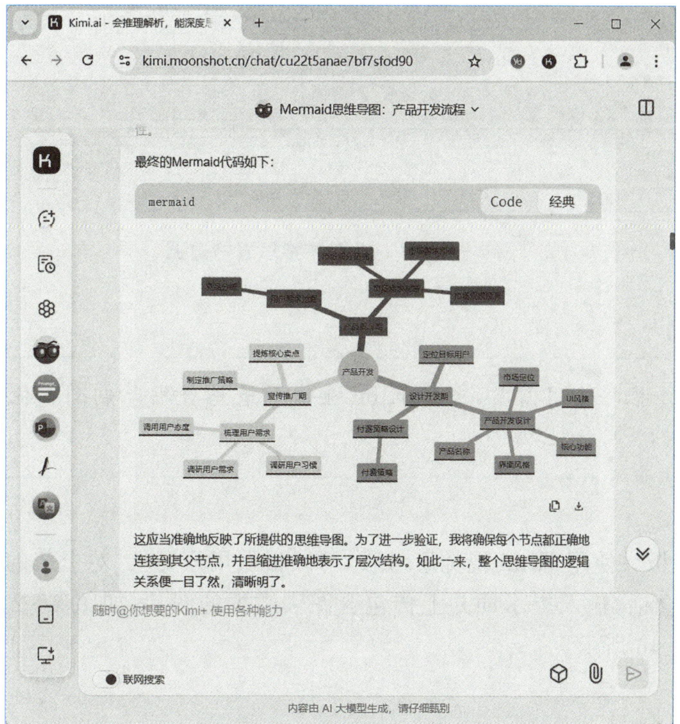

图 2-2-43　思维导图识别

小提示：使用 Kimi 生成思维导图时，提示词中需指明“Mermaid 格式”。生成的思维导图包括图片格式与代码格式，其中图片格式可直接下载使用，代码格式可粘贴到 Mermaid 编辑器中查看代码渲染结果。

（5）表格识别。Kimi 能够识别用户提供的表格并整理表格中的数据。操作时，开启新会话，输入提示词并上传一张含有表格数据的图片，确认后生成结果，如图 2－2－44 所示。

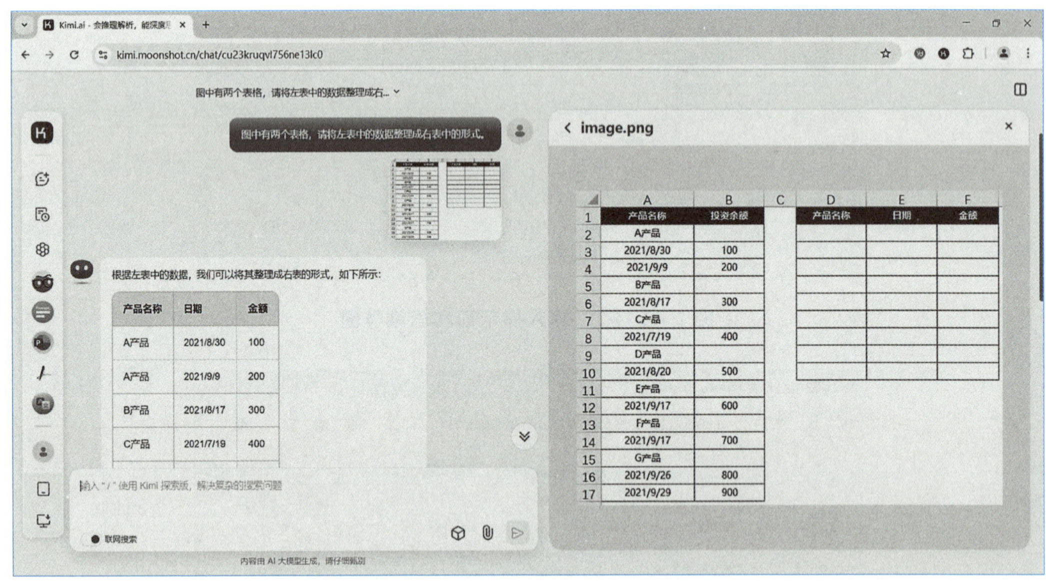

图 2－2－44 识别并整理表格数据

小提示：根据使用需要，可将 Kimi 生成的表格数据复制到其他工具中继续处理。

（6）图表解析。使用 Kimi 视觉思考版，可以根据用户要求，对上传的图表进行解析。操作时，开启新会话，输入提示词并上传包含图表数据的图片，如图 2－2－45 所示，解析结果如图 2－2－46 所示。

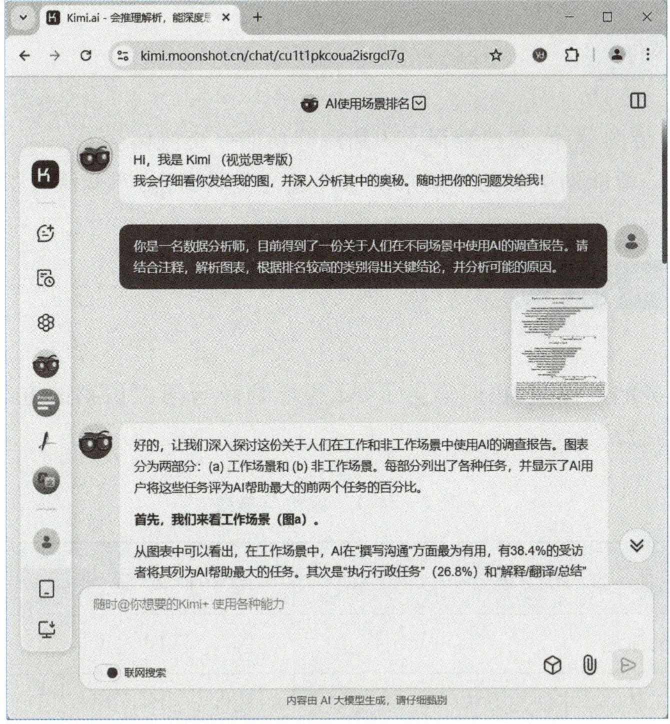

图 2-2-45　输入提示词并上传包含图表数据的图片

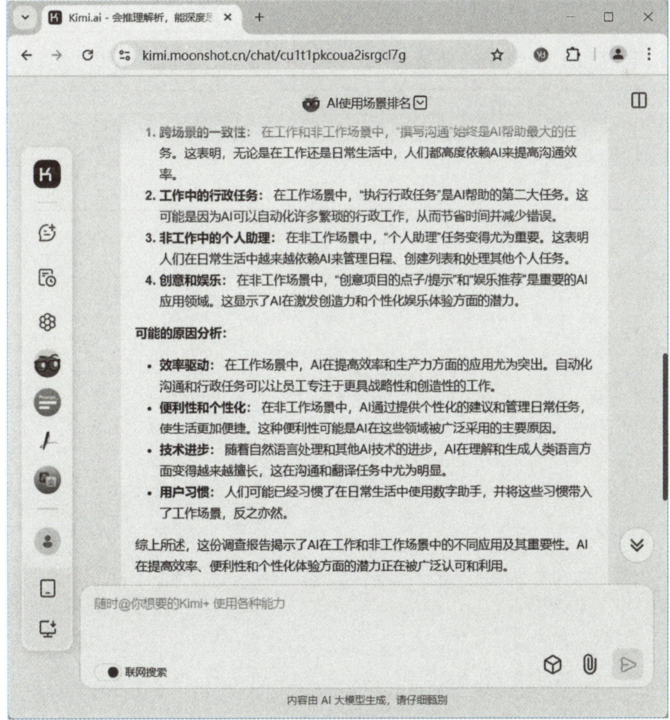

图 2-2-46　图表解析结果

实训操作

1. 分别体验传图翻译、截图翻译、AI 翻译等功能并交流体会。
2. 使用 Kimi 智能助手对两个场景的照片进行关联识别，并交流与拍照识物的差异。

任务评价

在完成本任务的过程中，我们学会了 AI 智能翻译与图像识别的方法，请对照表 2-2-1，进行评价与总结。

表 2-2-1 评价与总结

评价指标	评价结果	备注
1. 了解智能翻译的原理	□A □B □C □D	
2. 掌握智能翻译工具的基本使用方法	□A □B □C □D	
3. 能够使用简单的提示词翻译图片内容	□A □B □C □D	
4. 能够使用简单的提示词翻译图表	□A □B □C □D	
5. 感受 AI 给生活、学习和工作带来的便捷性	□A □B □C □D	
综合评价：		

项目三　用人工智能处理图像

在古希腊时期，数学家和哲学家就开始研究几何图形和光的原理；到了中世纪，阿拉伯学者进一步发展了光学理论，提出了光沿线传播和光的折射定律，为图像处理技术的发展提供了重要的启示。

19世纪末和20世纪初，随着摄影技术的发明和普及，人们通过调整照相机的曝光时间、光圈大小等来控制照片的亮度和对比度，使用不同的化学试剂来改变照片的颜色和色调。

20世纪中叶，随着电子计算机的出现和发展，图像处理技术迎来了革命性的变化，数字图像处理逐渐成为主流。数字图像处理利用计算机算法对图像进行采集、存储、传输、分析和理解，实现了对图像的精确控制和高效处理。

进入21世纪，随着深度学习和人工智能技术的兴起，图像处理技术再次迎来了巨大的突破。神经网络和卷积神经网络等深度学习模型被广泛应用于图像识别、分类、生成等任务中，取得了令人瞩目的成果。同时，计算能力的提升和大数据的发展也为图像处理提供了更多的可能，使得图像处理技术在医学、安防、娱乐等领域得到了广泛应用。

当前，生成式人工智能技术发展，不仅可以智能化处理图像，而且可以根据提示词生成形象生动的图像。本项目将开启AIGC处理图像之旅。

- 任务一　文本生成图像
- 任务二　智能处理图像
- 任务三　智能设计图像

任务一 文本生成图像

情境故事

晓晓在一家新媒体公司从事编辑出版工作，经常为了搜集处理图片而烦恼。自从她熟练使用生成式人工智能后，轻松解决了搜集、处理图像的烦恼。

本任务将使用生成式人工智能，使用提示词（文本）生成图像。

任务目标

1. 了解AI图像处理工具对文字配图的一般操作步骤。
2. 掌握文字配图的方法与技巧，能生成符合文字内容的图片。
3. 感受人工智能给生活、学习和工作带来的便捷。

任务准备

1. 了解AI文本生成图像简单原理

AI文本生成图像是基于深度学习和神经网络技术，通过文本编码和图像解码两个主要阶段来实现的。

（1）学习。AI需要学习识别物体，这通常需要大量的图片和文字来训练AI，使得AI能够理解并识别各种概念，如“猫”“车”或“飞行”等。

（2）编码。将输入的描述性文字转化为一种中间表示形式，例如转化为数值信息，让机器能够理解并处理人类的自然语言，这一过程称为文本编码。

（3）解码。根据中间表示形式生成相应的图像。解码时，利用生成对抗网络（GAN）或变分自编码器（VAE）等技术将数值信息转化为具体的视觉图像。

（4）优化。生成器和判别器会不断进行博弈，生成器努力生成更逼真的图像，而判别器则不断挑出其中的不足，这种反复训练使AI生成的图像质量越来越高。

总之，AI文本生成图像的技术结合了深度学习和自然语言处理的强大功能，使得机器能够根据描述性文字设计出相应的图片。该技术的发展不仅提高了视觉创作的效率，也为艺术创作、营销、娱乐等多个领域带来了新的可能性。

2. 认识创作平台

(1) 奇域 AI 创作平台。奇域是一个探索中式美学的国风 AI 绘画创作平台，旨在为艺术家和创作者提供一个能够轻松创作出符合中式美学作品的智能环境，用户可以通过描述性文字生成具有中国文化特色的绘画作品。

奇域 AI 创作平台专注于中国文化和中式审美，提供了丰富的创作工具、风格模板、素材库，支持多种形态的自由创作，奇域 AI 创作平台同时也是一个供创作者交流和展示作品的平台。使用时，只需要登录奇域 AI 创作平台，注册登录后即可在操作界面进行创作，如图 3－1－1 所示。

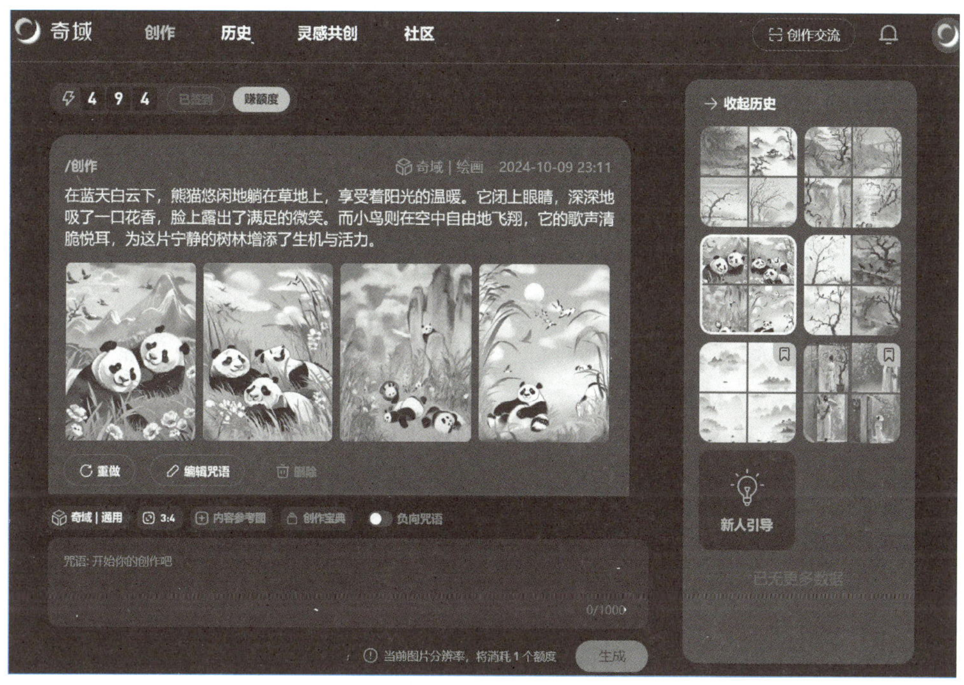

图 3－1－1 奇域 AI 创作平台界面

(2) 奇布塔 AI 创作平台。奇布塔 AI 创作平台是一个能够生成并编辑文字、图片、声音、视频的绘本创作平台。在奇布塔 AI 创作平台，用户不仅可以使用自己的原创内容，也可以利用平台丰富的资源库来创作绘本。奇布塔 AI 创作平台提供多样化的角色语音、背景音乐和情绪声效库，包含多种风格的主题插画库，同时支持视频生成和视频剪辑，满足不同创作者的创作需求。使用时，只需要登录奇布塔 AI 创作平台，注册登录后即可在操作界面进行创作，如图 3－1－2 所示。

(3) 即梦 AI 创作平台。即梦 AI 创作平台支持文字生成图片、文字生成视频以及图片生成视频，是一个为用户提供创作灵感、激发艺术创意、提升绘画和视频创作体验的平台。

即梦 AI 创作平台拥有很好的语义理解能力，能根据中文提示词进行创作，准确把握

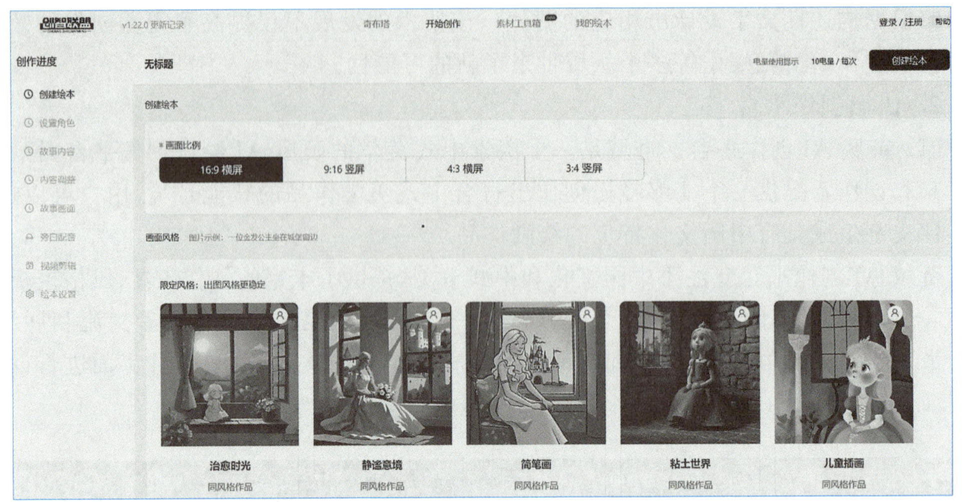

图 3-1-2 奇布塔 AI 创作平台界面

创作者的需求，将抽象的思路转化为视觉作品。使用时，只需要登录即梦 AI 创作平台，注册登录后即可在操作界面进行创作，如图 3-1-3 所示。

图 3-1-3 即梦 AI 创作平台界面

任务设计

活动一 绘制古诗场景

活动描述

最近，公司推出“每一天诵读一首诗”儿童学唐诗系列活动。为了做到图文并茂，晓晓需要给每一首古诗配上合适的意境图。晓晓使用奇域 AI 创作平台，创作时如虎添翼，出色地完成了工作任务。

活动分析

唐诗配图主要考虑用图像还原古诗所描绘的场景，且图片风格与古诗意境基本相符。创作时，一是要理解古诗所表达的内容和意义。二是根据古诗的内容和意义确定图像的基本元素，如果给古诗《江雪》配图，就要突出山与雪、孤舟与老翁，并提炼出 AI 平台能够识别的自然语言。表现“山与雪”的提示语可以是“画面应包含连绵的山脉，山峰上覆盖着皑皑白雪，体现‘千山鸟飞绝’的意境”，表现“孤舟与老翁”的提示语可以是“在画面的中心位置，绘制一叶孤舟漂浮在江面上，舟上坐着一位身披蓑衣、头戴斗笠的老翁，他正静静地垂钓”。使用奇域 AI 创作平台，即可轻松地完成任务。

活动展开

活动展开

绘制古诗场景

1. 设置图片尺寸

(1) 登录奇域 AI 创作平台。

(2) 单击“图片尺寸”按钮，打开“图片尺寸”对话框。

(3) 选择图片尺寸，如图 3-1-4 所示。

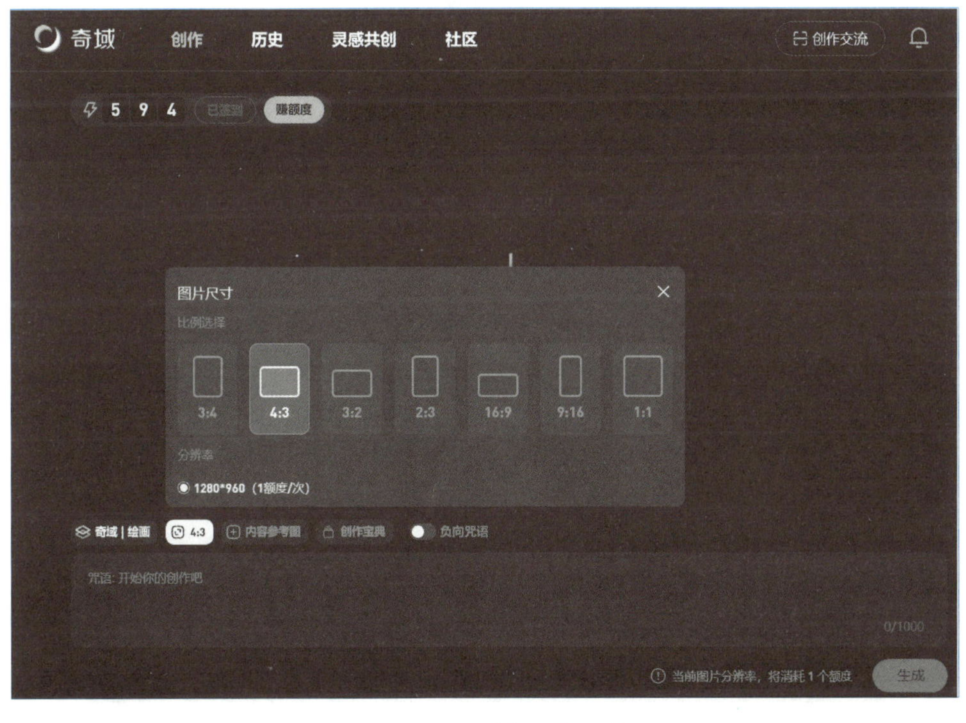

图 3-1-4　选择图片尺寸

知识拓展

用 DeepSeek 生成图片设计方案

2. 设置图片风格

（1）单击“创作宝典”按钮，打开“独家风格”对话框。

（2）选择“国画”标签，打开不同国画风格样图，如图 3－1－5 所示。

（3）单击“意境水墨”，打开“意境水墨”对话框，如图 3－1－6 所示

（4）单击“插入风格”按钮，设置图片风格。

图 3－1－5 选择图像风格

图 3－1－6 “意境水墨”对话框

3. 输入提示词

(1) 在“咒语”文本框中输入提示词。

(2) 单击“生成”按钮，平台会生成 4 张图片，如图 3-1-7 所示。

(3) 单击生成的图片，查看按要求生成的图片。

(4) 单击“下载”按钮，将图片保存到本地存储器，如图 3-1-8 所示。

图 3-1-7　生成图像

图 3-1-8　下载图像

拓展提高

1. 了解绘画模型

奇域 AI 创作平台提供了“通用”和“绘画”两种图像创作模型。使用“通用”创作模型创作图像时，生成的图像兼顾三维、摄影与插画，画面比较清晰，如图 3-1-9 所示；使用“绘画”创作模型创作图像时，生成的图像还原真实绘画笔触与水墨质感，如图 3-1-10 所示。

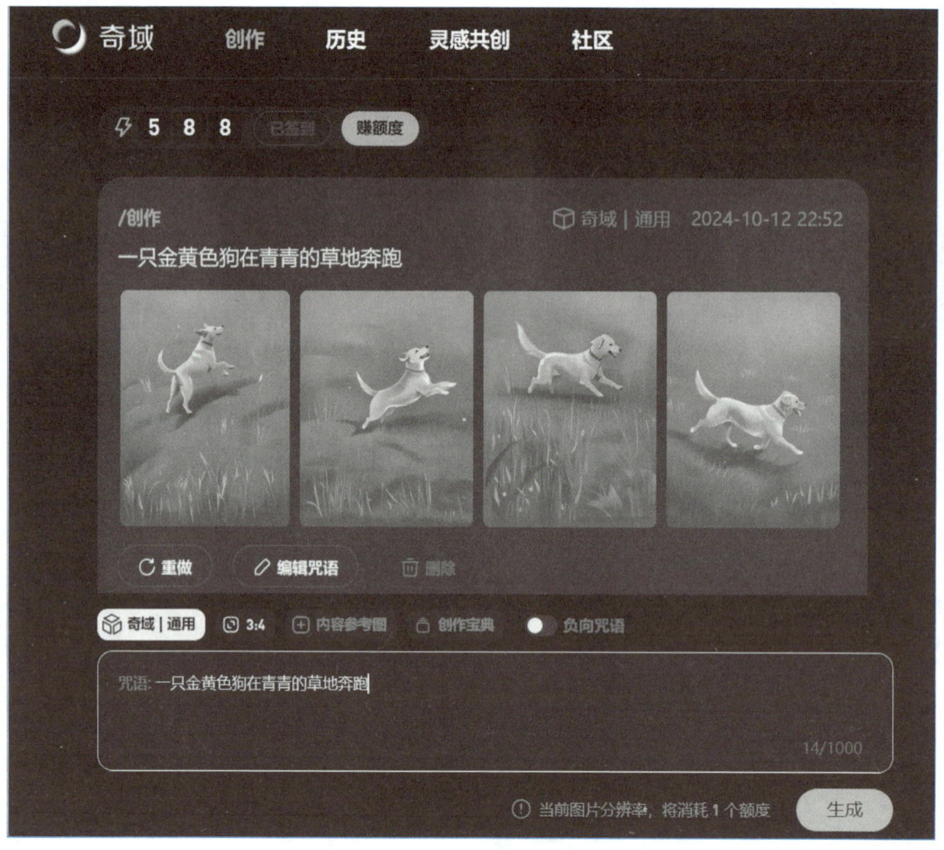

图 3-1-9 使用“通用”创作模型创作图像

2. 了解内容参考图

使用“内容参考图”可以生成丰富多彩图像。使用时，单击“单击或拖动图片上传参考图”按钮（图 3-1-11），导入事先准备的图片，系统会分析参考图并在“咒语”文本框形成图像的提示语，如图 3-1-12 所示。

单击“推荐风格”按钮，打开“推荐风格”对话框，用户可以选择合适的“风格”，如“铅笔彩绘”风格，如图 3-1-13 所示，然后单击“生成”按钮，即可生成图像，如图 3-1-14 所示。

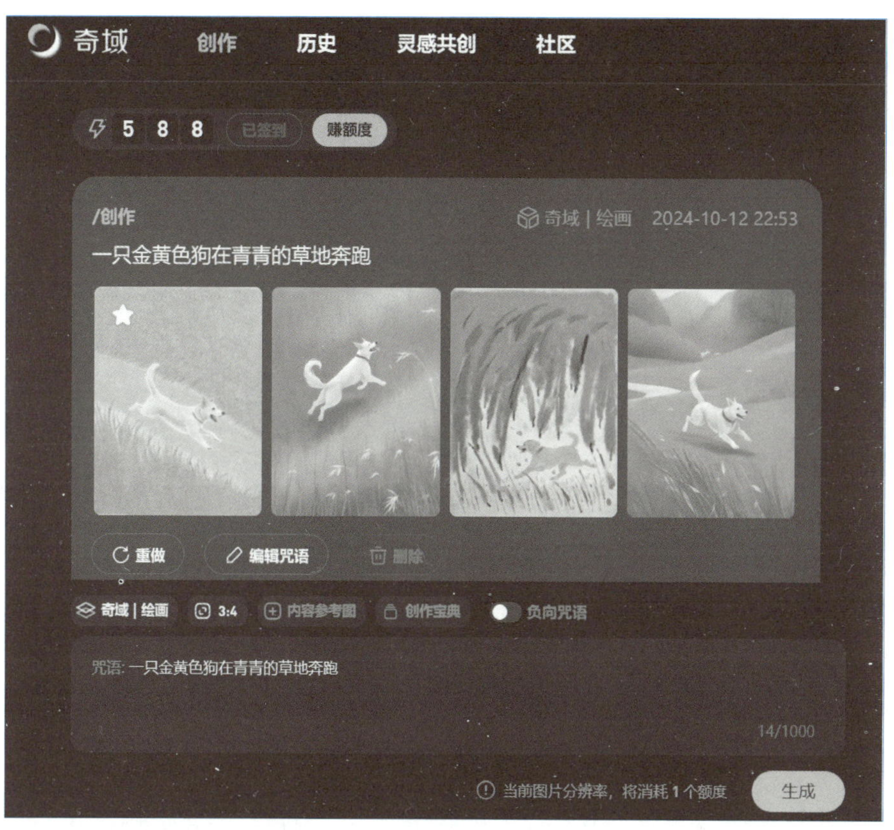

图 3-1-10　使用"绘画"创作模型创作图像

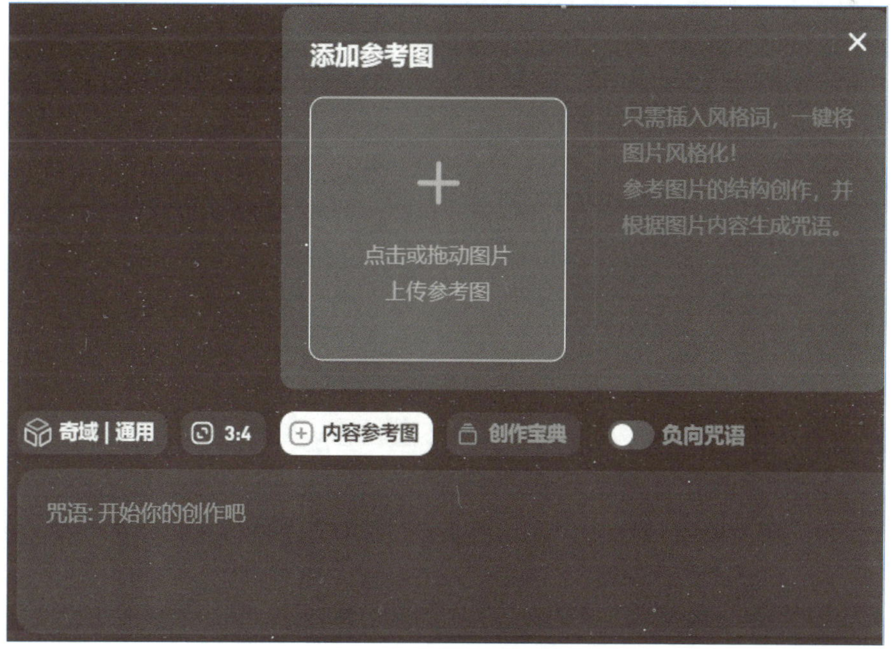

图 3-1-11　"内容参考图"对话框

图 3-1-12　添加参考图

图 3-1-13　“推荐风格”对话框

图 3－1－14　生成图像

3. 了解“咒语”

“咒语”就是提示词，也就是人机交互过程中，给 AI 的指令。在奇域 AI 创作平台里，可以用“咒语”和“负向咒语”两种方式给 AI 发送指令。“咒语”是要求奇域 AI 创作平台生成提示词所描述的图像，如图 3－1－15 所示，而“负向咒语”是要求奇域 AI 创作平台在生成图像中不出现提示词所描述的角色或元素，如图 3－1－16 所示。

4. 修改作品

当奇域 AI 创作平台按照用户指令生成图像后，用户可以对比较满意的作品进行“风格延伸”“作品微调”“局部消除”“高清绘画”等操作，进一步完善作品。操作时，单击作品并打开该图片浏览对话框。

(1) 风格延伸。在图片浏览对话框中，单击“风格延伸”按钮（图 3－1－17），打开“风格延伸”对话框，如图 3－1－18 所示。在“风格延伸”对话框中，可以添加“内容参考图”或修改“咒语”及“负向咒语”，然后生成新风格图片，如图 3－1－19 所示。

(2) 作品微调。在图片预览对话框中，单击“作品微调”按钮，平台会在原图的基础之上再次生成，如图 3－1－20 和图 3－1－21 所示。

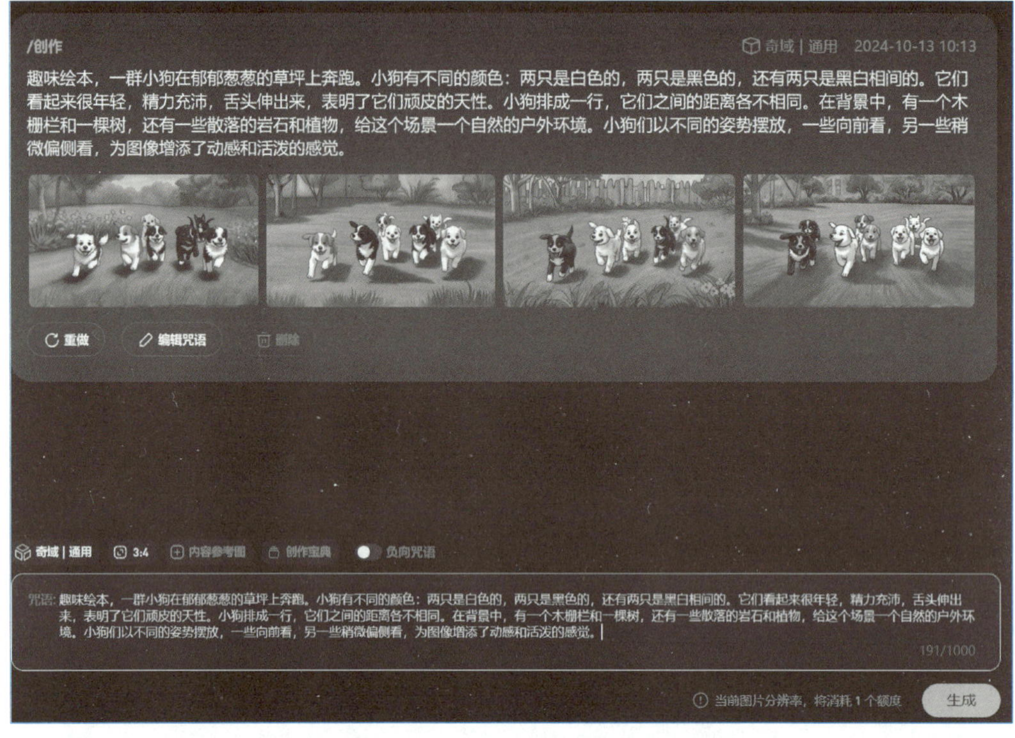

图 3-1-15 使用“咒语”生成图像

图 3-1-16 使用“负向咒语”生成图像

图 3-1-17　单击“风格延伸”按钮

图 3-1-18　“风格延伸”对话框

图 3－1－19　生成新风格图片

图 3－1－20　原图

图 3－1－21　微调后的图

（3）局部消除。当用户要消除图像中某些对象时，单击“局部消除”按钮，打开“局部消除”对话框，使用画笔在要消除的对象上反复涂抹，如图 3－1－22 所示。单击“预览”按钮，即可查看消除效果，如图 3－1－23 所示。

图 3－1－22　涂抹要消除的对象

图 3－1－23　预览消除效果

（4）高清重绘。如果当前生成的图像不够清晰，用户可以单击“高清重绘”按钮，平台会在所选择的原图基础之上生成高清图像，如图 3－1－24 和图 3－1－25 所示。

图 3－1－24　原图

图 3－1－25　高清图像

5. 了解创作宝典

奇域 AI“创作宝典”中有“独家风格”和“我的词典”两个选项。当用户要创作某一风格的图像时，可以选择平台中预设的“国画”“插画”“油画”“人物”“技艺”“光影构图”“数字艺术”“现当代”“三维”“动画”等不同绘画风格进行创作，如图 3－1－26 所示。同时，用户还可在“我的词典”中添加常用的词，在编写提示语时，直接选用，如图 3－1－27 所示。

图 3－1－26 不同绘画风格

图 3－1－27 我的词典

实训操作

1. 选择一首自己熟悉的古诗，根据古诗意境，尝试创作一幅图像，然后与同学交流创作过程。

古诗内容	提示词	AI 创作效果

2. 通过使用奇域 AI 创作平台绘制古诗场景的图像，说一说你创作过程及体会。

活动二 编写故事绘本

活动描述

为配合“共读经典”的阅读活动，公司推出了“名著”系列儿童绘本。晓晓需要根据原著的故事情节，绘制多幅图画并配上文字配合，叙述一个完整的故事。晓晓使用奇布塔 AI 创作平台创造性地完成了工作任务。

活动分析

绘本通过精美的画面和简洁的文字来讲述一个故事。创作时，要深入理解原著的故事内容，拟定每个小故事的分镜提纲，然后根据人物的特点，确定分镜画面的故事场景及人物动作。

比如创作《西游记》中“悟空拜师”这个故事绘本，可先根据原著情节拟定四个分镜提纲：一是美猴王孙悟空为求长生不老之术，决心离开花果山，去求仙问道；二是孙悟空历经千山万水，不畏艰难，终于来到了灵台方寸山的脚下；三是孙悟空恭敬地拜见菩提祖师，祖师见他心诚志坚，便收他为徒；四是菩提祖师开始传授孙悟空诸多神通，孙悟空勤奋学习，掌握了很多本领。再结合人物特点及故事情节，确定分镜画面的场景及人物动作。使用奇布塔 AI 创作平台，可以轻松地完成这四个分镜画面的制作。

活动展开

编写故事绘本

活动展开

1. 设置风格和角色

(1) 登录奇布塔 AI 创作平台。

（2）单击“画面比例”按钮，设置图片比例，如图 3－1－28 所示。

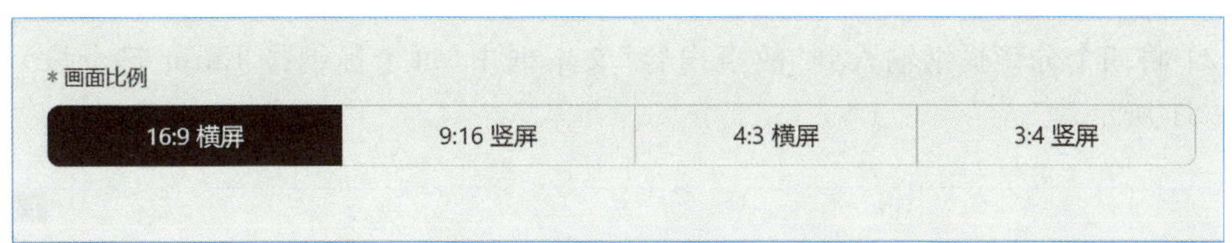

图 3－1－28　设置图片比例

知识拓展

用 DeepSeek 生成绘本分镜头

（3）选择“儿童简约”风格图，如图 3－1－29 所示。

图 3－1－29　设置图片风格

（4）单击“创建绘本”按钮，创建绘本。

（5）设置角色信息，如图 3－1－30 所示，完成后单击“下一步”按钮。

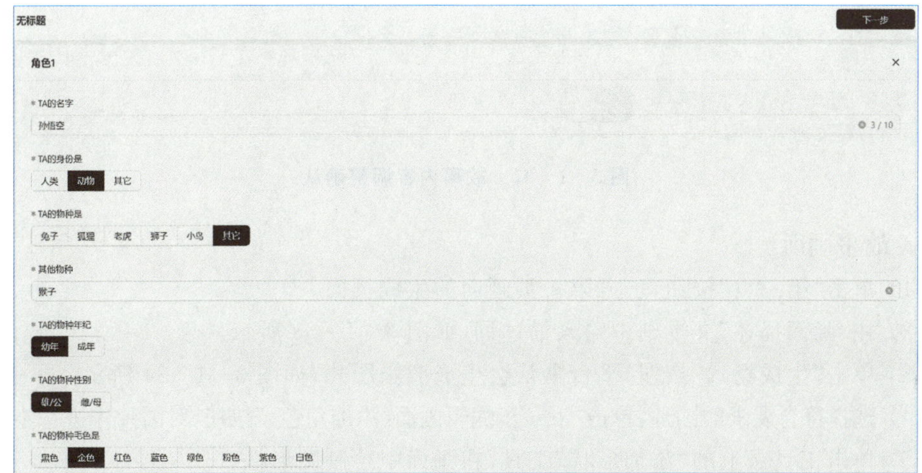

图 3－1－30　设置角色信息

2. 输入“故事内容”

（1）关闭“希望 AI 辅助我”开关。

（2）将四个分镜提纲输入到“故事内容”文本框中（每个提纲按 Enter 键分段），如图 3－1－31 所示。

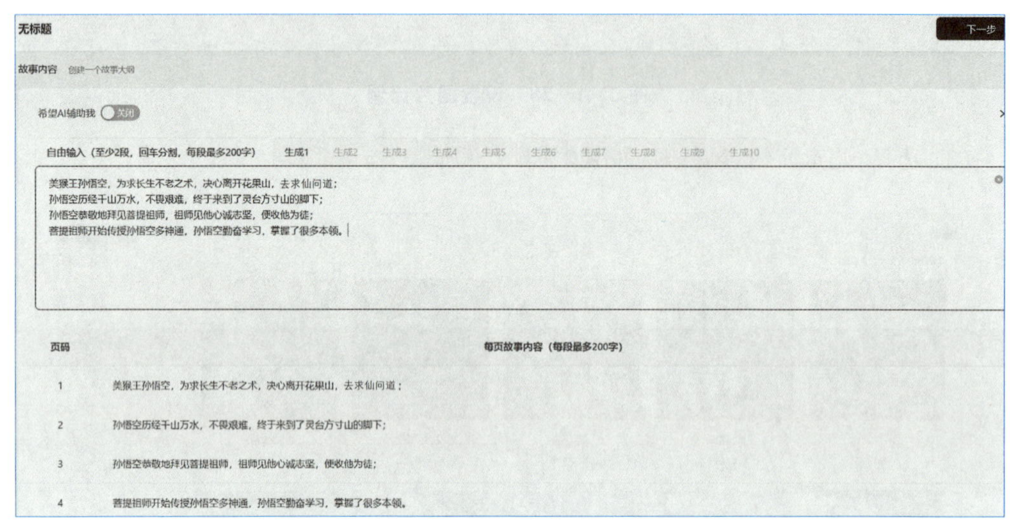

图 3－1－31 分镜提纲内容设置

3. 内容调整

为故事内容进行二次润色，扩展或缩短字数，如不需要对故事内容进行调整，关闭“不调整，保持故事内容不变”开关，如图 3－1－32 所示。

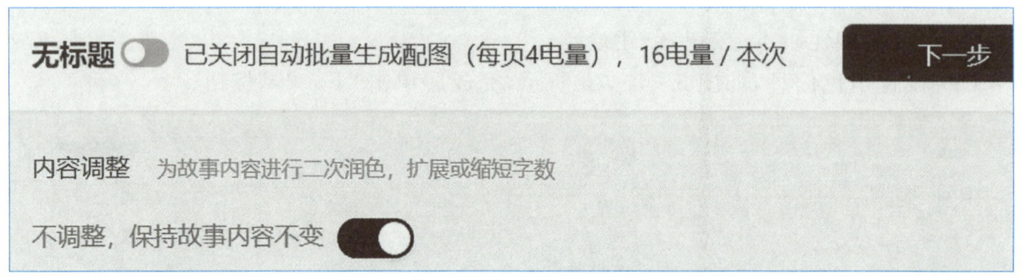

图 3－1－32 故事内容调整确认

4. 故事画面

（1）单击“第一页”按钮，进入第一页画面的生成页面。

（2）在“画面描述”文本框中输入描述词，如图 3－1－33 所示。

（3）单击“生成场景”按钮，平台默认会生成四张图片，如图 3－1－34 所示。

（4）选择符合要求的图片，单击“下一步编辑画面（添加角色）”按钮，对图片作进一步编辑。

（5）单击工具条上的“添加形状”工具，在画面中绘制图形框。

（6）单击工具条上的文字工具，在图形框上输入文字，如图 3－1－35 所示。

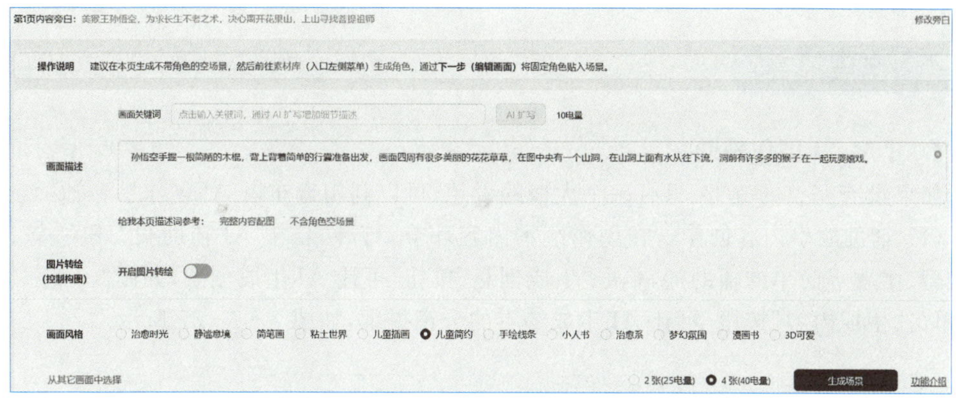

图 3-1-33　第一页画面生成设置页面

图 3-1-34　生成的四张场景图片

图 3-1-35　场景图片添加文字

（7）完成后，单击“提交”按钮提交作品。

至此，第一页画面制作完成。按同样的方法，完成绘本的第二、第三和第四页画面的制作。

拓展提高

1. 了解 AI 创作辅助

如果没有完整的故事，只有一个大概的设想，可以利用奇布塔 AI 创作平台辅助创作。

(1) 辅助故事内容创作。在创作绘本内容环节，打开“希望 AI 辅助我”开关，输入故事类型、主题等简单的辅助词，单击“生成创意”按钮，可让 AI 生成创意，如图 3-1-36 所示，单击“生成内容”按钮，可让 AI 生成绘本的分镜提纲，如图 3-1-37 所示。

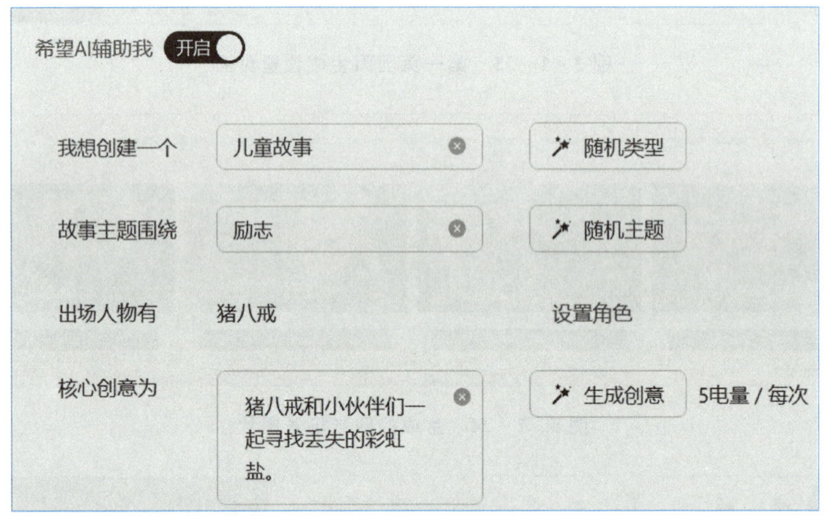

图 3-1-36 AI 生成创意

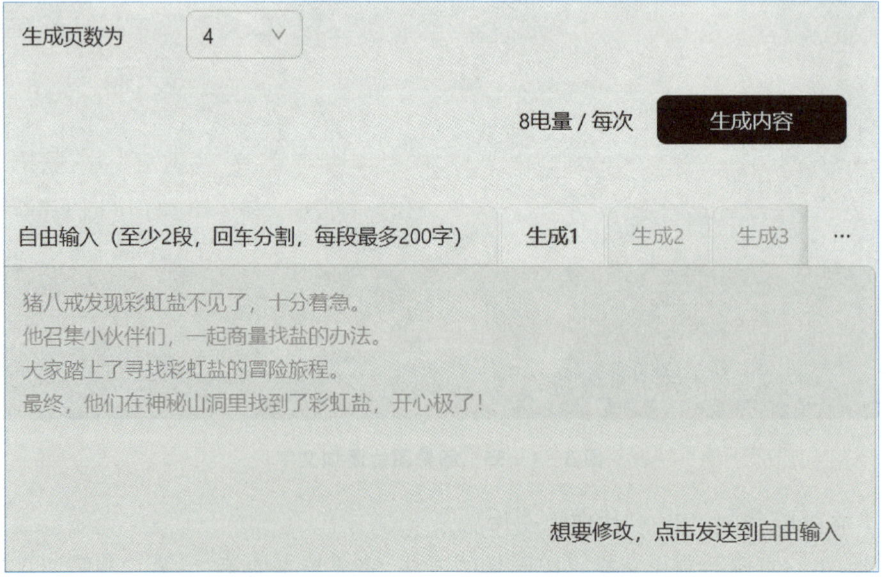

图 3-1-37 AI 生成绘本的分镜提纲

(2) 辅助内容调整。如果需要对绘本大纲进行润色，可以利用 AI 加入“故事细节”。在绘本内容调整环节，关闭“不调整，保持故事内容不变”开关，输入调整要求，单击“调整内容”按钮，即可让 AI 对绘本提纲进行调整，如图 3－1－38 和图 3－1－39 所示。

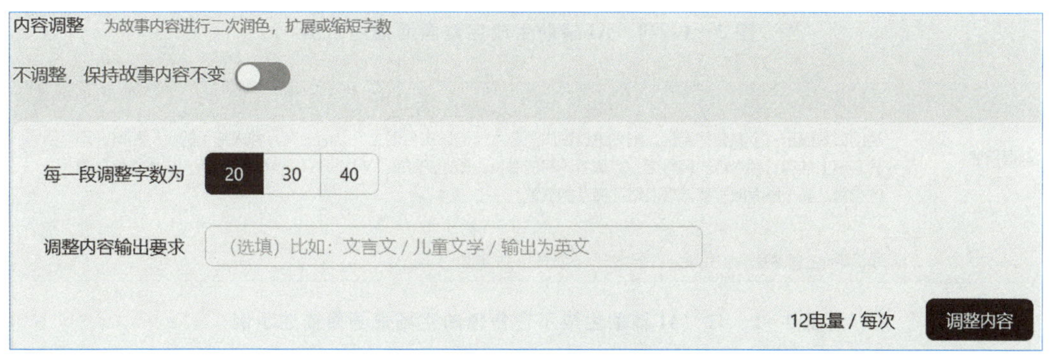

图 3－1－38　AI 调整绘本内容的设置

页码	故事内容	内容调整（可修改） 全部清空
1	猪八戒发现彩虹盐不见了，十分着急。	猪八戒在厨房忙碌，突然发现珍贵的彩虹盐居然不见了，内心焦急不已。
2	他召集小伙伴们，一起商量找盐的办法。	他急忙召集小伙伴们，认真讨论丢失盐的事情，寻找解决方法，大家齐心协力。
3	大家踏上了寻找彩虹盐的冒险旅程。	小伙伴们决定一起踏上寻找彩虹盐的冒险旅程，鼓舞士气，互相帮助，充满希望。
4	最终，他们在神秘山洞里找到了彩虹盐，开心极了！	在神秘山洞里，他们终于找到了失踪的彩虹盐，欢呼雀跃，心中充满了无比的快乐！

图 3－1－39　AI 调整后的绘本内容

(3) 辅助画面描述。在画面生成的设置页面，单击“给我本页描述词参考”后面的“完整内容配图”按钮，可以让 AI 辅助生成完整画面的描述，如图 3－1－40 所示。如果画面的主角猪八戒是另外创作的素材，可单击“不含角色空场景”按钮，生成不含猪八戒的空场景画面的描述，如图 3－1－41 所示。

画面描述

插画中，猪八戒身穿围裙，面露焦虑之色，站在厨房中央，四周是散落的厨房用具和食材。灶台上的锅里正在煮着沸腾的汤，窗口透出温暖的阳光，但他的焦急神情与忙乱的背景形成鲜明对比。在他的手边，有一个空盐罐，显得格外醒目，猪八戒的眉头紧锁，眼神中流露出对彩虹盐失踪的无奈和不安。

给我本页描述词参考： 完整内容配图 不含角色空场景

图 3-1-40 AI 辅助生成完整画面描述示例

画面描述

插画背景展示一个温馨的厨房，阳光透过窗户洒在木质的厨房台面上，台面上有几种未加工的食材和烹饪用具。墙上挂着五颜六色的调料罐，点缀着厨房的生机。角落的橱柜门微微敞开，里面空荡荡，显得格外显眼的空槽。整个画面散发着温暖而略显慌乱的气氛。

给我本页描述词参考： 完整内容配图 不含角色空场景

图 3-1-41 AI 辅助生成不含角色的空场景画面描述示例

2. 了解形象融合

形象融合就是将上传图像整体或脸部等突出特征作为参考，在生成新图的过程中加以融合，从而使生成的图像具有原图人物的部分特征。在创建主角素材时，打开“开启形象融合”开关，然后“单击上传”按钮，上传原始图片，再选择“融合模式”和“融合强度”，设置完成后单击“生成素材”按钮，生成图像，如图 3-1-42 所示。

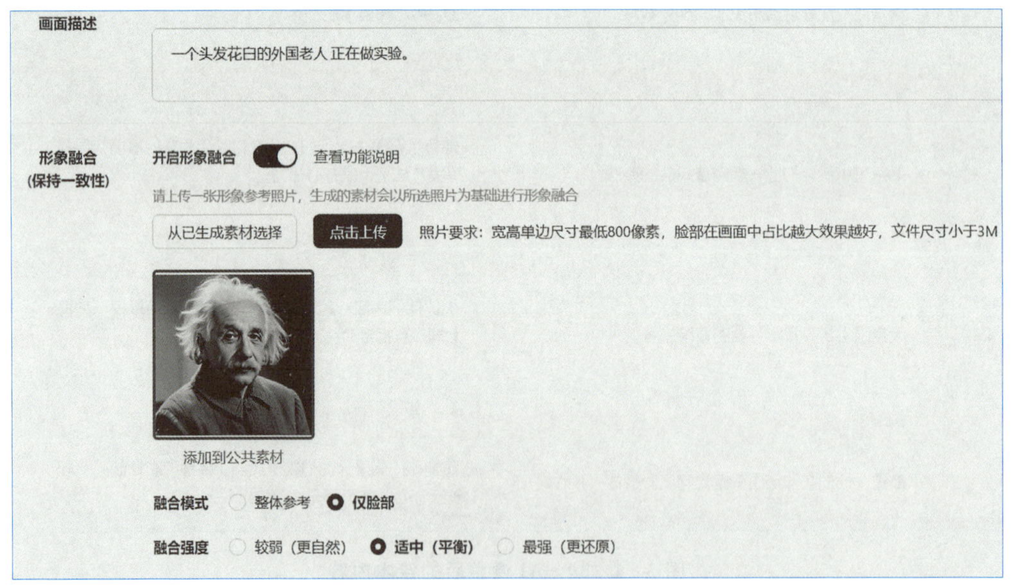

图 3-1-42 形象融合设置

融合模式有“整体参考”和“仅脸部”两种模式。“整体参考”模式是抓取原图人物的大部分特征，比如脸部、发型、身材、服饰等，与输出结果融合度更自然，而“仅脸部”模式则仅提取原图的脸部特征，并在生成结果图片后，对其进行脸部替换，更换原脸部，如图 3-1-43 所示。

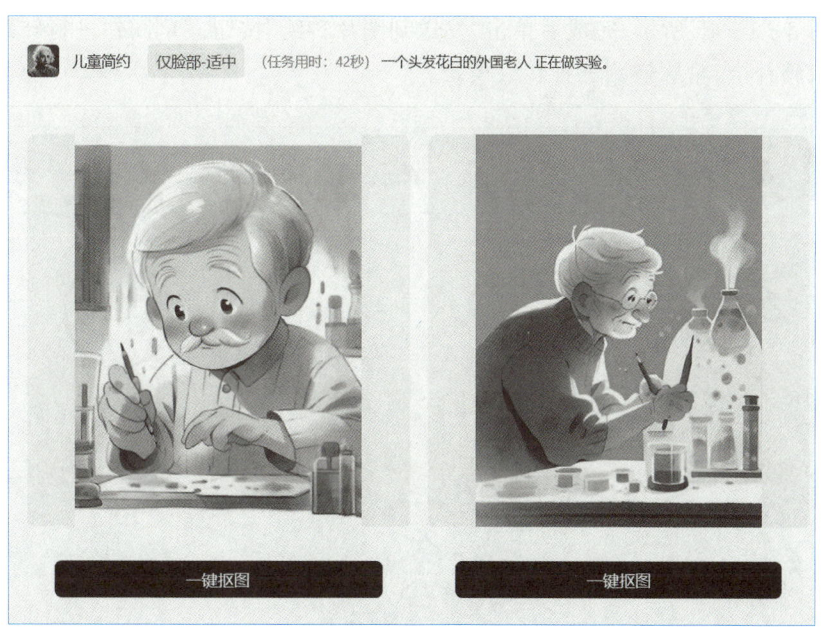

图 3-1-43　“仅脸部”融合模式生成效果

3. 了解图片转绘

图片转绘是指 AI 平台根据绘制好的草图或上传图片的内容和构图风格进行转绘。

（1）草图转绘。使用时，在“画面描述”文本框中填上描述词，打开“开启图片转绘”开关，单击“草图绘制”按钮（图 3-1-44），打开“草图绘制”窗口，利用工具和线稿素材绘制

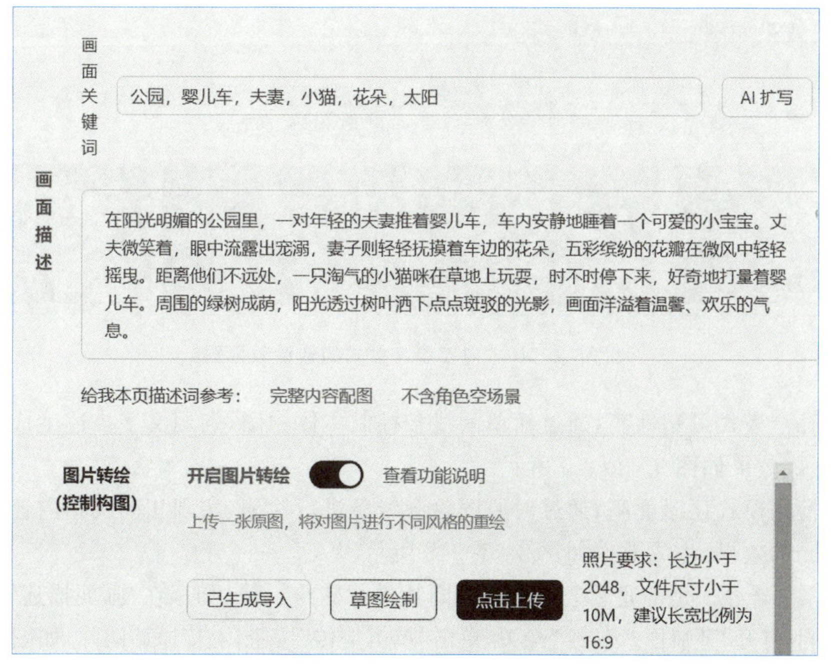

图 3-1-44　图片转绘设置

草图，如图 3－1－45 所示，完成后单击“发送到图片转绘”按钮。草图在进行转绘时，有内容参考、涂鸦补全、轮廓检测三种转绘模式。

图 3－1－45　“草图绘制”窗口

内容参考模式兼容性高，通过对原图内容的参考理解，生成带有原图颜色参考的相似结果，生成效果如图 3－1－46 所示。

图 3－1－46　内容参考模式的转绘效果图

涂鸦补全模式可塑性高，通过简单的线条控制主体构图，利用文字描述生成其他非主体内容，生成效果如图 3－1－47 所示。

轮廓检测模式还原度高，通过对原图轮廓线条进行检测，实现相同线条内容的风格重绘生成不同的效果，生成效果如图 3－1－48 所示。

（2）原图转绘。是指通过上传已有的图片进行转绘。使用时，在“画面描述”文本框中填上描述词，打开“开启图片转绘”开关，单击“单击上传”按钮，上传原始图片，如图 3－1－49 所示，选择轮廓检测转绘模式，生成的图片，如图 3－1－50 所示。

图 3-1-47　涂鸦补全模式的转绘效果图

图 3-1-48　轮廓检测模式的转绘效果图

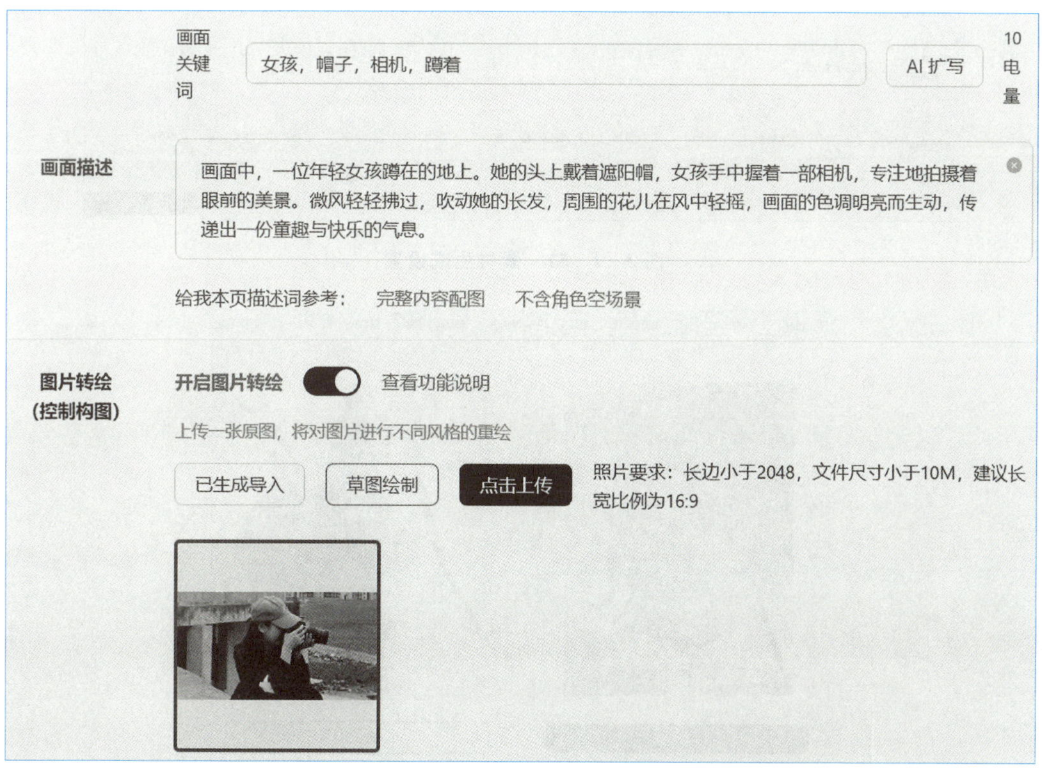

图 3-1-49　设置原图转绘

图 3-1-50 原图转绘效果图

4. 了解素材库

在奇布塔 AI 创作平台，可以在素材库中创作角色或场景，在不同的绘本或同一绘本的多张画面里可以直接引用这些角色或场景，既节约了创作的时间，也可保持绘本角色形象的一致性。

如果要生成孙悟空行走的背影素材，就可以这样操作：在“故事画面”创作环节，单击“素材库”，在画面生成页面完成有关参数设置，如图 3-1-51 所示。从生成的素材中选中符合要求的图片，单击“一键抠图”按钮，去除图片背景，如图 3-1-52 所示，然后单击

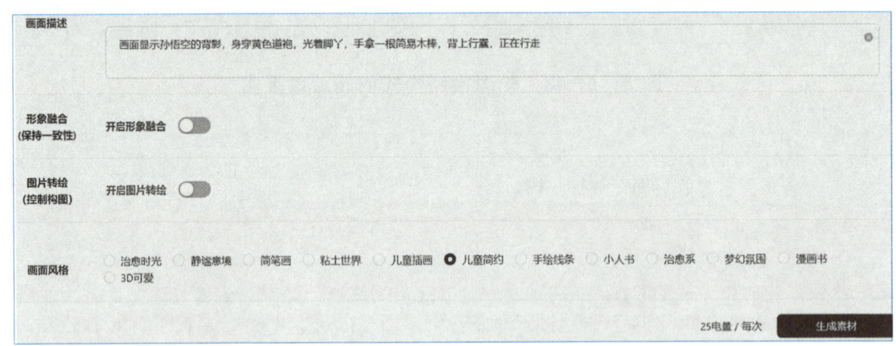

图 3-1-51 素材生成设置

图 3-1-52 将素材加入素材库

“放入素材库”按钮即可完成素材的创建。素材创建后，在生成的场景图片中，直接单击“下一步编辑画面(添加角色)”按钮，如图 3-1-53 所示，在打开的图片编辑页面，单击图片工具条中的“素材库(添加角色或道具)”按钮，单击相应素材即可插入，如图 3-1-54 所示。

图 3-1-53 场景画面编辑设置

图 3-1-54 将素材插入场景画面

如果希望素材在其他的绘本中也能被引用，只需要单击该素材下的“添加到公共素材”按钮，将素材加入公共素材库即可，如图 3-1-55 所示。

图 3-1-55 将素材添加到公共素材库

实训操作

1. 选择一个自己熟悉的小故事，尝试用绘本的形式表达出来，然后与同学交流创作过程。

画面面数	故事大纲	提 示 词	AI 创作效果
第一页			

2. 通过使用奇布塔 AI 创作平台创作一个绘本故事，说一说创作过程及体会。

活动三 绘制插画

活动描述

封面被称为图书的“灵魂之窗”。公司只要出版新书或重要文集，封面设计非晓晓莫属。为了使封面更加吸引读者的注意力，激发其阅读兴趣，晓晓往往要花很多时间来设计封面插图。最近，晓晓使用即梦 AI 创作平台辅助插图设计，高效地完成了一个又一个封面设计任务，且封面深受读者的喜爱。

活动分析

与传统的绘画相比，插画更倾向于使用数字工具和平面设计软件进行创作，这种创作方法具有线条简洁明快、色彩鲜艳、视觉冲击强烈等特点。插画的应用领域非常广泛，包括出版物配图、卡通人物设计、影视海报制作、游戏人物设定和美术场景设计、广告设计、漫画创作以及包装装饰画设计等。

一个成功的封面设计，不仅要有美观的外观，更要能够准确表达书籍的主题和内涵。创作时，需要根据书刊内容和读者群体等因素，确定封面插画的风格和内容元素。

如果要给“《中国经典童话》系列丛书”设计封面插图，可根据儿童的特点，选用某一故事场景作为主要元素，如以大自然为背景，创作几个小朋友和一群可爱的动物欢乐嬉戏的主体，加上场景描绘，鲜艳、活泼的卡通形象就可以吸引儿童的注意力，激发其好奇心和想象力。

使用即梦 AI 创作平台，可以实现轻松地完成封面插图的创作。

活动展开

活动展开

绘制插画

1. 设置画板尺寸

(1) 登录即梦 AI 创作平台。

(2) 单击“AI 作图”区的“智能画布”按钮,如图 3－1－56 所示。

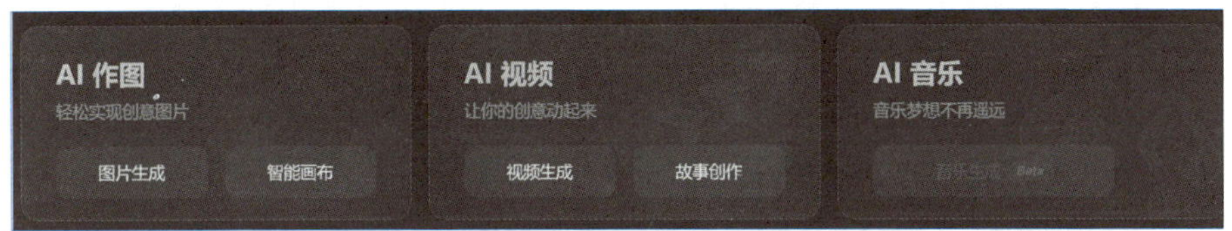

图 3－1－56 即梦 AI 主创作菜单

(3) 在智能画布创作页面,单击“画板调节”按钮,设置画板尺寸和画板比例,如图 3－1－57 所示。

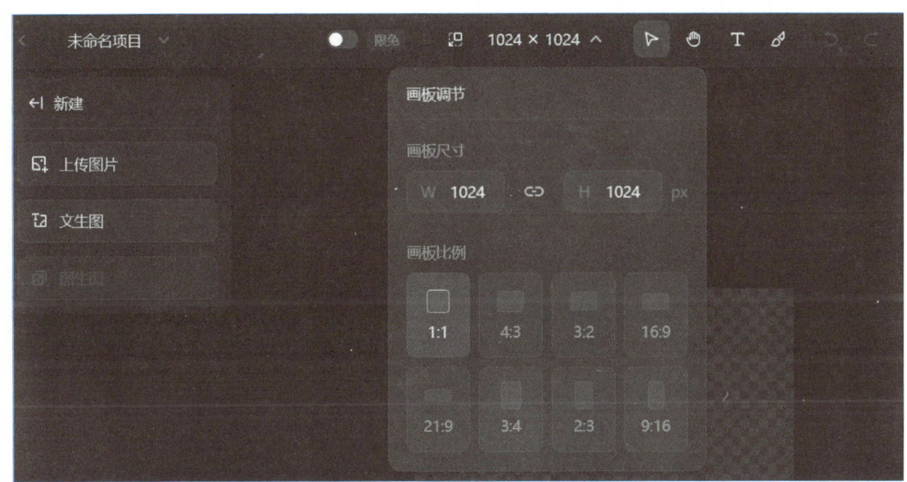

图 3－1－57 “画板调节”对话框

2. 设置图片参数

(1) 单击创作页面左侧的“文生图”按钮,进入文字生成图片的设置页面。

(2) 在“描述词”文本框中,输入描述词,如图 3－1－58 所示。

(3) 调整精细度。

(4) 设置生成图片的尺寸和比例,如图 3－1－59 所示。

3. 导出生成图片

(1) 单击“立即生成”按钮,生成图片。

(2) 即梦 AI 创作平台会生成四张图片,如图 3－1－60 所示,通过单击图片缩略图,可以查看整张图片的生成效果。

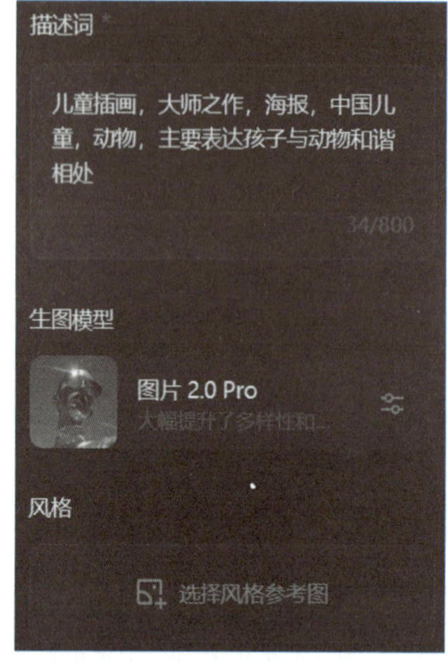

图 3-1-58 “描述词”文本框

图 3-1-59 设置图片尺寸和比例

（3）单击“导出”按钮，设置导出参数，如图 3-1-61 所示。

（4）单击“下载”按钮，将图片保存到本地存储器。

图 3-1-60 生成的图片效果图

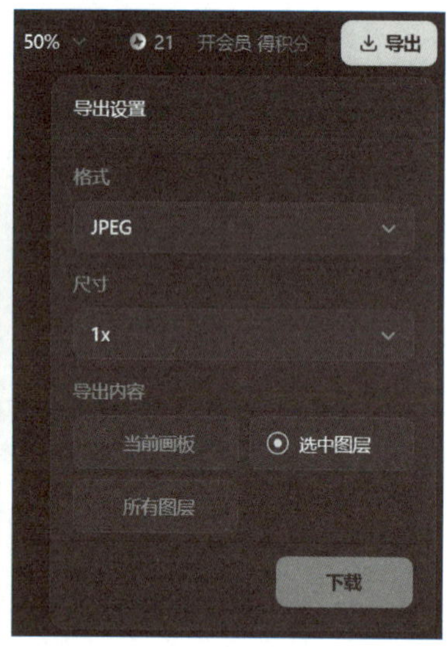

图 3-1-61 设置导出参数

拓展提高

1. 添加图片文字

（1）添加文字。选择工具栏中的文字工具，输入文字，然后利用文字工具，调整文字的颜色、字体等参数，如图 3-1-62 所示。

图 3-1-62 添加图片文字

(2) 添加阴影效果。单击添加的文字，在弹出的菜单中选择“拷贝”与“粘贴”，创建一个新的文字图层；将第二个文字图层的文字颜色设为黑色，调整两个文字图层的位置，如图 3-1-63 所示。

图 3-1-63 添加阴影效果

(3) 生成艺术字。选中文字图层，在文字工具栏里选择“AI 艺术字生成”按钮，如图 3-1-64 所示，在参数栏里输入效果参数，单击“立即生成”按钮即可生成艺术字，如图 3-1-65 所示。

输入不同的效果参数，可以多次生成样式各异的艺术字；单击右侧艺术字缩略图，还可以对比查看生成的各种艺术字效果，如图 3-1-66 所示；生成符合要求的艺术字后，单击“完成编辑”按钮，即完成艺术字的生成设置。

图 3－1－64 艺术字生成对话框

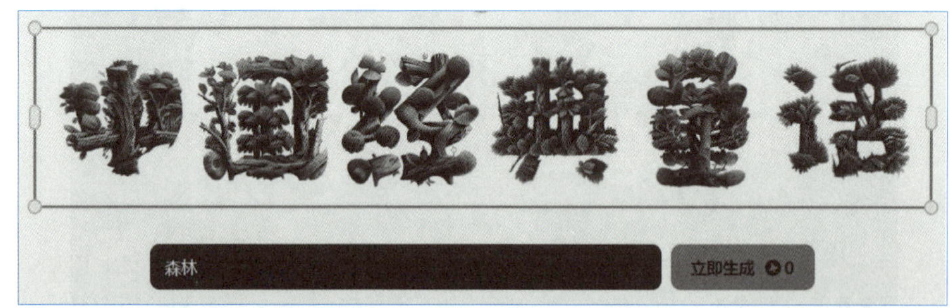

图 3－1－65 艺术字生成效果示例

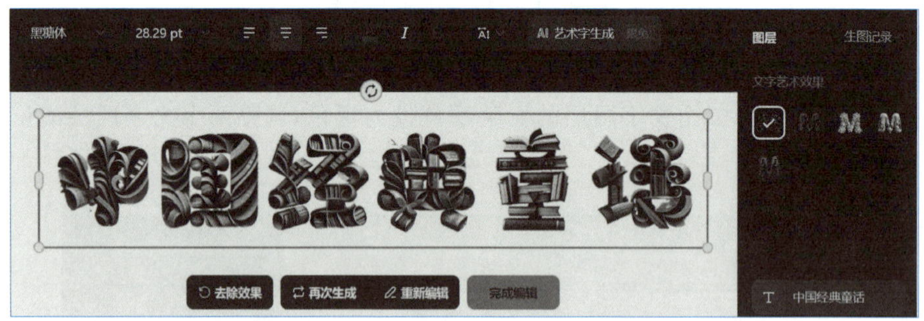

图 3－1－66 对比查看生成的各种艺术字效果

图 3－1－67 风格参考原图

2. 了解风格参考图

为了使生成的图片尽可能地满足设计要求，可以通过上传“风格参考图”的方式，为生成的图片提供风格参考。比如要生成与图 3－1－67 中小老虎风格类似的小鸭的图片，可以这样操作：在图片生成设置页面，输入描述词“小鸭”，设置“展示尺寸”“展示比例”等参数后，在“风格”设置里，单击“选择风格参考图”按钮，如图 3－1－68 所示，打开“风格参考图”上传对话框，上传小老虎图片。设置完成后，单击“立即生成”按钮，生成如图 3－1－69 所示的与原风格类似的小鸭图。

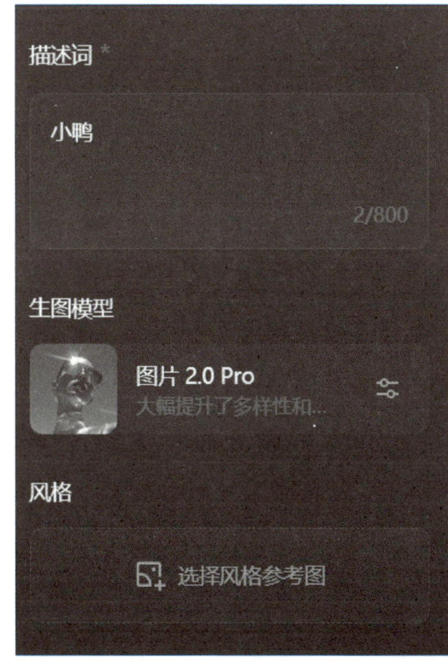

图 3－1－68　风格参考设置界面　　　图 3－1－69　参考风格后生成的新图片

3. 修整图片

如果对平台生成的图片局部不满意，还可以利用工具对图片进行修整。

（1）局部重绘。如果希望将图 3－1－70 中的小男孩换成小女孩，可单击图片修整工具条中的“局部重绘”按钮，在重绘窗口，用画笔工具涂抹小男孩所在区域，输入重绘的生成描述词，如图 3－1－71 所示。

图 3－1－70　局部重绘原图　　　图 3－1－71　局部重绘操作窗口

完成后单击“局部重绘”按钮，平台会生成四幅效果图供用户选择，选中最合适的图片，单击“完成编辑”按钮，如图 3－1－72 所示。

图 3-1-72 局部重绘效果示例

(2) 扩图。当图片尺寸小于画布尺寸的时候，如图 3-1-73 所示，可以通过扩图操作，让 AI 自动生成扩充部分，从而将图片扩充成画布大小。操作时，单击图片修整工具条中的“扩图”按钮，调整扩图区域，输入扩图部分的描述生成词(若不输入描述词，将基于原图生成)，单击“扩图”按钮，平台会生成四幅效果图供用户选择，选中最合适的图片，单击“完成编辑”按钮，如图 3-1-74 所示。

图 3-1-73 扩图前原图

图 3-1-74 扩图后的效果示例

(3) 消除笔。如果希望去掉生成的图片上的某几个画面元素，可以通过使用消除笔工具来实现。如果要去除图 3-1-75 中的两只小狗时，单击图片修整工具条中的“消除笔”按钮，在消除笔的设置页面，选择“快速选择”工具，然后在画面中涂抹选中两只小狗，如图 3-1-76 所示。涂抹选择完成后，单击“消除”按钮，即可消除选择的对象，如图 3-1-77 所示，确认后单击“完成编辑”按钮。

图 3－1－75　原图

图 3－1－76　消除对象

图 3－1－77　消除效果

（4）抠图。使用抠图工具可以将画面中部分内容元素从画面中抠出来，并去掉其余的部分。如果只要图 3－1－78 所示的“老虎和狐狸”时，单击图片修整工具条中的“抠图”按钮，在抠图的设置页面，单击“快速选择”工具，然后在画面中选中要保留的老虎和狐狸，如图 3－1－79 所示。对象选择完成后，单击“抠图”按钮，即可生成抠图操作，如图 3－1－80 所示。

图 3-1-78 原图

图 3-1-79 选择对象

图 3-1-80 抠图效果

实训操作

1. 尝试自己设计书刊封面或海报，然后与同学交流创作过程。

插画主题	提 示 词	AI创作效果

2. 使用即梦 AI 创作平台创作一幅插画，说一说创作过程及体会。

任务评价

在完成本次任务的过程中，学习了用文字生成图片的多种方式，请对照表 3-1-1，进行评价与总结。

表 3-1-1　评价与总结

评 价 指 标	评 价 结 果	备 注
1. 了解“文生图”的 AI 图像处理工具平台	□A　□B　□C　□D	
2. 掌握“文生图”的方法与技巧	□A　□B　□C　□D	
3. 能够合理运用“文生图”AI 平台解决问题	□A　□B　□C　□D	
4. 能根据需要选用“文生图”AI 平台	□A　□B　□C　□D	
5. 感受人工智能给生活、学习和工作带来的便捷。	□A　□B　□C　□D	
综合评价：		

任务二 智能处理图像

情境故事

晓琪在一家广告公司上班，主要从事图片处理工作，由于客户要求高，加之处理的图片多，晓琪每天都感到身心俱疲。随着生成式人工智能的发展，她学会了使用 AI 智能处理图像，轻松解决了处理图像的烦恼。

本任务将使用生成式人工智能来处理图像。

任务目标

1. 了解 AI 图像处理技术的基本工作原理。
2. 掌握用 AI 智能处理图像的方法与技巧。
3. 感受人工智能给生活、学习和工作带来的便捷。

任务准备

1. 了解 AI 图像处理

AI 图像处理是指运用人工智能技术，结合先进的算法、神经网络和数据处理手段，对数字图像进行分析、解释与处理的过程。这一过程不仅限于基本的图像编辑操作，如裁剪、旋转或添加滤镜，还涵盖了诸如内容识别、风格迁移以及图像生成等高级功能。通过这些技术的应用，AI 能够帮助人们从烦琐且重复的任务中解放出来，从而有更多时间和精力投入到更具创造性的工作中。

2. 了解 AI 图像处理技术的工作原理

AI 图像处理技术涵盖从图像采集到最终应用的各个阶段，其工作原理如图 3-2-1 所示。

(1) 数据收集和预处理。该过程先要收集与任务相关的大量标记图像数据集，例如对象识别或图像分类。再对图像进行预处理，可能涉及调整大小、规范化和数据增强，以

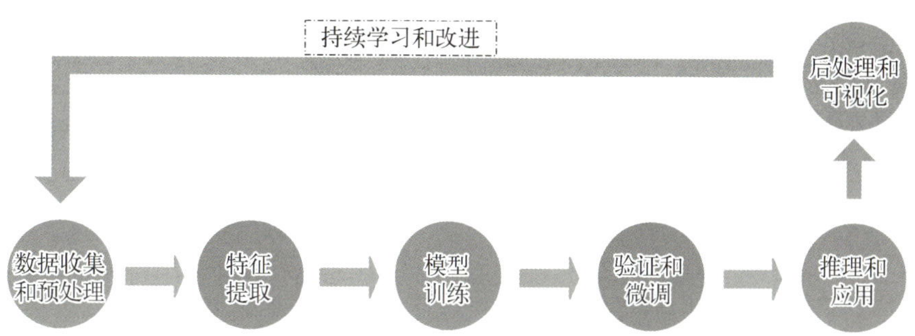

图 3-2-1 AI 图像处理技术的工作原理图

确保图像的一致性从而提高处理性能。

(2) 特征提取。深度学习模型通常使用卷积神经网络进行特征提取。比如在人脸智能识别系统中,卷积神经网络能够自动识别并提取出眼睛、鼻子和嘴巴等以及它们的形状、大小和位置关系,如图 3-2-2 所示。卷积神经网络中的卷积层、池化层和全连接层可以自动提取图像中的各种特征。此外,卷积神经网络还具备图像重建的能力,通过使用反卷积层,可以实现图像的生成和超分辨率重建等高级任务。

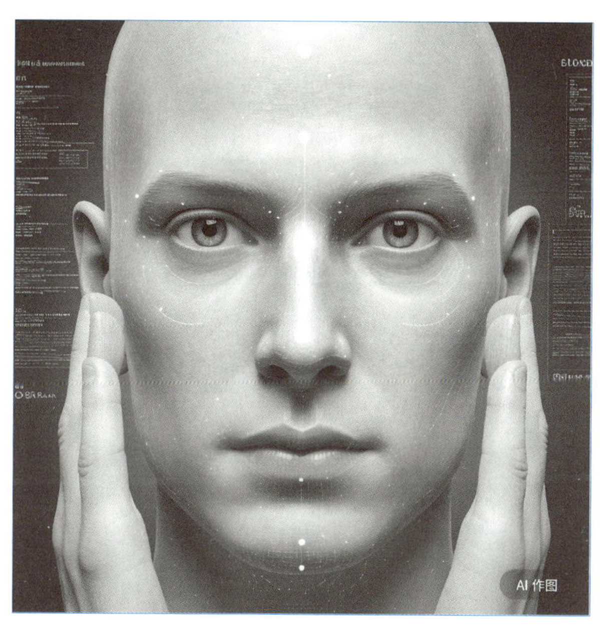

图 3-2-2 人脸的特征提取

(3) 模型训练。将预处理后的图像输入到卷积神经网络模型进行训练。在训练过程中,模型会根据损失函数来调整网络参数,使得模型的预测结果与真实标签之间的差异尽可能的小。训练过程通常是一个迭代的过程,每一次迭代都包括了前向传播、计算损失、反向传播和参数更新等步骤。

(4) 验证和微调。在训练过程中使用单独的数据集来评估模型的表现,进一步调整模型参数和超参数(例如学习率),以优化模型的泛化能力。

(5) 推理和应用。一旦训练完成，模型就可以进行推理，即处理新的、未见过的图像。AI 图像处理模型可分析输入图像的特征并根据其训练功能得出相应结果。

(6) 后处理和可视化。后处理是指在模型输出之后对结果进行进一步处理，以获得更准确的结果或者提高计算效率。后处理的方式有很多种，比如去除噪声、降低分辨率、压缩模型等。处理后的图像或输出可以进行可视化，进一步可用于各种应用场景，例如医疗诊断、汽车自动驾驶、艺术创作等。

(7) 持续学习和改进。通过使用新数据进行再训练以及根据用户反馈和性能评估进行微调的循环，AI 图像处理模型可以不断改进。

3. 认识 AI 图像处理平台

(1) 悟空图像(PhotoSir)。悟空图像是新一代“AI+设计”国产专业图像处理软件。该软件融合人工智能算法与全新设计理念，力求为用户提供更智能、更高效、更好用的图像处理体验。

软件集成了先进的 AI 算法与图像算法，涵盖丰富的专业图像处理工具，如 AI、涂鸦、合成、特效、滤镜、拼图等，强大的画笔功能让创意设计触手可及。软件基于 AIGC 赋能理念设计，支持以文生图、以图生图、线稿上色等智能化处理功能，快速实现一键抠图、智能擦除、智能美颜、智能拼图、智能局部修改、智能概念创作等快捷操作，让设计更加智能高效。

第一次使用时，需要在官网下载对应操作系统的软件版本进行安装。安装成功后，双击“悟空图像”图标，进入悟空图像软件界面，注册并登录后就可以正常使用，如图 3-2-3 所示。

图 3-2-3 悟空图像软件界面

(2) 360 智图。360 智图一站式图片服务平台，基于 360 搜索算法和图像 AI 能力，服务于广大运营、市场、广告、设计等行业的从业者。平台通过 AI 赋能快速实现找图、AI 图片编辑、AI 图片生成等，用户可轻松获取直接可用的图片。

360 智图的 AI 图片编辑功能涵盖工作、生活、娱乐等多种场景需求，如智能抠图可删背景、去水印、去文字、去除一切想要去除的区域，批量生成商品白底图、透明图及批量换 AI 背景，一键放大可实现图片不失真、智能修复模糊图片、黑白照片一键上色、证件照在线制作等功能。

使用时，进入 360 智图首页，如图 3－2－4 所示，注册并登录后，单击“AI 图片编辑”图标就可以智能处理图像。

图 3－2－4　360 智图平台界面

活动一　智能抠图

活动描述

为单位或企业制作宣传册，是晓琪公司的一项常规业务。在制作员工个人宣传页时，为了宣传册的整体效果，经常需要将员工个人图像从生活照片中“抠”出来，换上统一风格的背景。最近，晓琪使用悟空图像的 AI 智能处理功能，高效地完成了工作任务。

活动分析

抠图是指在图像处理中，将图片或影像的某一部分从原始图片或影像中分离出来，成为一个单独图层的过程，主要是为了后期的合成做准备。

如果需要将员工人像从生活照中(图 3－2－5)“抠”出来，并将公司厂房(图 3－2－6)

换作人像背景，就可以先打开公司厂房背景图，再导入员工生活照，最后对人像作抠图处理。

图 3-2-5 员工生活照

图 3-2-6 公司厂房背景图

常规的抠图有利用选择工具直接选择（如套索工具、选框工具、橡皮擦工具等）、快速蒙版、钢笔勾画路径后转选区、抽出滤镜等方法。使用悟空图像软件智能抠图，可轻松地完成任务。

活动展开

智能抠图

1. 打开背景图片

（1）运行悟空图像软件，并登录。

（2）单击“打开文件”按钮，在打开文件的对话框中，打开公司厂房背景图，如图 3-2-7 所示。

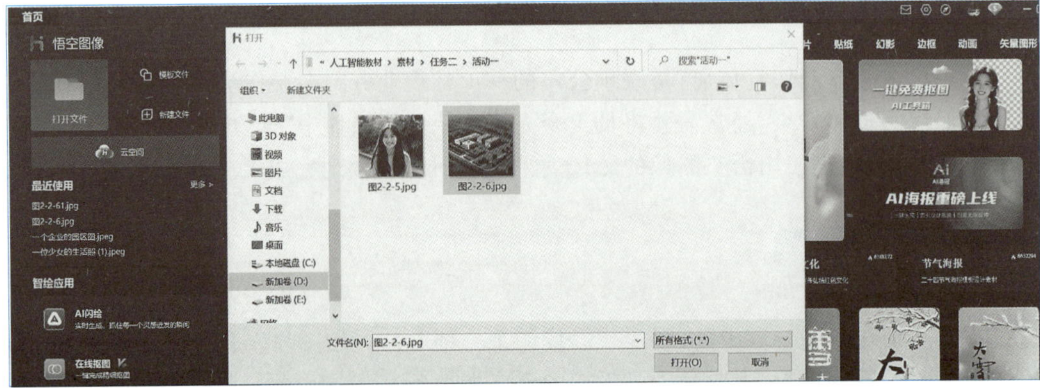

图 3-2-7 打开文件对话框

2. 导入被抠素材

（1）单击属性栏“添加对象”标签，单击“本地图片”按钮。

（2）单击“打开文件添加图片”按钮，打开文件对话框，选择需导入的图片，如图 3-2-8 所示。

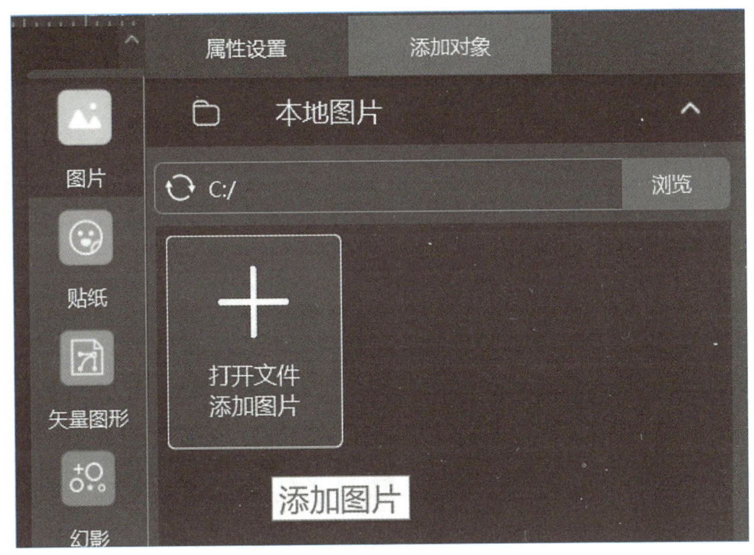

图 3-2-8　导入素材图片窗口

（3）单击工具栏的“选择对象”工具，在图像窗口中，调整导入图片的位置及大小，如图 3-2-9 所示。

图 3-2-9　调整导入素材位置及大小

3. 智能抠图

(1) 单击属性设置栏的“智能抠图”标签,如图 3-2-10 所示。

(2) 单击“在线抠图”按钮,AI 将完成自动抠图,效果如图 3-2-11 所示。

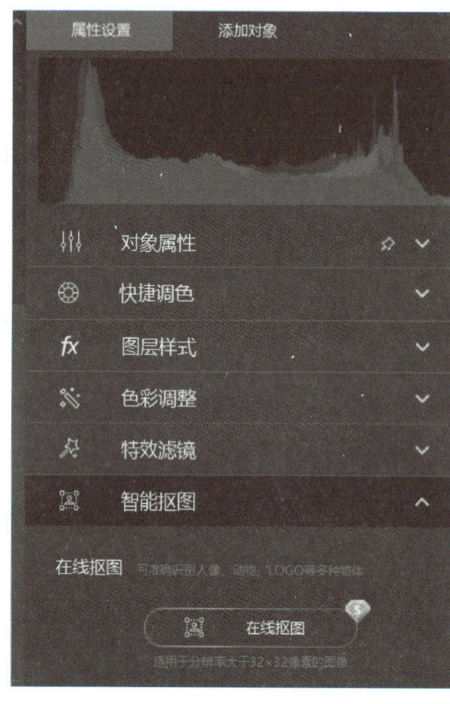

图 3-2-10　在线抠图按钮

图 3-2-11　智能抠图效果

4. 保存图片

单击“文件”菜单下的“另存为”命令,将抠图后合成的图片保存到本地存储器。

拓展提高

1. 了解自动选取

在悟空图像软件中,用户可以用自动选取工具,通过移动鼠标在画面中灵活地选取内容对象。如果要处理的图片中内容对象较多,需要抠取某一特定对象或者图片中的人像与背景颜色非常相近,使用悟空图像的“在线抠图”功能效果不理想的时候,也可以利用悟空图像的“自动选取”工具来配合抠图。

现有一张图片,人像的头发、服装与背景颜色非常相近,需要将人像从画面中抠出来,并制作成一个白底的照片。可以先打开图像,选择左边工具栏中的“自动选取”工具,如图 3-2-12 所示,单击图中任意位置并移动鼠标,软件将智能分析画面,自动选择的区域以反相红色的方式显示,新建背景区域选区,如图 3-2-13 所示。在属性栏中的“选区操作”中,调整“选区缩放”的像素值,将人像边缘未在选区的部分加入选区,然后单击“应用”按钮,最后单击“删除”按钮,抠图效果如图 3-2-14 所示。

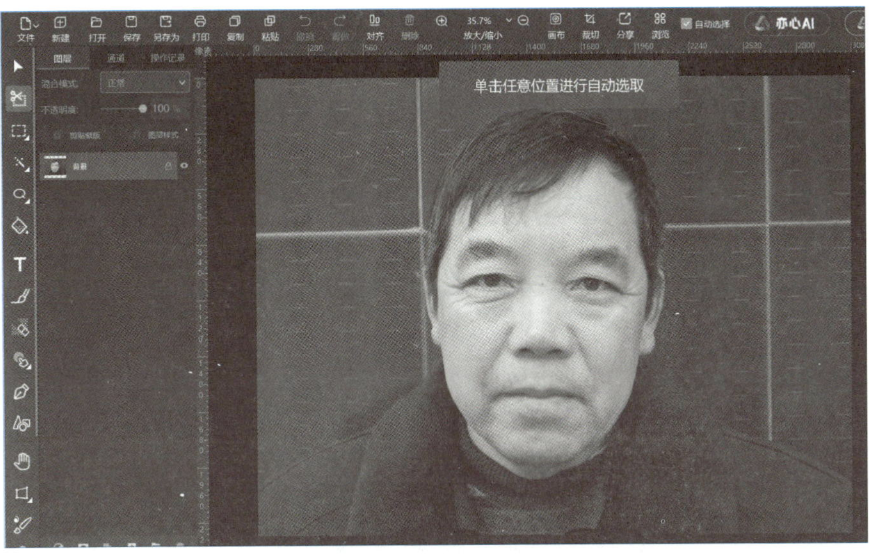

图 3－2－12　选择自动选取工具

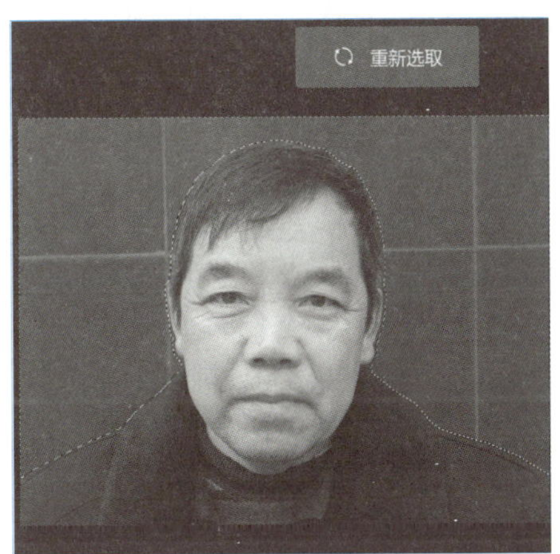

图 3－2－13　自动选取效果

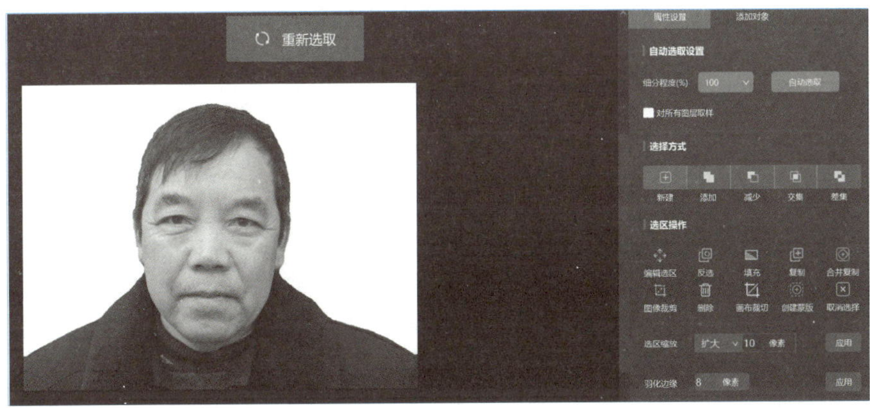

图 3－2－14　抠图效果

2. 了解背景参照填充

背景参照填充，是指 AI 参照选区周围背景像素颜色对选区内的像素进行填充。如果需要将图像中抠取掉的部分填充成与背景相融合的画面，可以打开图像，选择左边工具栏中的“矩形选区”工具，选择需要填充的区域，建立新选区，如图 3－2－15 所示。在属性栏中的“选区设置”页面里，单击“背景参照填充”之下的“填充”按钮，AI 将对选区内容进行自动填充，效果如图 3－2－16 所示。

图 3－2－15　原图

图 3－2－16　填充效果

3. 了解 AI 智能擦除

AI 智能擦除功能可将图像中选区内容擦除，并自动补全。如果需要将图 3－2－17 所示画面中桌面上凌乱的书籍和物品擦除，可以选择工具栏中的“套索”工具，选中需要擦除的对象，建立新选区。在属性栏中的“选区设置”页面里，单击“AI 智能擦除”之下的“擦除”按钮，AI 将对选区内容进行擦除并自动补全，效果如图 3－2－18 所示。

图 3－2－17 原图

图 3－2－18 擦除效果图

4. 了解 AI 智能替换

AI 智能替换，是指 AI 根据输入的文本智能生成图像，并替换原图中的选区内容。利用 AI 智能替换功能可以轻松给图像中人物更换服饰。如需将图 3-2-19 所示少女佩戴的太阳帽换成礼帽，可选择左边工具栏中的“自动选取”工具，再单击图中任意位置，在图像中选择帽子建立选区，调整属性栏中的“选区缩放”的像素值，确保帽子部分在选区内，如图 3-2-20 所示。

图 3-2-19 原图

图 3-2-20 建立选区

在属性栏中的“选区设置”界面里，在“AI 智能替换”文本框中输入提示词，如图 3-2-21 所示，然后单击“替换”按钮，完成帽子的替换，效果如图 3-2-22 所示。

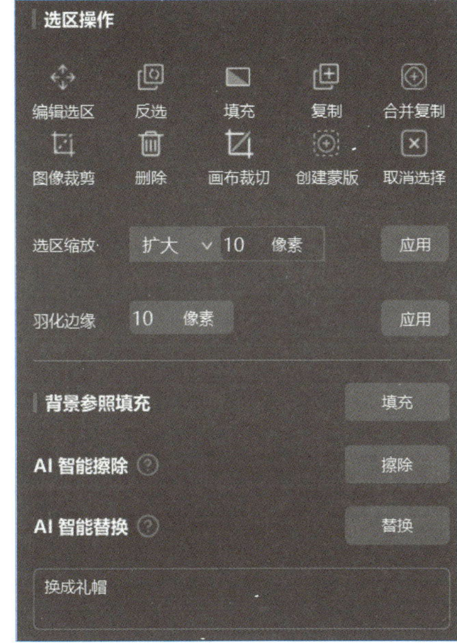

图 3-2-21 AI 智能替换设置

图 3-2-22 AI 智能替换效果

5. 了解快速抠章

如果需要将图像中的图章快速提取出来，可在“智绘应用”栏目下，单击“快速抠章”，在打开的对话框中选择需要抠章的图片文件，如图 3-2-23 所示。在“高级二值化”设置框中，选择“抠章优先”选项中的“去除杂色”选项，如图 3-2-24 所示，单击“确定”按钮，效果如图 3-2-25 所示。

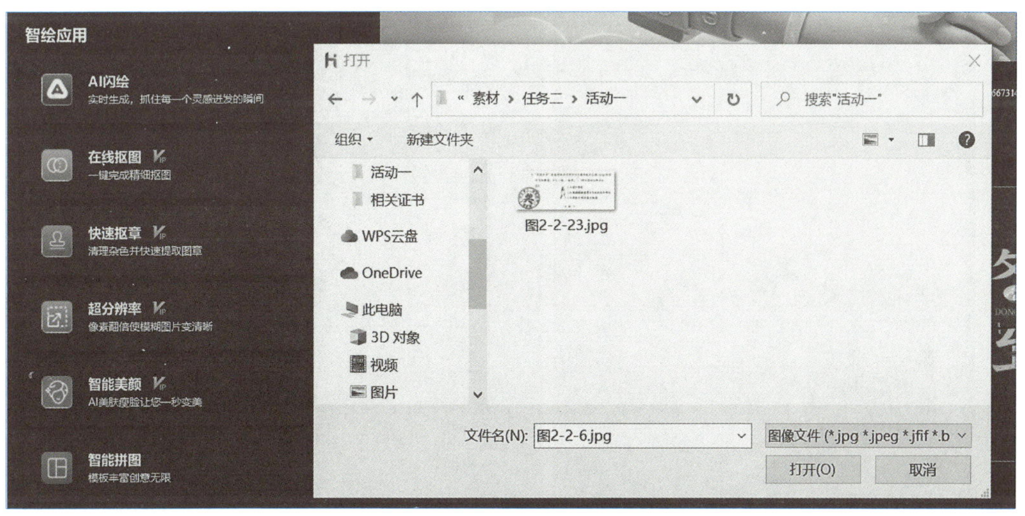

图 3-2-23 选择需要抠章的图片文件

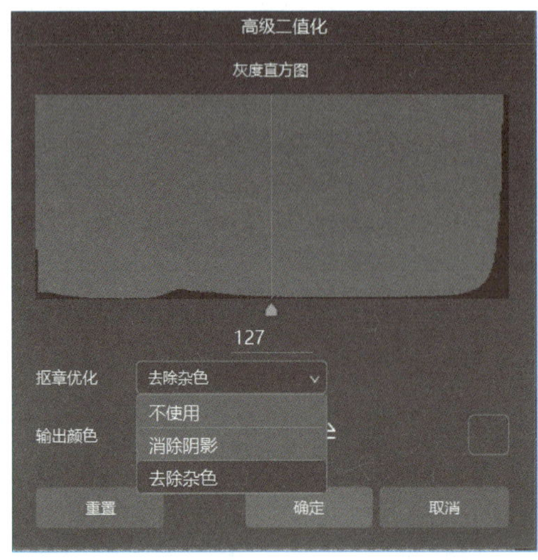

图 3-2-24 设置选项

图 3-2-25 抠章效果

6. 了解裁切

在处理图片的过程中，为了满足设计需求，可以使用悟空图像“裁切工具”，裁剪掉图像上的多余内容，完成重新构图。

(1) 自定义裁切。用户可以利用自定义裁切功能灵活设置图像裁切的范围、尺寸大小、长宽比例等。操作时，打开图像文件，在菜单栏选择“裁切”按钮。一种方法是使用鼠标移动图像的控制点，调整裁切框，确定裁切区域，如图 3-2-26 所示；另一种方法是根据需求，设置“裁切设置”界面中的“裁切区域”参数，如图 3-2-27 所示。裁切区域确定后，单击“裁切”按钮，完成操作。

图 3-2-26 控制点裁切

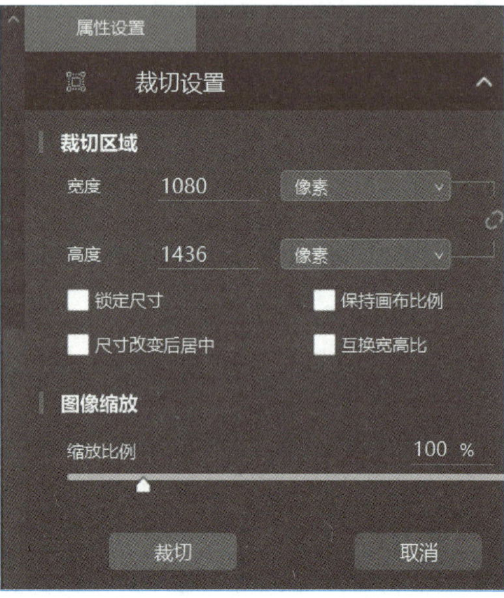

图 3-2-27 “裁切设置”界面

（2）固定样式裁切。许多图片都有固定的尺寸要求，比如证件照、考试照、电商产品图片等，利用悟空图像的“常用大小”的裁切功能，能轻松制作出符合这些要求的图片。假如要将一幅 1 024 * 1 024 像素的人像照片，制作成一个标准的 2 寸证件照，可打开图像文件，在菜单栏选择“裁切”按钮。在“裁切设置”属性栏中的“常用大小”选项中选择“证件照”→“标准 2 寸”选项，然后在“图像缩放”中调整缩放比例，使原图人像部分刚好在标准 2 寸的裁切框内，如图 3-2-28 所示。调整好后，单击“裁切”按钮，完成操作。

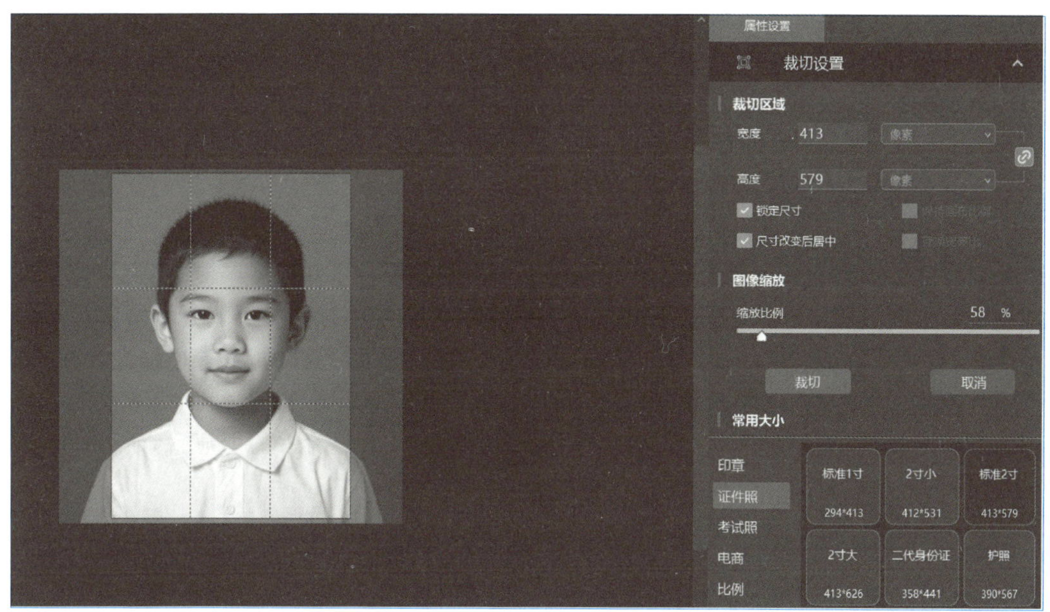

图 3-2-28　“裁切设置”界面中的“常用大小”设置界面

实训操作

1. 选择一张图片，试着用常规工具图和 AI 智能两种方法抠图，并比较两种抠图方法的优缺点。

	操作方法	效果	优缺点
常规抠图			
AI 智能抠图			

2. 比较 AI 与传统图像处理软件的抠图功能，思考有哪些区别与联系。

活动二 修复图像

活动描述

晓琪处理图像技术过硬，被誉为公司处理图像的“高手”。但是，晓琪也有一个不为人知的短板，那就是不善于处理“老旧照片”，每每遇到泛黄甚至有污渍、破损的老旧照片需要扫描并修复时，她都头痛不已。一个偶然的机会，晓琪使用360智图的AI图片编辑功能来处理老照片，取得了很好的效果。如今，她再也不对修复老旧照片“头痛”了。

活动分析

老旧照片通常采用胶片拍摄，一方面由于当时的摄影技术和设备限制，照片可能呈现出一定的模糊或噪点；另一方面，随着时间的推移，老旧照片的色彩可能会逐渐褪色或发生变化，导致色彩饱和度降低、对比度减弱，甚至可能因划痕、污渍、折痕等原因而损坏。

处理老旧照片前，一般要通过扫描、翻拍等方式数字化。在处理过程中，不仅需要增强色彩和对比度，还原照片的真实面貌，时常还需要对老旧照片中的划痕、污渍等损坏区域实施去噪点、去模糊等修复操作。

使用360智图的AI图片处理功能，可以自动识别并修复照片中的瑕疵，同时保持照片的自然质感。

活动展开

活动展开

修复图像

1. 导入图片

(1) 进入360智图平台，并登录，如图3-2-29所示。

(2) 单击“AI图片编辑”按钮。

图3-2-29 360智图平台界面

(3) 在“高清美化”菜单中，选择“AI上色”选项，打开图片导入界面，如图3-2-30所示。

(4) 单击“打开图片”按钮，导入需要修复的老旧照片。

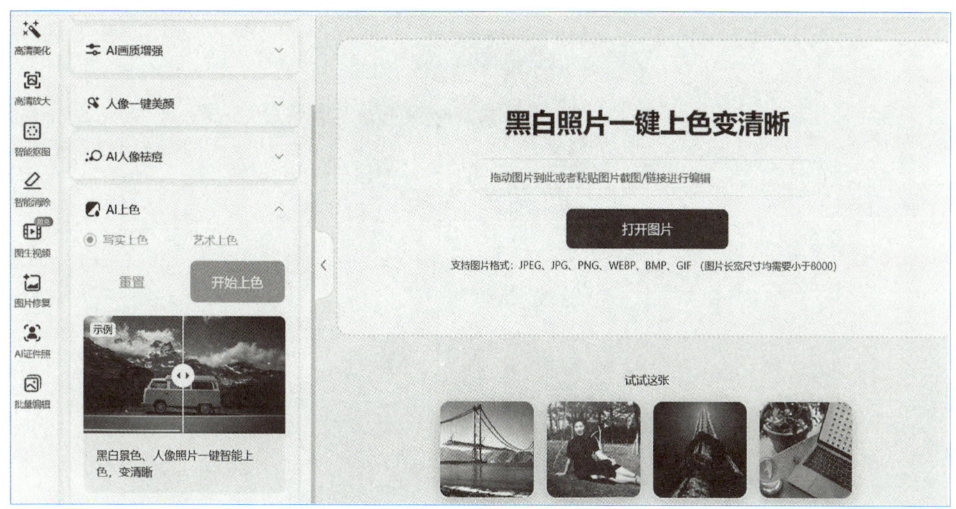

图 3-2-30　图片导入界面

2. 修复图片

（1）选择“写实上色”选项，单击“开始上色”按钮，AI 将对图片进行智能处理，如图 3-2-31 所示。

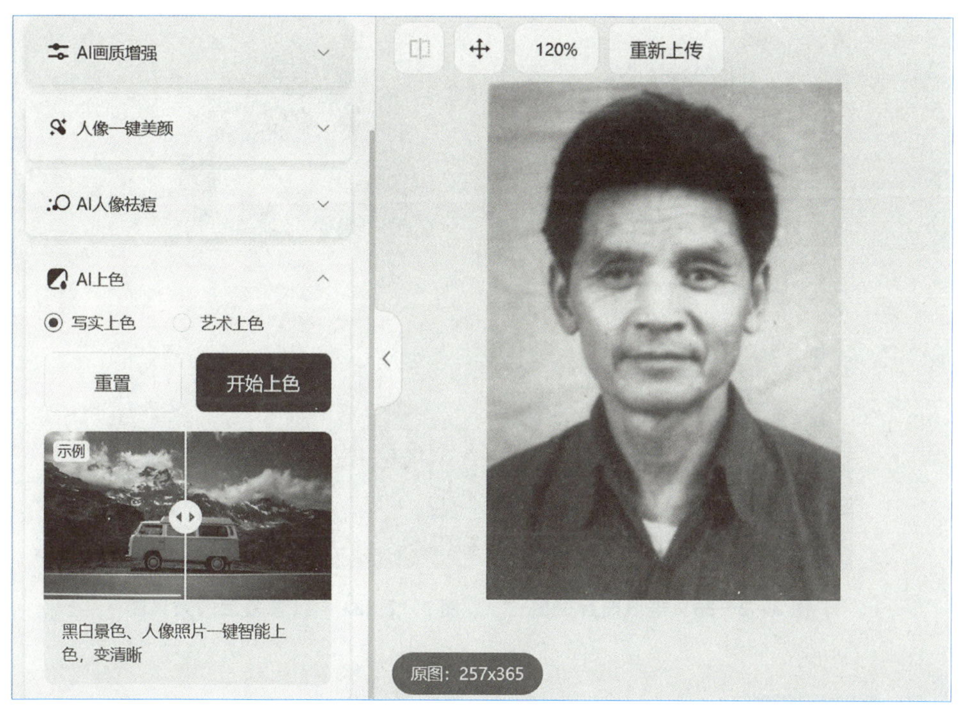

图 3-2-31　AI 上色设置

（2）AI 上色处理后，左右拖曳窗口中的图像分割线，可对比查看原图和处理后的效果图，如图 3-2-32 所示。

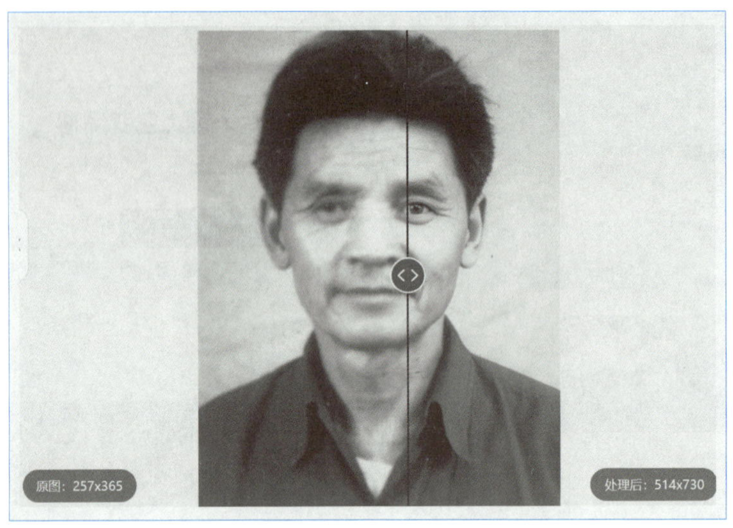

图 3－2－32 效果对比

3. 保存图片

单击“立即下载”按钮，将处理好的图片保存到本地存储器。处理前和处理后的图像如图 3－2－33 和图 3－2－34 所示。

图 3－2－33 老旧照片原图

图 3－2－34 AI 修复后的效果图

拓展提高

1. 去噪点

噪点是指在拍摄的图像中，由于不该出现的外来像素所形成的杂色斑点，简单来说就是照片中有“颗粒感”。这些噪点可能是彩色的，也可能是单色的，它们会影响图像的清晰度和细腻质感。在“图片修复”菜单中，选择“图片去噪点”选项，导入需要处理的图片，如图 3-2-35 所示。

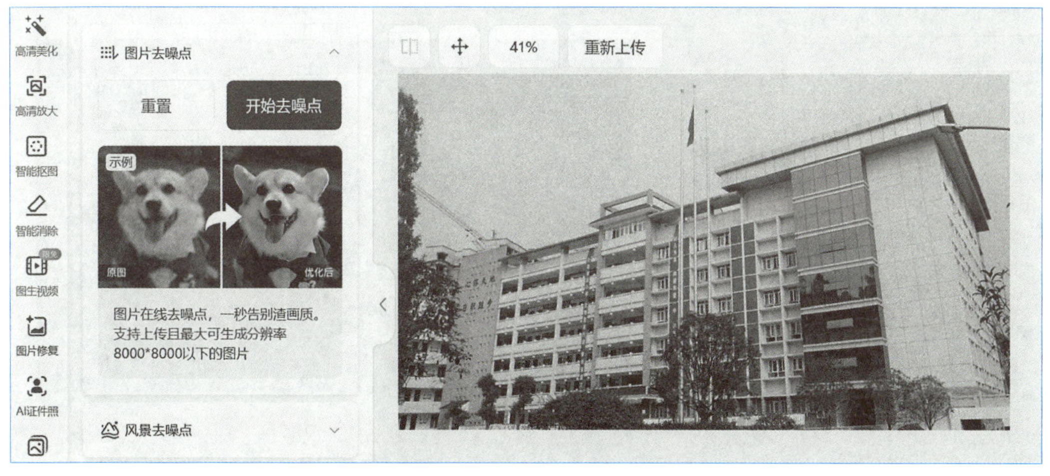

图 3-2-35　导入图片

单击“开始去噪点”按钮，AI 将自动进行去噪处理。在窗口显示原图与处理后的对比图，如图 3-2-36 所示。单击“立即下载”按钮即可将图片保存到本地存储器。

图 3-2-36　图片去噪点前、后的对比图

“图片修复”菜单下除了“图片去噪点”外，还有“风景去噪点”“人像去噪点”等功能，可以针对性地去除风景类、人物类图像上的噪点。

2. 智能消除

如果要消除图像中不想要的内容，可以通过“智能消除”功能来实现。

(1) AI 消除。该功能可以通过涂抹、框选、圈选等方式在图中选出需要消除的内容，利用 AI 自动消除并补全。在“智能消除”菜单中，选择“AI 消除”选项，导入将要处理的图片，如图 3－2－37 所示。

图 3－2－37 AI 消除操作界面

选择“涂抹”“框选”等工具，选中图像中的“垃圾”“垃圾桶”等不需要的内容，如图 3－2－38 所示，然后单击“开始消除”按钮，处理后的效果如图 3－2－39 所示。

图 3－2－38 选中消除的内容

图 3－2－39　AI 消除后的效果

（2）AI 去水印。该功能可以自动识别图像中的水印区域，并智能补全填充。在“智能消除”菜单中，选择“AI 去水印”选项，导入需要处理的图片，如图 3－2－40 所示。

图 3－2－40　AI 去水印操作界面

选择“自动”，然后单击“开始消除”按钮，即可消除图像上的水印，效果如图 3－2－41 所示。如果图像上有局部水印未消除，可以再利用“涂抹”“框选”“圈选”等工具将未消除的部分选中后定点消除。

图 3-2-41 图像去水印后效果

(3) AI 去字迹。该功能可以消除图像上文字内容,并智能补全图片。操作时,在“智能消除”菜单中,选择“AI 去字迹”标签,导入需要处理的图片,如图 3-2-42 所示。

图 3-2-42 AI 去字迹操作界面

选择“涂抹”工具,将图像中的文字选中,如图 3-2-43 所示,然后单击“开始消除”按钮,处理后的效果如图 3-2-44 所示。如果消除的效果不理想,可以再次利用“涂抹”“框选”“圈选”等工具选中后定点消除。

图 3-2-43　涂抹要消除的文字

图 3-2-44　AI 去字迹后的效果

3. 人像美化

人像美化是指通过特定的技术或工具对人物照片进行修饰和优化，以达到美化人物面容、修正肤色、瘦脸塑形等效果。美化的原则是要保持人像的自然感，过度的美化会导致照片失去自然感，显得不真实，因此，在修饰过程中要尽量保留原有的特征和细节。

360 智图的 AI 图片编辑平台提供了两种专门针对人像的美化功能，即人像一键美颜和 AI 人像祛痘。人像一键美颜通过对人像的智能磨皮，实现人像皮肤的平滑、美白等美颜效果。AI 人像祛痘通过识别人脸瑕疵，智能消去脸上的痘痕。

在"高清美化"菜单中，选择"人像一键美颜"或"AI 人像祛痘"选项，如图 3-2-45 所示，导入待处理的人像图片，然后单击"开始美颜"或"开始祛痘"按钮，即可实现一键美化的效果。

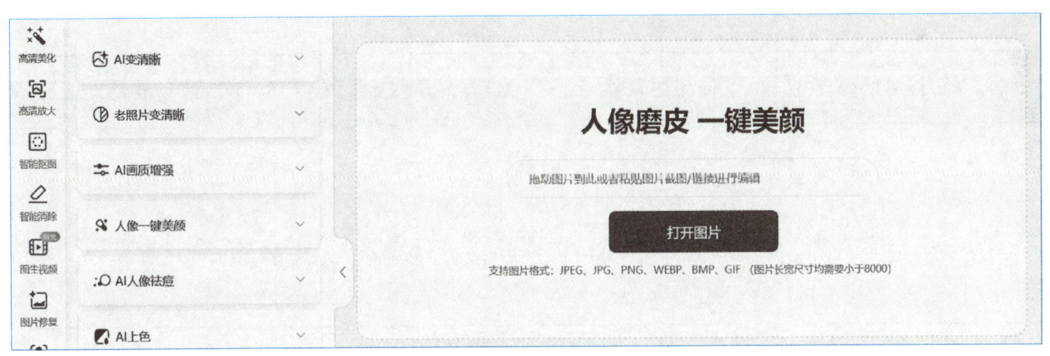

图 3-2-45　AI 人像美化的操作界面

4. 高清放大

在制作图像作品时，经常会碰到图片素材分辨率过低的情况，如果直接拉伸放大素材的尺寸来适配编辑需要的话，会使画面模糊，大大降低图片质量。

AI 图像处理技术通过深度学习算法和卷积神经网络可对图像进行特征提取、信息重建、优化处理等一系列操作，能在不损失图像质量的情况下将图像放大到更大的尺寸。

360 智图的 AI 图片编辑平台提供的"AI 放大""4K 无损放大"功能，能对图片实现一键高清放大且不失真。在"高清放大"菜单中，选择"4K 无损放大"，导入待处理的图片，调整放大倍数，然后单击“开始放大”按钮，如图 3－2－46 所示。处理完成后，左右拖曳窗口中的图像分割线，可对比查看原图和高清放大后的效果。

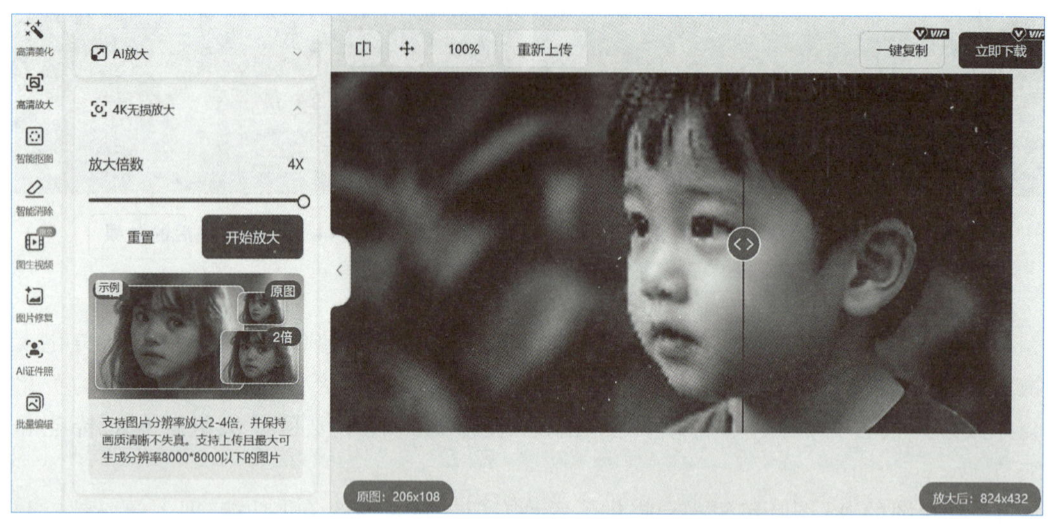

图 3－2－46 4K 无损放大的操作界面

实训操作

1. 选择几张老旧照片，用图像处理工具进行修复处理，说说你的操作方法和修复效果。

图像需要修复的部分	使用的软件	操作方法及步骤	修复的效果

2. 选择几张需要修复的图片，使用 360 智图的图像编辑功能进行处理，说说你的操作方法和修复效果。

图像需要修复的部分	操作方法及步骤	修复的效果

智能设计图像

情境故事

佳鑫是一名电商平台图像设计师，主要负责电商平台中店铺界面、商品图片及宣传素材的设计与制作。为了保持店铺的新鲜感和吸引力，往往需要定期更新店铺的界面设计、商品陈列图片等。作为图像设计师，佳鑫总是感觉时间和脑子都不够用。如今，AI 智能设计图像技术的出现，不仅给佳鑫的设计工作带来新的灵感，更提高了设计效率。

本任务将使用生成式人工智能来设计图像。

任务目标

1. 了解 AI 智能设计图像的基本工作原理。
2. 掌握用 AI 智能设计图像的方法与技巧。
3. 感受人工智能给生活、学习和工作带来的便捷。

任务准备

1. 了解 AI 设计图像

智能设计是指利用人工智能技术，通过对大量数据的分析、学习和优化，自动生成的具有创意和实用性的设计图案。这些图案可以应用于插画设计、平面设计、工业设计、建筑设计、交通设计等多个领域，极大地提高了设计效率和质量。

AI 设计图像主要基于深度学习和神经网络，通过学习大量的设计数据，掌握相应的设计的规律、技巧和风格，进而生成新的设计图像。这些图像既保留了原始数据的特征，又具有独特的创意和美感。

AI 在设计时，首先需要收集大量的设计数据，包括图形、颜色、字体、排版等。然后将收集到的数据进行清洗、整理和标注，以便 AI 能够更好地学习和理解。利用深度学习框架，如 TensorFlow、PyTorch 等，构建神经网络模型，并导入预处理后的数据进行训练。

根据训练结果，对模型进行调整和优化，提高生成的设计图案的质量和创意。设计师输入提示词后，优化后的模型会根据提示词、调整参数等方式，引导 AI 生成符合需求的设计图案，并输出给用户。

2. 认识 AI 图像处理平台

（1）标小智。标小智的核心功能是智能设计标志。用户只需输入品牌名称和属性，标小智就可以利用 AI 生成大量独特的标志设计方案。这些方案涵盖了不同的风格、颜色和布局，以满足用户的多样化需求。用户还可以根据自己的喜好和需求，对生成的标志进行在线编辑，调整布局、字体、图标、颜色等，从而快速简便地获得个性化的标志。

标小智还给用户提供免费图片搜索、免费商用字体、海报制作等服务，全面满足用户的创意设计需求，帮助用户快速完成各种设计任务。

使用时，进入标小智设计平台首页，如图 3－3－1 所示，登录并单击“在线标志设计”按钮，就可以进行智能标志设计。

图 3－3－1　标小智设计平台首页

（2）POP·AI 智绘。POP·AI 智绘设计平台是一款面向服装行业的 AI 设计工具，提供 AI 改款、AI 生款、图案生成等功能，助力设计师进行快速原创设计。

用户通过输入文字描述来生成定制图案，实现款式创新、图案设计、电商产品图制作等功能，提升设计效率、降低成本。POP·AI 智绘能将设计转为矢量图，方便进行细节调整和色彩修改，是服装行业数字化转型的重要工具。

POP·AI 智绘凭借强大的算力以及海量的图案、款式素材助力设计师快速进行原创图案创作和制款改款，方便快捷、省时省力。

使用时，进入 POP·AI 智绘设计平台首页，如图 3－3－2 所示，注册并登录后，即可单击相应模块开始设计创作。

（3）神采 AI。神采 AI 是一款创新的 AI 工具，专为设计师和创意工作者打造。它利用先进的人工智能技术，能够快速将设计草图或灵感转化为高质量、逼真的渲染图像，大大节

图 3-3-2 POP·AI 智绘设计平台首页

省了设计时间和成本。无论是建筑、室内、产品设计还是游戏动漫设计，神采 AI 都能提供丰富的设计助手和模型风格库，帮助用户轻松实现创意可视化，提升设计作品的质量和吸引力。

神采 AI 的“文字效果”是一项非常强大且富有创意的工具，它能够将单调的黑白文字底图转化为具有艺术感和视觉冲击力的绚丽图片，让用户在不具备复杂设计技能的情况下，也能轻松创造出富有视觉冲击力和创意性的文字作品。

使用时，进入神采 AI 设计平台首页，如图 3-3-3 所示，注册并登录后，即可单击相应模块开始设计创作。

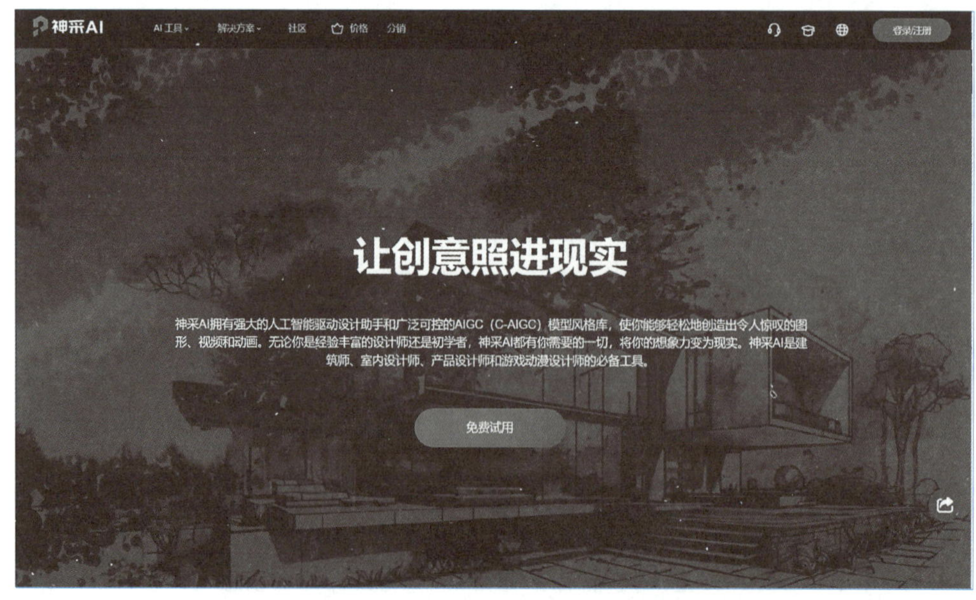

图 3-3-3 神采 AI 设计平台首页

活动一　设计标志

活动描述

在企业品牌建设中，VI 设计（Visual Identity Design）是企业形象的核心。它通过统一的视觉元素，如标志、标准字体、品牌色彩等，帮助企业在市场中脱颖而出。佳鑫的一项重要工作就是给企业和商品设计标志（LOGO），在使用了标小智设计平台后，佳鑫的工作效率得到了显著提高。

活动分析

标志是 VI 设计的核心元素，是企业或商品形象的象征。标志设计需要简洁、独特，易于识别和记忆，具有美感，并能准确传达企业或商品的理念和价值观。

标志一般含有图形、文字等元素，通过色彩、排版等方式进行组合搭配。例如，给某地特产“硒乡土豆”设计一个标志。一般情况下，考虑品牌需要，设计时先确定该标志中的文字，如“硒乡土豆”及相应英文“SELENIUM TOWNSHIP POTATO”等。使用标小智设计平台，可轻松设计制作出多个可供参考的标志。

活动展开

1. 输入标志名称

(1) 登录标小智设计平台。

(2) 单击“在线 LOGO 设计”按钮，进入“LOGO 生成器”页面。

(3) 单击“开始”按钮，如图 3－3－4 所示。

活动展开

设计标志

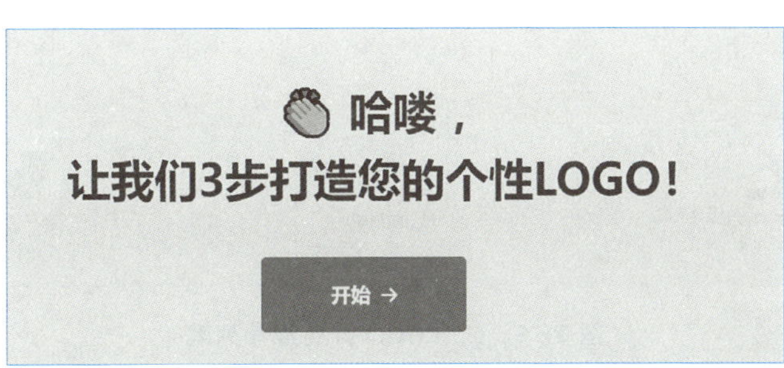

图 3－3－4　LOGO 生成器首页

(4) 在"LOGO 名称"及"口号/副标题(选填)"文本框中,分别输入 LOGO 的中、英文,如图 3-3-5 所示。

图 3-3-5 LOGO 名称输入对话框

(5) 单击"继续"按钮。

2. 选择行业

(1) 在行业推荐列表中,单击"农业环保"图标按钮,如图 3-3-6 所示。

图 3-3-6 LOGO 行业推荐列表

(2) 单击"继续"按钮。

3. 选择色系

（1）在品牌色系选择列表中，单击“冷色系”图标按钮，如图 3－3－7 所示。

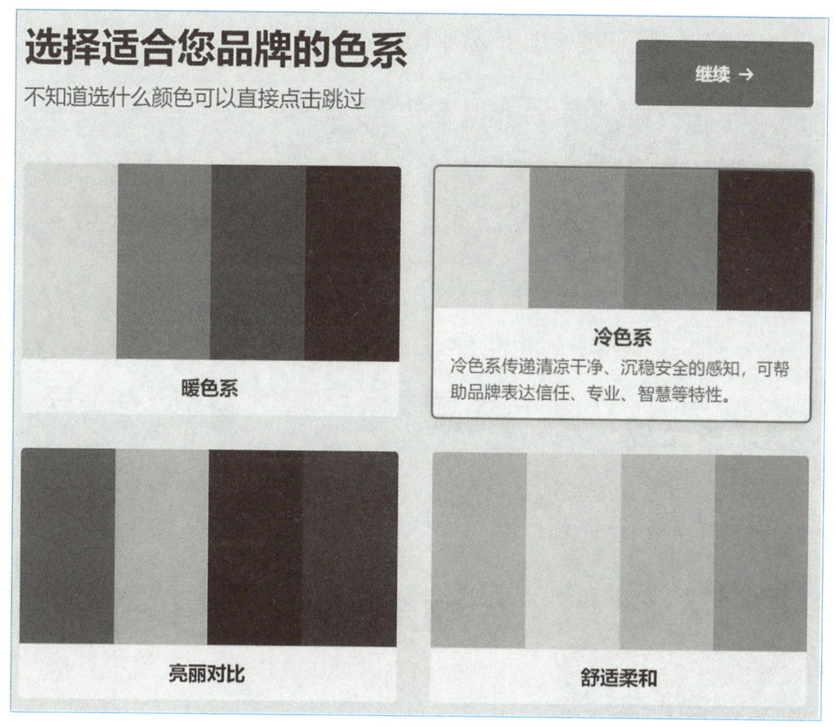

图 3－3－7 LOGO 品牌色系选择列表

色彩空间

LOGO 品牌色系选择列表

（2）单击“继续”按钮。

4. 选择字体

（1）在品牌字体风格列表中，单击“艺术字体”图标按钮，如图 3－3－8 所示。

（2）单击“继续”按钮。

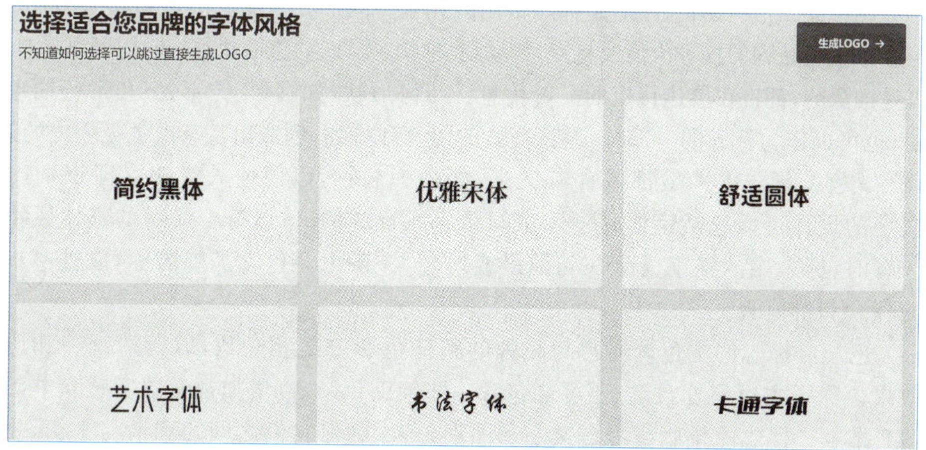

图 3－3－8 LOGO 品牌字体风格选择列表

5. 确定标志

(1) 在生成的标志列表中,单击符合自己要求的标志图案,如图 3-3-9 所示。

(2) 单击"预览"按钮,可查看放大效果。

(3) 单击"下载"按钮,可将标志下载到本地存储器。

图 3-3-9 AI 生成的标志

拓展提高

1. 了解标志的元素

(1) 图标或图形。图标、图形是标志常用的元素。图形分为象征图形和几何形状。象征性图形通常代表品牌的核心价值或特点,如动物、植物、人物、抽象形状等。它们可以是具象的,也可以是抽象的,都旨在传达特定的品牌信息。几何形状,如圆形、方形、三角形等简单的几何形状,也可以作为标志的一部分,通过巧妙的组合和排列,创造出富有视觉吸引力的效果。

(2) 文字。标志中一般都包含有文字,如品牌名称,以便他人能够立即识别出该品牌。文字的设计可以包括字体、字号、字间距等元素的调整,以符合品牌的整体风格和协调性。有时,标志中的文字就是一句标语或口号,一般也会包含品牌名称,以进一步传达品牌的理念和价值观。

(3) 色彩。标志的主色调通常与品牌的整体色彩方案相一致,以营造统一和协调的视觉效果。除了主色调外,标志还可能包含一些辅助色彩,以增加视觉层次感和丰富度。

(4) 排版。标志的排版应考虑文字和图形位置,确保它们之间的和谐与平衡,强化标志的整体视觉效果和可读性。同时,也需要考虑标志中元素的空间布局。合理的空间分布可以使标志看起来更加整洁、有序和易于识别。

(5) 风格。标志设计需要现代与传统、正式与休闲的关系。标志设计的风格可以是现代风格，也可以是传统风格，具体取决于品牌的定位和目标受众。现代风格的标志通常更加简洁、流畅和富有科技感，而传统风格的标志则可能更加注重细节和装饰性。标志也可以影响消费者对品牌的感知，正式的标志通常更加庄重、严谨和专业，而休闲的标志则更加轻松、活泼和有趣。

(6) 细节表现。标志设计还需要注意线条的粗细与曲直、阴影和渐变等关系的处理。线条的粗细和曲直会影响标志的视觉效果和风格。粗线条通常更加醒目和有力，而细线条可能更加精致和优雅。曲直的线条也可以传达出不同的情感和氛围。在某些情况下，标志可能会使用阴影和渐变等效果来增加层次感和立体感，使标志看起来更加生动和有趣。

2. 修改标志

对于标小智自动生成的标志，可以进入到标志编辑界面，进一步在线编辑标志图案的图标、字体、颜色等，打造一个更专业的标志。

(1) 换图标。如果需要更换图标中图案的组合方式，可以通过单击“换图标”按钮来实现，AI 平台会自动将推荐的各种图案样式呈现在窗口的左边列表，如图 3－3－10 所示。

图 3－3－10　图标推荐列表

可以通过单击图标按钮，如图 3－3－11 所示，切换到图标编辑状态，再单击“＋”按钮，如图 3－3－12 所示，导入已有的图标文件完成对图标的替换。

还可以在图标样式列表中选择图标，如图 3－3－13 所示。

(2) 换排版。换排版是指通过更改标志中图标和文字的位置，来调整标志的整体视觉效果。操作时，单击“换排版”按钮，实现一键排版，AI 平台将推荐的各种图案样式呈现在窗口的左边列表供用户选择，如图 3－3－14 所示。

图 3-3-11 编辑状态的图标

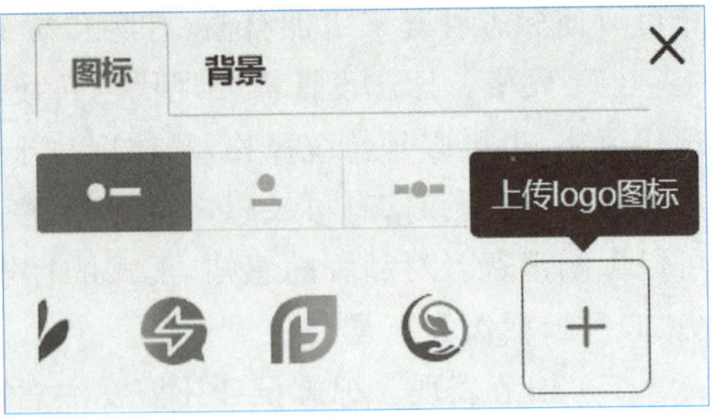

图 3-3-12 上传标志图标

图 3-3-13 图标样式列表

图 3-3-14 排版推荐列表

在图标编辑状态下，单击排版样式图标，如图 3-3-15 所示，调整图标与文字的排版样式，如图 3-3-16 所示。

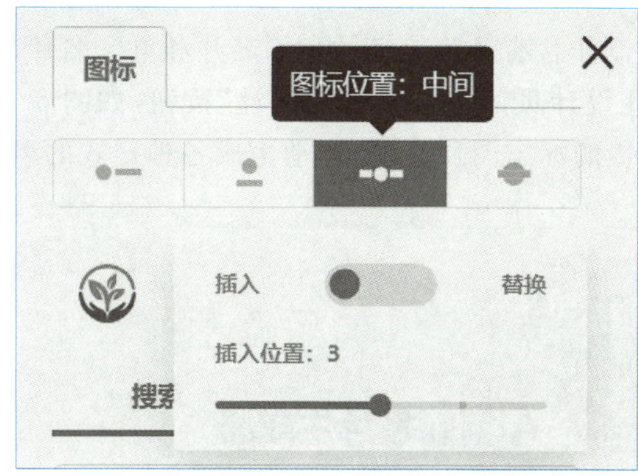

图 3-3-15　设置排版样式

图 3-3-16　重新排版后的标志

采取同样的方法，可以调整 LOGO 的字体、颜色及风格。

3. 了解标志模板

标小智设计平台提供了丰富的标志案例模板，可以通过修改模板来快速制作自己的标志。操作时，单击平台首页上部的“标志模板”，进入模板页面，在查找框中输入需要查找的关键字，然后单击“搜索”按钮，查找相关的标志模板，如图 3-3-17 所示。如果用户找到喜欢的标志模板，单击“编辑”按钮即可对模板的图标、文字、颜色、排版等进行修改。

图 3-3-17　标志模板列表

4. 了解 AI 设计师

AI 设计师模块可以根据上传的图片或产品图，由 AI 自动生成企业形象识别系统(Visual Identity System)的应用部分，如名片、商品场景、VI 样机等。

(1) 名片设计。可以上传标志图片，轻松制作含有品牌信息的印刷名片和电子名片。选择平台首页上部的“AI 设计”选项，进入 AI 设计页面，单击“名片设计”按钮，如图 3-3-18 所示，上传标志图片文件。平台根据上传的标志图片文件，自动生成各种样式的名片供用户选择，如图 3-3-19 所示。

图 3-3-18 AI 设计师首页

图 3-3-19 自动生成的名片设计列表

当用户找到喜欢的名片样式，单击“编辑”按钮，对名片信息进行修改。

（2）标志样机。标志样机是指利用上传的标志图片，生成在实际应用场景中的外观和效果。操作时，选择平台首页上部的“AI 设计”选项，进入 AI 设计页面，单击“LOGO 样机”按钮，上传标志图片文件。平台根据上传的标志图片，自动生成各种场景的标志样机图片，如图 3－3－20 所示。

图 3－3－20　标志样机

用户可以单击左边栏的分类标签，查看各种场景下的标志样机图片，对样机图片的文字、图标等进行修改。

（3）商品图片。可以对上传的商品图片进行智能抠图，一键生成不同场景下的产品效果图，多用于电商平台的商品展示。单击“商品图片”按钮，上传商品图文件，如图 3－3－21 所示。平台根据上传的商品图片，进行抠图处理后，自动生成适合电商展示的各种

图 3－3－21　商品图片导入界面

场景的效果图，如图 3-3-22 所示。

图 3-3-22 商品场景展示效果图

按同样的方法，还可以利用“AI 背景图”功能，将上传的图片自动抠图生成含有各场景的效果图；利用“头像图片”功能，将上传的人像制作成各种精美的照片。

实训操作

1. 了解家乡的特产，并为这些特产设计一个标志，思考如何推广这些特产，为家乡的乡村振兴助力，将过程简要地记录在表 3-3-1 中。

表 3-3-1 记录表

	标志的构成	制作的方法	推广思路
特产名称			

2. 使用 AI 设计标志的过程中，你有哪些体会？

活动二　设计服装

活动描述

近日，从事服装设计的阿兰给佳鑫打来电话，感谢佳鑫向她推介的 POP · AI 智绘设计平台，为她的服装设计提高了工作效率。前不久，这位同行向佳鑫“吐槽”，随着消费者对个性化产品的需求增加，服装设计的工作量越来越大，即使夜以继日的工作仍然不能按时完成设计任务。听到同行倒的“苦水”后，佳鑫向她推荐了这款面向服装行业的 AI 设计工具，提高了服装设计效率。

活动分析

服装设计是一个要综合考量多方面因素的创意过程，其中，设计对象的年龄层次、性别特征以及职业属性等核心特点起着至关重要的作用。设计师需基于这些特点精心设计款式、图案与面料，力求在展现服装美观性的同时，兼顾其实用性，从而确保最终产品能够广泛赢得市场的认可与消费者的青睐。

设计一款大学生夏季校服时，既要注重透气散热，色彩搭配和谐，款式设计符合现代审美，展现出学生的青春活力和校园文化的独特魅力，同时还要融入学校特色元素，如校徽、校训等，增强学生的归属感和集体荣誉感，提升学校的品牌形象。使用 POP · AI 智绘设计平台，输入相关的提示词或设计草图，就可以快速地设计出多款服装。

活动展开

活动展开

设计服装

1. 登录平台

(1) 登录 POP · AI 智绘设计平台。

(2) 在下拉菜单中单击“服装”选项，进入服装设计页面，如图 3-3-23 所示。

图 3-3-23　选择“服装”选项

2. 设置选项

(1) 单击“款式创新”按钮，如图 3-3-24 所示，进入款式设计模块。

图 3-3-24 服装设计模块的功能菜单

(2) 在“新款创作”栏目下，如图 3-3-25 所示，单击“文生款”按钮，进入文本生成服装的功能模块。

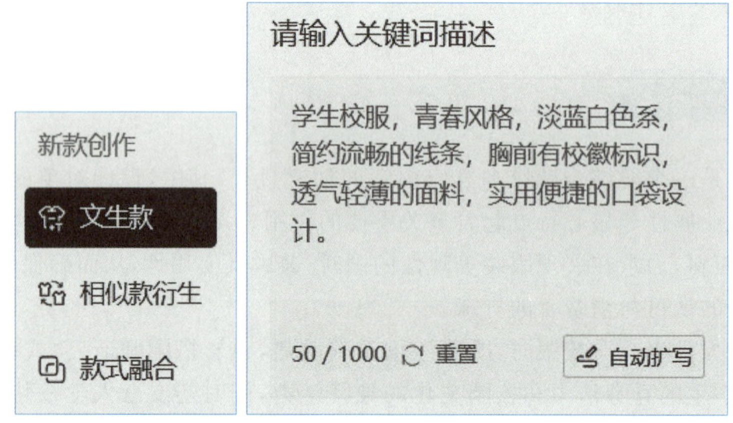

图 3-3-25 设置选项　　图 3-3-26 输入提示词

3. 输入提示词

(1) 在关键词描述框中输入描述词，如图 3-3-26 所示。

(2) 单击“自动扩写”按钮，AI 对输入的描述词进行自动扩写。

(3) 对扩写的描述词进行调整。

4. 生成服装图片

(1) 出图方向选择“款式图”，如图 3-3-27 所示。

(2) 图片尺寸选择“1：1”。

(3) 根据需要选择单次生成张数。

(4) 单击“智能生成”按钮，平台根据设置的张数生成相应服装设计图片，如图 3-3-28 所示。

(5) 单击图片，放大查看图片效果。

(6) 单击下载按钮，可将效果图下载到本地存储器。

图 3-3-27 设置参数

图 3-3-28　设计的服装效果图

1. 了解相似款衍生

相似款衍生是指在原款基础上进行全款或局部的相似款设计，快速实现爆款衍生或系列款设计。操作时，在“新款创作”栏目下单击“相似款衍生”按钮，上传原款服装的图片，如图 3-3-29 所示。

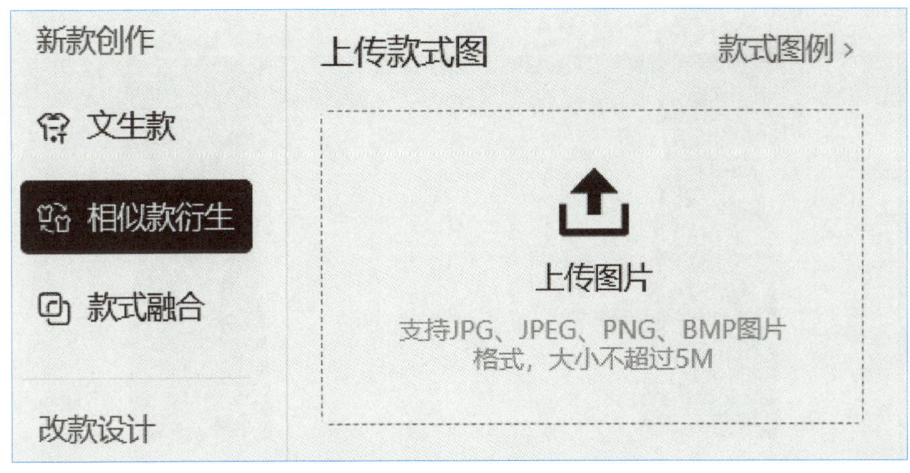

图 3-3-29　相似款衍生文件上传框

在原款图导入后，平台会自动生成相应的提示词，用户可以根据改款需要修改提示词，调整相似度参数，如图 3-3-30 所示。如需局部调整改款区域，单击“设置改款区域”按钮，设置相关参数。然后单击“智能生成”按钮，即可生成改款后的效果，如图 3-3-31 所示。

图 3-3-30 设置参数

图 3-3-31 相似款衍生后的效果图

2. 了解款式融合

款式融合是将原图与参照图，在设计风格上进行自由融合，生成全新款式的效果图。在“新款创作”栏目下，单击“款式融合”按钮，然后分别上传款式 A 和款式 B 的图片，如图 3-3-32 所示。然后单击“智能生成”按钮，即可生成融合后的效果图，如图 3-3-33 所示。

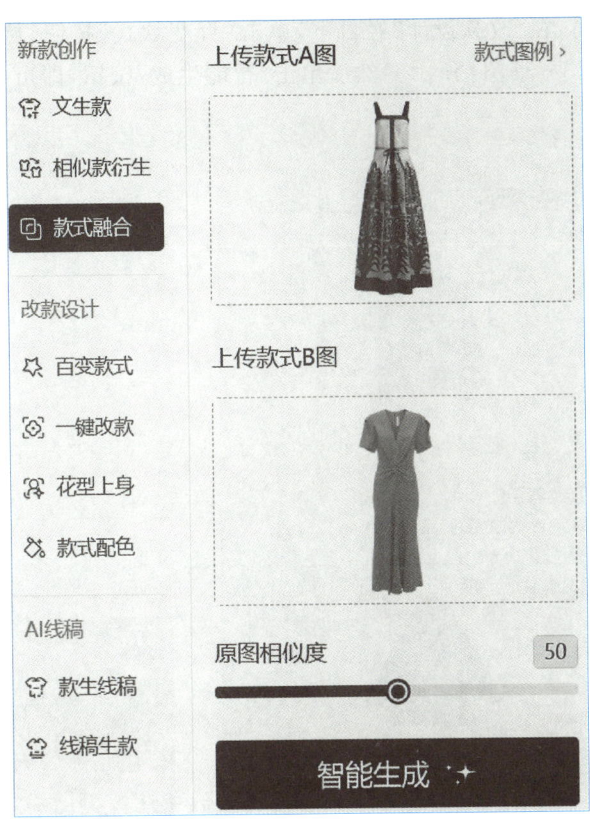

图 3-3-32　设置参数

图 3-3-33　融合后的效果图

3. 了解百变款式

百变款式是指以一张原款为基准，参考另外一张款式的面料和配色等设计细节，生成全新款式图。操作时,在“改款设计”栏目下,单击“百变款式”按钮,然后分别上传原款和参考款的图片,如图 3-3-34 所示。然后单击“智能生成”按钮,即可生成新的效果,如图 3-3-35 所示。

图 3-3-34 生成设置

图 3-3-35 百变款式效果图

4. 了解一键改款

一键改款是指在原款的基础上,AI 自动调整原款的颜色及风格,生成全新款式图。操作时,在“改款设计”栏目下,单击“一键改款”按钮,然后上传款式图片,调整原图相似度参数,完成后,单击“智能生成”按钮,即可生成新的效果,如图 3-3-36 所示。

5. 了解花型上身

花型上身是指在原款服装上,生成指定的花形图案。操作时,在“改款设计”栏目下,单击“花型上身”按钮,然后分别上传原款图片及花纹图片,选择图案类型,如图 3-3-37 所示。单击“设置图案模拟区域”,设置改款区域,如图 3-3-38 所示。然后单击“智能生成”按钮,即可生成新的效果图,如图 3-3-39 所示。

图 3－3－36　一键改款的设置及生成效果图

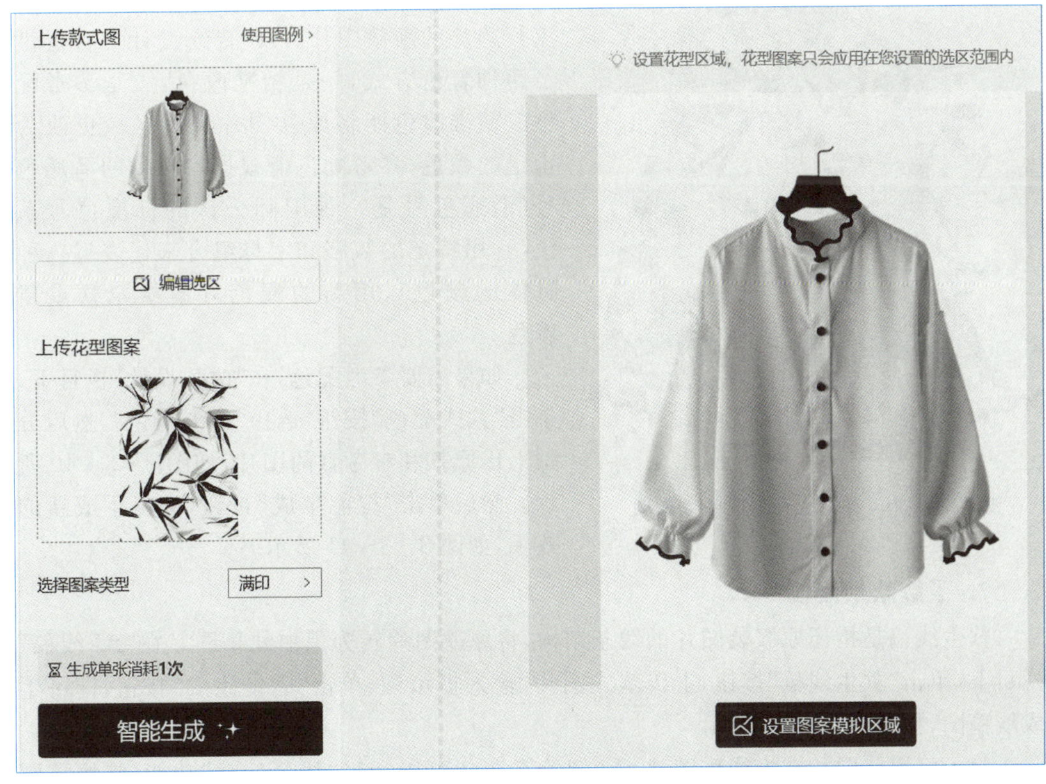

图 3－3－37　图片上传设置

图 3-3-38 改款区域设置

图 3-3-39 花纹上身生成的效果图

6. 了解款式配色

款式配色是指在不改变原款服装风格样式的基础上，重新着色，生成全新配色的、符合流行趋势的新款图片。AI 智绘设计平台提供了两种着色方式，一是精准改色，二是参考配色。精准改色能将原款图片选定区域更改为指定的颜色；参考配色能根据参考款的潘通色号（潘通色号是一种国际公认的标准色号系统，它用特定的数字和字母组合来代表每一种具体的颜色），用新的配色方案给原款重新着色。

如果需要参考配色，在“改款设计”栏目下，单击“款式配色”按钮，选择“参考配色”，然后分别上传原款和参考款的图片，如图 3-3-40 所示。然后单击“智能生成”按钮，即可生成新的效果，如图 3-3-41 所示。

7. 了解款生线稿

款生线稿是指还原服装图片的线条结构，将原款图片转为黑白线稿图。在“AI 线稿”栏目下，单击“款生线稿”按钮，上传款式图片，输入提示词，单击“智能生成”按钮，即可生成线稿图，如图 3-3-42 所示。

除了将服装图片转为线稿图外，AI 智绘平台还可以利用“线稿生款”功能，将线稿图生成款式图。

图 3-3-40 设置参考配色

图 3-3-41 参考配色生成的效果图

图 3-3-42 款生线稿生成界面

实训操作

1. 设计一套服装，并结合自己的制作过程，填写表 3-3-2。

表 3-3-2

服装类型	使用软件及生成方式	操 作 步 骤	体 会

2. 使用 AI 平台，设计一款喜欢的服装，并与同学分享交流创意和设计过程。

活动三 设计艺术字

活动描述

作为电商图片设计师，艺术字在诸多场景中发挥着至关重要的作用。从品牌标识的个性化呈现到产品详情页的突出亮点，从促销活动的醒目标语到社交媒体平台吸引眼球的设计，艺术字都能以独特的设计风格迅速抓住消费者视线，强化信息传递，是电商设计中不可或缺的元素。佳鑫用常规图像处理软件设计艺术字时，经常出现创新匮乏、耗时多、效率低的情况，现在使用了神采 AI 智能平台来辅助艺术字的设计，工作效率得到了显著提高。

活动分析

艺术字设计应保持文字的可读性，避免过度装饰导致信息传达不清；同时，设计需与主题内容和谐统一，色彩搭配与风格选择应符合整体氛围；此外，还需注重细节处理，确保线条流畅、比例协调，以提升视觉美感。

如果要给“人工智能”这几个字设计艺术字，可以先在 WPS 等文字编辑软件中输入“人工智能”几个字，然后设置字体、字号，在“文件”菜单中选择“输出为图片”，如图 3-3-43 所示，再利用神采 AI 的文字效果功能，就能轻松根据上传的图片上的文字由 AI 自动生成各种风格的艺术字。

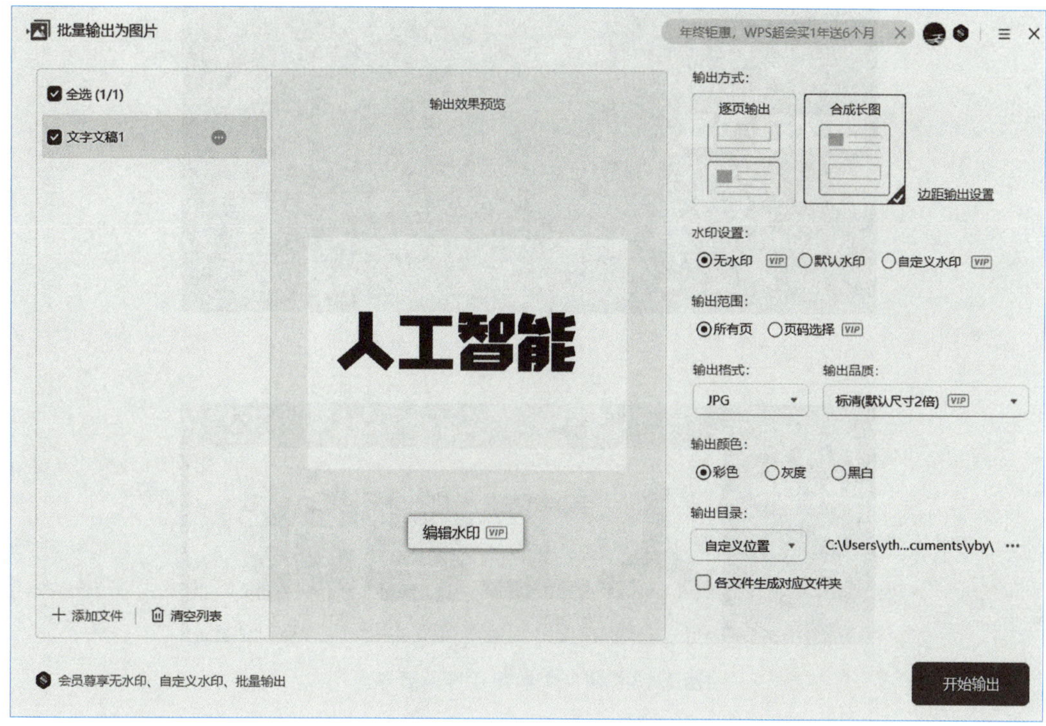

图 3-3-43 文字编辑软件导出图片界面

活动展开

1. 登录平台

（1）登录神采 AI 设计平台。

（2）单击菜单“AI 工具”中的“文字效果”选项，如图 3-3-44 所示，进入艺术字功能模块。

活动展开

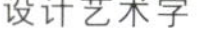

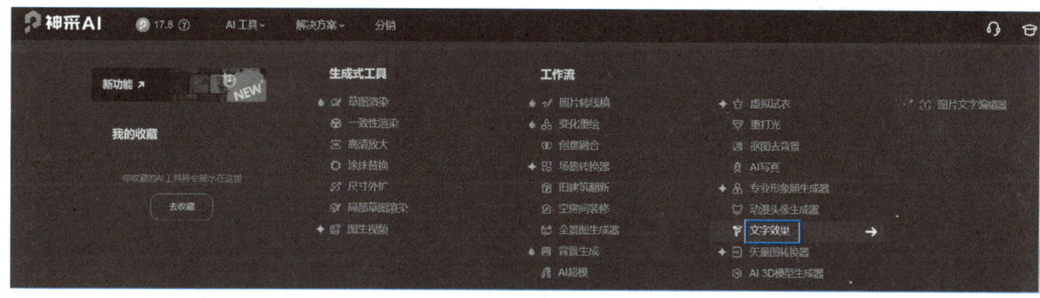

图 3-3-44 AI 工具下拉菜单

2. 导入文字图片

（1）如图 3-3-45 所示，单击“上传图片”按钮，打开文件上传对话框。

（2）上传事先制作的艺术字图片，如图 3-3-46 所示。

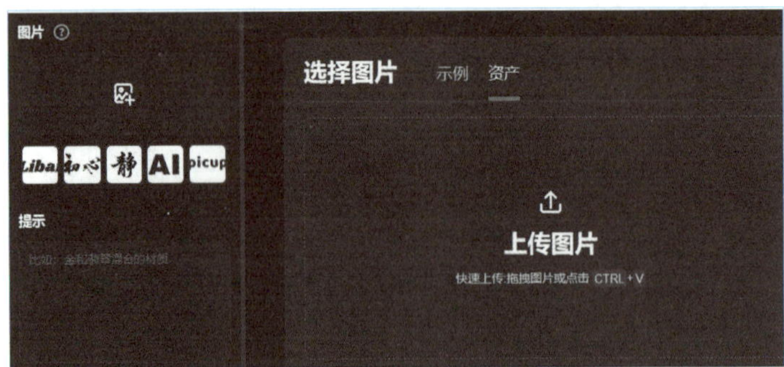

图 3-3-45 文字图片导入界面

图 3-3-46 文字图片导入后界面

3. 设置生成参数

(1) 在提示词输入框中输入提示词,如图 3-3-47 所示。

(2) 单击“风格”按钮,在“材质”选项里选择“氟石”选项。

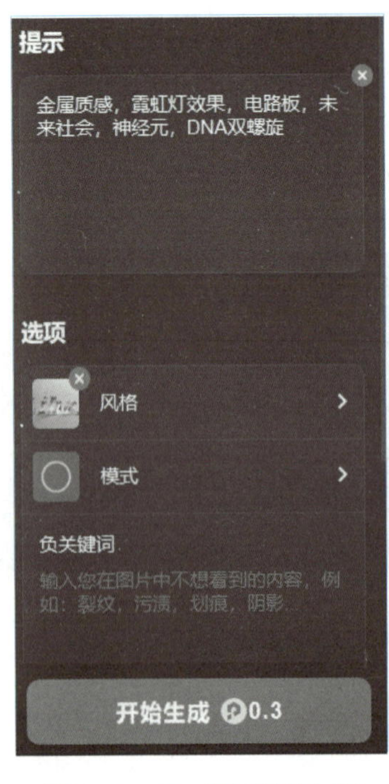

图 3-3-47 提示词输入框

图 3-3-48 风格列表

（3）单击“模式”按钮，设置模式参数，如图 3-3-49 所示。

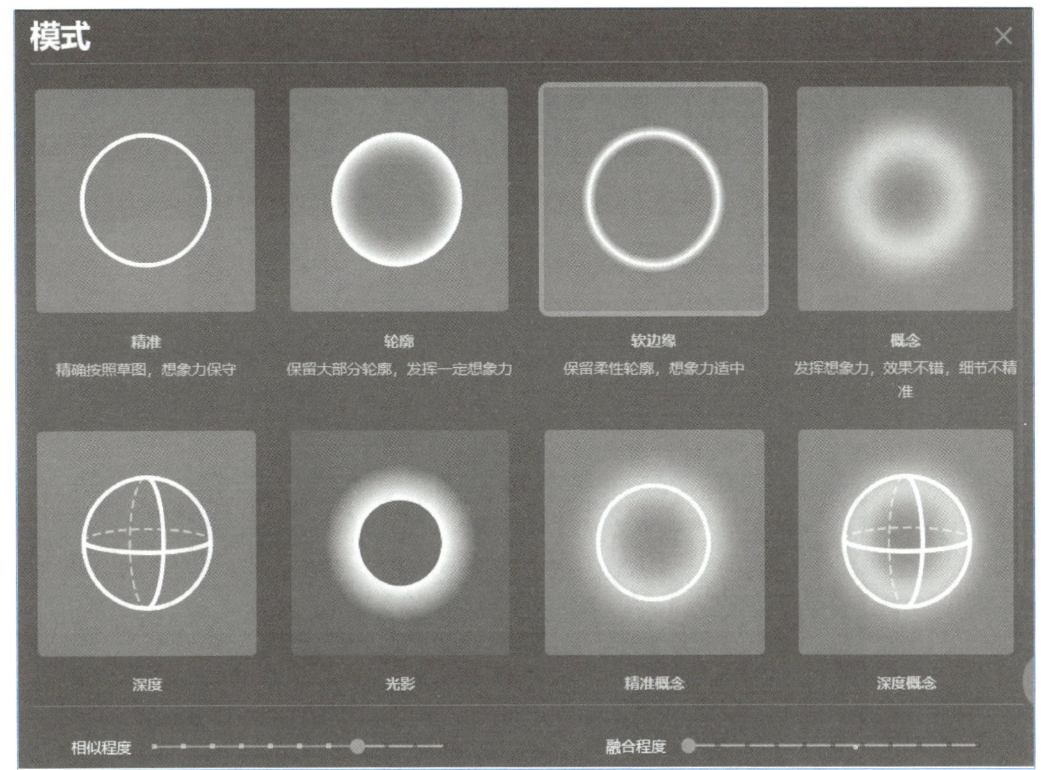

图 3-3-49　模式列表及设置参数

4. 生成艺术字

单击“开始生成”按钮，系统默认生成 3 张艺术字效果图，如果用户对生成的效果不满意，还可多次生成，如图 3-3-50 所示。

图 3-3-50　艺术字生成效果图

5. 下载保存

将鼠标光标移到图片上，单击右上角的下载按钮，如图 3 - 3 - 51 所示，可将艺术字设计图片下载到本地存储器。

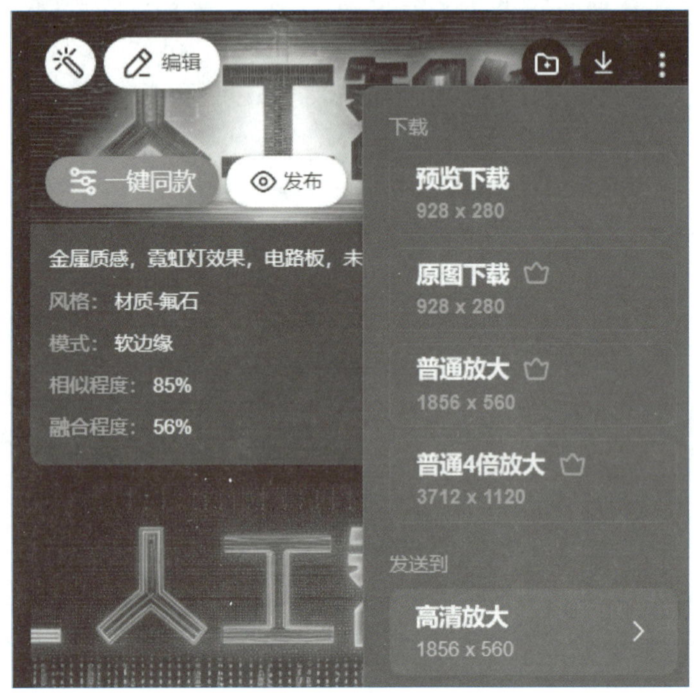

图 3 - 3 - 51 艺术字设计图片下载

拓展提高

1. 了解一键同款

在神采 AI 设计平台艺术字设计模块的“浏览 & 一键同款”列表中，给出了众多优秀的艺术字生成效果图，可以通过“一键同款”功能，制作出类似风格的艺术字效果。单击“一键同款”按钮，如图 3 - 3 - 52 所示。在艺术字生成的设置页面，上传待生成艺术字的黑白图片文件，如图 3 - 3 - 53 所示。单击“开始生成”按钮，生成 3 张风格类似的艺术字图片，如图 3 - 3 - 54 所示。

2. 了解图片文字编辑器

图片文字编辑器能对上传的带有文字的图片进行快速文字编辑或翻译。操作时，单击菜单“AI 工具”，在下拉菜单中选择“图片文字编辑器”，进入图片文字编辑器功能模块。

单击“上传图片”按钮，上传带有文字的图片，选择文字编辑方式（默认为替换），在“把选中区域文字替换为”的输入框中输入的文字，并设置文字字体，如图 3 - 3 - 55 所示，然后利用选择工具选中文字区域。单击“开始生成”按钮，生成文字替换后的图片，如图 3 - 3 - 56 所示。

图 3-3-52 一键同款作品列表

图 3-3-53 上传图片

图 3-3-54 一键同款生成的艺术字

图 3-3-55 图片文字编辑器设置界面

图 3-3-56 替换效果

3. 了解一致性模型

在神采 AI 设计平台上可以快速创建自己的一致性模型，也可选择其他用户创建的模型进行内容创作。

(1) 利用模型设计艺术字。在模型广场里，有众多其他用户创建的艺术字模型，可以方便地利用这些模型来设计类似风格的艺术字。操作时，在平台首页，单击“一致性模型”按钮，如图 3－3－57 所示，在模型广场中选择自己喜欢的字体模型。

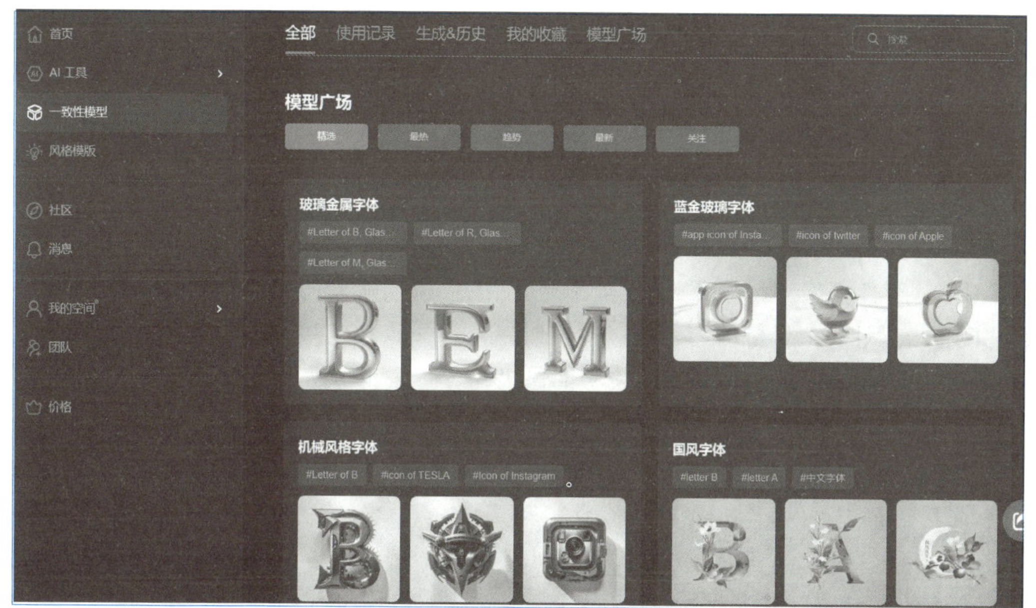

图 3－3－57　模型广场

单击“上传图片”按钮，如图 3－3－58 所示，上传想要制作艺术字的文字(如“晶莹”)图片，在选项菜单中将比例设为“9 : 16”。单击“开始生成”按钮，生成的艺术字效果如图 3－3－59 所示。

图 3－3－58　选定模型生成设置界面

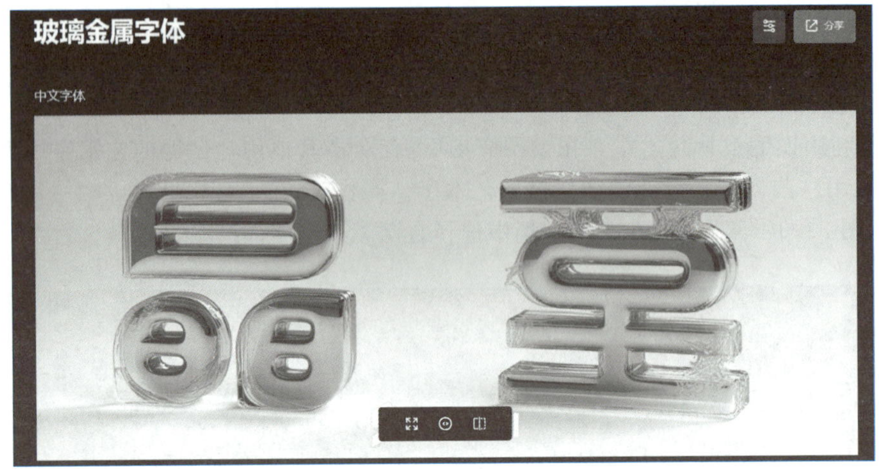

图 3-3-59 生成的艺术字效果

(2) 一致性模型。在神采 AI 设计平台,可以快速创建自己的一致性模型,后期利用这些模型来设计类似风格的艺术字。操作时,单击“一致性模型”按钮,如图 3-3-60 所示,单击“创建模型”按钮,即可进入该功能模块。

图 3-3-60 一致性模型创建界面

图 3-3-61 参考原图

用户如果希望制作一个如图 3-3-61 所示的立体翡翠文字模型。在“样式参考”中上传该图片文件作为模型参考图片,并在下方文本框中输入与参考图有关的提示词,如图 3-3-62 所示,在“使用情景”输入框中输入至少三种情境,如图 3-3-63 所示。单击“训练”按钮,生成一致性模型,如图 3-3-64 所示。

使用该模型创建类似风格的艺术字时,只需在“生成 & 历史”栏目中,单击该模型,在弹出的设置框中上传相应文字的图片文件,单击“开始生成”按钮,即可生成类似的翡翠立体效果的艺术字。

图 3-3-62　设置界面

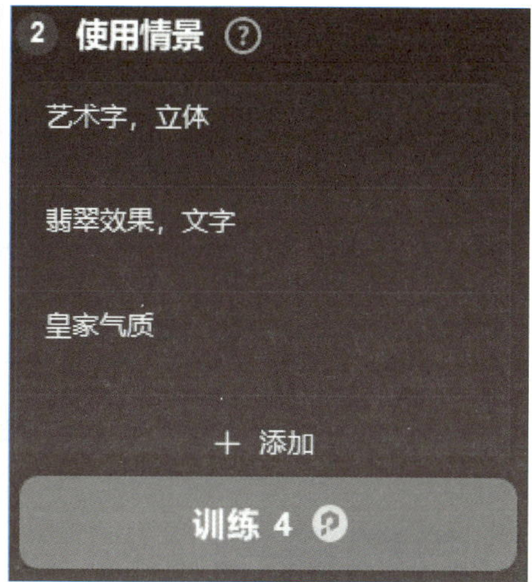

图 3-3-63　情景输入界面

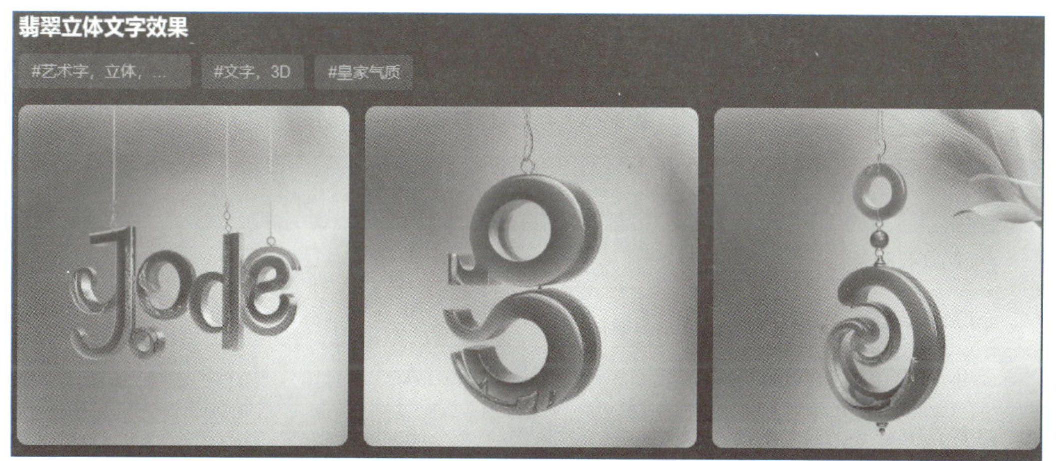

图 3-3-64　创建的"翡翠立体文字效果"一致性模型

实训操作

1. 为学校艺术节宣传海报的标题文字设计艺术字效果，按照表 3-3-3 的要求，简要地记录下来。

表 3-3-3　记录表

艺术字内容	创意设想	操作步骤	体　　会

续 表

艺术字内容	创意设想	操作步骤	体　　会

2. 思考：用 AI 与传统的文本编辑软件设计艺术字有哪些区别和联系？

任务评价

在完成本次任务的过程中，学习了利用 AI 进行智能设计，请对照表 3－3－4，进行评价与总结。

表 3－3－4 评价与总结

评价指标	评价结果	备注
1. 会用 AI 设计标志	□A □B □C □D	
2. 会用 AI 设计有创意的服装	□A □B □C □D	
3. 会用 AI 设计艺术字	□A □B □C □D	
4. 初步了解 AI 创意设计的基本原理	□A □B □C □D	
5. 能够认识到 AI 创意设计的便捷性与局限性	□A □B □C □D	
综合评价：		

项目四　用人工智能处理音视频

1872年英国摄影师麦布里奇借助24台相机，连续拍摄了24张马奔跑时的照片，创造出人类历史上第一个“视频”。5年后，美国发明家爱迪生在进行留声机录音实验时，录制了“Hello! Hello!”，创造出历史上第一条“音频”，之后又录制了儿歌《玛丽有只小羊羔》。

伴随着技术更迭，音视频如今已经成为文字、图片之外最重要的信息传播媒介之一，成为人们处理信息的重要方式。在数字化时代，音视频应用已成为不可或缺的社会基础设施，在长短视频制作、直播、在线会议等多种应用场景中发挥着重要作用。

当前，AIGC技术正逐步渗透到各行业领域中，特别是在音视频内容创作方面，其潜力与价值日益凸显。克隆人物的形象和声音，只需输入文字即可生成音视频，甚至不仅是克隆形象、声音，还可链接成片并直播切片。AIGC技术也将不断探索更多创新场景，为音视频领域带来更多变革和机遇，随着人工智能技术的不断突破和5G、边缘计算等技术的普及，AIGC技术在音视频领域中的应用将越来越成熟和广泛。

AIGC音视频工具正在逐步改变内容创作的格局和方式，生成更加真实、生动、个性化的音视频内容，为人们带来更加流畅、高清的视听体验。本项目将开启AIGC处理音视频之旅。

项目分解

- 任务一　处理音频
- 任务二　生成视频
- 任务三　编辑视频

任务一 处理音频

情境故事

王华最近接了一个项目，需要先将一部分文字内容转换为语音，然后再把部分语音材料整理成文字。通过文字转语音服务平台能轻松解决这个问题，借助生成式人工智能将语音材料整理成文字稿，将文字材料制作成语音资料，并且依靠平台提供的多语言配音，创造了交互式的体验。

本任务将使用AIGC技术，体验利用提示词（文本）生成音频、音频转文字、声音克隆等功能。

任务目标

1. 了解目前文字生成音频和音频转文字的主流平台。
2. 掌握文字生成音频和音频转文字的一般操作步骤。
3. 体会音频处理给人们的学习、生活和工作带来的便捷。

任务准备

1. 了解TTS的原理

TTS是text to speech的缩写，即“从文本到语音”，属于人机对话的一部分，它让机器能够“说话”。TTS是语音合成应用的一种，它将储存于电脑中的文件，如帮助文件或者网页，转换成自然语音并进行输出。TTS主要功能包括以下几方面：

（1）文本分析。对输入文本进行语言学分析，逐句进行词汇的、语法的和语义的分析，以确定句子的底层结构和每个字的音素组成，包括文本的断句、字词切分、多音字的处理、数字的处理、缩略语的处理等。

（2）语音合成。把处理好的文本所对应的单字或短语从语音合成库中提取，把语言学描述转化成言语波形。

(3) 韵律处理。合成音质(quality of synthetic speech)是指语音合成系统所输出的语音的质量，一般从清晰度(或可懂度)、自然度和连贯性等方面进行主观评价。清晰度是正确听辨有意义词语的百分率；自然度用来评价合成语音的音质是否接近人说话的声音，合成词语的语调是否自然；连贯性用来评价合成语句是否流畅。

要合成出高质量的语音，所采用的算法是极为复杂的，因此对计算机的要求也非常高。算法的复杂度决定了计算机并发进行多通道 TTS 的系统容量。AI 音频生成技术，主要分为语音合成、音乐生成、语音识别三大类。每一类都有其独特的应用范围和技术特点，共同推动着 AI 音频生成行业的发展。

2. 认识创作平台

(1) 讯飞智作平台。讯飞智作是科大讯飞旗下的一款 AIGC 内容生产平台，它整合了多项核心技术成果，在语音处理、人工智能等领域发挥优势。例如在智能语音技术方面，涵盖了音频处理、语音识别、语音合成、语音评测等一系列核心产品和技术。从创作功能角度看，它就像是一个全能的创作助手，在实际应用场景中，讯飞智作也展现出了很强的适应性，创作界面如图 4-1-1 所示。

图 4-1-1　讯飞智作平台创作界面

本任务中主要用到讯飞智作平台的 AI 配音功能，输入文稿或录音，就可以选择合适的虚拟主播进行配音。支持多语种、多情感、多风格的配音，能够满足用户的个性化需求。例如，在制作多语言的广告宣传视频时，可以方便地选择不同语言、不同风格(如大气浑厚、年轻时尚、可爱甜美等)的配音，让视频更具吸引力。

(2) TTSMAKER。它的核心功能就是将文本转换为语音，只需将需要配音的文本输入到工具中，选择相应的语言和声音，即可在短时间内生成高质量的语音，大大节省了用户的时间和精力，让配音变得更加轻松、高效。TTSMAKER 创作界面如图 4-1-2 所示。

(3) 海绵音乐。海绵音乐是一个基于 AI 的音乐创作平台，可以帮助用户快速生成个性化的音乐作品。海绵音乐创作界面如图 4-1-3 所示。

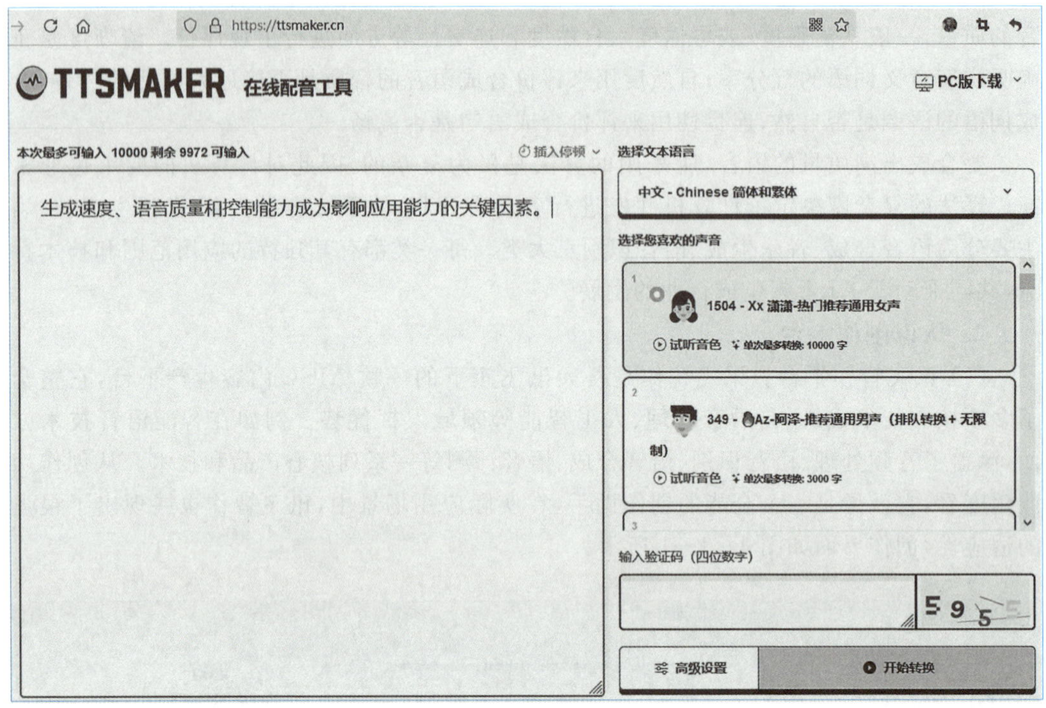

图 4－1－2　TTSMAKER 平台创作界面

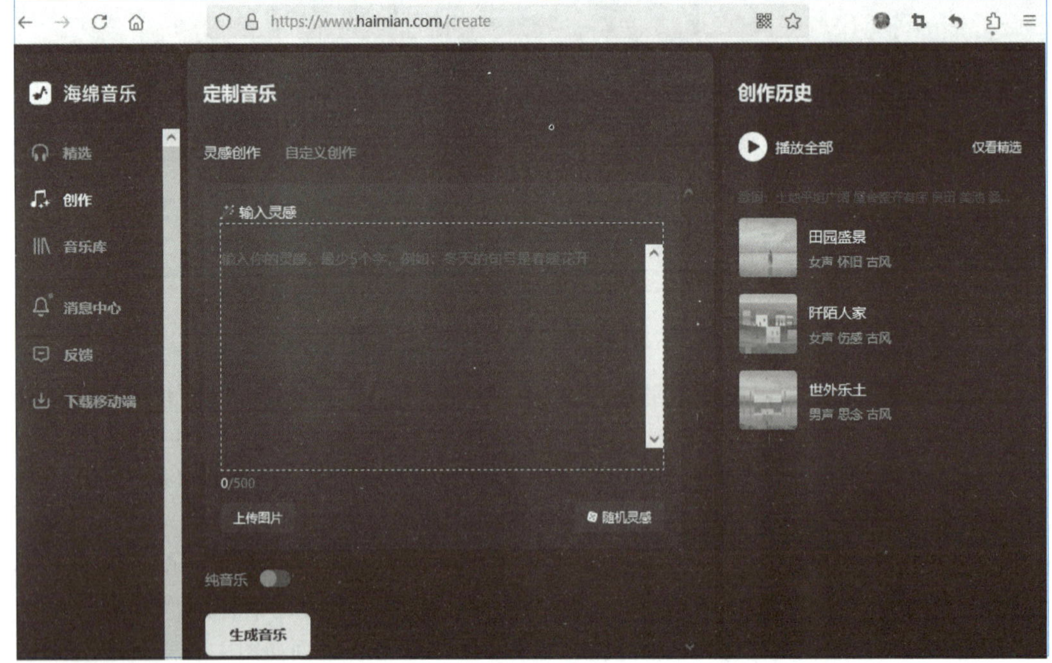

图 4－1－3　海绵音乐创作界面

海绵音乐通过提供多样化的音乐风格模板和情感主题，简化了音乐创作的复杂性，即使是没有专业的音乐素养也能轻松创作出属于自己的音乐。支持国风、Emo 等多种音乐风格，用户可根据喜好和需求选择合适的模板进行创作，可使用在线编辑工具调整节奏、旋律和声等元素，以实现更加个性化的创作。

（4）讯飞听见。讯飞听见是一款由科大讯飞推出的智能语音转文字软件，它具备实时语音转写、多语种翻译、边录边拍、悬浮字幕、文本结果导出等功能，能够大幅提升用户在会议记录、授课演讲、媒体采访等场景下的工作效率。讯飞听见创作界面如图 4-1-4 所示。

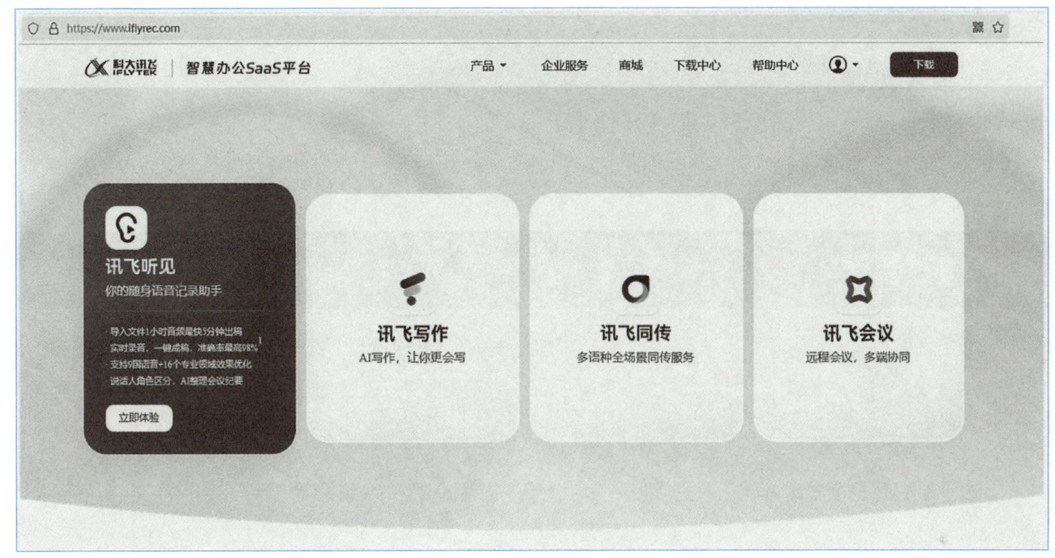

图 4-1-4　讯飞听见创作界面

（5）剪映软件。它的“声音克隆”功能是一项创新技术，能快速复制用户的声音。通过录制 5 s 的语音，AI 模型能够学习并生成与用户音色极为相似的语音内容。

任务设计

活动一　文本转换音频

活动描述

单位举办文娱活动，设计了一个古诗朗诵作为舞蹈伴音的节目。王华负责音频的制作，而他和同事的朗诵水平不高，成为了制作音频的一大障碍。王华选择用讯飞智作平台，圆满地完成了任务。

活动分析

使用讯飞智作平台生成音频文件，首先需要将配音文本准备好，包括文本材料的分段和标点符号；同时要考虑文本朗读角色、语速及应用场景等问题。AI 平台一般都会提供多种选项供用户选择，技术难度不高。本活动借助于讯飞智作平台将《桃花源记》转换为语音，并根据需要调整音色、语速等，帮助王华快速地完成任务。

活动展开

活动展开

文本转换音频

1. 输入文本

(1) 输入账号和密码登录讯飞智作平台。

(2) 将文字稿粘贴到文本框，如图 4－1－5 所示。

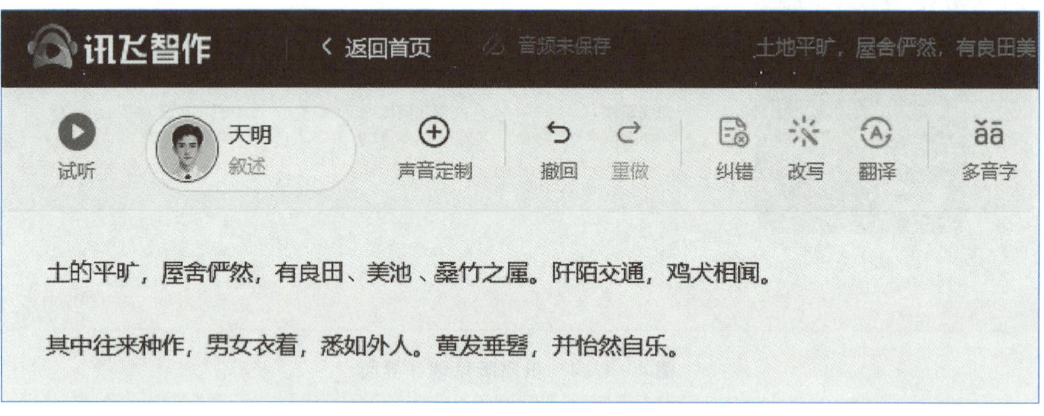

图 4－1－5　将文字稿粘贴到文本框

(3) 选中粘贴的文本，单击“纠错”按钮，如图 4－1－6 所示。

图 4－1－6　“纠错”按钮

(4) 弹出“文本纠错”对话框(图 4－1－7)，将原文中“的”字纠正为“地”，单击“替换原文”按钮即可，如图 4－1－8 所示。

(5) 试听效果。单击左上角“试听”按钮(图 4－1－9)，试听音频效果。

(6) 如果文本中有多音字，单击“多音字”按钮，进入多音字选择发音界面，可为文中多音字选择正确读音，如图 4－1－10 所示。

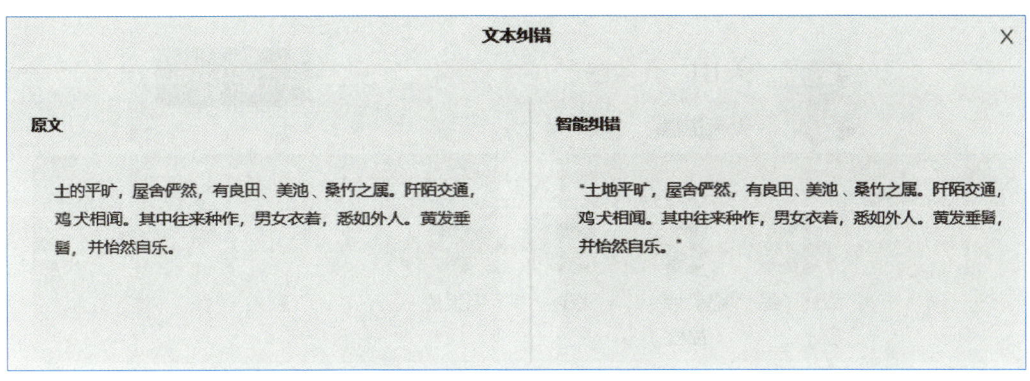

图 4-1-7　“文本纠错”对话框

图 4-1-8　“替换原文”按钮

图 4-1-9　“试听”按钮

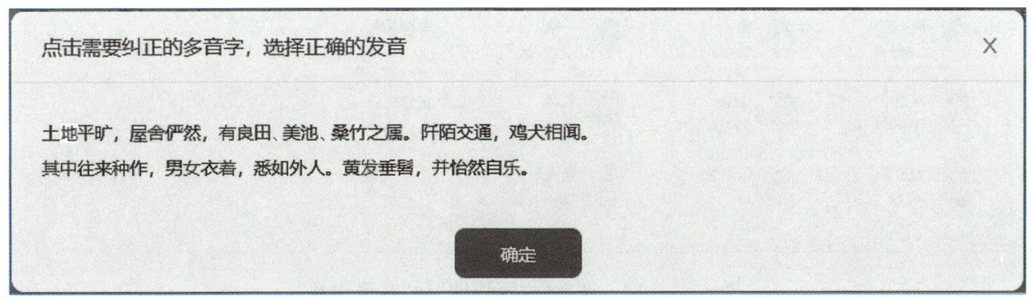

图 4-1-10　多音字选择发音界面

2. 选择语言和语音包类型

（1）单击朗读语音主播头像（图 4-1-9），可切换角色，例如选择“关山”角色，如图 4-1-11 所示。

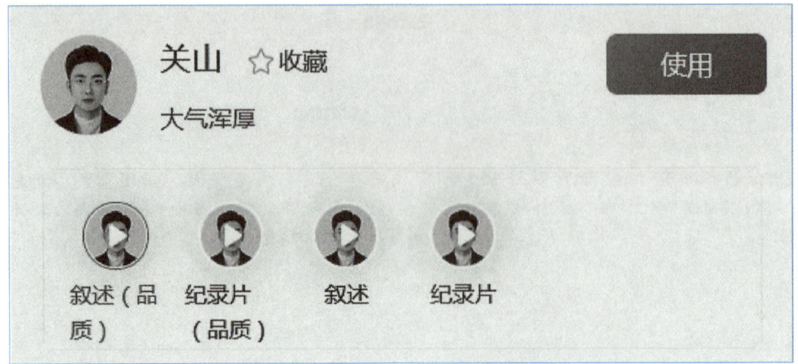

图 4-1-11 选择“关山”角色

小提示：可按照性别、年龄、领域、风格、语种等筛选，切换主播角色。

(2) 选择“纪录片(品质)”模式。

(3) 调整“主播语速”为38，“音量增益”为3，如图4-1-12所示。

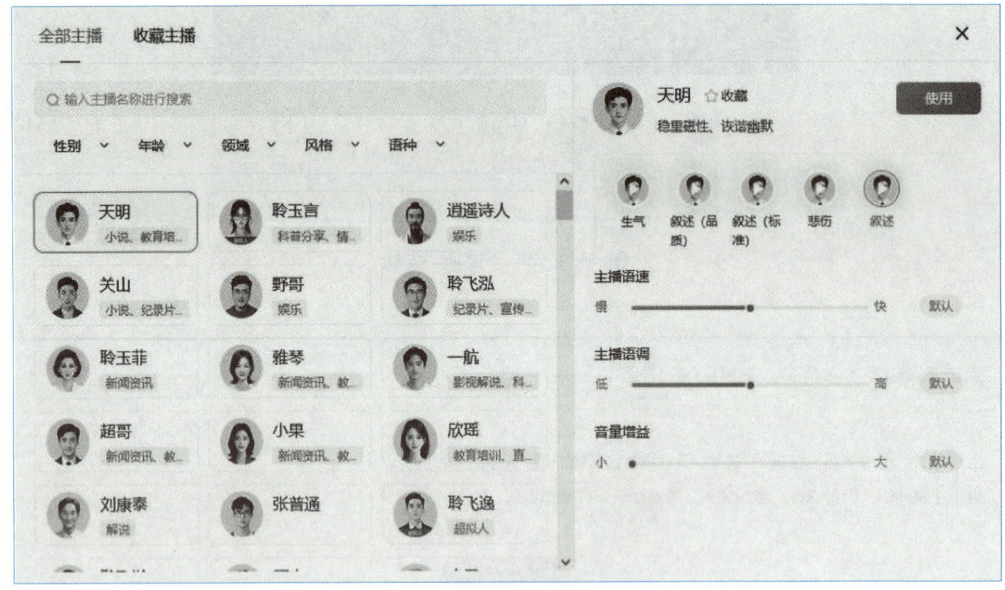

图 4-1-12 调整“主播语速”和“音量增益”

3. 设置语音和添加背景音乐

(1) 设置语音停顿、连续和换气，如图4-1-13所示。

(2) 添加背景音乐。单击“背景音乐”按钮，在弹出“背景音乐”设置界面中选择“在线音乐”，并调节音量，如图4-1-14所示。

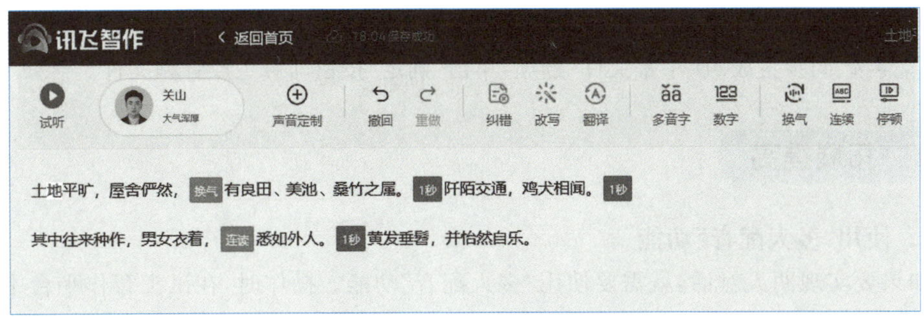

图 4－1－13　设置语音停顿、连续和换气

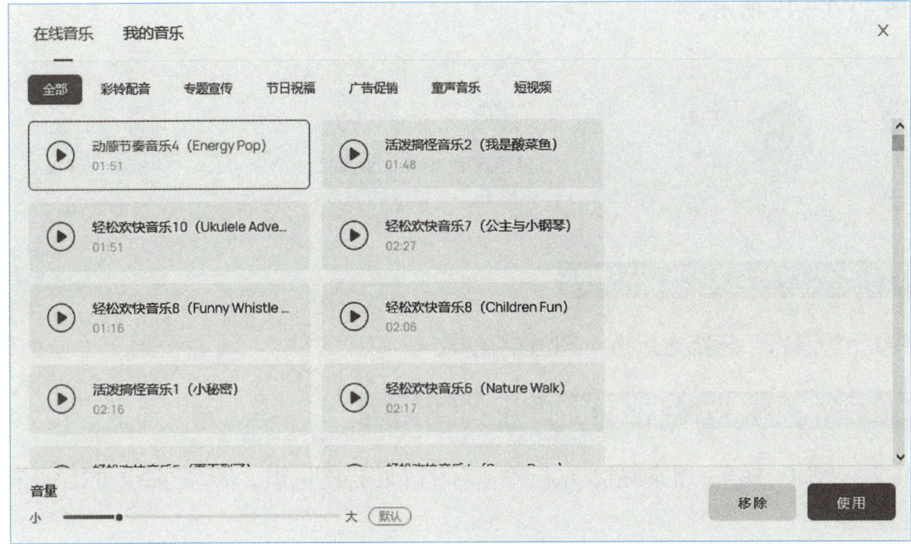

图 4－1－14　“背景音乐”设置界面

4. 生成音频文件

（1）单击右上角“生成音频”按钮，弹出“作品命名”对话框，如图 4－1－15 所示。

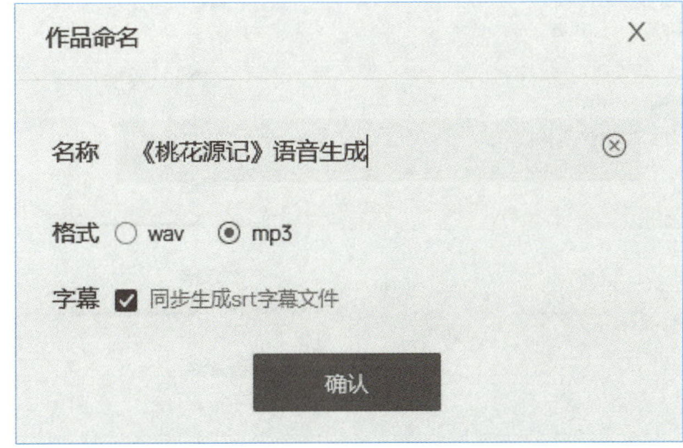

图 4－1－15　“作品命名”对话框

（2）在该对话框中修改生成音频文件名称为“《桃花源记》语音生成”，设置文件格式为“mp3”，勾选“同步生成 srt 字幕文件”选项，单击“确定”按钮即可生成音频文件。

拓展提高

1. 使用“多人配音”功能

如果要实现两人对话，就需要使用“多人配音”功能。操作时，在讯飞智作平台中输入师生对话逐字稿，长按 Ctrl 键的同时选中一个角色的对话，如“老师”，如图 4－1－16 所示。然后单击“多人配音”选择配音主播，在“主播界面”采取同样的方法设置其他角色对话，如图 4－1－17 所示。

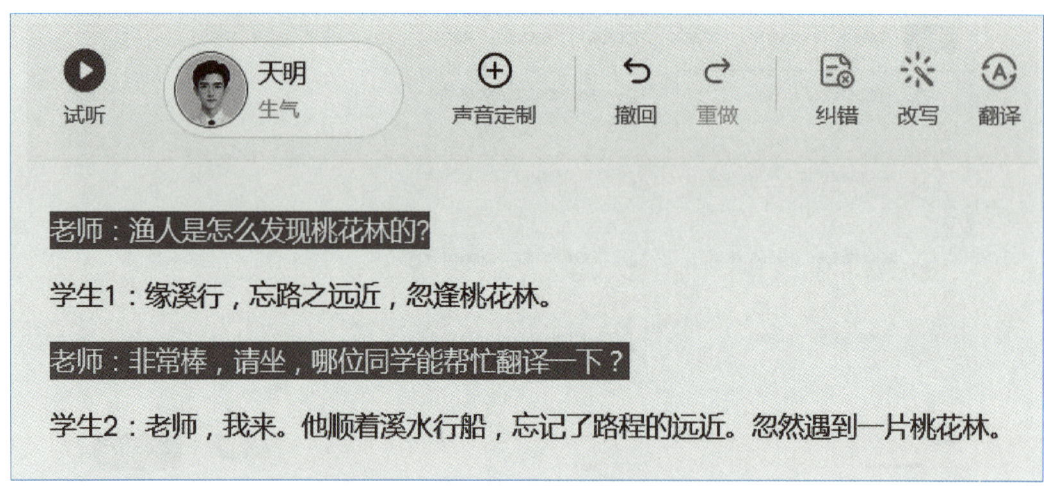

图 4－1－16 选中角色（老师）的对话

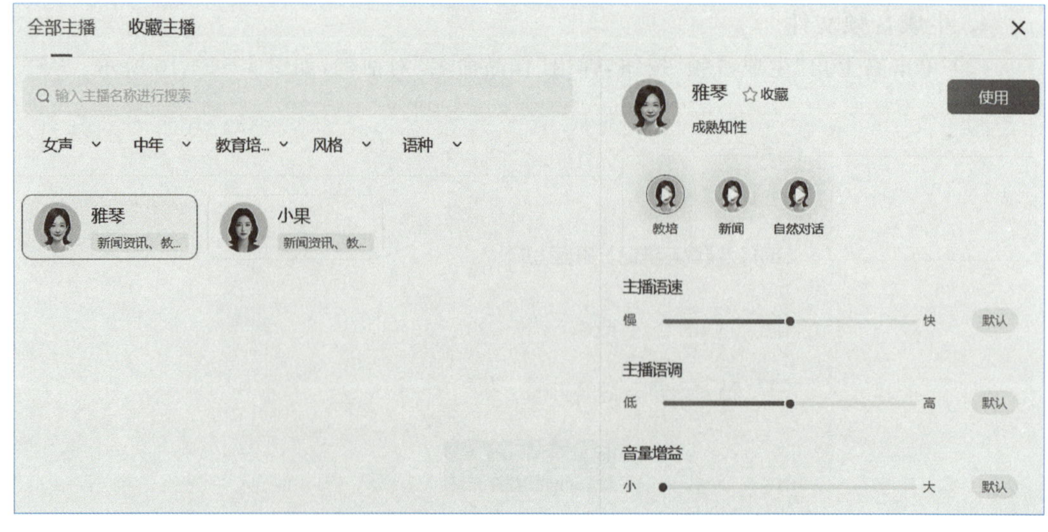

图 4－1－17 设置其他角色对话

2. 文本文档转音频

讯飞智作平台可以将整个文本文档转换为音频。操作时，单击右上角“导入文件”按钮，弹出文件导入文本提示，如图 4－1－18 所示，单击“确认”按钮后，可将事先准备的文本文档导入到平台，如“桃花源记.txt”。

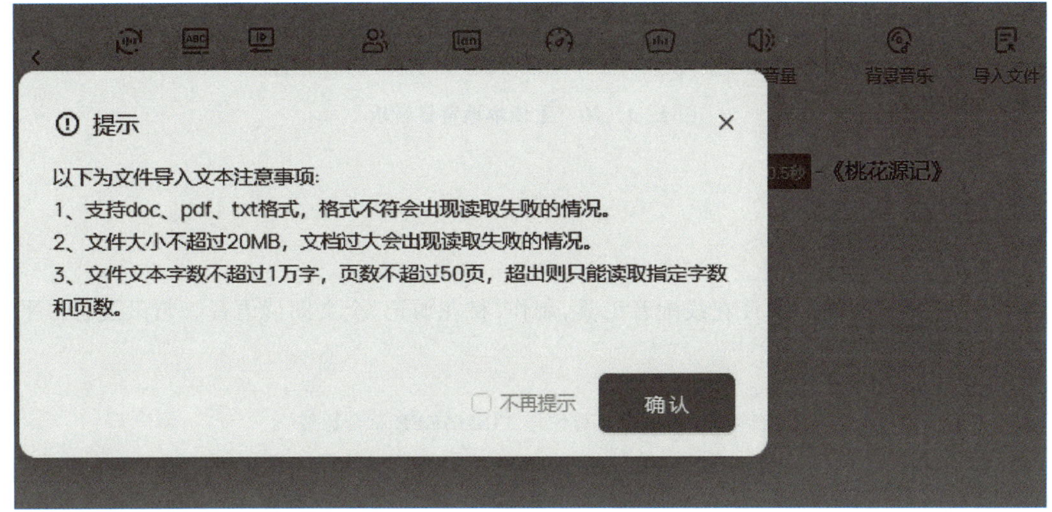

图 4－1－18 文件导入文本提示

> **小提示：** 在讯飞智作平台中，可直接导入文件大小不超过 20 MB，文件文本字数不超过 1 万字，页数不超过 50 页的 doc、pdf、txt 格式文档。

导入文本后，平台会根据文件内容智能排版，也可以根据需要手动编辑调整，自动排版界面如图 4－1－19 所示。同时，还可以单击“背景音乐”按钮，切换到“我的音乐”选项卡上传本地背景音乐，如图 4－1－20 所示。完成相关设置后，即可导出音频。

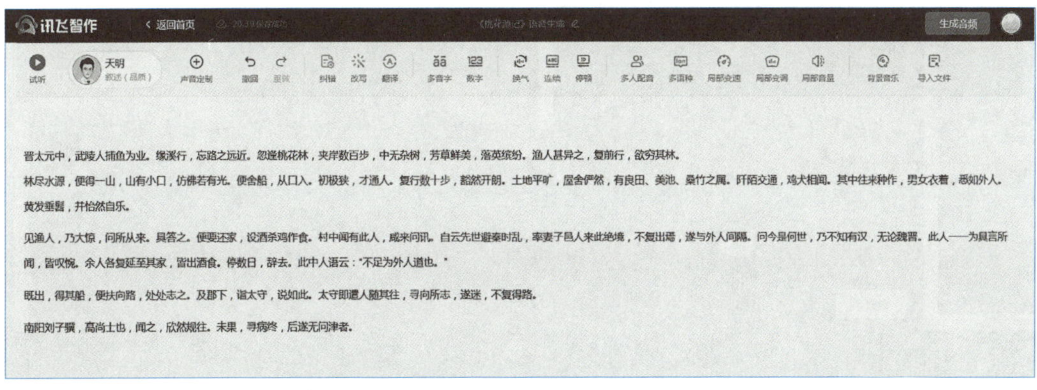

图 4－1－19 自动排版界面

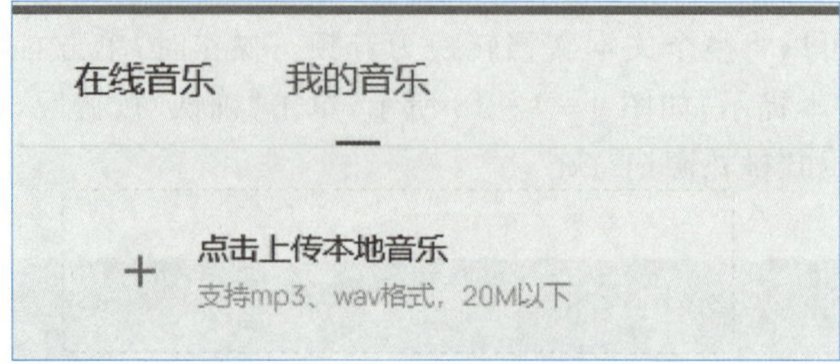

图 4-1-20　上传本地背景音乐

1. 利用 TTSMAKER 在线配音工具，制作《桃花源记》全文朗读语音。与讯飞智作平台比较，完成表 4-1-1。

表 4-1-1　讯飞智作与 TTSMAKER 平台比较

平　台	提 示 词	速　度	效　果
讯飞智作平台			
TTSMAKER 平台			

2. 在讯飞智作平台智能改写《桃花源记》后，将改写后的文字作为歌词输入到海绵音乐中生成音乐，如图 4-1-21 所示。制作完成后导出音乐进行分享。

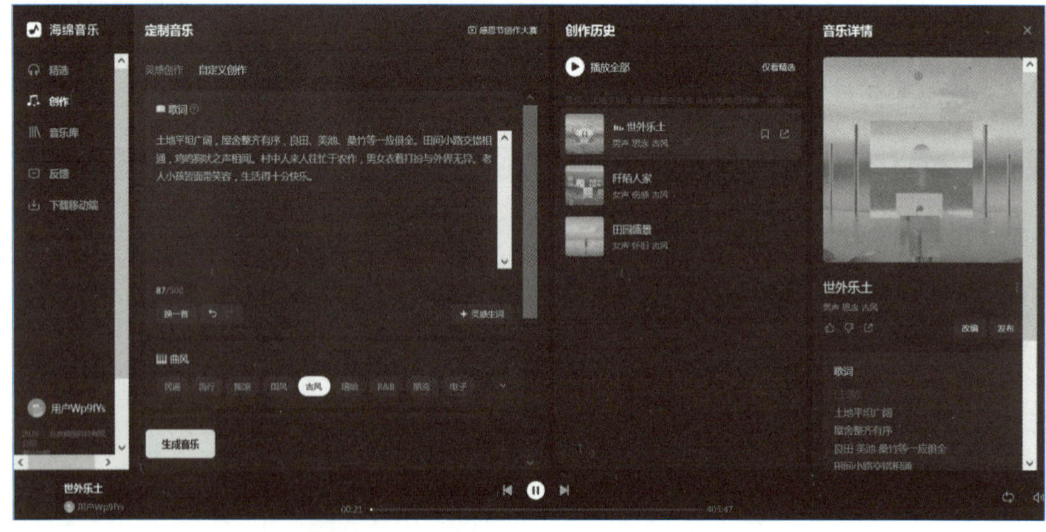

图 4-1-21　文字作为歌词生成音乐界面

活动二　音频转换文本

活动描述

会议记录是王华的工作任务之一，特别是整理领导重要讲话稿，处理几十分钟的录音就会花上半天甚至一天的时间，耗时费力。王华自从使用了 AIGC 技术后，工作效率翻倍提高，领导和同事都对他刮目相看。

活动分析

整理领导讲话录音，传统的方法就是一边播放音频一边打字或用纸笔书写，十分费时，而人工智能可以将语音转换成文字，只需要导入音频文件，平台会智能地生成文本，用户只需要对文本进行校对、排版即可。

活动展开

活动展开

音频转换文本

1. 设置参数

(1) 打开讯飞听见官网，选择“讯飞听见”模块，单击“会记”功能中的“立即体验”按钮，如图 4-1-22 所示。

图 4-1-22　“会记”功能

(2) 在“选择麦克风”下拉选项中选择系统已安装的麦克风设备。

(3) 根据需要，设置相关参数，如图 4-1-23 所示。

2. 设置手机收音

(1) 单击“微信收音”按钮，由微信扫一扫切换到手机录音，如图 4-1-24 所示。

(2) 进入到手机录音界面，如图 4-1-25 所示。

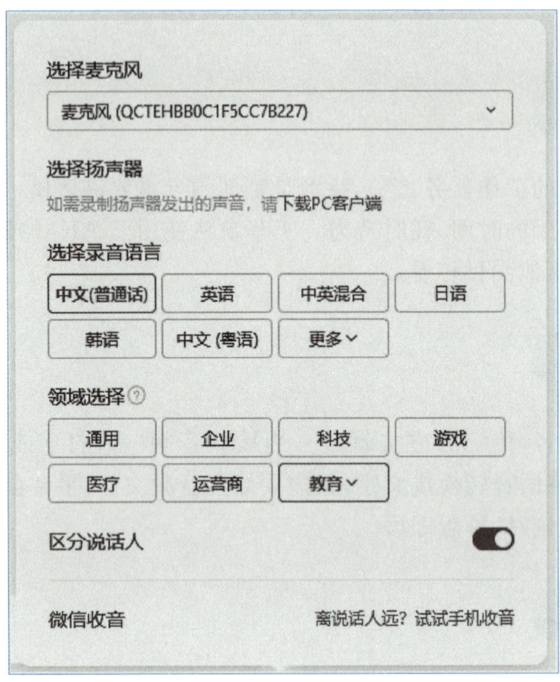

图 4-1-23 语音转文字参数设置

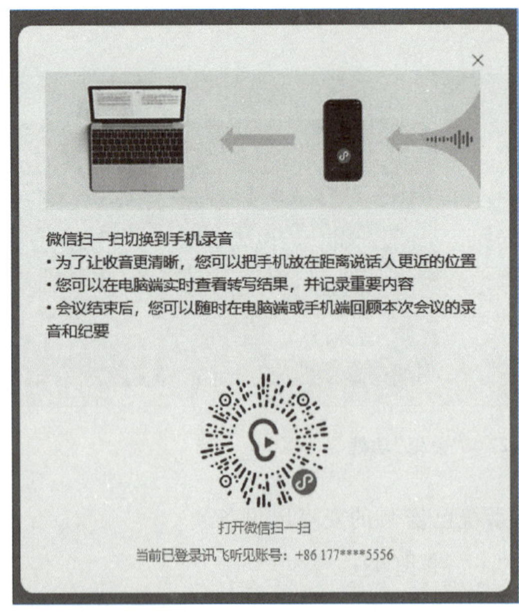

图 4-1-24 微信扫一扫切换到手机录音

图 4-1-25 手机录音界面

小提示：电脑端和移动端使用同一个账号登录。

(3) 电脑端设置实时录音收音设备为“小程序收音”，如图 4-1-26 所示。

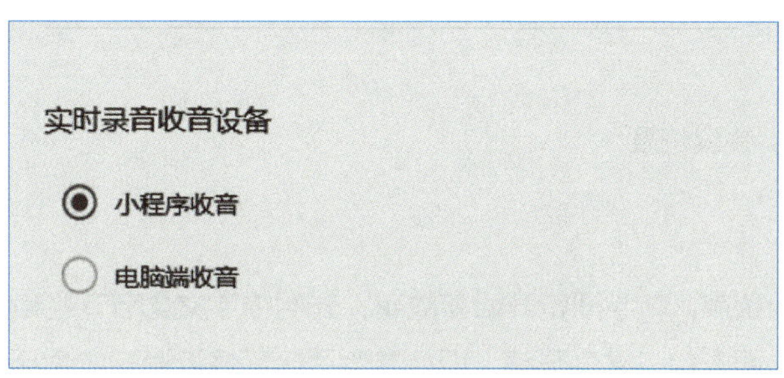

图 4-1-26　设置“小程序收音”

(4) 实时转文字。单击电脑端右下角或手机端“继续录音”，开始实时语音转换文字，如图 4-1-27 所示。

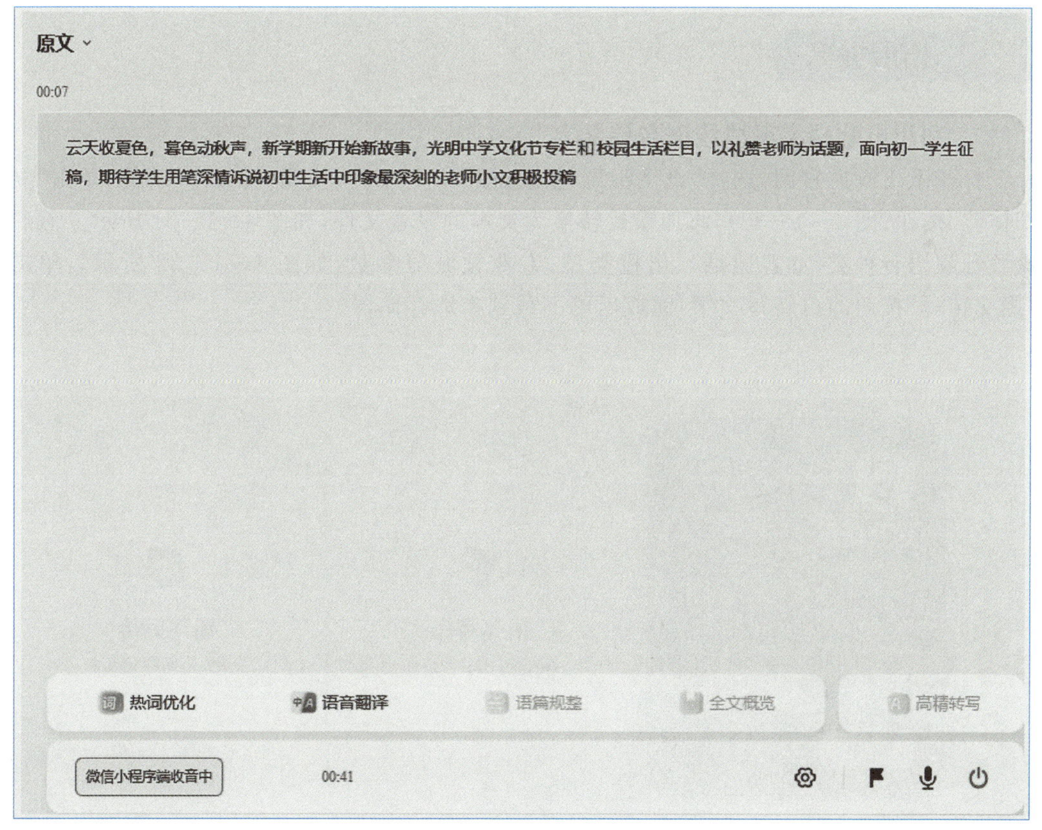

图 4-1-27　实时语音转换文字

(5) 转换完成后，导出文本文件到本地存储器，如图 4-1-28 所示。

搜索 分享 下载 去AI写作

默认字体 14 B U I S A

标题：如何突出中心 会议纪要

全文概要：

云天收夏色，暮色动秋声，新学期新开始新故事，光明中学文化节专栏和校园生活栏目。以礼赞老师为话题，面向初一学生征稿，期待学生用笔深情诉说初中生活中印象最深刻的老师小文积极投稿。

图 4-1-28 导出文本文件

拓展提高

1. 利用电脑端实现离线语音转文字

打开讯飞听见官网，选择“讯飞听见”模块（图 4-1-29），找到“转文字”功能，单击“立即体验”按钮（图 4-1-30），添加需要转换为文本的录音文件，如图 4-1-31 所示。然后设置音频语音种类（如普通话）、出稿类型、专业领域等参数，如图 4-1-32 所示。单击“提交转写”按钮即可转写文字，完成后可下载到本地存储器。

图 4-1-29 选择“讯飞听见”模块

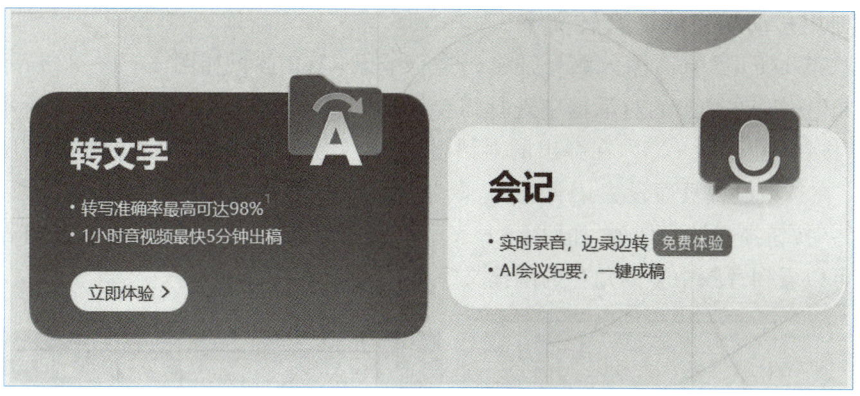

图 4-1-30　“转文字”功能

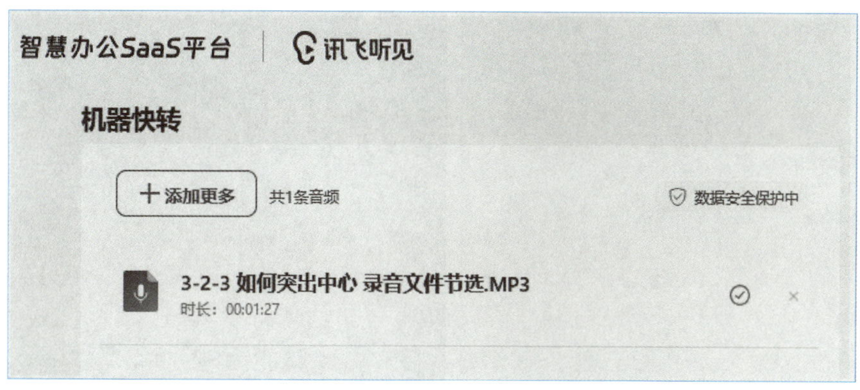

图 4-1-31　添加需要转换为文本的录音文件

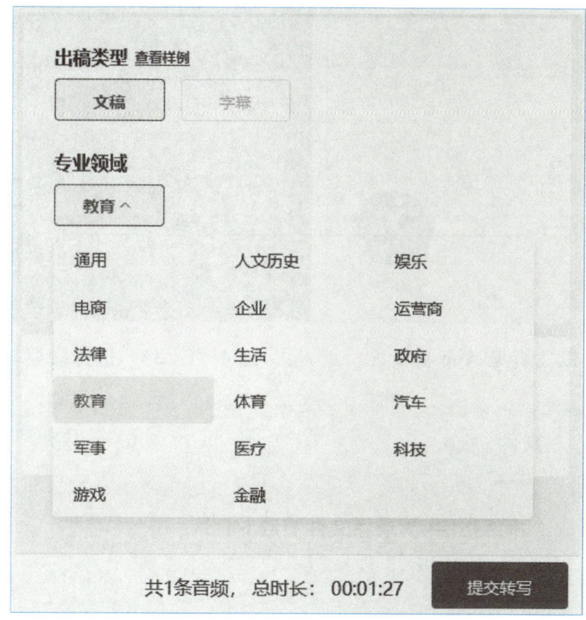

图 4-1-32　音频转文本参数设置

2. 利用移动端完成语音转文字

下载“讯飞听见”App，输入账号及密码进行登录，App 首页如图 4－1－33 所示。单击“导入音频”按钮，在弹出的对话框中选择需要转换的音频文件，如图 4－1－34 所示。单击“转文字”按钮(图 4－1－35)，在弹出的对话框中，转文字模式选为“机器快转”，如图 4－1－36 所示。在选项设置页面设置语言种类、专业领域等转写参数，如图 4－1－37 所示，单击“立即转写”按钮提交转写任务，如图 4－1－38 所示。转写完成后，从列表中单击标题查看转写结果，可以看到音频中不同角色的朗读文字都转写出来了，如图 4－1－39 所示。

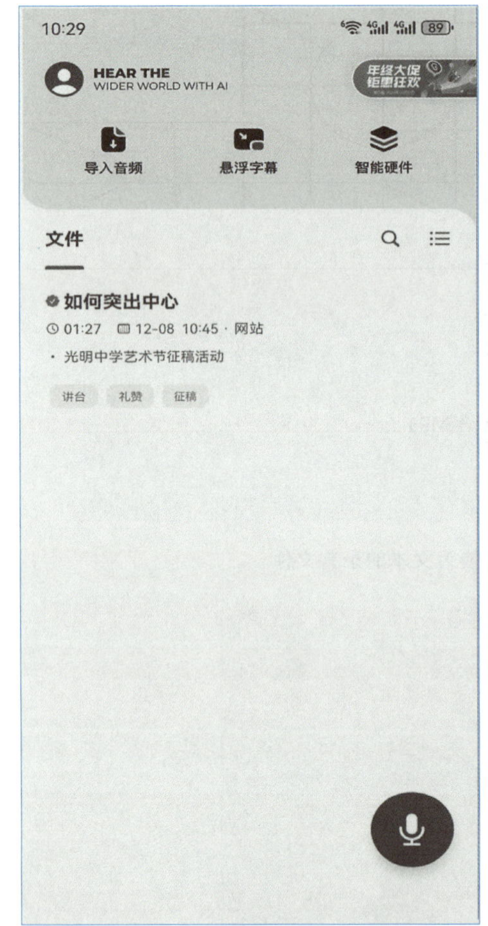

图 4－1－33 讯飞听见 App 首页

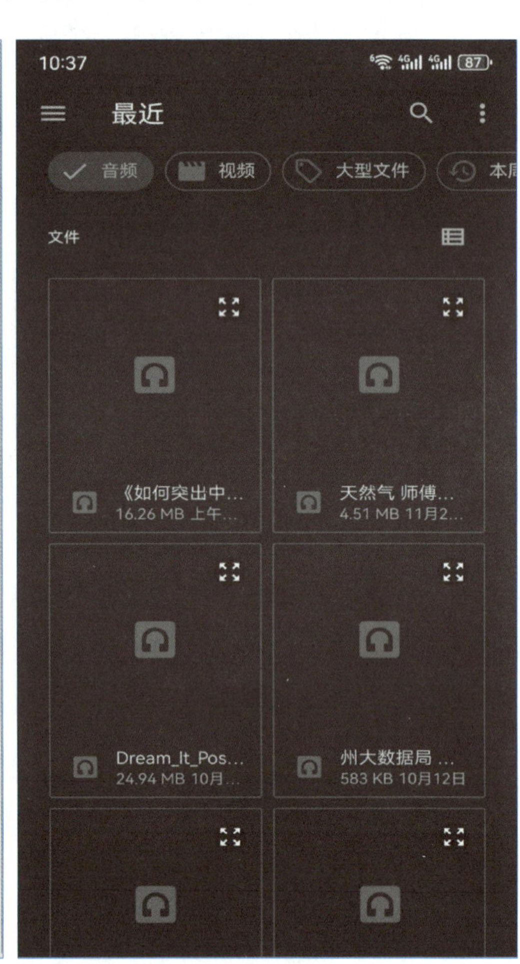

图 4－1－34 选择需要转换的音频文件

图 4－1－35 单击“转文字”按钮

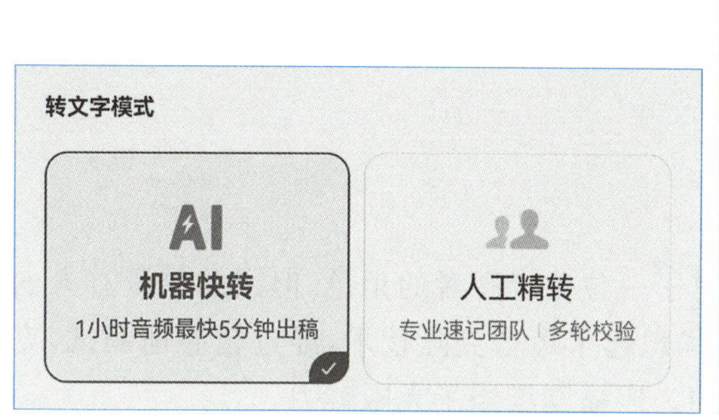

图 4－1－36 转文字模式

图 4－1－37 设置转写参数

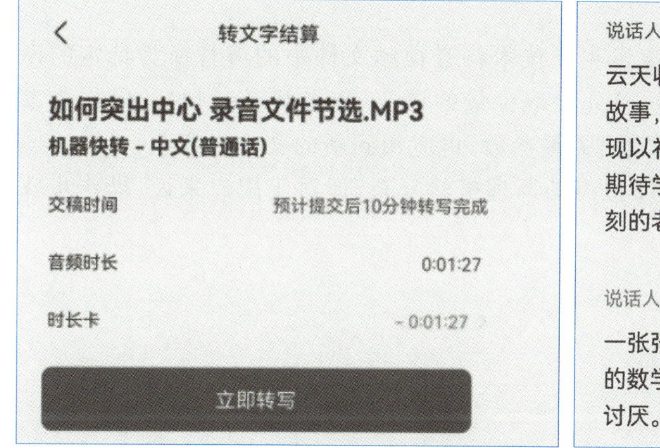

图 4－1－38 单击“立即转写”按钮

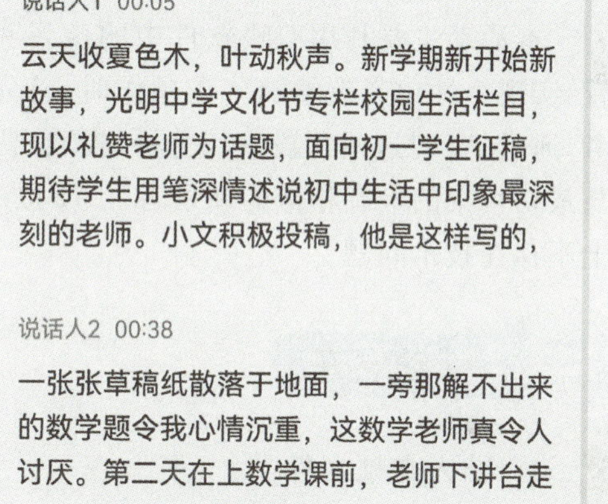

图 4－1－39 语音转写结果

实训操作

1. 准备一段会议录音或视频文件，利用讯飞听见平台转写语音为文字，完成表 4－1－2。

表 4－1－2 利用讯飞听见平台转写语音为文字

录音/视频时长（单位：s）	所用时间（单位：s）	转写的文本内容

2. 将手机作为移动麦克风，利用手机收音方式，实时转换对话为文本，分享操作过程及体会。

活动三 AI 拟声

活动描述

公司准备举办一场广播剧比赛，剧中安排了一位年老智者的角色，但团队里没有人的声音能完美匹配。正当大家一筹莫展时，王华想起了声音克隆技术，经过精心地调试，克隆了一个惟妙惟肖的年老智者声音，在比赛中为广播剧增添了无限魅力。

活动分析

本活动主要利用剪映软件中的声音克隆技术将音视频文件中的声音换为特定的声音，实现个性化音效编辑。在操作时，首先提取少量的语音(年老智者音频)片段作为参考，通过 AI 对这些片段进行分析，提取出关键参数，再应用到新的文本内容上，可以生成与最初采集的声音相似的新语音。AI 拟声的原理虽然复杂，但对于用户来说，操作步骤上不存在技术问题。

活动展开

活动展开

AI 拟声

1. 导入音频文件

(1) 打开剪映软件，单击“开始创作”按钮(图 4－1－40)进入编辑界面。

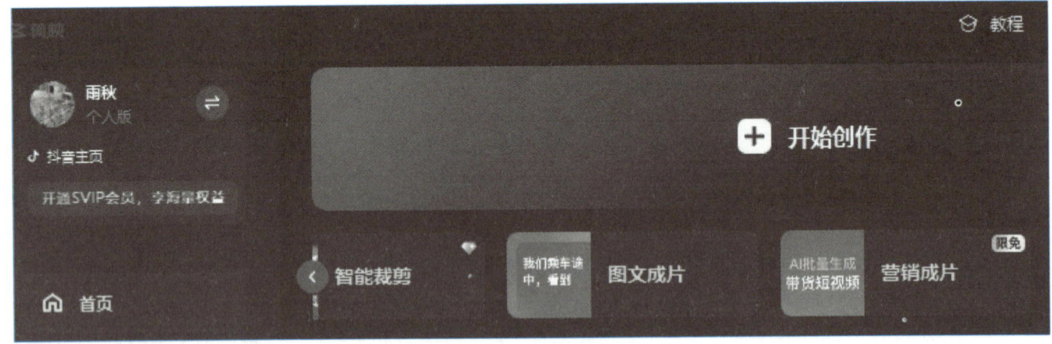

图 4－1－40 单击“开始创作”按钮

(2) 导入音频文件，如图 4－1－41 所示。

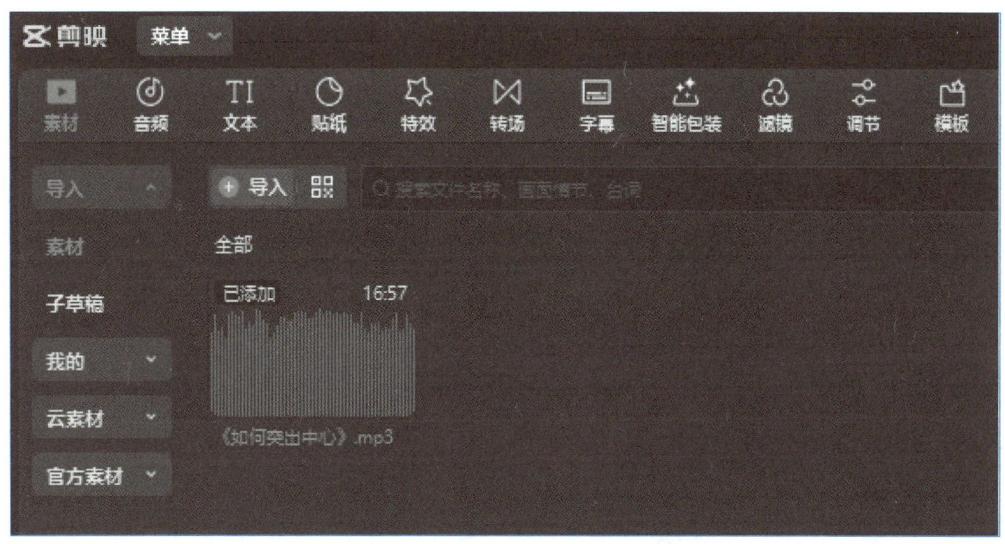

图 4-1-41 导入音频文件

(3) 将音频文件拖动到音轨上,如图 4-1-42 所示。

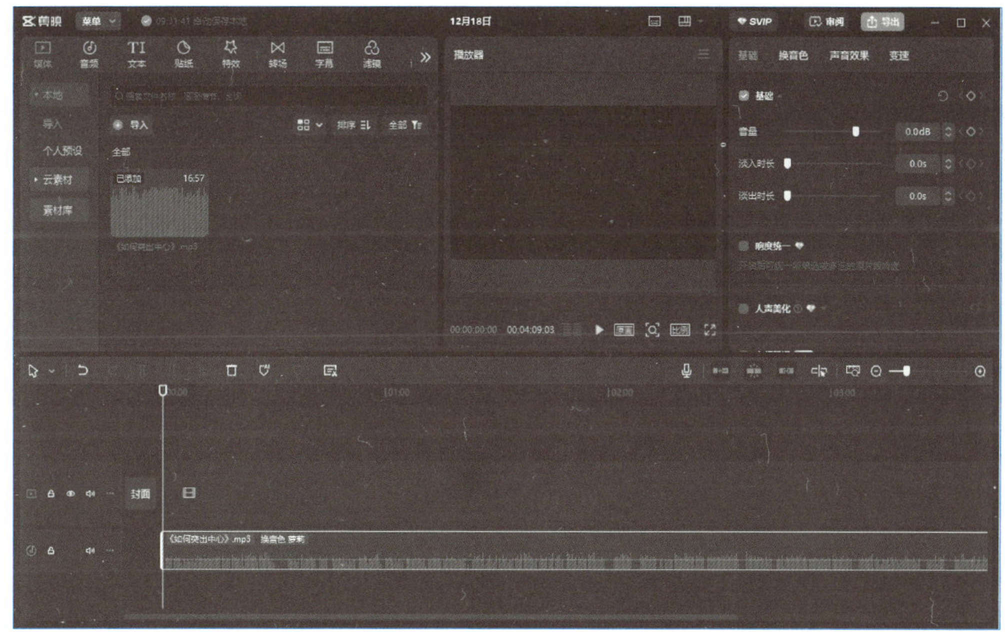

图 4-1-42 将音频文件拖动到音轨上

2. 克隆系统内置声音

(1) 在软件右上侧工具栏选择"换音色"选项卡,单击"音色",进入音色广场,如图 4-1-43 所示。

(2) 试听各种角色声音,选择需要的角色音色,如图 4-1-44 所示。

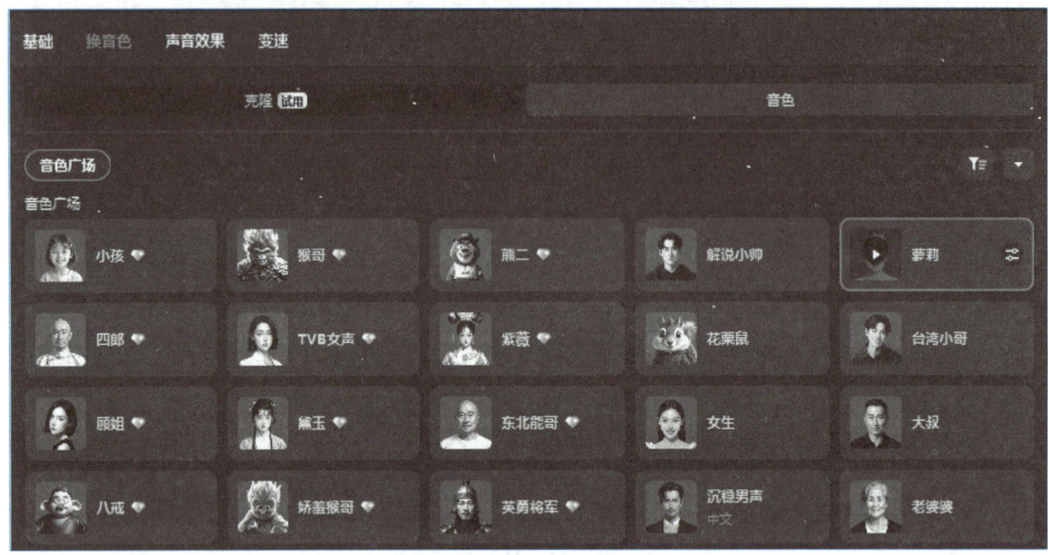

图 4-1-43 音色广场

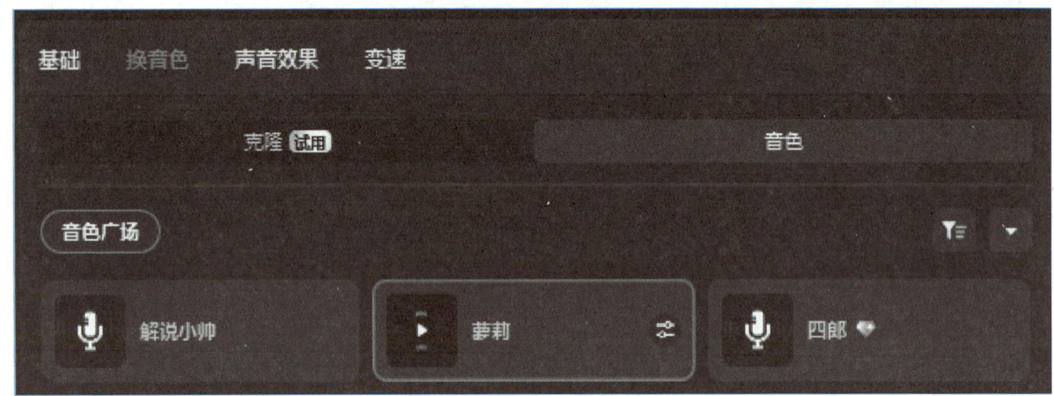

图 4-1-44 选择角色音色

3. 导出文件

(1) 试听得到满意的效果后，依次单击“菜单”→“文件”→“导出”选项导出音频文件，如图 4-1-45 所示。

(2) 在弹出的导出文件设置框中选择“音频导出”，设置格式为“MP3”，如图 4-1-46 所示。

(3) 单击“导出”按钮，导出克隆音频文件。

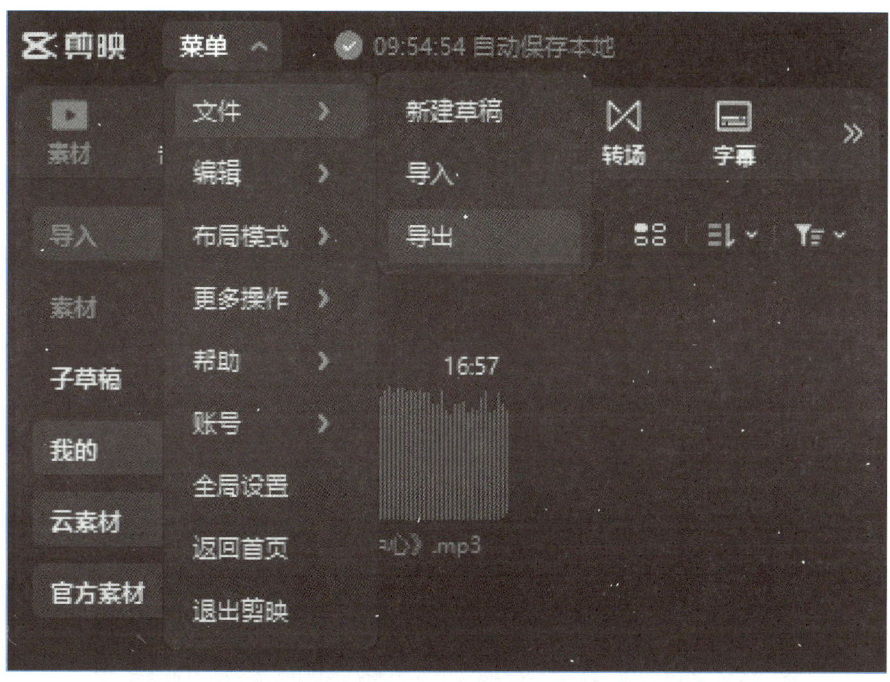

图 4-1-45 导出音频文件

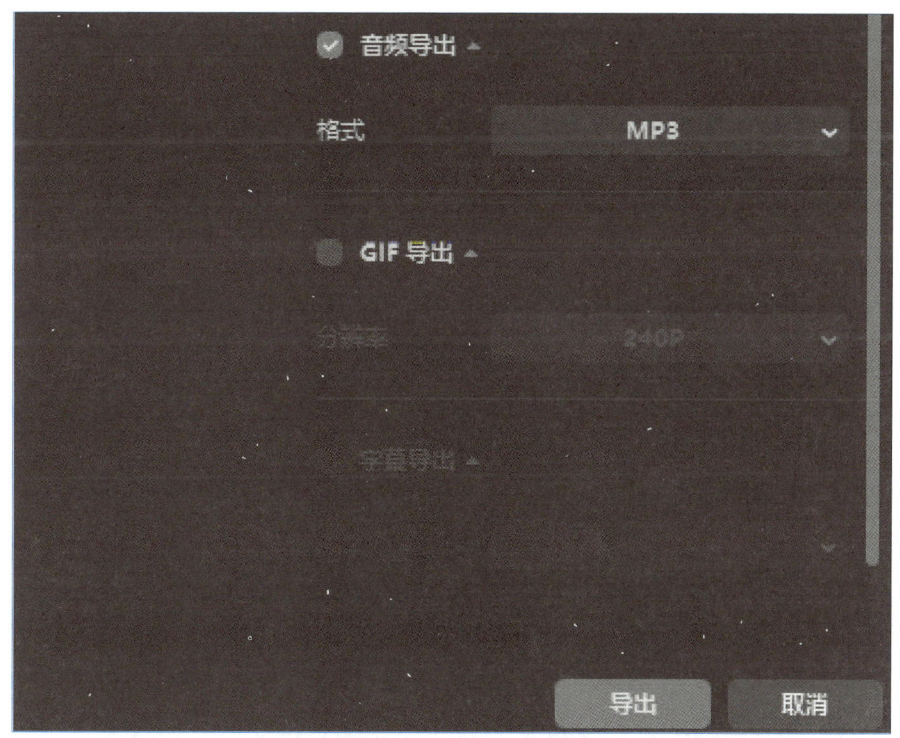

图 4-1-46 导出文件设置框

拓展提高

1. 克隆自己的声音

剪映可以克隆每一个人的声音。操作时，选择“克隆”选项卡，单击“单击克隆”按钮（图 4-1-47），弹出“克隆音色”对话框，单击“点按开始录制”按钮，朗读例句并录制声音样本，如图 4-1-48 所示。录制完成后，系统会在 10 s 内完成语音克隆，生成属于自己的克隆音色，如图 4-1-49 所示。下次给文本配音或改变他人已有的声音，即可选择自己已克隆的声音。

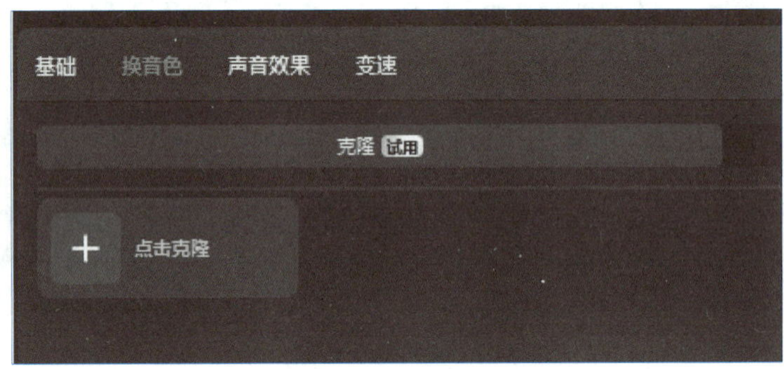

图 4-1-47 “单击克隆”按钮

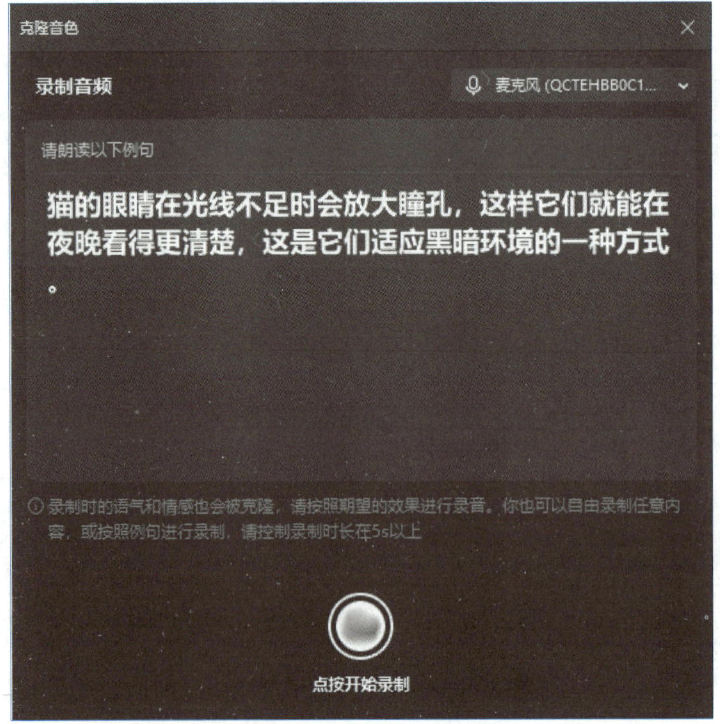

图 4-1-48 朗读例句并录制声音样本

图 4-1-49　生成属于自己的克隆音色

 **小提示：** 录制时的语气和情感也会被克隆，录制时长在 5 s 以上。

用户还可以设置相关参数，如选择“保留口音版”模型以及重命名克隆的音色，如图 4-1-50 所示。选择不同语种试听音色的效果，得到满意效果后单击“保存音色”按钮，克隆列表中即增加了生成的音色，如图 4-1-51 所示，可将生成的音色“我的定制音色”应用到语音文件。

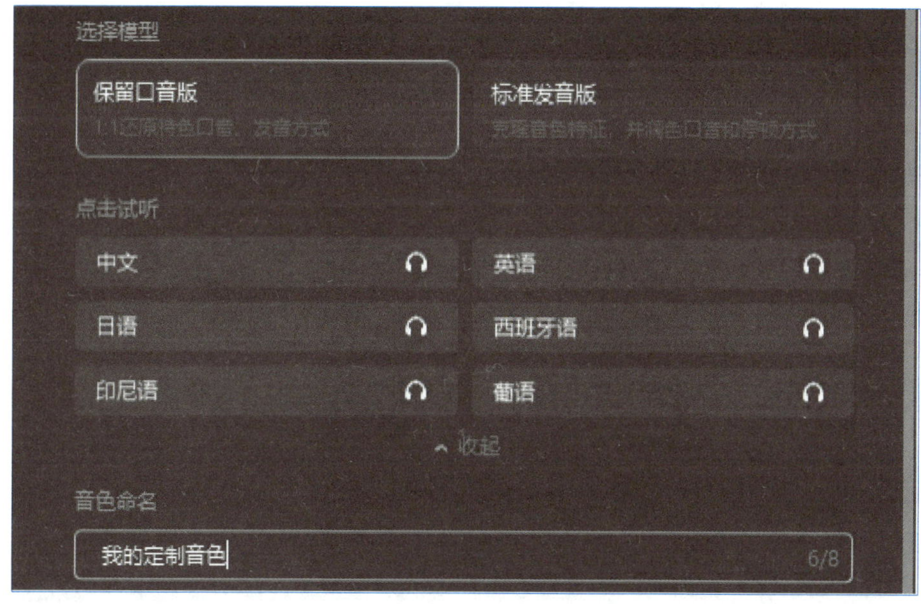

图 4-1-50　设置相关参数

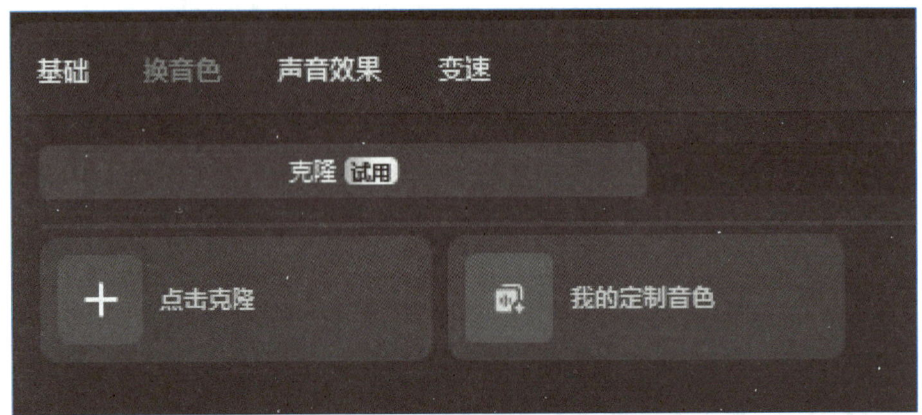

图 4-1-51 克隆列表

小提示：以上步骤是基于剪映的一般操作流程，但具体的界面布局和选项名称可能会因剪映版本的不同而有所差异。在编辑过程中多尝试不同的音色组合和参数调整，能够创造出独特的听觉体验。

2. 调整声音效果

在处理音频时，还可以使用剪映相关功能，来调整声音效果。操作时，选择“基础”选项卡，可以设置克隆声音的音量、淡入时长、淡出时长、降噪等基础效果(图 4-1-52)，还可以设置克隆声音的变速(倍数)、变调效果，如图 4-1-53 所示。

在“声音效果”选项卡中，可以选择“场景音”和“声音成曲”。“场景音”中可选择不同的背景声音，如图 4-1-54 所示；“声音成曲”可以将克隆的声音变成音乐，如图 4-1-55 所示，可试听后选择满意的效果，再导出音频文件到本地存储器。

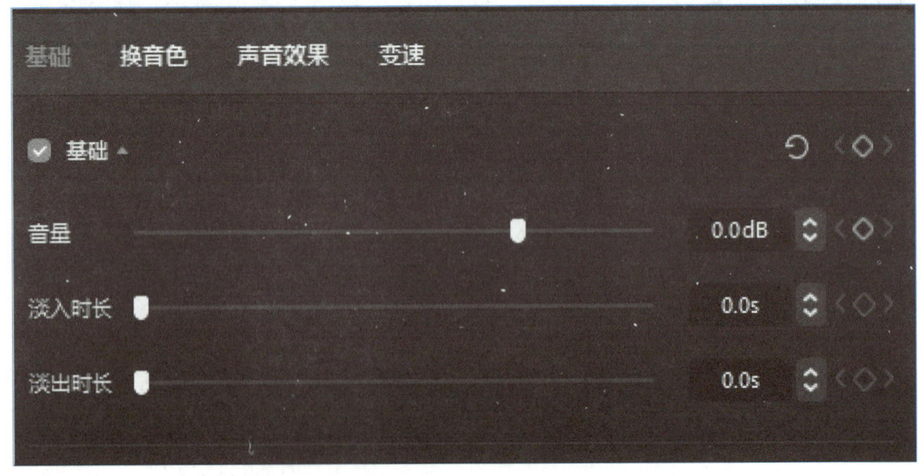

图 4-1-52 设置克隆声音的基础效果

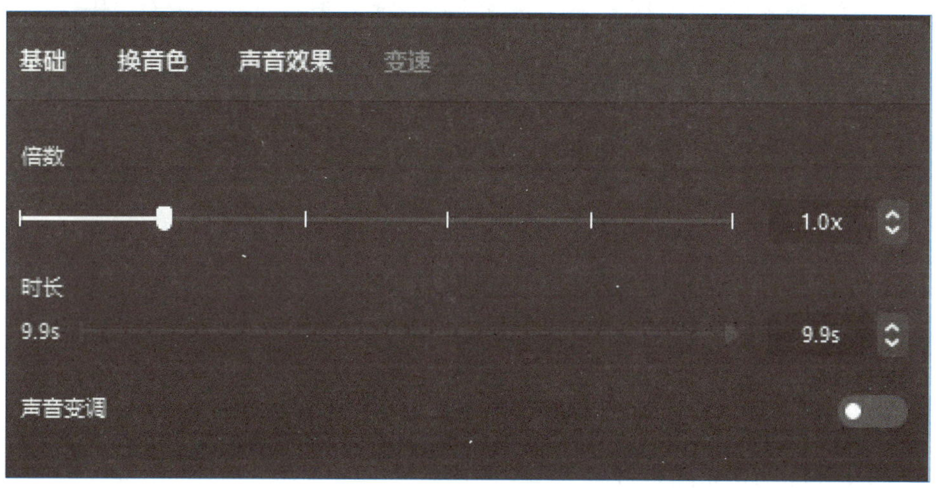

图 4-1-53 克隆声音变速、变调设置

图 4-1-54 选择“场景音”

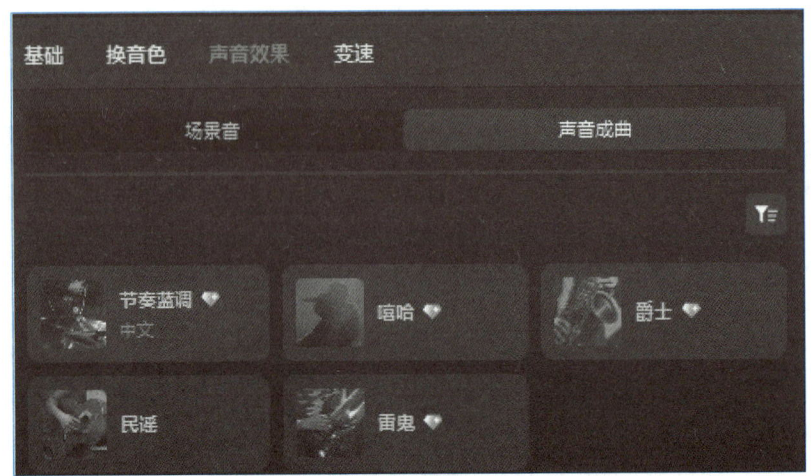

图 4-1-55 选择“声音成曲”

3. 利用开源模型克隆声音

可以利用开源模型，如 CosyVoice 来大规模克隆声音。CosyVoice 是一个大规模预训练语言模型，深度融合文本理解和语音生成的新型语音合成技术，依托先进的大模型技术进行特征提取，从而完成声音的复刻。因此 CosyVoice 无须训练过程，仅需提供时长较短的音频，即可迅速生成高度相似且听感自然的定制声音。

(1) 预训练音色

打开 CosyVoice，进入选择预训练音色界面(图 4-1-56)。在“输入合成文本”文本输入框中输入文本，然后设置“语速调节”“选择推理模式”“操作步骤”“选择预训练音色”等参数。单击“随机生成”按钮(骰子)，生成一个随机推理种子，如图 4-1-57 所示。然后单击“生成音频”按钮，等待 10 s 后生成音频文件，单击下方播放按钮试听合成音频的效果，如图 4-1-58 所示。

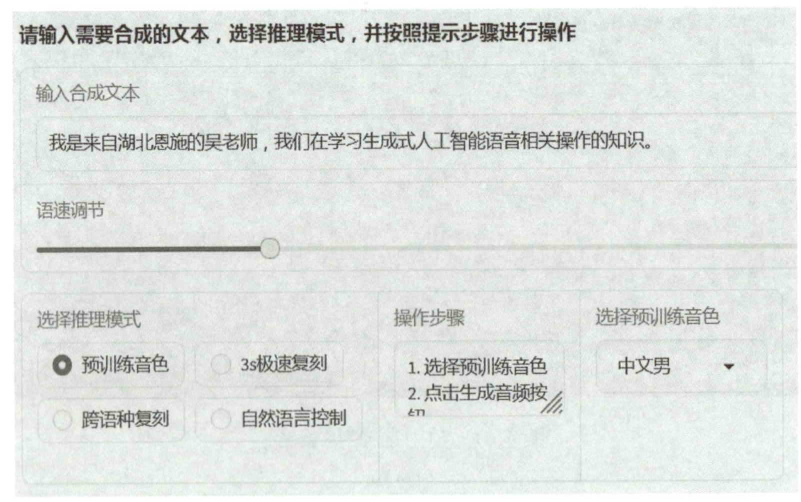

图 4-1-56 选择预训练音色界面

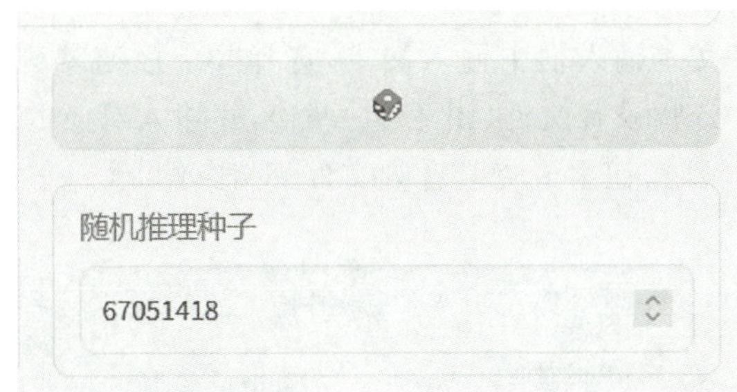

图 4-1-57　生成随机推理种子

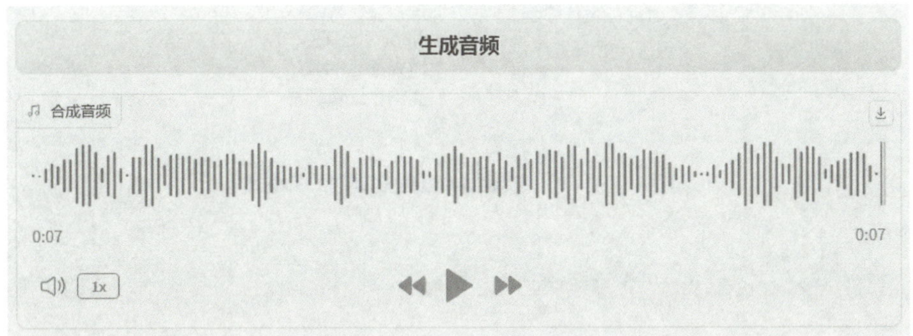

图 4-1-58　试听合成音频的效果

小提示：随机推理种子的作用类似于一个初始值，用于初始化生成过程。通过设置不同的种子值，可以生成不同的输出结果。可以尝试更换“随机推理种子”来对比生成的音频文件差别，音色下拉列表有“中文女”“中文男”“日语男”“粤语女”“英文女”“英文男”“韩语女”等预训练音色可供选择，如图 4-1-59 所示。

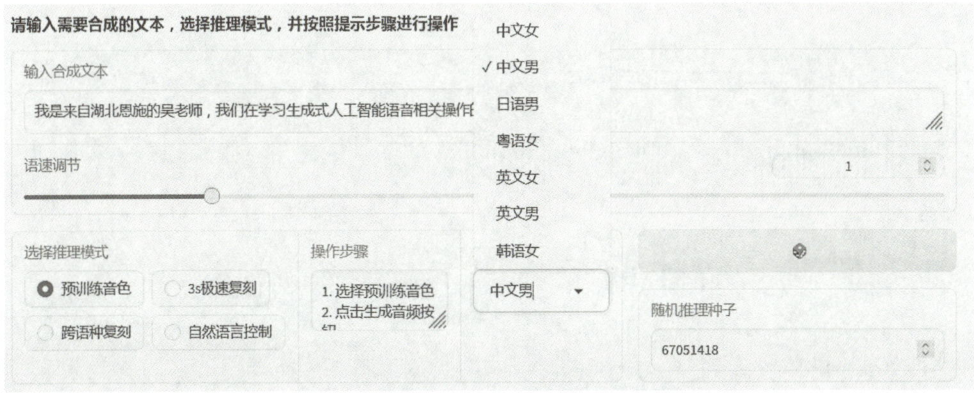

图 4-1-59　预训练音色选择

(2) 仿声音克隆

在"输入合成文本"文本输入框中输入文本,选择"3 s 极速复刻"推理模式(图 4-1-60),上传准备好的样本音频录音文件(图 4-1-61),并输入对应的提示文本,如图 4-1-62 所示。单击"生成音频"按钮生成克隆音频文件,对比效果。

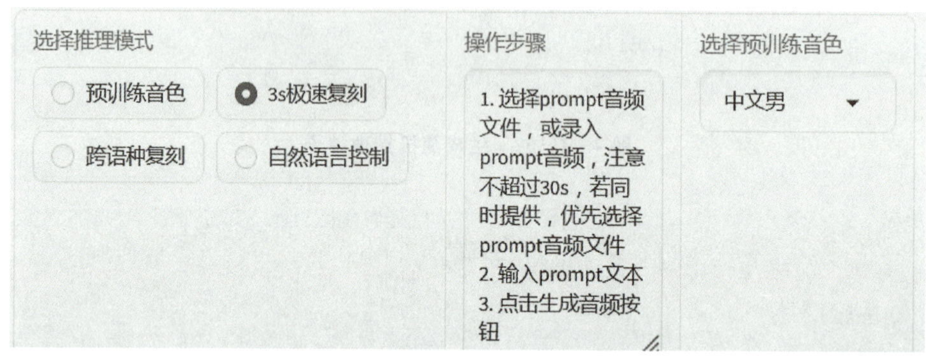

图 4-1-60 选择"3 s 极速复刻"推理模式

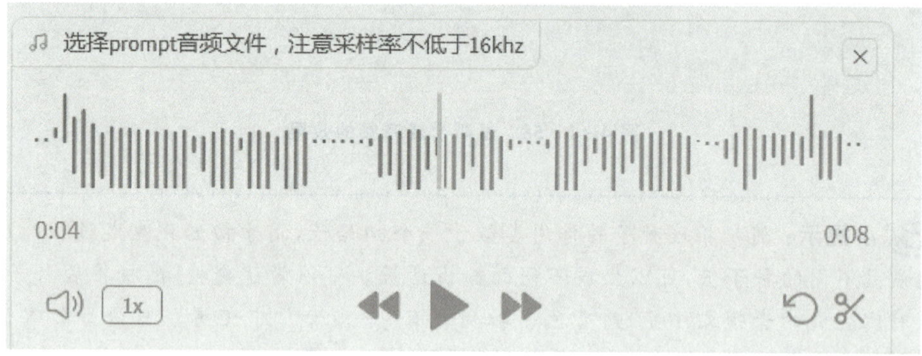

图 4-1-61 上传样本音频录音文件

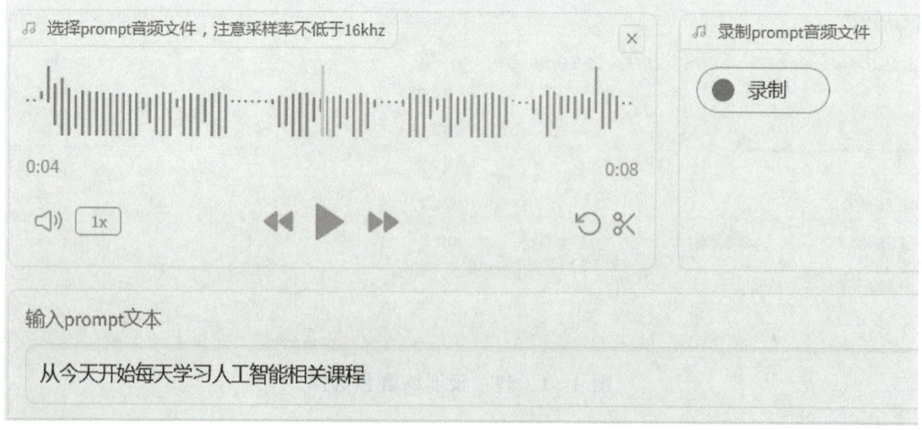

图 4-1-62 输入对应的提示文本

小提示：也可以采用现场录音的形式上传提示音频(图 4－1－63)，现场录音时长不超过 30 s，采样率不低于 16 kHz，若同时上传提示音频和现场录音，系统将优先选择提示音频文件。

图 4－1－63　现场录音界面

(3) 跨语种复刻

在“输入合成文本”文本输入框中输入文本，选择“跨语种复刻”推理模式，如图 4－1－64 所示。上传准备好的样本音频录音文件，并输入对应的提示文本，如图 4－1－65 所示。生成克隆音频文件后，对比一下不同模式生成的语音文件有何区别。

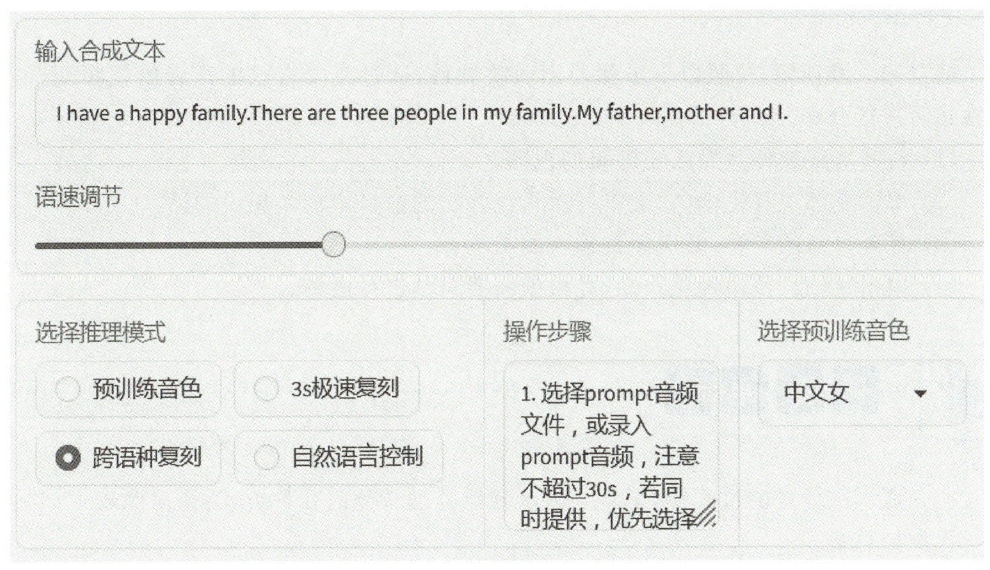

图 4－1－64　选择“跨语种复刻”推理模式

声音克隆技术能够模拟出与他人极为相似的声音，在法律上存在一定的风险，其合法性取决于具体的使用目的和方式。如果未经授权使用这种技术来模仿他人声音，特别是用于别有用心的商业目的或造成不良影响，可能侵犯到他人的名誉权、隐私权等合法权益，所以在使用的时候要谨慎。

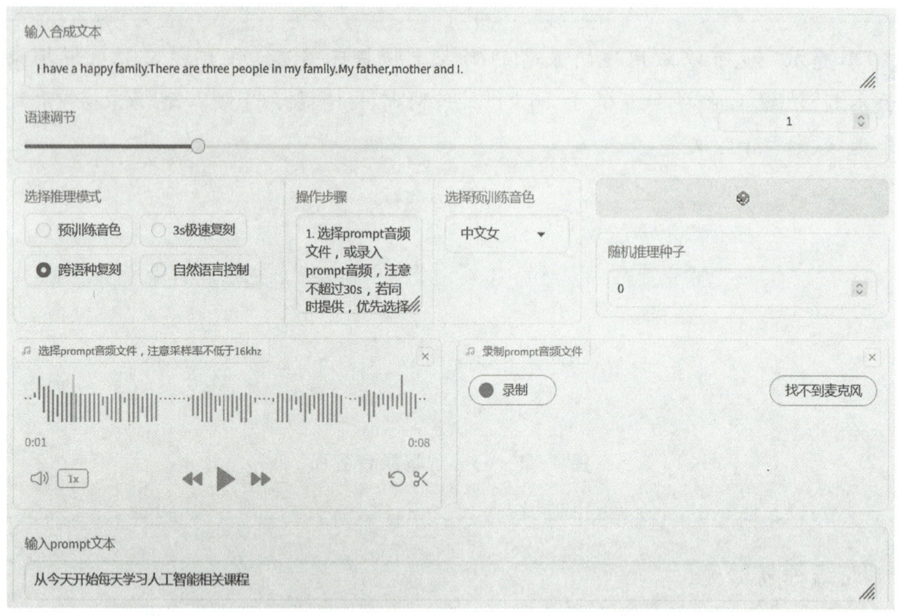

图 4-1-65 “跨语种复刻”推理模式下的参数设置

请自选一段视频，按照以下步骤使用剪映软件，通过克隆自己的声音给视频配音，导出视频后进行分享。

（1）打开剪映软件并导入要编辑的视频。

（2）单击底部工具栏中的“文本”按钮，在弹出的窗口中输入想说的话。

（3）克隆自己的声音，并应用到输入的文本。

（4）单击“播放”按钮预览作品，并根据需要对其进行微调。

任务评价

在完成本次任务的过程中，了解了人工智能处理音频的几种方式，请对照表 4-1-3，进行评价与总结。

表 4-1-3 评价与总结

评 价 指 标	评 价 结 果	备 注
1. 会将文本转成音频	□A □B □C □D	
2. 会将音频转成文本	□A □B □C □D	

续　表

评　价　指　标	评 价 结 果	备　注
3. 会克隆声音	□A　□B　□C　□D	
4. 了解克隆声音存在的风险	□A　□B　□C　□D	
5. 体会人工智能给生活、学习和工作带来的便捷	□A　□B　□C　□D	
综合评价：		

任务二 生成视频

情境故事

王华负责公司新产品宣传。当新产品问世后，他要第一时间请专业公司制作视频，但是需要经常在领导和制作人员间协调，导致他为了制作视频十分烦恼。而今，他熟练使用生成式人工智能，高效率、低成本、轻松地解决了制作视频的难题。

本任务将使用生成式人工智能，使用文本、图片等提示词生成视频。

任务目标

1. 了解AI生成视频的一般操作步骤。
2. 掌握生成虚拟视频的方法与技巧。
3. 感受人工智能给人们的生活、学习和工作带来的便捷。

任务准备

1. 了解视频生成的原理

文本生成视频的原理是通过自然语言处理(natural language processing, NLP)技术将文本内容转化为视频。这一过程涉及多个技术步骤，包括文本处理、图像生成、音频合成和视频合成。

文本生成视频，涉及对输入的文本内容进行分词、情感分析和关键词提取等处理，以确保生成的视频与文本内容高度相关。而生成图像，通常需要生成背景图片、文本框等元素。可以使用图像处理工具或库来生成这些图像，并根据文本内容选择合适的图像元素。

音频合成则是为了增强视频的吸引力，可以通过文本转语音技术将文本转化为声音，生成配音或背景音乐。最后，视频合成是将生成的图像和音频合成为视频。可以使用视频编辑工具或库来将图像序列和音频合并在一起，设置帧速率和视频分辨率以获得所需的输出效果。

AI智能系统会自动分析文本内容，提取关键词，确定视频主题，并根据文本内容自动匹配相应的图像、音效和背景音乐等素材，最终生成一段富有创意的短视频。

2. 认识创作平台

(1) 腾讯智影。腾讯智影在线智能视频创作平台(图 4－2－1)是一款云端智能视频创作工具，集素材搜集、视频剪辑、渲染导出和发布于一体。用户只需要把素材导入到编辑区域，完成剪辑、添加特效、调整音频等简单的操作，平台会智能地生成影片。此外，平台还提供了一键式的主题模板，只需选择喜欢的模板，即可快速生成一段精美的视频。

图 4－2－1 腾讯智影在线智能视频创作平台

该平台最大亮点在于其强大的 AI 功能。例如，文本配音功能可以将文字转化为语音，让视频更加生动有趣；数字人播报功能可以模拟真人的声音和表情，为视频增添更多情感色彩；自动字幕识别功能则可以自动为视频添加字幕，大大提高了视频的可读性。

(2) 智谱清言视频生成模型 CogVideoX。CogVideoX 可以实现文本生成视频和图像生成视频。输入一段文字，并选择想要生成的视频风格、情感氛围、运镜方式，CogVideoX 就能生成一段充满想象力的视频片段。

(3) 万兴播爆平台。万兴播爆是一个生成式人工智能综合性平台，本任务中的活动五即选用该平台 PPT 生成视频功能。

(4) 其他大模型。在实践操作阶段会用到与活动开展和拓展提高部分类似的大模型，例如通义万相、可灵 AI、即梦 AI 等，它们功能类似。AI 换脸就是使用的在线平台 Remaker，实现了单人换脸和多人换脸。

活动一 虚拟人

最近，公司推出了多款新产品，每款产品都配有视频介绍。为了快速将文案转为视频

进行推介，王华利用 AI 虚拟人给每款产品都做了宣传，出色地完成了这项工作。

活动分析

王华需要给每款产品配上图文并茂的视频介绍，他首先将所有产品的文字介绍整理成文案，再利用腾讯智影在线智能视频创作平台的虚拟人，在新产品出库的第一时间就能配套推介视频，公司领导对此非常满意。

活动展开

活动展开

虚拟人

1. 进入平台

(1) 登录腾讯智影官网。

(2) 单击首页的“创作空间”按钮，选择“数字人播报”功能进入创作界面，如图 4-2-2 所示。

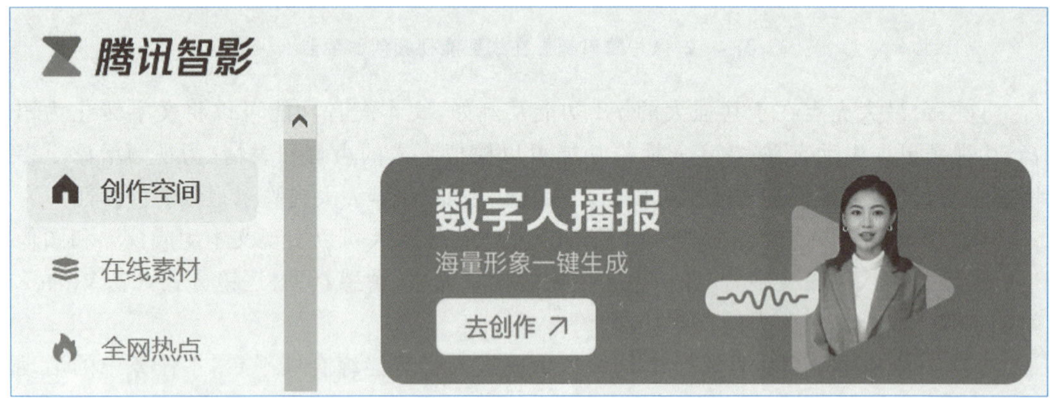

图 4-2-2 选择“数字人播报”功能

(3) 修改作品名字，如图 4-2-3 所示。

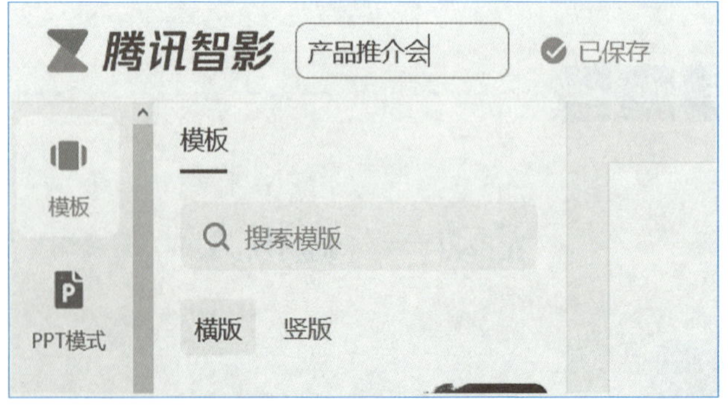

图 4-2-3 修改作品名字

2. 创建数字人播报项目

(1) 在新建页面中,选择合适的画面比例,如 9∶16(竖屏)或 16∶9(横屏),如图 4-2-4 所示。

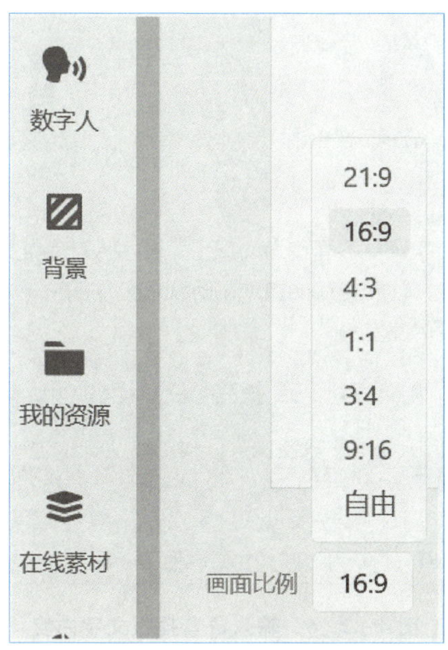

图 4-2-4　画布尺寸选择

(2) 在工具栏里单击“数字人”按钮,进入数字人选择界面,选择喜欢的数字人形象,如图 4-2-5 所示。

图 4-2-5　数字人选择界面

3. 输入提示词

（1）单击“播报内容”选项卡，在下方文本框中输入语音播报文字内容，如图 4-2-6 所示。

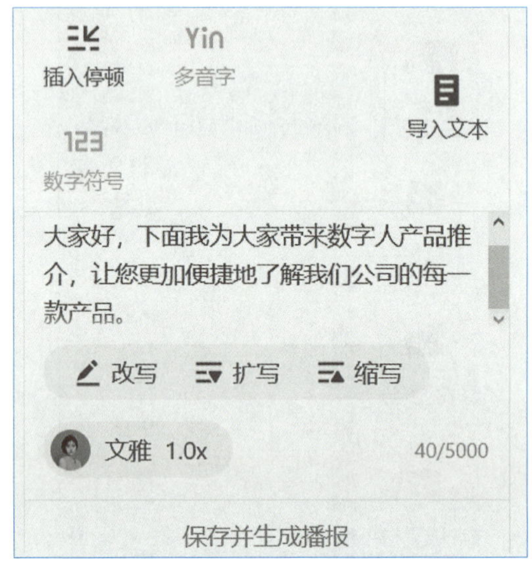

图 4-2-6 输入语音播报文字内容

（2）单击输入框的下方按键，选择音色，逐一试听，选择好后，单击“确定”按钮，如图 4-2-7 所示。

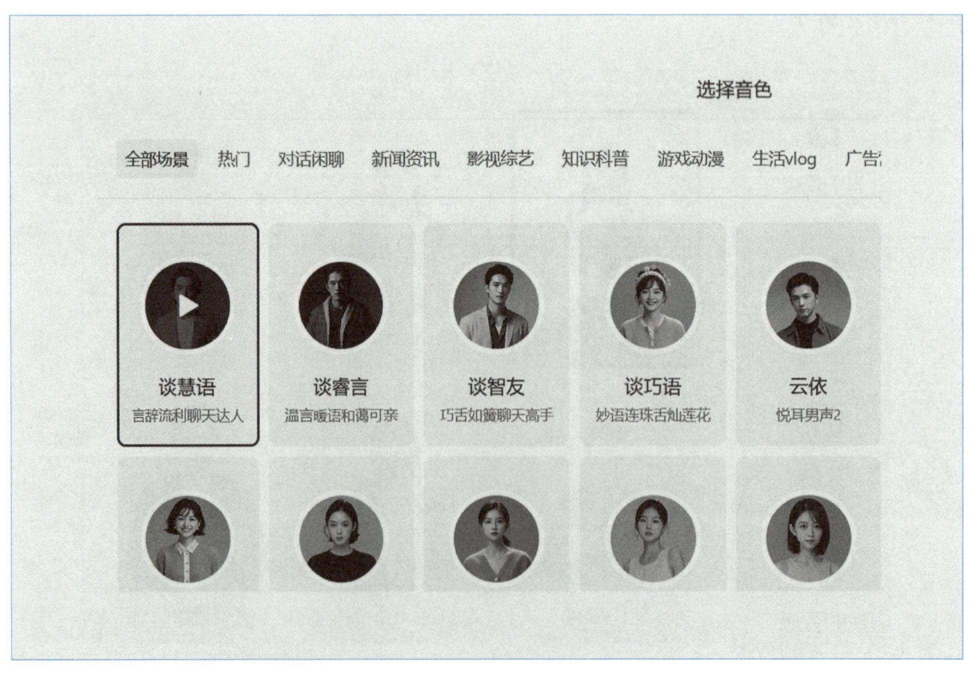

图 4-2-7 选择音色

（3）单击“保存并生成播报”按钮。

（4）音频生成后，单击“合成视频”，弹出设置对话框，如图 4－2－8 所示，完成相关设置后，等待视频合成。

（5）在“我的资源”中，找到合成的视频，单击“下载”图标，将视频下载并保存到本地，如图 4－2－9 所示。

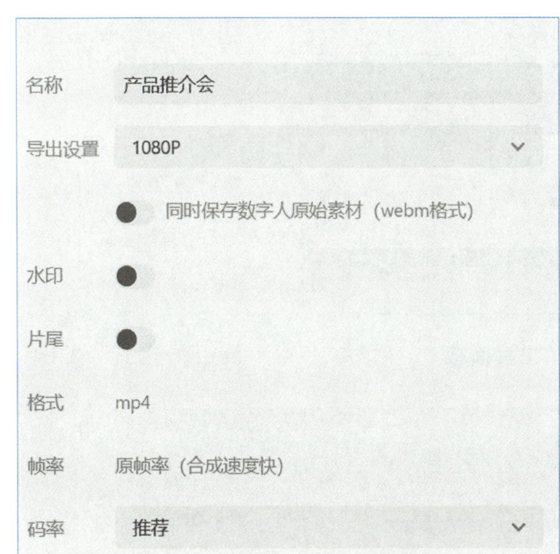

图 4－2－8　设置导出选项

图 4－2－9　下载并保存视频

1. 认识工具面板

腾讯智影工具面板融合了轨道剪辑、数字人内容编辑等功能区域，可以完成“数字人播报＋视频创作”流程，如图 4－2－10 所示。左边区域主要是素材区，视频模板、背景、声音、字幕等需要的素材可以在该区域中进行选择或添加；中间区域是视频效果预览窗和视频编辑轨道栏；右边区域是对象属性设置区。在实践操作中，熟练使用各区域中的相关功能即可提升视频处理质量。

2. 编辑数字人

（1）选择服装和显示形状。操作时，选择当前数字人，在对象属性设置区的“数字人编辑”选项卡中，可调整数字人的服装和显示形状，如图 4－2－11 所示。用户可以根据需要，更换数字人的服装（图 4－2－12）以及显示形状。

（2）设置数字人动作。用户可以通过“屏幕互动”“手部动作”“中性表达”等选项来设置数字人的动作，如图 4－2－13 所示。单击“展开”按钮，找到满意的动作，单击动作图片右上角的“加号”图标（图 4－2－14），将该动作增加到轨道对应的位置，给数字人增加手势，同时可在轨道中编辑数字人的手势，如图 4－2－15 所示。

图 4-2-10 工具面板

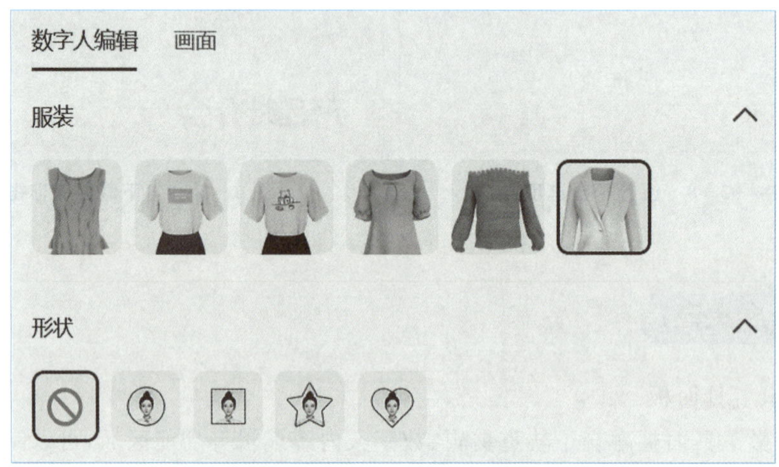

图 4-2-11 “数字人编辑”选项卡

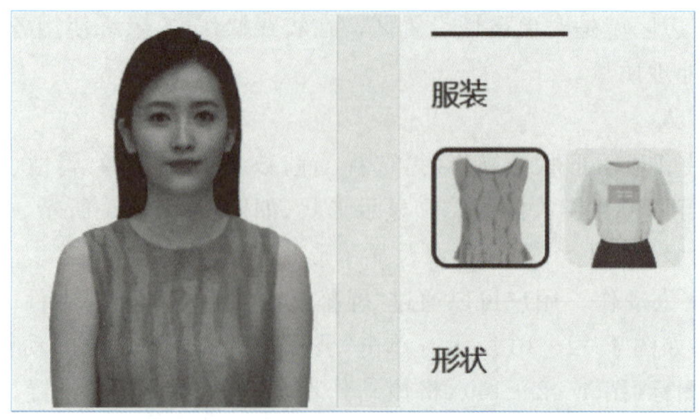

图 4-2-12 更换数字人衣服后效果

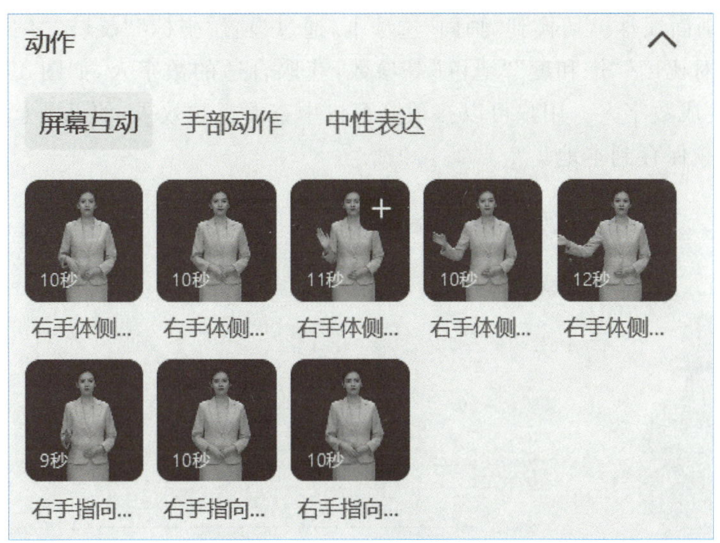

图 4－2－13　设置数字人的动作

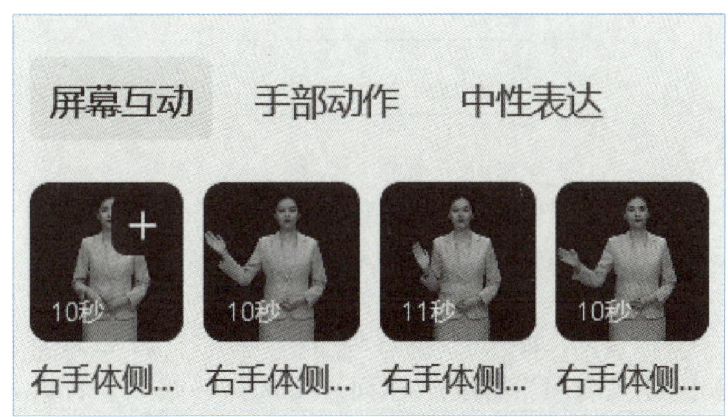

图 4－2－14　给数字人增加手势

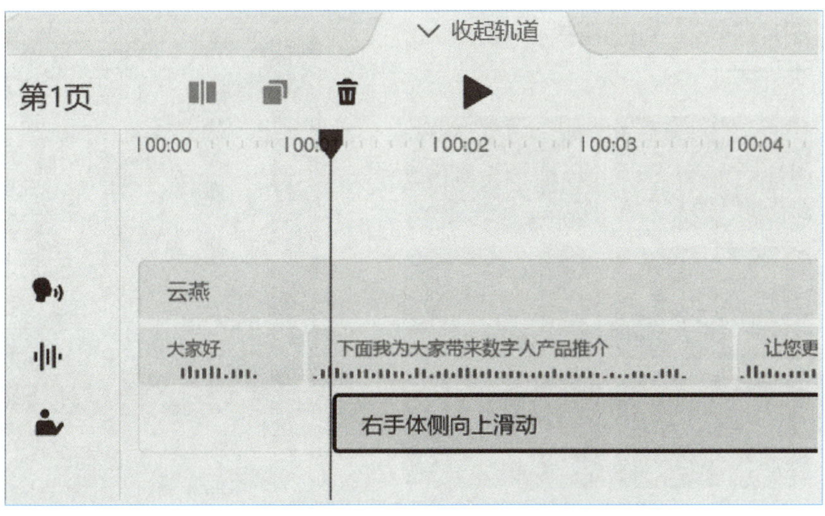

图 4－2－15　编辑数字人的手势

(3) 设置画面属性。切换到“画面”选项卡，通过设置“坐标”“旋转”“缩放”以及“不透明度”“亮度”“对比度”“饱和度”“褪色”等参数，获取合适的数字人，如图 4-2-16 所示。设置完成后，生成数字人。用户可以在预览窗口中查看视频效果，如果满意，可以单击“下载”按钮，将视频保存到本地。

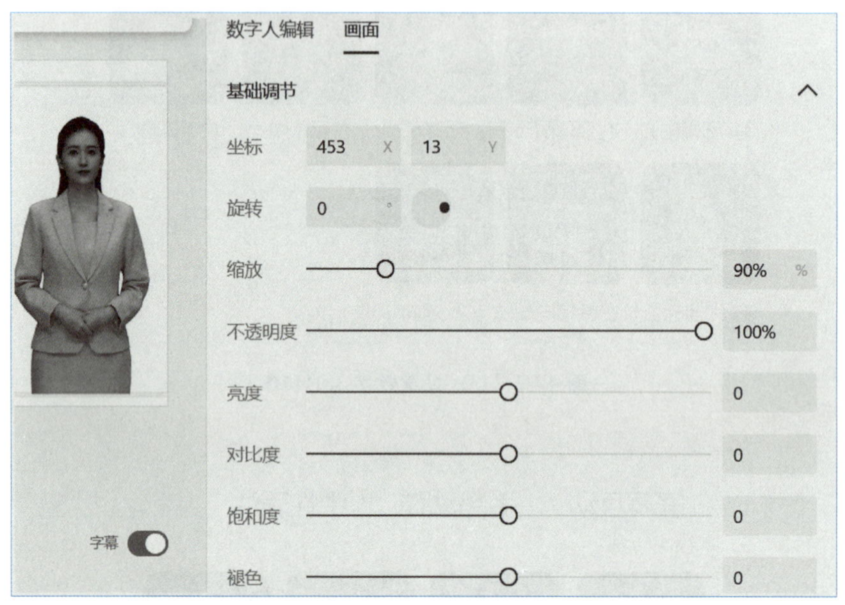

图 4-2-16 设置画面属性

(4) 设置背景。单击“背景”选项，可以选择“图片背景”“纯色背景”和“自定义”等三种类型的画面背景。单击“图片背景”选项卡，在列表中选择一张图片背景并预览效果，如图 4-2-17 所示。单击“自定义”选项卡，可从本地上传一张图片作为背景，如图 4-2-18 所示。

图 4-2-17 选择图片背景并预览效果

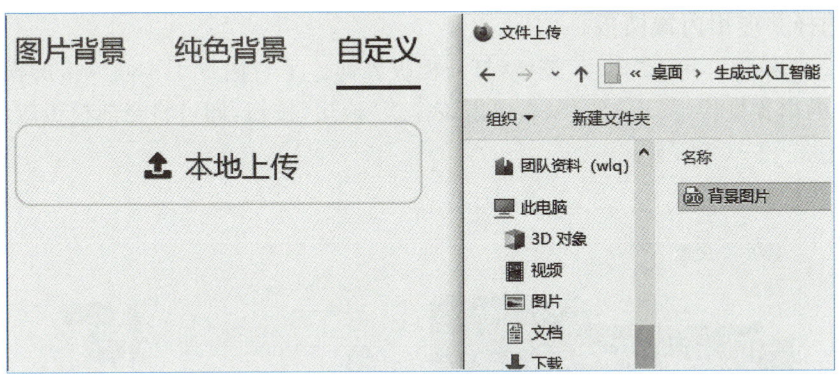

图 4－2－18　自定义背景

(5) 设置字幕。单击“字幕”开关按钮，开启字幕识别功能，如图 4－2－19 所示。然后单击右上角“字幕样式”选项卡，设置字幕样式，包括字体、颜色、字号等，如图 4－2－20 所示。

图 4－2－19　开启字幕识别功能

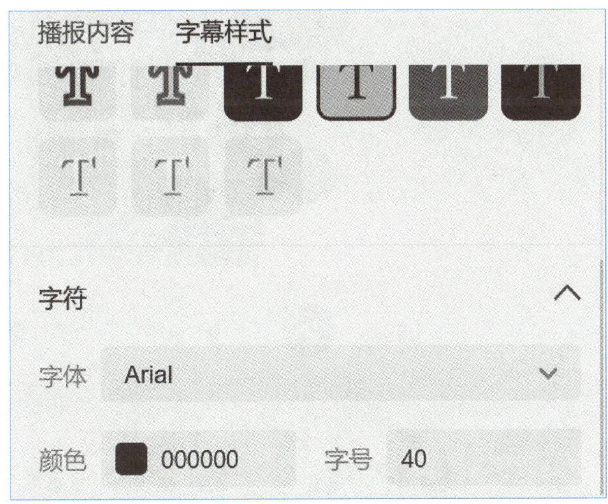

图 4－2－20　设置字幕样式

3. 选择并应用内置模板

(1) 选择模板。单击“模板”按钮，打开模板界面。平台内置了不同风格的模板，选择一个合适的内置模板(图 4-2-21)，单击该模板“应用”按钮，即可将当前模板应用到编辑界面，如图 4-2-22 所示。

图 4-2-21 选择合适的模板

图 4-2-22 应用内置模板

（2）了解 PPT 模式。在模板列表中，每个模板下方文字描述均有显示模板标题、时长、片段数等信息。其中，片段数即表示背景数量，如“3 个片段”表示有三个背景，单击右侧“PPT 模式”即可显示所有背景，如图 4-2-23 所示。选中某一页，可以通过右上角悬浮的“复制”图标和“删除”图标来复制或删除当前背景，如图 4-2-24 所示。

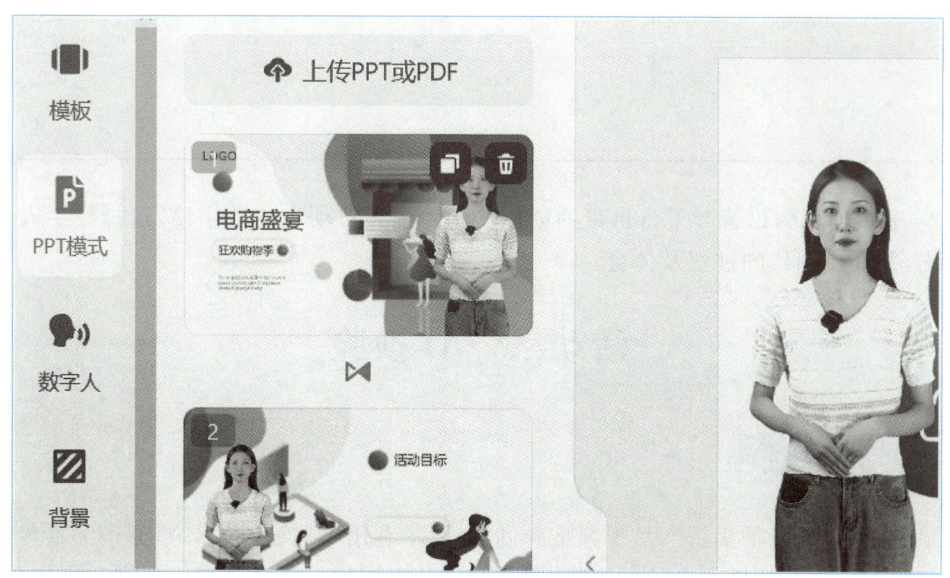

图 4-2-23 PPT 模式界面

图 4-2-24 复制或删除背景

实训操作

1. 假设你是某公司产品经理，请选择一个数字人为本公司产品做一个宣传视频，填写表 4-2-1 中的数字人制作记录，然后交流创作方法和感想。

表 4-2-1 数字人制作记录

创意设想	提示词	AI 创作效果

2. 通过使用腾讯智影平台自带的创作功能为视频自动生成逐字稿，选择数字人播报后导出，并交流创作的过程及体会。

活动二 AI 换脸

活动描述

最近，公司准备征集新产品视频推介创意，王华利用 AI 换脸技术，将原产品宣传海报和视频中的人物头像换为自己的头像，同时在作品中增加了新鲜有趣的内容和表情包，在创意征集活动中为公司吸引了一批粉丝，得到了公司领导的高度评价。

活动分析

AI 换脸技术是一种利用人工智能和计算机视觉技术，将一个人的面部特征替换到另一个人的面部图像上的技术。使用 Remaker 在线平台就能够实现，操作比较简单，效果也很显著。虽然为娱乐和创意产业带来了全新的机遇，但 AI 换脸技术背后的伦理和法律风险不容忽视。用户在使用的过程中应承担起责任，确保技术的合法与合规使用，不得传播虚假信息、侵犯个人隐私、诈骗犯罪，注意保护个人权益，促进 AI 换脸技术健康发展。

活动展开

活动展开

AI 换脸

1. 图片换脸

(1) 输入账号密码，登录 Remaker 平台，其首页如图 4-2-25 所示。

(2) 选择要换脸的原图，如图 4-2-26 所示。

(3) 选择目标人脸图像，如图 4-2-27 所示。

(4) 单击下方“换脸”按钮，等待处理，换脸后的图片效果如图 4-2-28 所示。

(5) 可无损放大换脸后的图片进行查看，或选择下载。

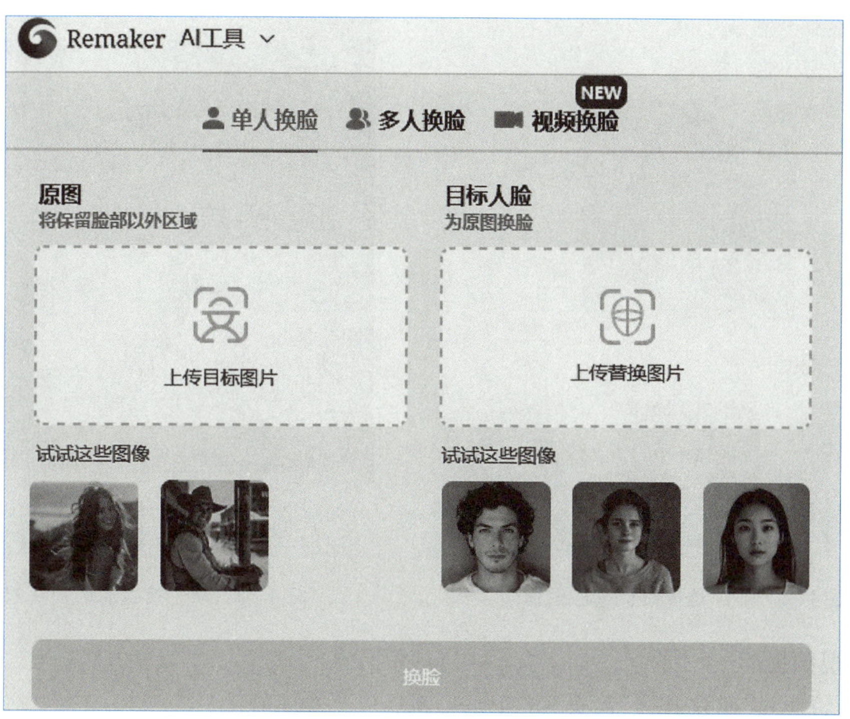

图 4-2-25 Remaker 平台首页

图 4-2-26 选择要换脸的原图

图 4-2-27 选择目标人脸图像

图 4-2-28 换脸后的图片效果

2. 视频换脸

(1) 切换到“视频换脸”选项卡,如图 4-2-29 所示。

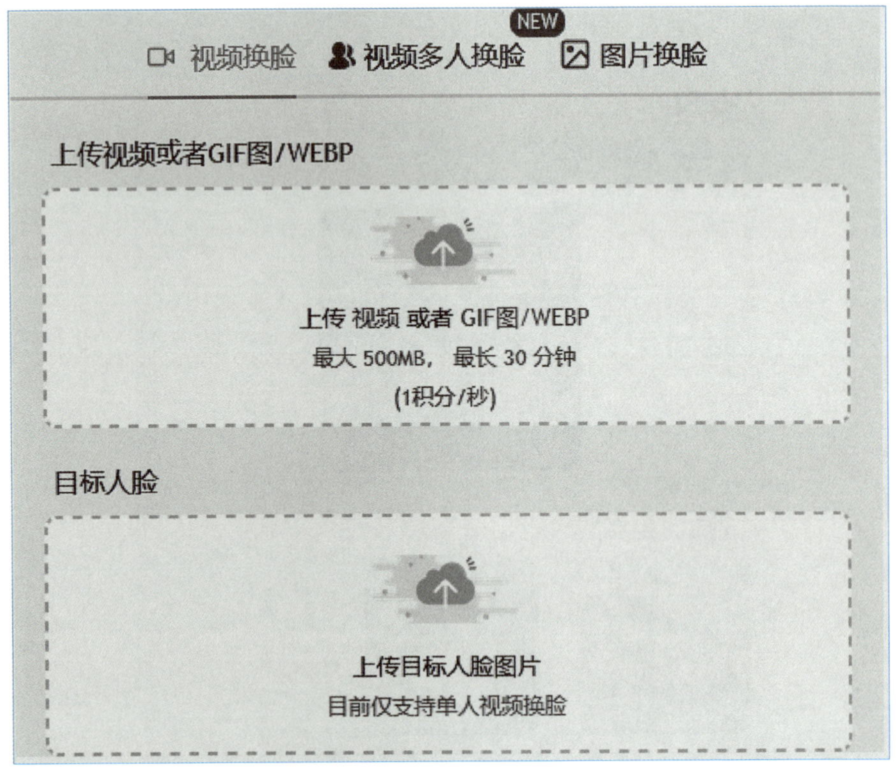

图 4-2-29 “视频换脸”选项卡

(2) 上传视频换脸源文件,如图 4-2-30 所示。

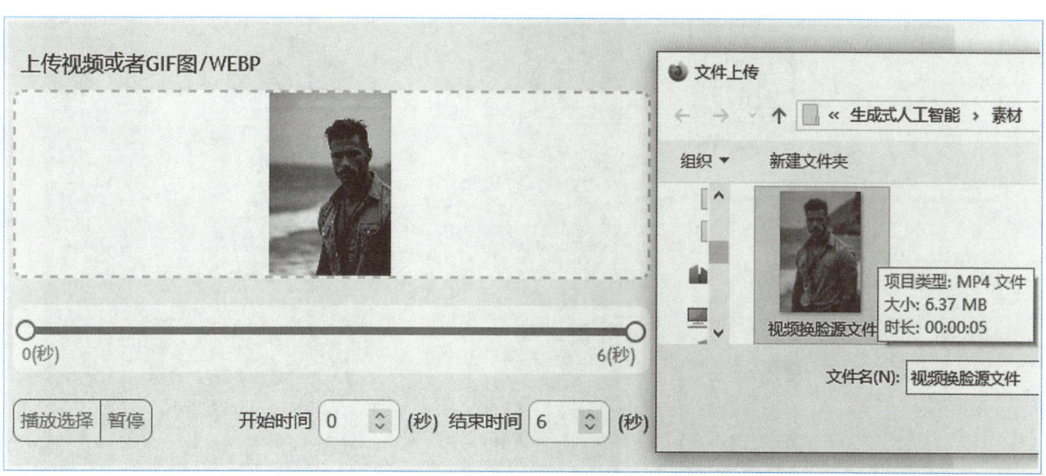

图 4-2-30 上传视频换脸源文件

(3) 单击“普通换脸”按钮或“脸部高清换脸”按钮,上传目标人脸图像,如图 4-2-31 所示。

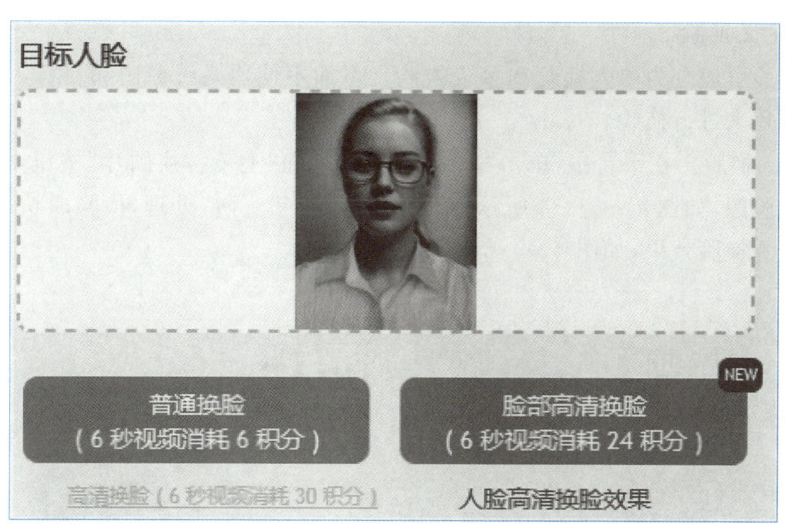

图 4-2-31 上传目标人脸图像

(4) 等待处理,换脸后的视频效果如图 4-2-32 所示。

图 4-2-32 换脸后的视频效果

拓展提高

1. 自定义换脸

图片换脸可以分为单人换脸和多人换脸。下面不使用系统原图和目标人脸图，上传自定义的图片来进行换脸。

（1）单人换脸。在平台中，单击“上传目标图片”和“上传替换图片”按钮，分别上传原图和目标人脸图，如图 4-2-33 所示，单击“换脸”按钮，等待处理，换脸成功后，单击“切换”按钮，查看换脸效果，如图 4-2-34 所示。

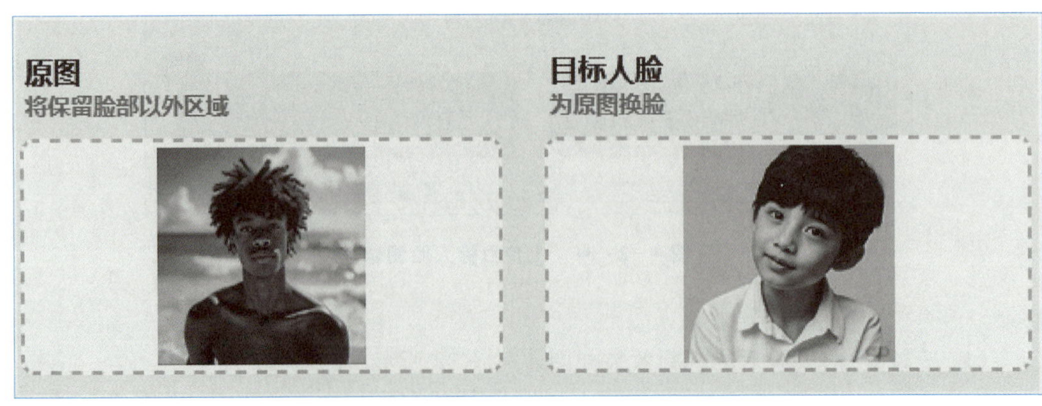

图 4-2-33 上传自定义的图片

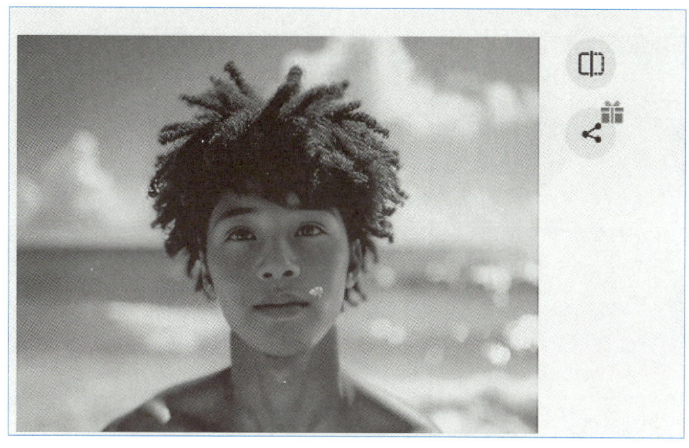

图 4-2-34 查看换脸效果

(2) 多人换脸。切换到"多人换脸"选项卡,选择一张多人合影图片(图 4-2-35),上传到目标图片框,右侧分离并显示该合影图片中的人脸图片,如图 4-2-36 所示。单击需要换脸的人脸图片右侧的"+"按钮上传目标人脸图像(图 4-2-37)后,单击"换脸"按钮,为合影照片换脸,多人换脸后的效果如图 4-2-38 所示。

图 4-2-35 选择多人合影图片

图 4-2-36 分离并显示合影图片中的人脸图片

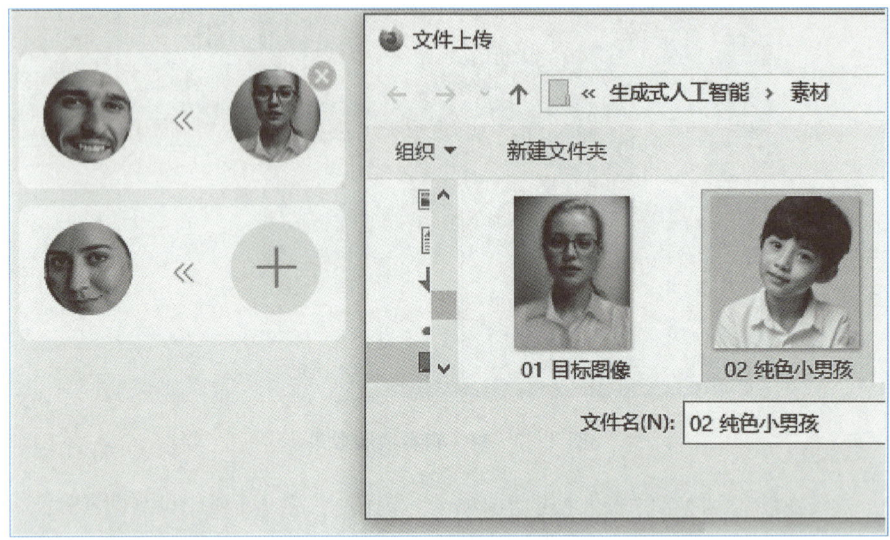

图 4－2－37 上传目标人脸图像

图 4－2－38 多人换脸后的效果

2. 批量换脸

(1) 多张原图。对于多张原图需要同时换为同一张脸，可以使用批量换脸功能。单击“批量换脸”链接，选择“多张原图”选项卡，上传多张原图及同一张目标人脸图像，如图 4－2－39 所示，单击“批量换脸”按钮，等待处理，多张原图换脸后的效果如图 4－2－40 所示。

批量换脸完成后，可以在“历史记录”中勾选多张图片(图 4－2－41)，单击“下载”按钮，批量保存到本地。

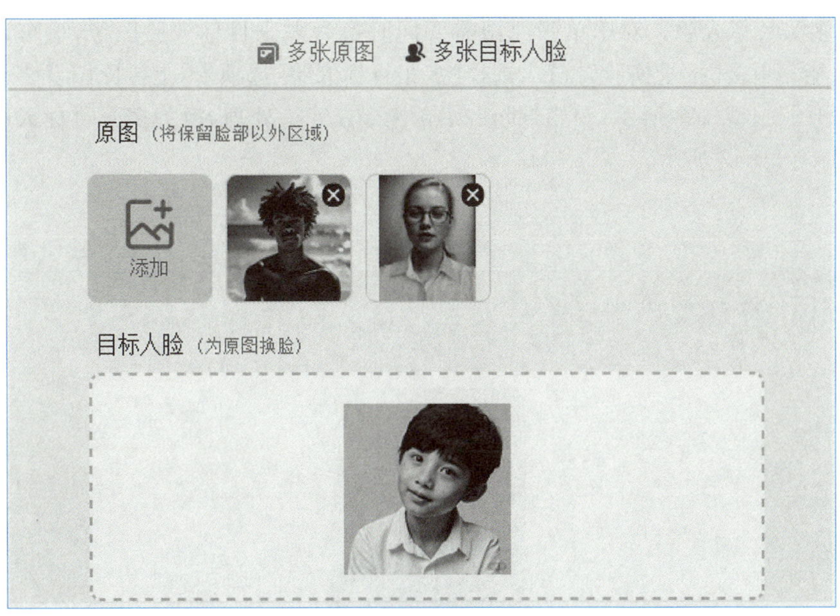

图 4－2－39　上传多张原图及同一张目标人脸图像

图 4－2－40　多张原图换脸后的效果

图 4－2－41　“历史记录”中进行批量下载

（2）多张目标人脸。对于单张原图需要同时换为多张目标人脸图像，也可以使用批量换脸功能。单击“批量换脸”链接，选择“多张目标人脸”选项卡，上传原图及多张目标人脸图像，如图 4-2-42 所示，单击“批量换脸”按钮，等待处理，换为多张目标人脸图像的效果如图 4-2-43 所示。

图 4-2-42 上传 1 张原图及多张目标人脸图像

图 4-2-43 换为多张目标人脸图像后的效果

实训操作

1. 准备两张多人合影和多张人脸照片，利用 AI 工具将多人换为不同的人脸，完成表 4-2-2 中的换脸创作记录，然后与他人交流创作方法和感想。

表 4-2-2　换脸创作记录表

多人合影原图	人脸照片	换脸后的照片	创 作 感 想

2. 准备一段 5 s 左右的多人视频，利用视频多人换脸功能将视频中的人脸换为目标人脸，并与他人交流换脸在日常生活中具有什么风险。

活动三　文本生成视频

活动描述

最近，某数字内容创作公司正在举行小故事视频大赛。优秀视频还会推介到社交平台展播。编写故事是王华的强项，但处理视频的能力却一般，他想尝试利用 AI 来创作视频。

活动分析

传统的故事视频创作，需要编制故事文本、制作脚本、收集素材、编辑视频、处理字幕、视频配音等环节，创作几分钟的视频需要投入大量的时间和精力。当前，随着 AI 技术不断地发展，众多国产 AIGC 平台能够把用户输入的文本转化为视频画面，用户只需要进行简单调整，就可以通过视频表达文本的意思。文本生成视频的过程中，编写提示词比较关键。

活动展开

1. 尝试“文生视频”

(1) 打开智谱清言大模型官方网站，登录平台。

活动展开

文本生成视频

（2）切换到“文生视频”选项卡，如图 4－2－44 所示。

（3）输入描述文本，即“灵感描述”，如图 4－2－45 所示。

图 4－2－44 “文生视频”选项卡

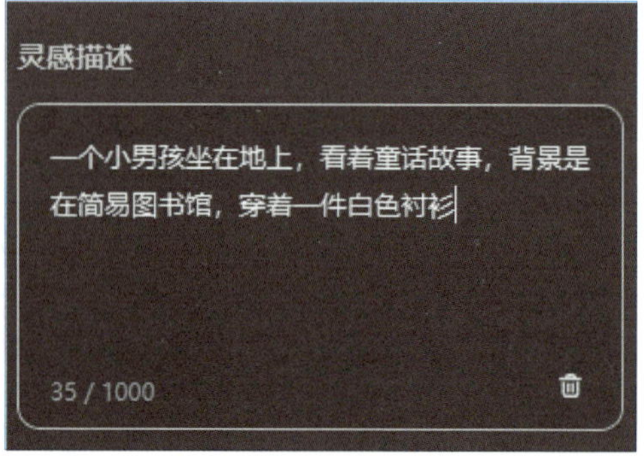

图 4－2－45 输入“灵感描述”

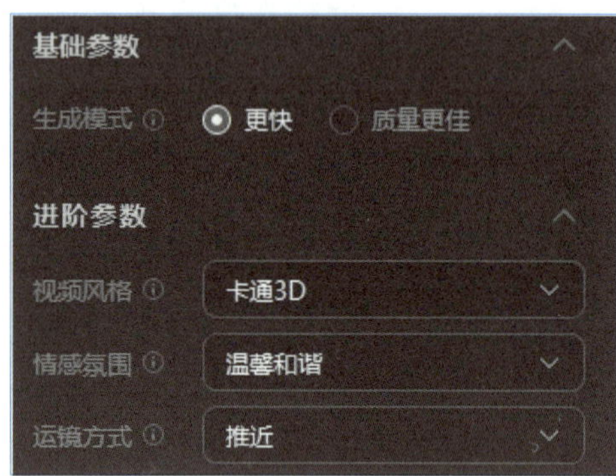

图 4－2－46 设置基础参数

（4）设置相关基础参数，包括“生成模式”“视频风格”“情感氛围”“运镜方式”等，如图 4－2－46 所示。

（5）单击“生成视频”按钮，等待处理完成。单击“我的创作”可查看并导出生成的视频，如图 4－2－47 所示。

图 4－2－47 生成的视频

2. 设置声音效果

(1) 切换到“我的创作”选项卡,单击“AI 音效”图标即自动生成 AI 音效,如图 4-2-48 所示。

图 4-2-48　生成 AI 音效

(2) 单击“添加背景音乐”图标,弹出“选择视频背景音乐”对话框,如图 4-2-49 所示。单击并试听内置的背景音乐,选择需要的背景音乐,单击“确定”按钮。

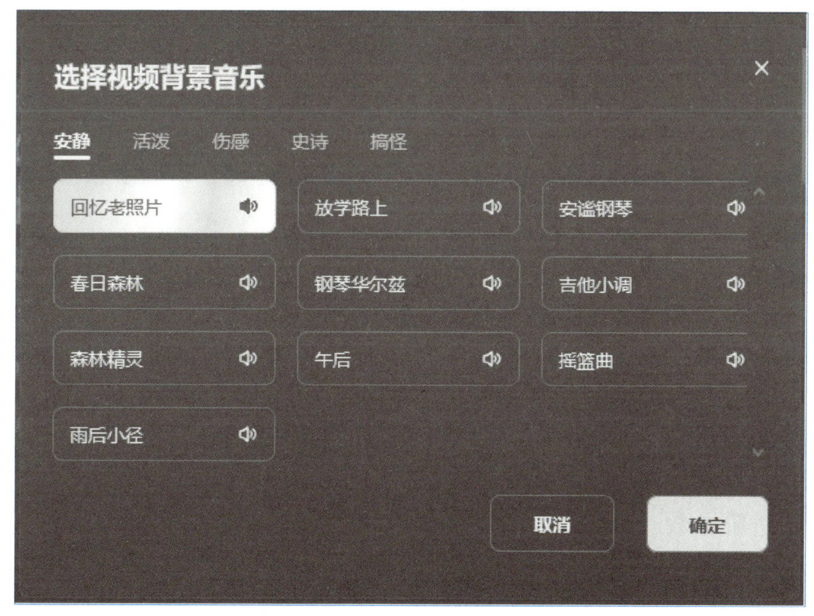

图 4-2-49　“选择视频背景音乐”对话框

(3) 添加音效和背景音乐后,作品缩略图左上角会显示相应的标签(图 4-2-50),单击“下载”图标,即可将作品下载到本地,如图 4-2-51 所示。

图 4-2-50 显示音效和背景音乐的标签

图 4-2-51 下载作品

3. 修改视频作品

(1) 需要修改视频作品,单击作品右下角“…”按钮,删除或重新生成视频,如图 4-2-52 所示。

(2) 单击画面中的背景音乐图标,可删除或更换背景音乐,如图 4-2-53 所示。

图 4-2-52 删除视频或重新生成

图 4-2-53 删除或更换背景音乐

小提示:单击“AI 音效”图标也可以删除或更换 AI 音效。生成的视频还可以单击“…”按钮,选择“分享视频”选项来将其分享到其他的平台。

拓展提高

1. 设置进阶参数

(1) 设置视频风格。输入“灵感描述”后,进阶参数中的“视频风格”分别选择“黑白老照片”“油画”,如图 4-2-54 所示,生成的“黑白老照片”视频效果如图 4-2-55 所示,“油画”视频效果如图 4-2-56 所示。

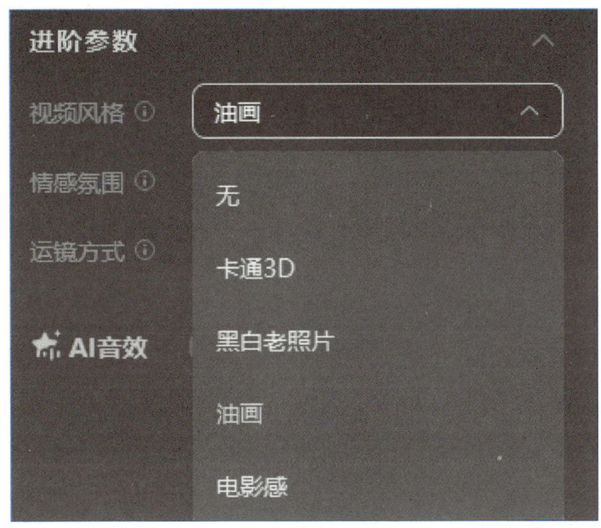

图 4-2-54　设置“视频风格”

图 4-2-55　“黑白老照片”视频风格

色彩空间

"油画"视频风格

图 4-2-56 "油画"视频风格

(2) 设置情感氛围。输入"灵感描述"后，进阶参数中的"情感氛围"分别选择"温馨和谐"和"生动活泼"，如图 4-2-57 所示，生成的"温馨和谐"情感氛围视频效果如图 4-2-58 所示，"生动活泼"情感氛围视频效果如图 4-2-59 所示。

进阶参数

视频风格 无

情感氛围 温馨和谐

运镜方式

AI音效

无

温馨和谐

生动活泼

紧张刺激

凄凉寂寞

图 4-2-57 设置"情感氛围"

图 4-2-58 “温馨和谐”情感氛围视频效果

图 4-2-59 “生动活泼”情感氛围视频效果

(3) 运镜方式。决定视频拍摄的角度和节奏，可以设置为“水平”“垂直”“推进”“拉远”等方式。

2. 优化提示词技巧

(1) 优化提示词结构。提示词要按照画面描述要点，告诉AI需要生成视频的关键点，如摄像机移动方式、场景描述等，可尝试如下公式来编写提示词，使提示词的结构更清晰。

[镜头语言]+[光影]+[主体(主体描述)]+[主体运动]+[场景(场景描述)]+[情绪/氛围/风格]

例句：摄影机平移(镜头语言)，一个小男孩坐在图书馆的长椅上(主体描述)，手里拿着一本有趣的童话故事(主体运动)。他穿着一件白色的衬衫，看起来很愉快(情绪)，背景是藏满各种书籍的书架，阳光透过窗户洒在男孩身上(场景描述)。

在智谱清言的“灵感描述”文本框中，分别输入有结构的提示词(例句)和无结构的提示词，生成的视频效果对比如图4-2-60所示。左侧为有结构的提示词生成的视频，右侧为无结构提示词生成的视频。

图4-2-60 有、无结构的提示词生成视频效果对比

(2) 优化提示词。在描述文字的时候，优化提示词有助于生成的视频更贴近用户需要的结果，一般有如下方法。

一是强调关键信息。在提示的不同部分重复或强化关键词有助于提高输出的一致性，例如，摄像机以超高速镜头快速飞过场景，其中的“超高速”“快速”就是重复词。

二是设置艺术风格，在提示词中添加“艺术家/艺术作品风格”，可以更好地指定视频的呈现效果，如增加“文森特·梵高”“莫奈”风格描述后生成的视频，其效果对比见表4-2-3。

表 4-2-3　艺术风格提示词生成视频效果对比

风　格	提　示　词	生　成　视　频
文森特・梵高	文森特・梵高，种子发芽破土而出	 00:06
莫奈	莫奈，种子发芽破土而出	 00:06

三是规避负面效果。为了进一步保障视频生成质量，可以在提示词中写明不需要的效果。例如：不出现扭曲、变形、模糊的场景。

四是添加电影风格。添加“电影风格”，可以更好地指定视频的呈现效果。基础风格、科幻风格、西部风格、黑色电影风格等提示词生成的视频效果对比见表 4-2-4。

表 4-2-4　电影风格提示词生成视频效果对比

风　格	提　示　词	生　成　视　频
基础风格	一个乐高积木小人在高速公路上开跑车	 00:06

续 表

风 格	提 示 词	生 成 视 频
科幻风格	科幻风格，一个乐高积木小人在公路上开跑车	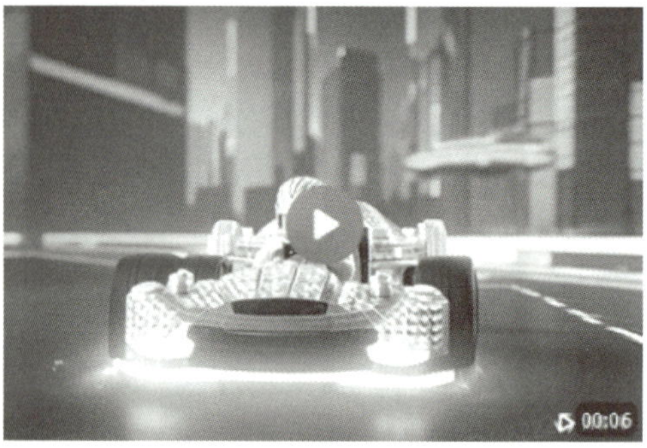 00:06
西部风格	西部风格，一个乐高积木小人在高速公路上开跑车	 00:06
黑色电影风格	黑色电影风格，一个乐高积木小人在公路上开跑车	 00:06

五是加强镜头语言。镜头语言是通过摄影机的移动或焦距变化来表现画面内容的一种方式。常用的镜头运动包括推、拉、摇、移、升、降等。

3. 了解清影提示词智能体

打开清影提示词文生视频工具(图 4-2-61)，输入视频主题和场景描述(图 4-2-62)，单击“发送”按钮，平台会推送不同风格的提示词供参考，如图 4-2-63 所示，可单击“重新回答”直到满意。

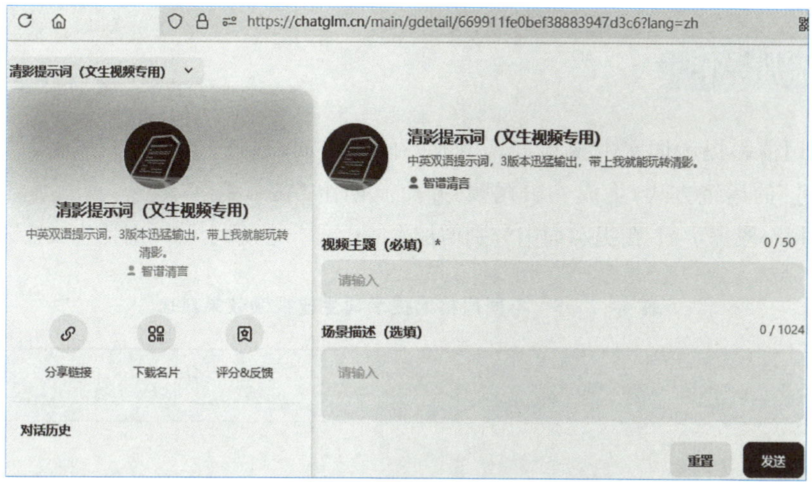

图 4-2-61 清影提示词文生视频工具

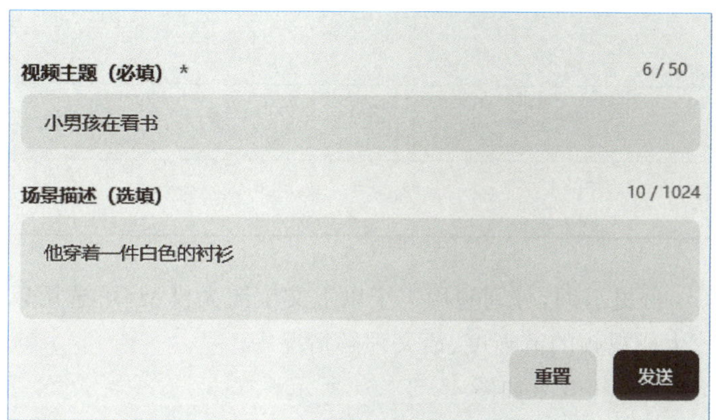

图 4-2-62 输入视频主题和场景描述

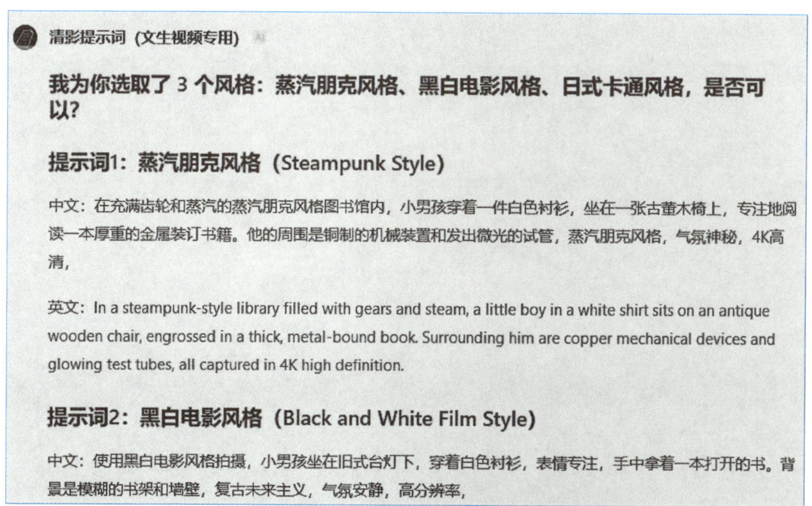

图 4-2-63 平台推送不同风格的提示词

实训操作

1. 利用清影提示词文生视频工具生成一段提示词，选择“卡通 3D”风格、“紧张刺激”氛围、“推进”的运镜方式，生成一段视频，并交流创作方法。

2. 自拟一段提示词，在提示词中分别增加表 4-2-5 中所列风格，对比生成视频的效果。

表 4-2-5 不同风格的提示词生成视频效果对比

风格	提 示 词	视 频 效 果
科幻		
喜剧		
悲剧		
古典		
史诗		

3. 自己编写一份提示词，分别利用三个以上文生图大模型（可选用以下提示模型）生成一个视频，比较生成视频的清晰度、语义理解情况等。

- 即梦 AI，生成视频效果如图 4-2-64 所示。

图 4-2-64 即梦 AI 生成视频效果

• 可灵 AI，生成视频效果如图 4－2－65 所示。

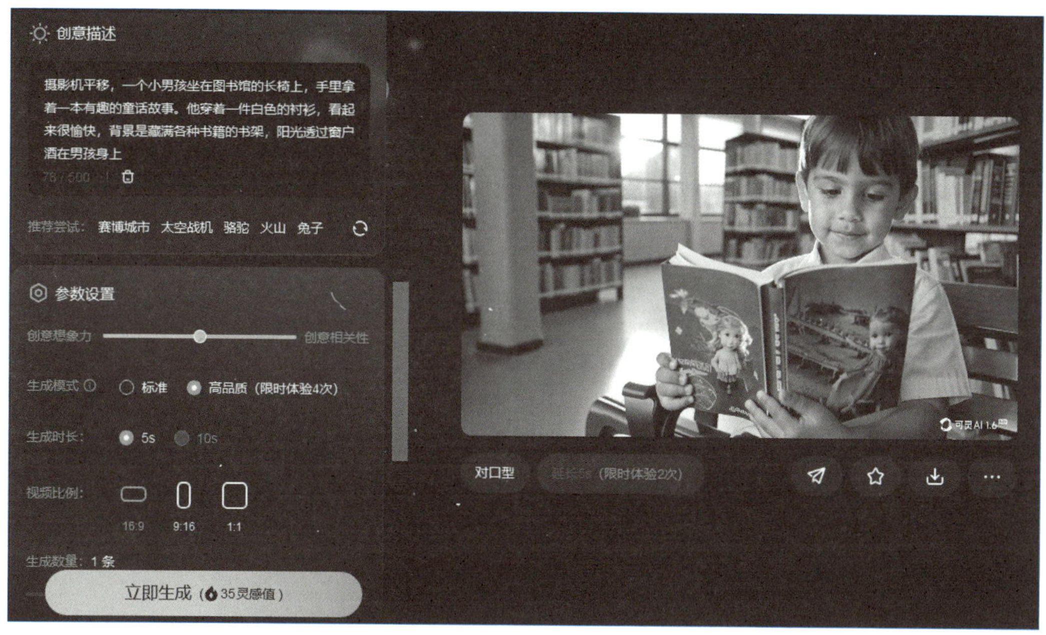

图 4－2－65 可灵 AI 生成视频效果

• 通义万相，生成视频效果如图 4－2－66 所示。

图 4－2－66 通义万相生成视频效果

活动四 图片生成视频

活动描述

最近，公司要参加一个互联网产品展示活动，需要将公司产品制作成一些带情景的小视频，王华利用了生成式人工智能技术，在短时间内将公司参展产品全部制作成了小视频，得到了领导的高度认可。

活动分析

传统的方法要将多种图片编辑成为视频虽然不是一件难事，但要使视频带有情境，做起来比较费时费力，往往难以达到较好的效果。随着AI技术发展，图片生成视频的工作则变得便捷，省时省力。使用智谱清言大模型CogVideoX，只需上传素材图片，输入一段文字描述，设置视频生成模式、分辨率、视频帧率等参数，CogVideoX就会生成一段有故事的视频片段。

活动展开

活动展开

图片生成视频

1. 生成视频

（1）登录智谱清言大模型，切换到“图生视频2.0”选项卡，如图4-2-67所示。

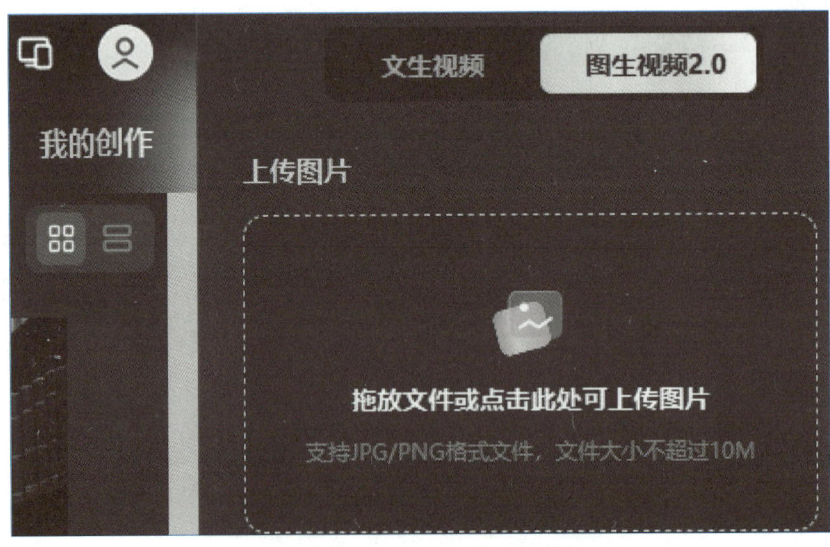

图4-2-67 “图生视频2.0”选项卡

（2）拖放文件或单击上传图片框，上传图片，如图4-2-68所示。

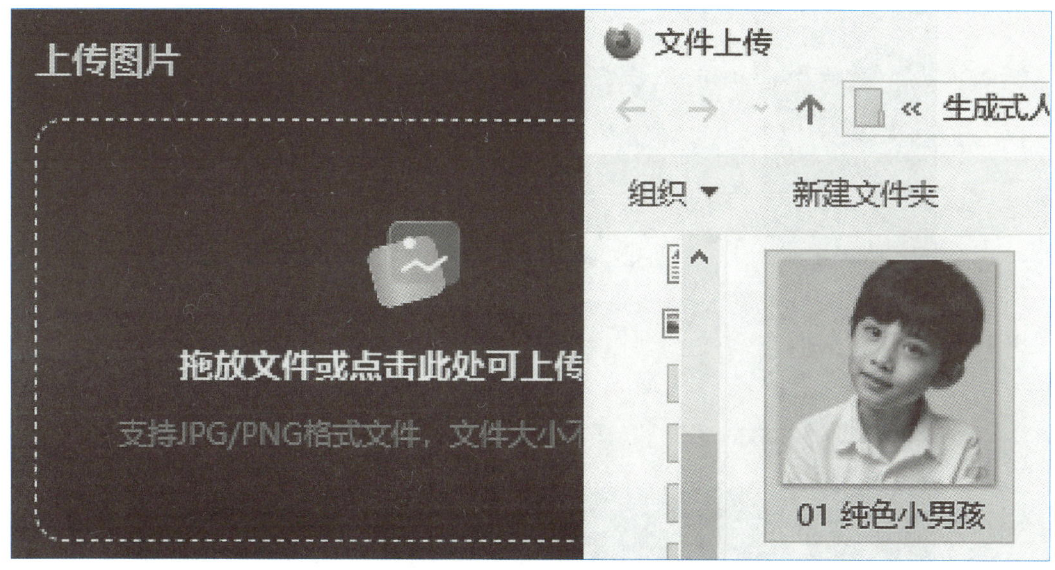

图 4-2-68 上传图片

(3) 单击“生成视频”按钮，等待视频生成(图 4-2-69)。视频生成后，单击“我的创作”选项卡，可查看视频生成效果，如图 4-2-70 所示。

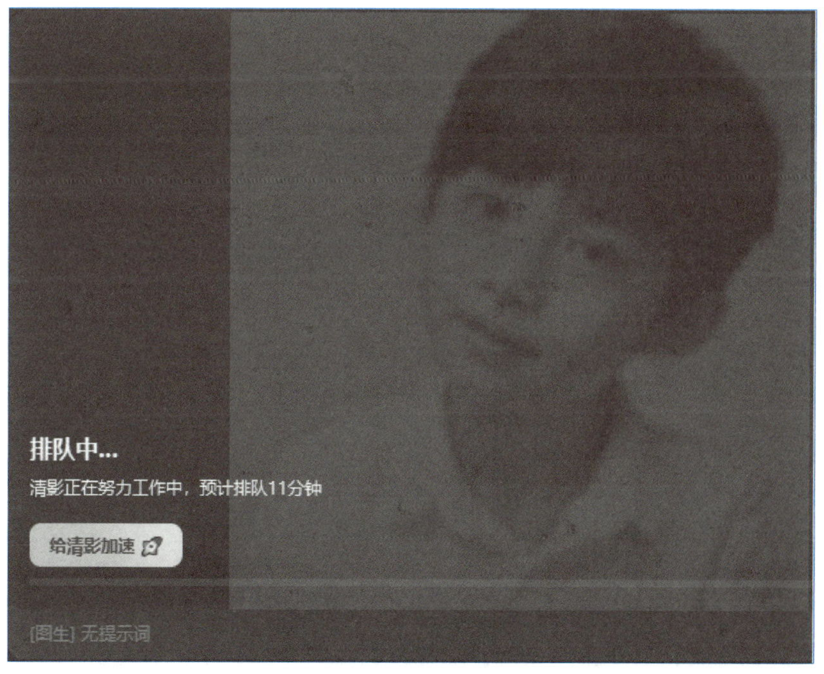

图 4-2-69 等待视频生成

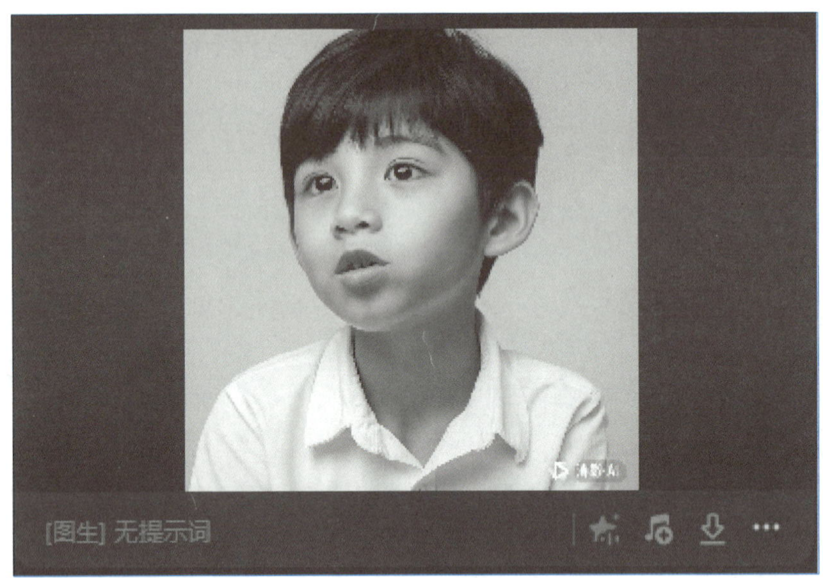

图 4-2-70 视频生成效果

2. 设置声音效果

(1) 切换到"我的创作"选项卡,单击"AI 音效"图标自动生成 AI 音效,如图 4-2-71 所示。

(2) 单击"添加背景音乐"图标,选择合适的背景音乐,如图 4-2-72 所示。单击"确定"按钮选择视频背景音乐。

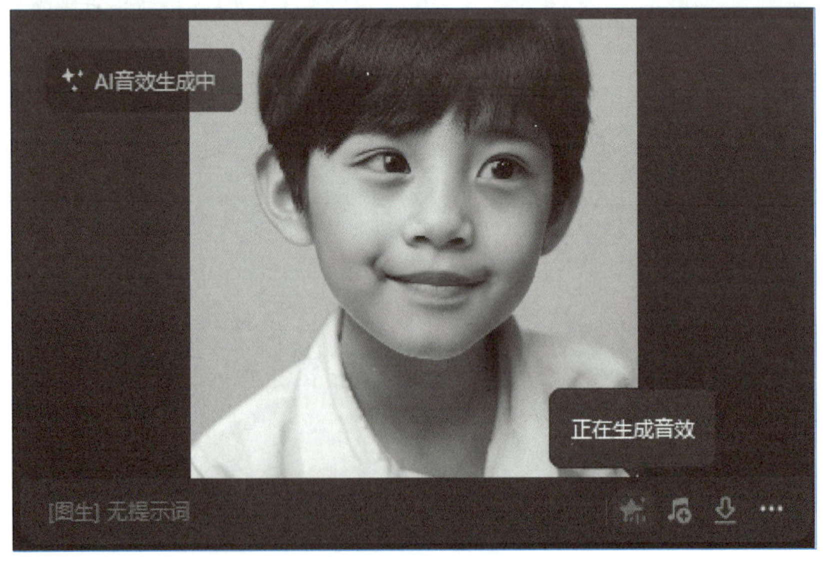

图 4-2-71 生成 AI 音效

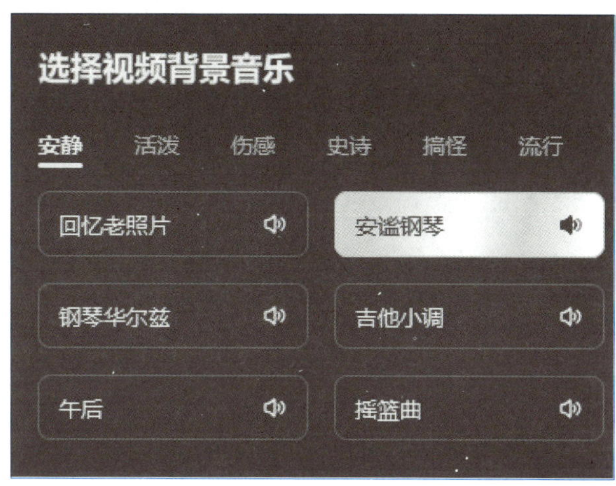

图 4－2－72　选择视频背景音乐

(3) 添加背景音乐和 AI 音效后，作品缩略图左上角会显示相应标签(图 4－2－73)，单击“下载”图标可将作品下载到本地。

图 4－2－73　添加背景音乐和 AI 音效后的作品缩略图

3. 修改视频作品

(1) 单击作品右下角“…”按钮，可以重新生成、删除或分享视频，如图 4－2－74 所示。

(2) 单击“音乐”按钮，可以更换或删除背景音乐。

(3) 单击“AI 音效”按钮，可以更换或删除 AI 音效，如图 4－2－75 所示。

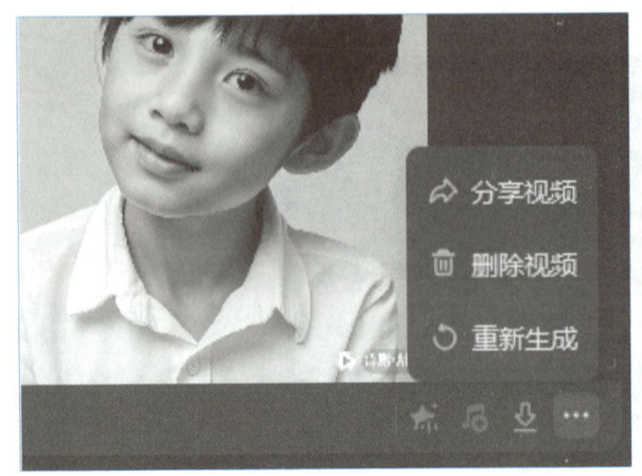

图 4-2-74 重新生成、删除或分享视频

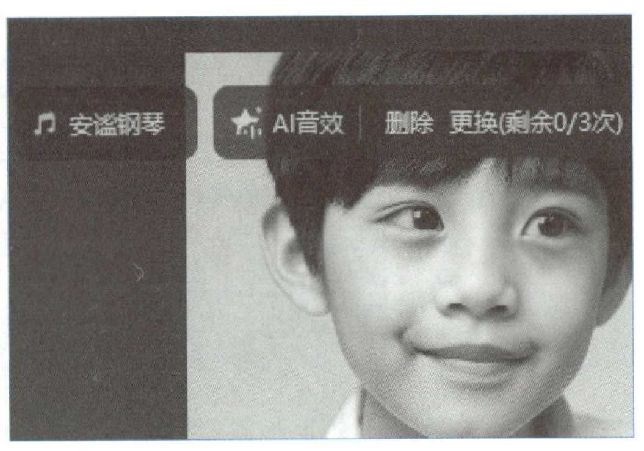

图 4-2-75 更换或删除 AI 音效

拓展提高

1. 设置上传图片

(1) 设置图片裁剪比例。除了原图,平台提供了 9∶16、16∶9、1∶1、3∶4、4∶3 等 5 种图片裁剪比例供用户选择。操作时,单击图片上传框,在弹出的“图片裁剪”对话框中选择与原图接近的比例裁剪,如图 4-2-76 所示。

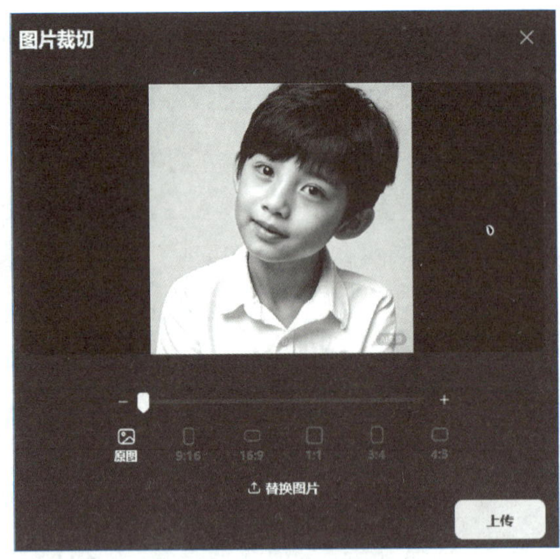

图 4-2-76 “图片裁剪”对话框

小提示: 当上传 1∶1 比例的图片按照其他比例裁剪时,结果会比原图少部分内容,影响原图表达的内容。原图按照 16∶9 和 3∶4 比例裁剪后的效果如图 4-2-77 所示。

图 4－2－77　原图按照 16∶9 和 3∶4 比例裁剪后的效果

(2) 图片质量。如果原图不够清晰，也会影响模型对图片的识别，可以采用分辨率提升工具将图片变清晰，平台默认不允许上传像素小于 300 像素的图片，否则会出现“上传失败”提示框，如图 4－2－78 所示。

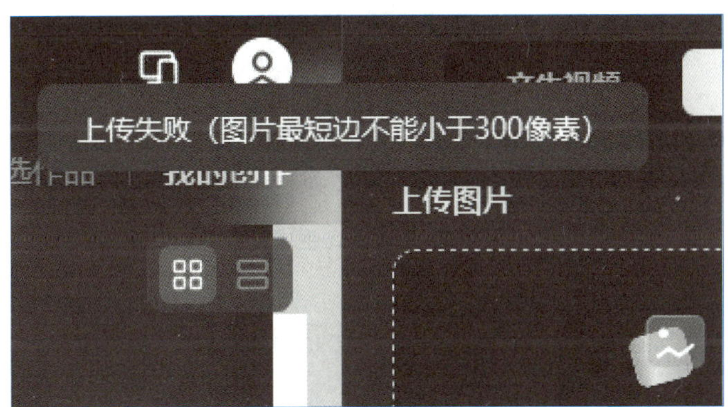

图 4－2－78　低像素图片“上传失败”提示框

2. 设置提示词

(1) 随机生成“灵感描述”。上传图片后，单击“帮我想一条”或“骰子”图标，让系统随机生成一条“灵感描述”(图 4－2－79)，有、无提示词生成视频对比效果如图 4－2－80 所示。

(2) 人工编写提示词。可以采取“参考[主体]+[主题运动]+[背景]+[背景运动]”方式人工编写提示词，如强化动作、表情和添加饰物等。操作时，人工编写提示词与无提示词生成视频对比效果，如图 4－2－81 所示。

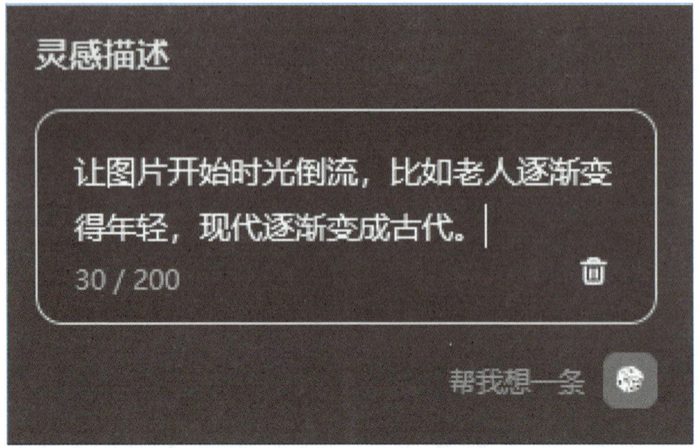

图 4-2-79 随机生成“灵感描述”

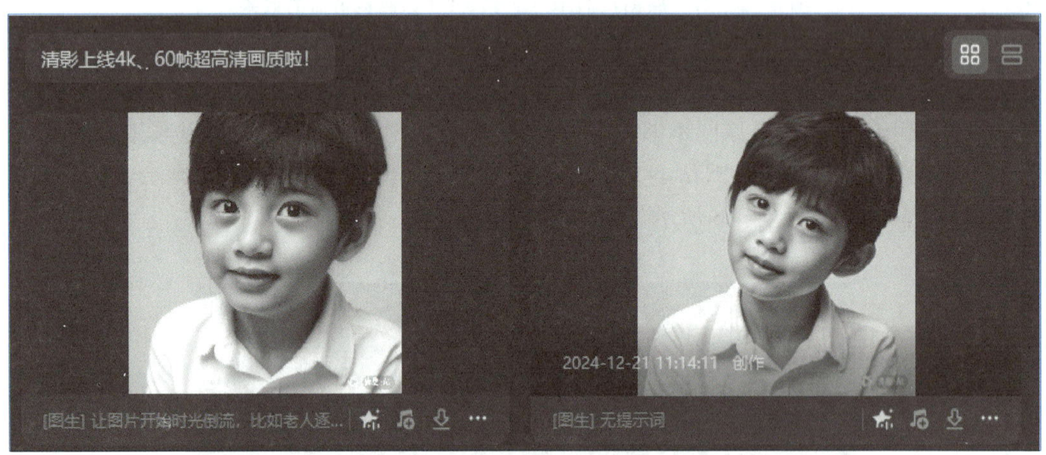

图 4-2-80 有、无提示词生成视频对比效果

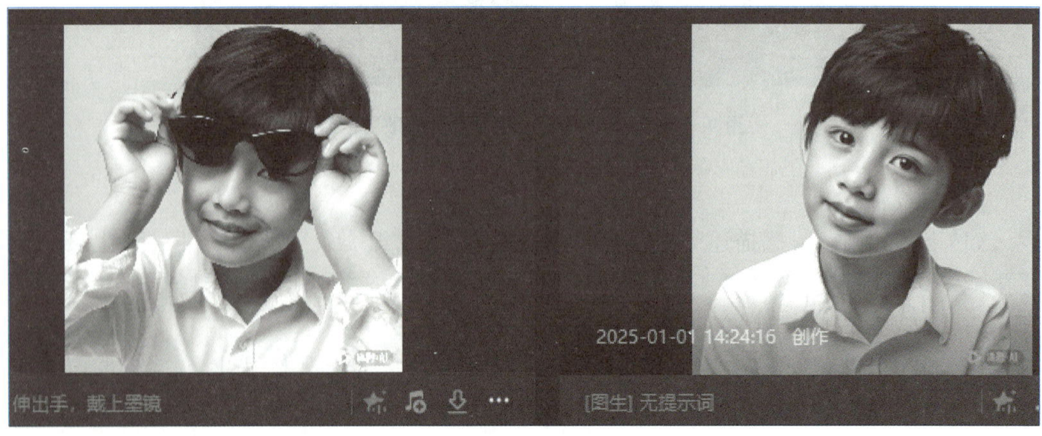

图 4-2-81 人工编写提示词与无提示词对比效果

（3）尝试清影提示词。智谱清言为用户提供了“清影提示词”图生视频小工具帮助用户生成提示词。操作时，打开“清影提示词”图生视频工具（图 4－2－82），输入图像主体并选择图像风格（图 4－2－83），单击“发送”按钮，平台会生成一张图像并推送不同的视频提示词供用户选择，如图 4－2－84 所示。

图 4－2－82　“清影提示词”图生视频工具

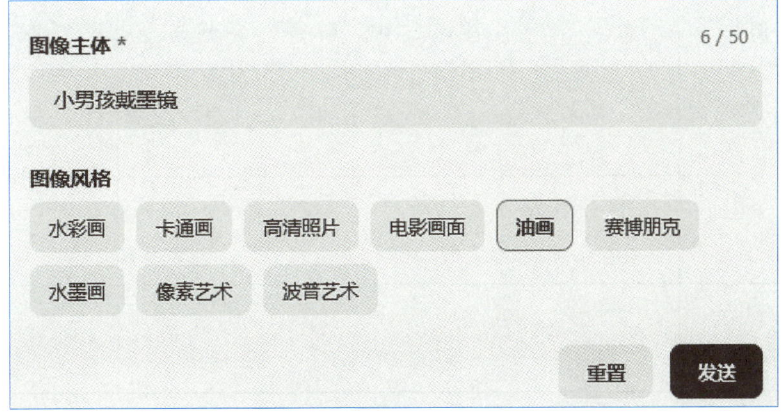

图 4－2－83　输入图像主体并选择图像风格

图像已经生成，接下来我将根据这张图像为您创作三个不同版本的视频提示词：

1. 提示词1：图中的小男孩戴着墨镜，在阳光明媚的户外背景下玩耍，镜头缓缓推进，捕捉他快乐的表情和周围鲜艳的色彩。
2. 提示词2：小男孩戴着墨镜，在充满活力的户外场景中奔跑，镜头跟随他的动作，背景中的色彩和光影随着他的跑动而生动变化。
3. 提示词3：镜头紧随戴墨镜的小男孩，他在阳光下自由地探索，背景中的景色和细节随着他的探索逐渐展开，展现出一个充满活力的世界。

图 4-2-84 生成图像并推送不同的视频提示词

实训操作

1. 利用“清影提示词”图生视频工具生成一张图像，上传到智谱清言大模型，在其他参数不变的情况下对比按照 9∶16、16∶9 不同比例裁剪后生成的视频效果，并将不同点汇总完成表 4-2-6。

表 4-2-6 按照不同比例图片裁剪后生成的视频效果比较

比例	生成视频	不同点
原图		
9∶16		
16∶9		

2. 利用通义万相 AI 平台“图生视频”功能，参考如下步骤，尝试通过提示词来生成视频。

第一步：上传并裁剪图片，如图 4－2－85 所示；

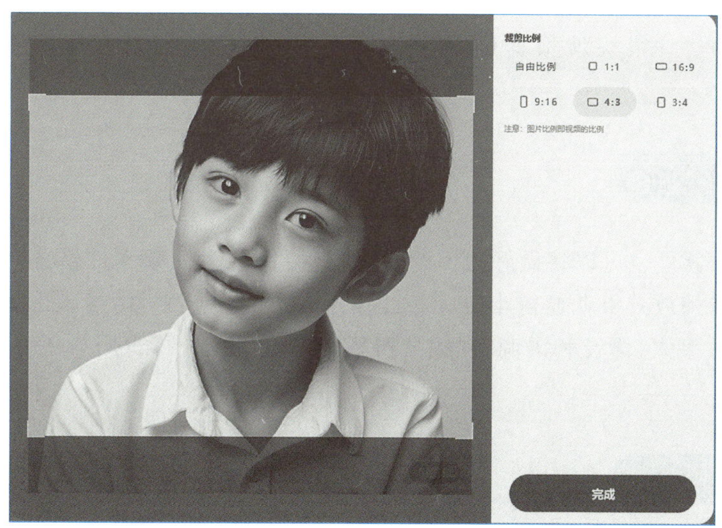

图 4－2－85　上传并裁剪图片

第二步：选择“灵感模式”“视频音效”等选项；

第三步：输入“创意描述”后单击“智能扩写”按钮，自动生成“灵感扩写”提示词，如图 4－2－86 所示；

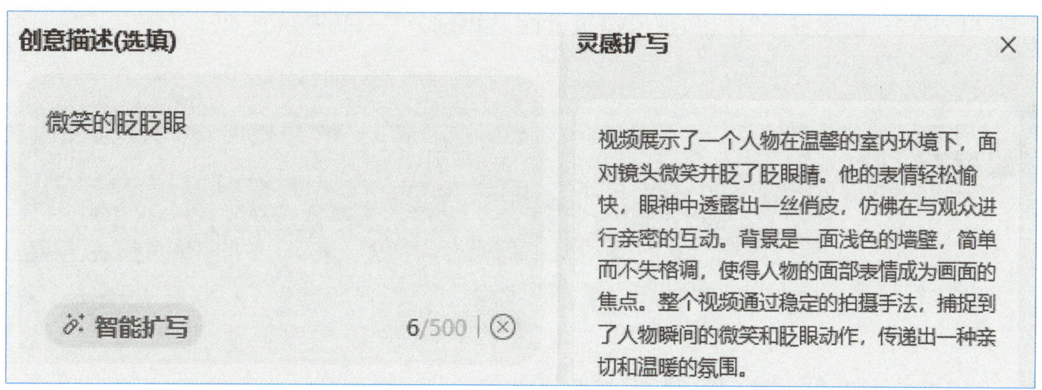

图 4－2－86　自动生成“灵感扩写”提示词

第四步：生成视频。

活动五　PPT 生成视频

最近，公司要举办一个重大的展销会，由于公司需展销的产品较多，参观的客户也很

多，不可能一对一地向每一位客户介绍所有产品。于是领导将数百个产品相关介绍的PPT交给王华，让他根据PPT的内容做成视频并带到展会上，让参观的客户自行点播。王华使用AI平台，很快就根据该PPT内容生成了视频，给客户带来了良好的参观体验。

活动分析

使用PPT软件也可以将做好的PPT作品直接保存为视频文件格式，并实现自动播放。但是，视频播放效果就显得十分死板。使用“万兴播爆”平台，导入准备好的PPT文件，然后设置数字人、语音和语调、视频分辨率等，即可生成视频，用户还可以对视频进一步编辑和调整。

活动展开

活动展开

PPT 生成视频

1. 上传PPT

(1) 安装并登录“万兴播爆”电脑客户端，其界面如图 4－2－87 所示。

(2) 单击“创作视频”按钮，弹出“选择视频比例”对话框，选择“横屏视频 16∶9”比例，如图 4－2－88 所示。

(3) 单击“导入 PPT”按钮，选择 PPT 文件，如图 4－2－89 所示。

(4) 单击“创建视频”按钮，进入编辑界面，如图 4－2－90 所示。

图 4－2－87 “万兴播爆”界面

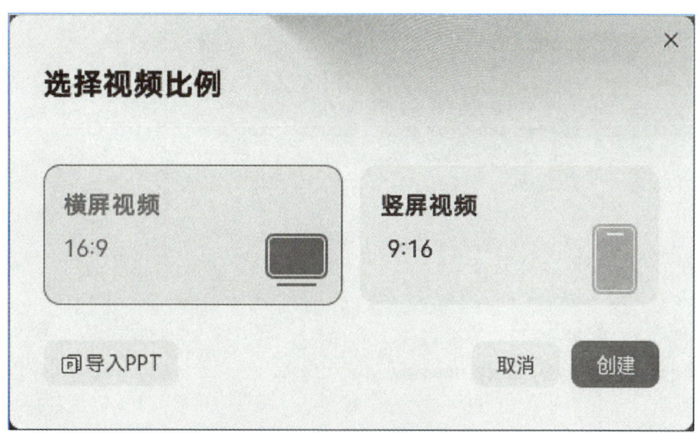

图 4-2-88　选择 16∶9 横屏视频比例

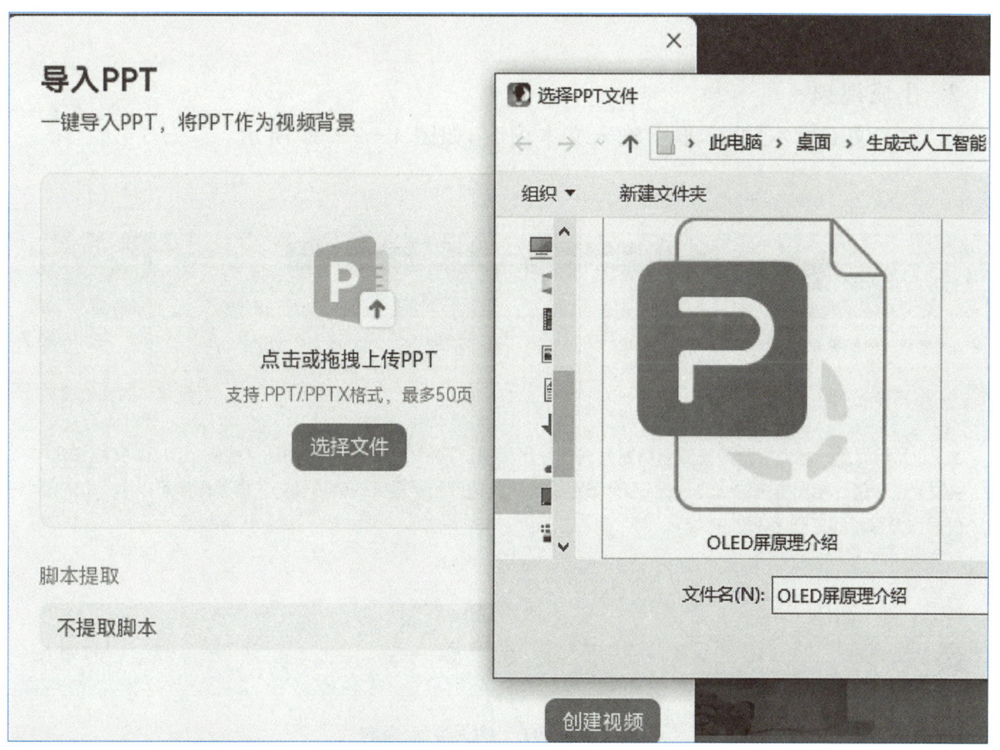

图 4-2-89　选择 PPT 文件

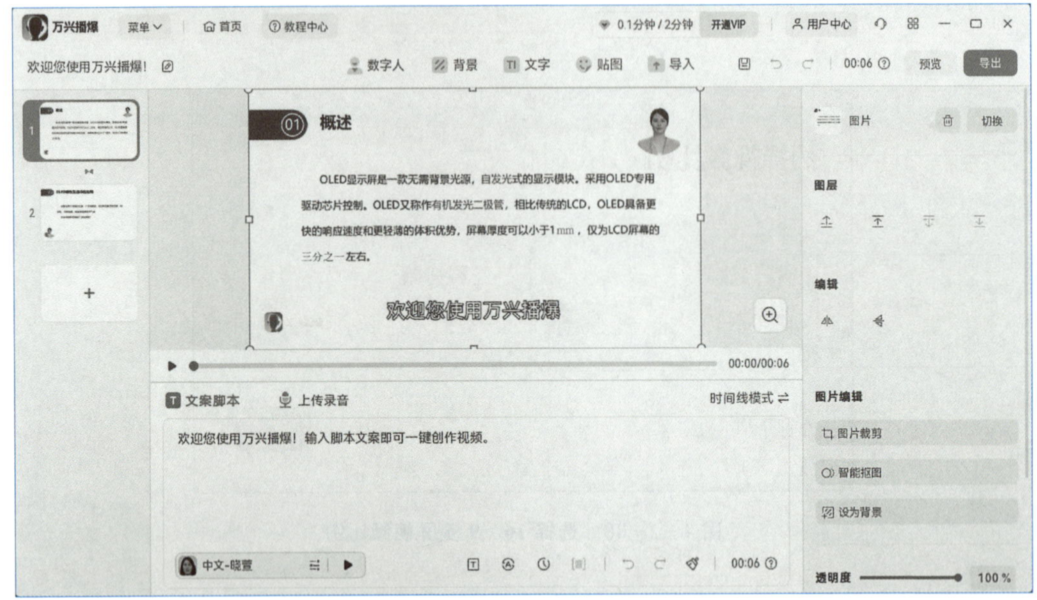

图 4-2-90 编辑界面

2. 生成视频

（1）在“文案脚本”文本框中输入文本内容，如图 4-2-91 所示。

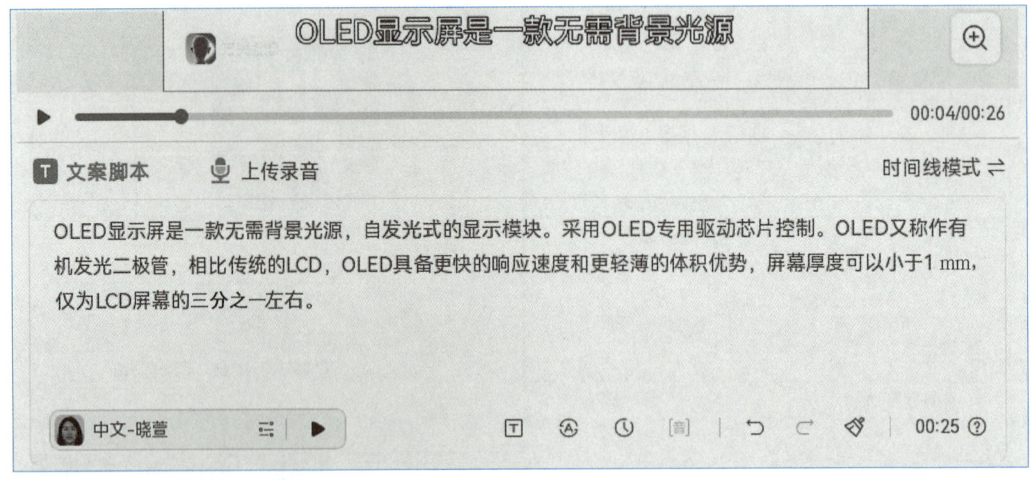

图 4-2-91 输入文本内容

（2）单击“时间线模式”（图 4-2-91），试听效果。

（3）单击“预览”按钮，完成后导出视频，如图 4-2-92 所示。

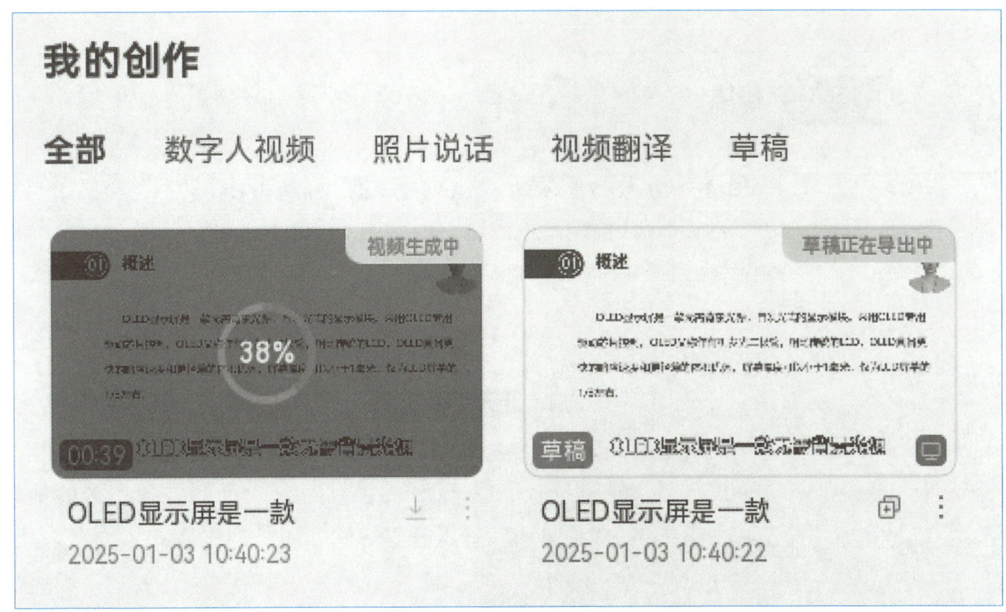

图 4-2-92　视频导出

拓展提高

1. 提取脚本

“万兴播爆”平台可以从 PPT 文件中自动提取脚本，方便视频生成。操作时，将事先准备好的 PPT 导入平台中，单击“脚本提取”下拉按钮，在弹出的列表中用户可以选择“提取 PPT 中的文本”或“提取备注中的文本”(图 4-2-93)，然后单击“创建”按钮，平台会自动提取文本作为文案脚本。提取 PPT 中的文本如图 4-2-94 所示，提取 PPT 备注中的文本如图 4-2-95 所示。

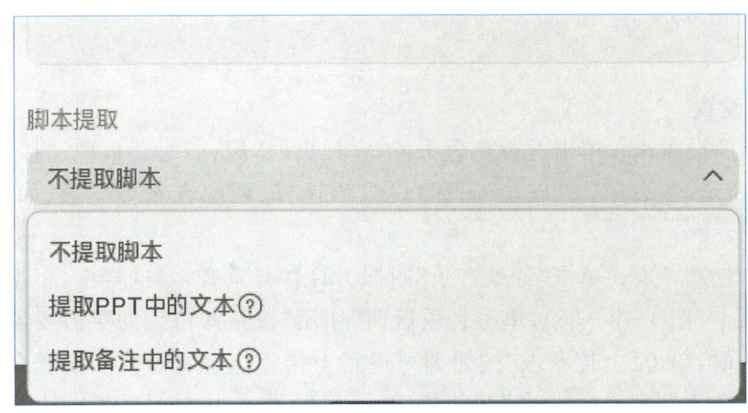

图 4-2-93　“脚本提取”列表

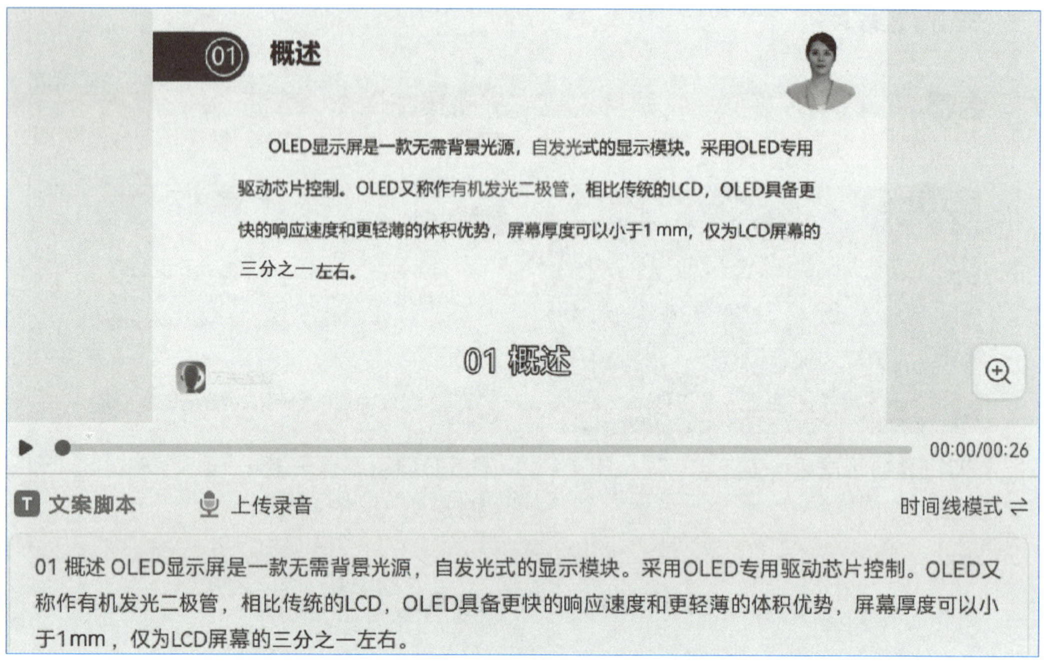

图 4-2-94 提取 PPT 中的文本

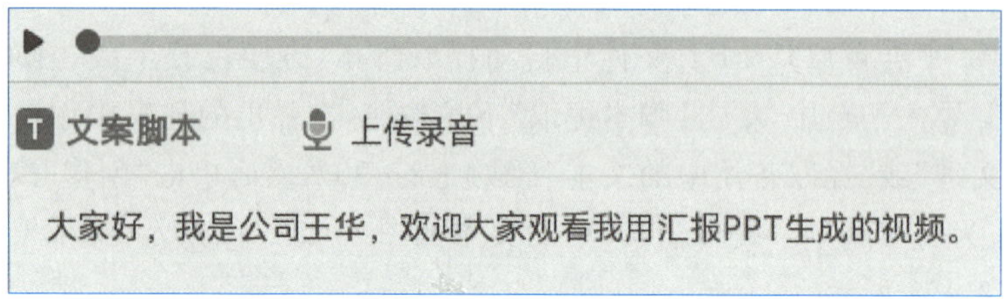

图 4-2-95 提取 PPT 备注中的文本

2. 声音设置

(1) 选择播报声音。单击配音角色头像，在弹出的“配音”对话框中选择配音角色，如图 4-2-96 所示，然后单击“音效”图标，设置语速、语调和音量等参数，如图 4-2-97 所示。

(2) 添加背景音乐。单击“背景音乐”图标，弹出“背景音乐”选择框，根据需要切换不同类别的选项卡(图 4-2-98)，单击音乐后面“使用”按钮即可。如果需要添加本地音乐作为背景音乐时，单击“上传音乐”按钮即可进行上传。拖动音量滑块设置合适的音量大小，单击“音乐淡入”和“音乐淡出”开关按钮，设置背景音乐淡入和淡出的效果，如图 4-2-99 所示。

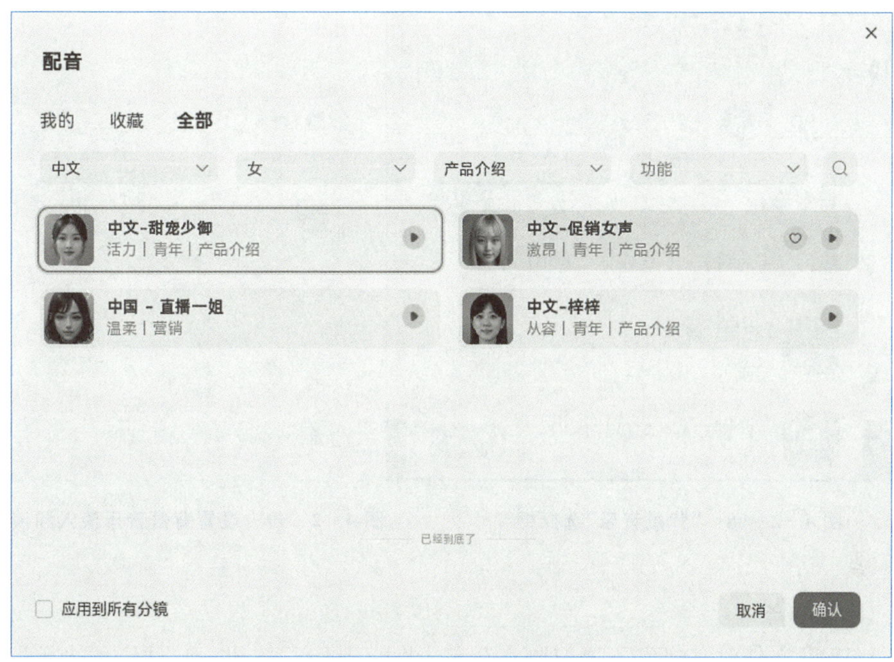

图 4-2-96　"配音"对话框

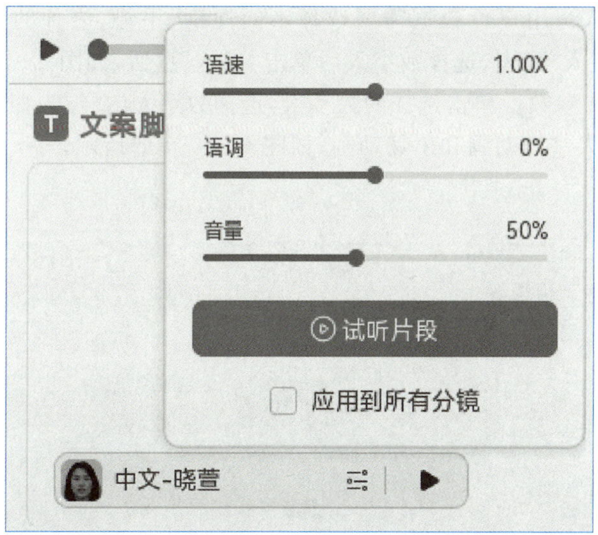

图 4-2-97　设置音效

图 4-2-98 “背景音乐”选择框

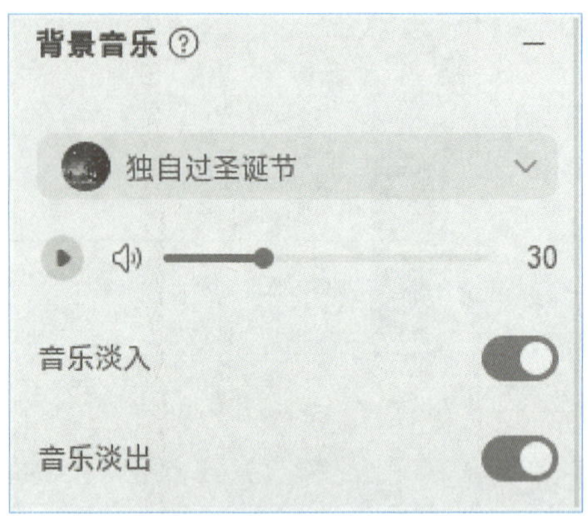

图 4-2-99 设置背景音乐淡入和淡出的效果

3. 上传录音

导入 PPT 文件时，选择“不提取脚本”，单击“上传录音”按钮，弹出“音频来源”选项框（图 4-2-100），选择“上传音频”选项，单击“上传音频”按钮上传录音文件，如图 4-2-101 所示。上传完成后，平台自动进行语音识别并提取录音中的文本，如图 4-2-102 所示。

4. 设置数字人

（1）选择数字人。用户可根据需要选择不同性别、手势、语种的数字人，单击“数字人”按钮，弹出“数字人”列表，选择数字人后单击“确认”按钮，如图 4-2-103 所示。

（2）设置数字人参数。单击选择的数字人，选择数字人的样式，如图 4-2-104 所示，然后分别设置数字人进场动画和出场动画，如图 4-2-105 所示。

图 4-2-100 “音频来源”选项框

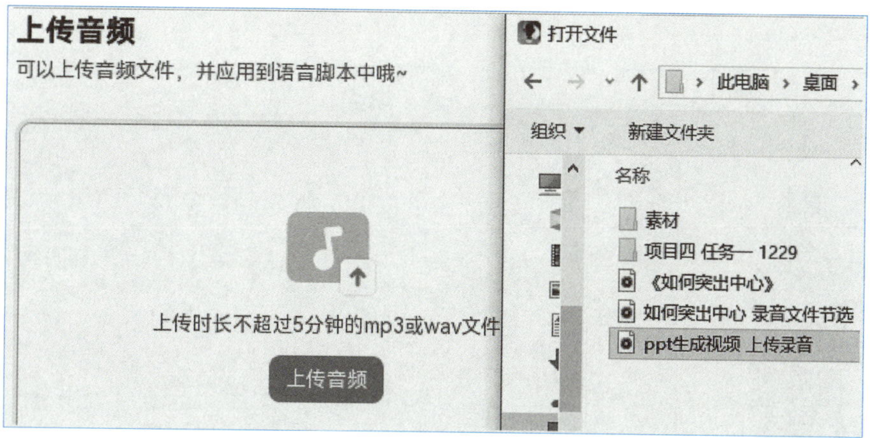

图 4-2-101 上传录音文件

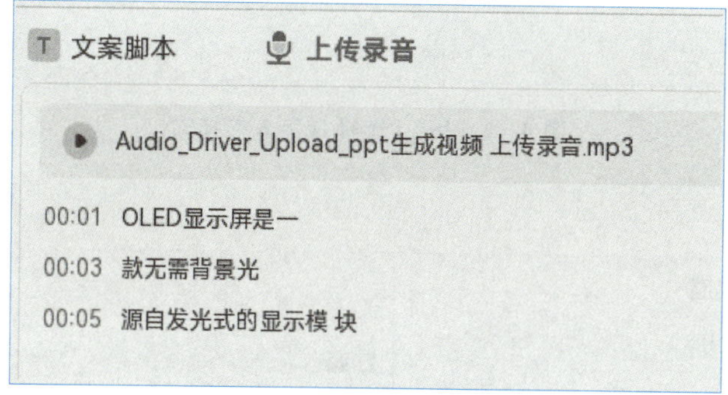

图 4-2-102 提取录音中的文本

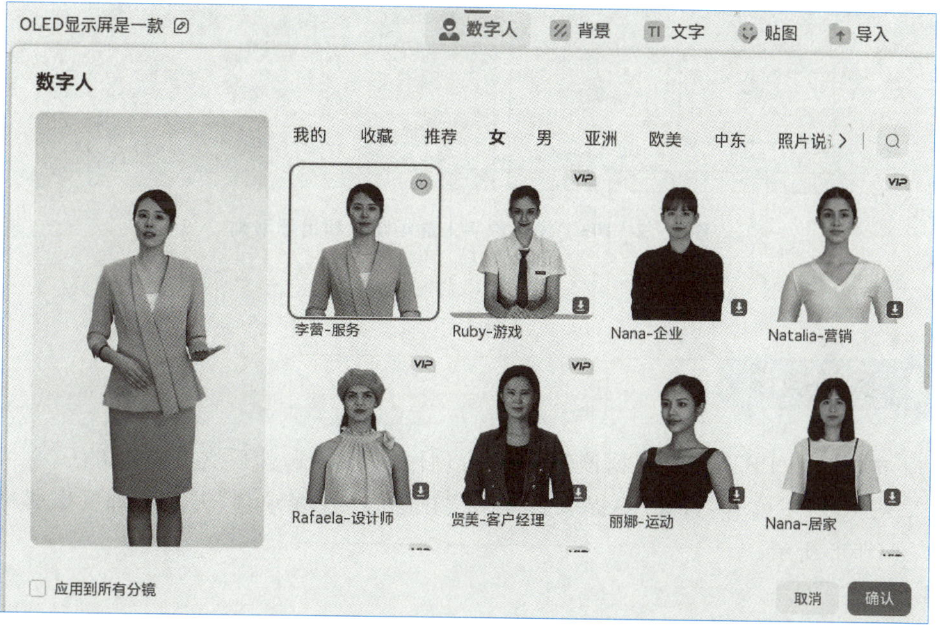

图 4-2-103 选择数字人

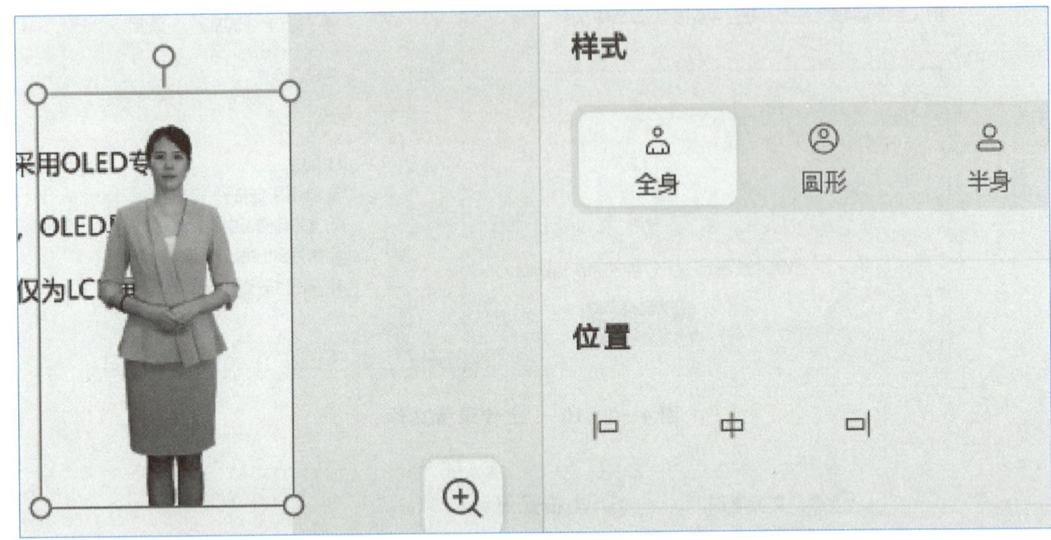

图 4-2-104 选择数字人的样式

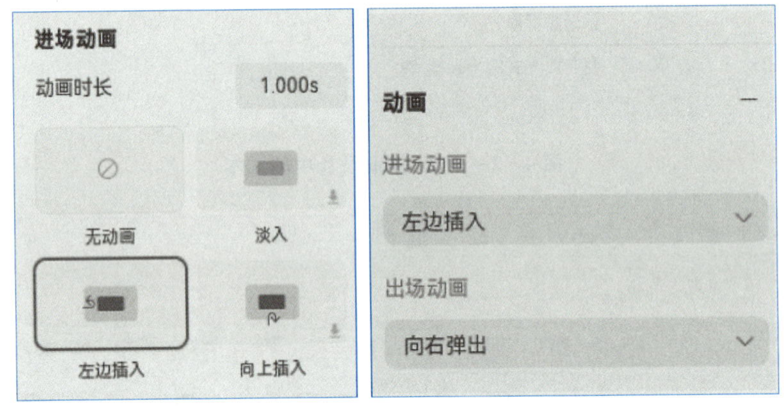

图 4-2-105 设置数字人进场动画和出场动画

实训操作

1. 选择一个 PPT，尝试根据该 PPT 内容创作一个视频，然后交流创作方法。

2. 导入 PPT 文件，选择“不提取脚本”，尝试通过“在线录音”方式增加文案脚本，如图 4-2-106 所示。

图 4-2-106　通过“在线录音”方式增加文案脚本

任务评价

在完成本任务的过程中，学习了文本、图片生成创意视频的方法，请对照表 4-2-7，进行评价与总结。

表 4-2-7　评价与总结

评价指标	评价结果	备注
1. 会使用文本、图片生成视频	□A　□B　□C　□D	
2. 会使用 AI 在视频中添加数字人	□A　□B　□C　□D	
3. 会使用 AI 给视频换脸	□A　□B　□C　□D	
4. 了解 AI 生成视频存在的风险	□A　□B　□C　□D	
5. 能遵循使用 AI 生成视频的基本规范	□A　□B　□C　□D	
综合评价：		

编辑视频

情境故事

张明在一家新媒体公司上班，主要负责整理、编辑视频的相关工作，时常还需要为视频添加英文或其他语种的字幕，令他比较烦恼。如今，张明熟练使用AI编辑视频，轻松地解决了这些难题。

任务目标

1. 掌握AI视频制作工具基本的操作方法。
2. 了解AI视频制作的常用技巧。
3. 感受人工智能给人们的生活、学习和工作带来的便捷。

任务准备

1. 了解AI视频处理原理

AI视频处理是指利用人工智能技术，通过算法和数据驱动的方式，自动生成或辅助生成视频内容的过程，它基于深度学习、计算机视觉等原理，通过训练大量数据模型，实现对视频内容的自动理解、生成和编辑。例如，视频擦除就是利用视频修复算法对视频整体信息、被修复区域的周边信息、光流信息以及时间连续帧信息等进行智能计算，实现对被标记区域进行生成修复。

目前，AI处理视频工具可以将文字、图片等素材自动转化为视频，支持多种视频分辨率和格式输出。这些工具操作简单，只需上传素材并选择样式、配乐等，即可快速生成视频。

2. 认识创作平台

(1) 鬼手剪辑。鬼手剪辑是一款AI智能视频剪辑工具，可以快速、批量处理视频素材。通过使用AI技术，鬼手剪辑能够自动识别并去除视频中的内置文字、字幕和水印，同时支持多种语言的互译和配音，还提供了模板制作、脚本混剪等功能，其首页如图 4－3－1 所示。

图 4－3－1　鬼手剪辑首页

（2）自动剪辑神器。自动剪辑神器提供便捷的视频编辑功能，用户将视频素材上传到平台上，选择喜欢的音乐和风格，一键智能过滤停顿、杂音和静音，让视频更加流畅和自然，其界面如图 4－3－2 所示。

图 4－3－2　自动剪辑神器界面

活动一 翻译字幕

活动描述

最近，公司要参加一个全球展览，需要将产品介绍的视频配上英文字幕。由于时间很紧，不仅编辑视频需要大量的时间，而且语言翻译也成了一个难题。正在张华一筹莫展之际，同事们建议找一款 AI 平台协助完成。于是，张华使用一款名叫“鬼手剪辑”的 AI 平台，圆满地完成了任务。

活动分析

使用传统的方法给视频添加字幕，首先要输入字幕文本，然后将字幕文本添加到对应视频画面，再生成视频，过程烦琐且效率不高。使用鬼手剪辑平台，用户只需要将原有带中文字幕的视频上传到平台中，设置简单的参数，即可生成英文字幕，也可提取原视频中的语音来生成所选择语言的字幕。操作简单，效率很高。

活动展开

活动展开

翻译字幕

1. 基本设置

(1) 登录鬼手剪辑平台，选择“视频翻译”的功能模块，如图 4-3-3 所示，单击“去创作”图标。

(2) 单击左侧主菜单“视频翻译”按钮，如图 4-3-4 所示。

图 4-3-3 “视频翻译”功能模块

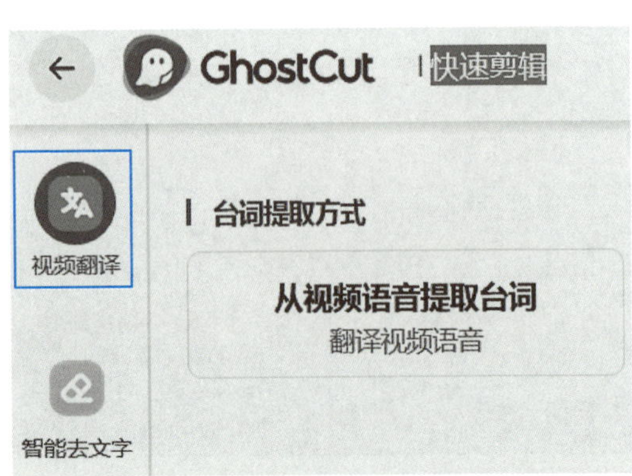

图 4-3-4 “视频翻译”按钮

(3)“台词提取方式”选择“从视频语音提取台词”,并根据需要设置台词翻译和 AI 配音,如图 4-3-5 所示。

图 4-3-5 视频翻译基本设置

2. 视频翻译

(1)单击“本地上传”按钮,选择事先准备好的视频,如图 4-3-6 所示。

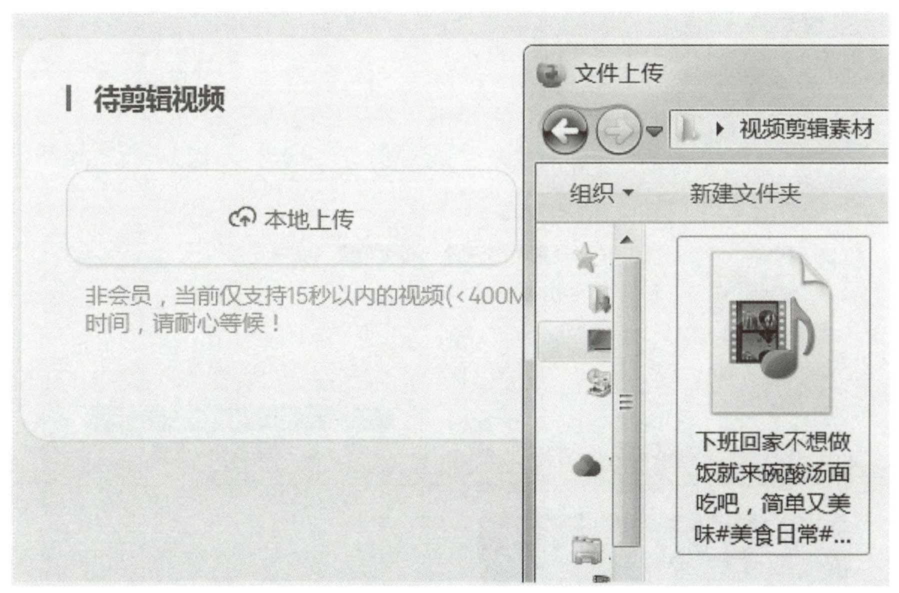

图 4-3-6 上传视频

(2) 上传成功后,“待剪辑视频”列表中即出现了上传的视频缩略图,如图 4-3-7 所示。

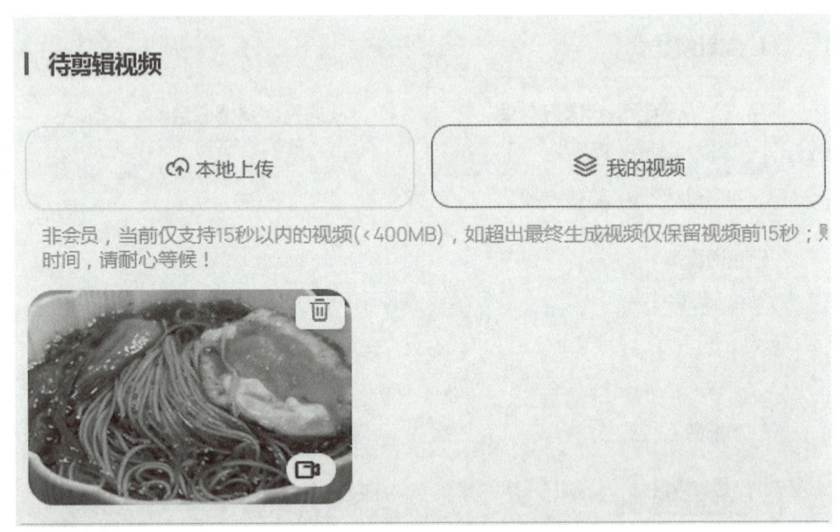

图 4-3-7 待剪辑视频列表

(3) 单击“提交”按钮,等待视频字幕翻译完成。

(4) 单击“下载视频”按钮(图 4-3-8)将生成英文字幕的视频下载到本地,视频翻译前后对比如图 4-3-9 所示。

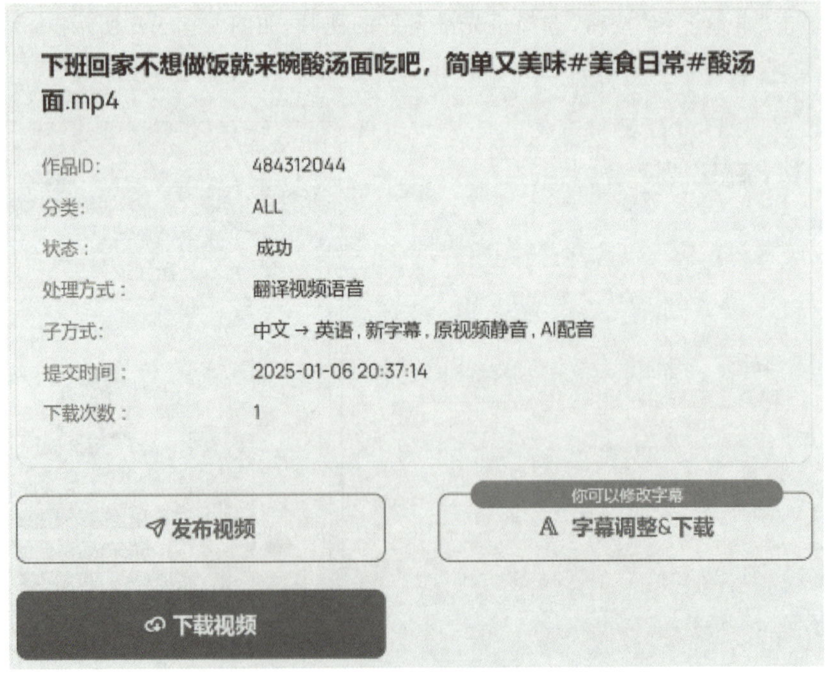

图 4-3-8 “下载视频”按钮

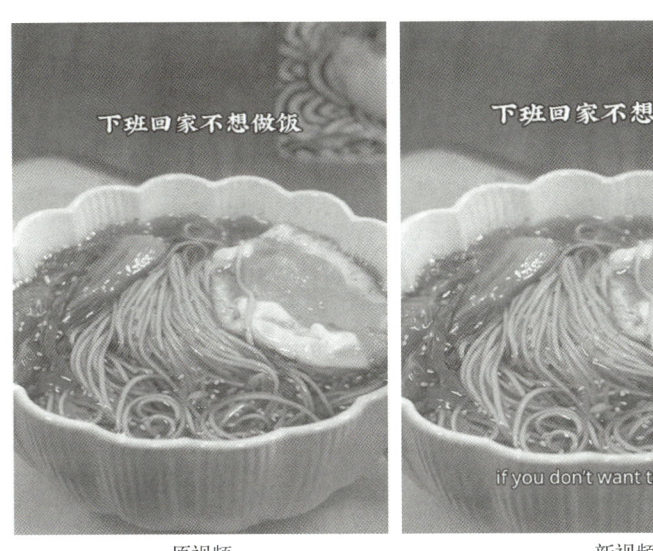

图 4-3-9　视频翻译前后对比

拓展提高

1. 了解台词提取方式

台词提取可以选择“视频语音”和“内置字幕”两种方式。

(1)“视频语音”方式。使用“视频语音”方式翻译视频时，AI 平台从视频语音提取字幕，通过设置 AI 配音(图 4-3-10)自动生成翻译后的字幕，也可以删除视频中的原始音轨，并用新的配音生成字幕，或者保留非人声部分，仅用翻译后的配音替换原始人声，如图 4-3-11 所示。

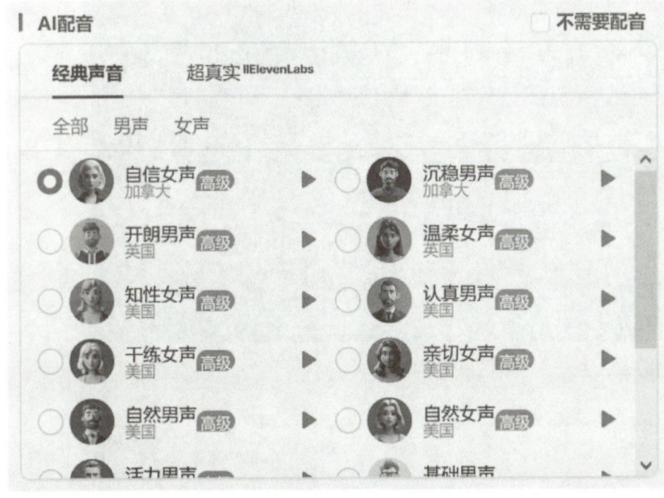

图 4-3-10　设置 AI 配音

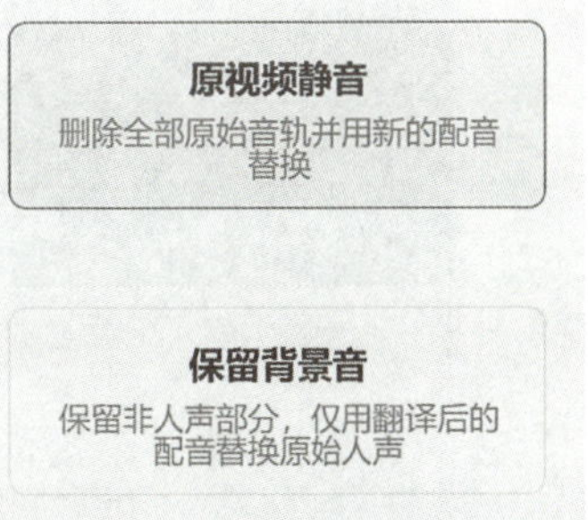

图 4-3-11　翻译声音设置

(2)“内置字幕”方式。使用“内置字幕”方式翻译视频时，“字幕区域”可设置为“全屏”或“指定区域”。单击“指定区域”选项(图 4-3-12)，即可框选字幕位置，如图 4-3-13 所示。

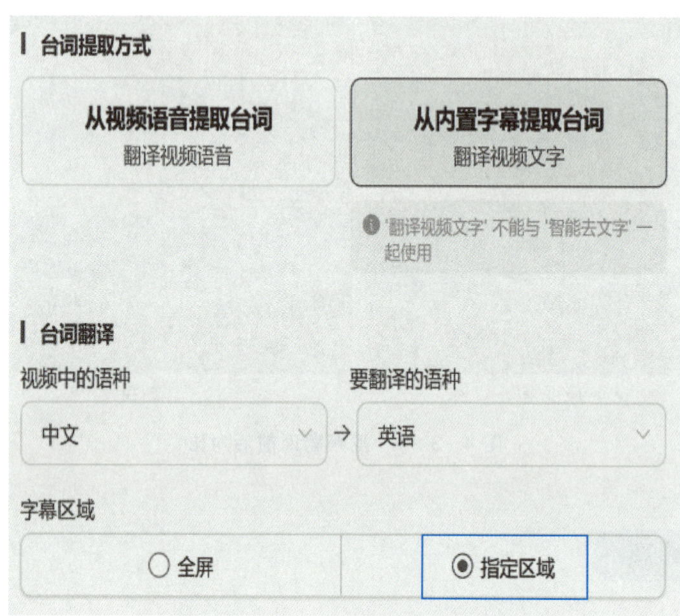

图 4-3-12 “指定区域”单选钮

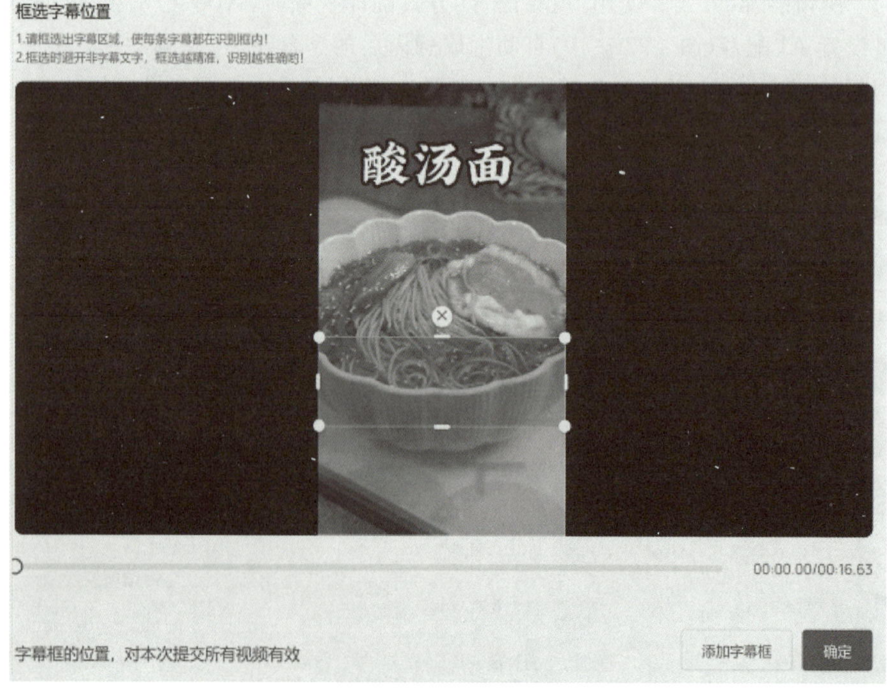

图 4-3-13 框选字幕位置

2. 了解台词翻译

(1) 设置翻译语种。“台词翻译”需要分别设置视频中的语种和要翻译的语种，“视频中的语种”下拉列表中可以选择“中文”或“英文”(图 4-3-14)，“要翻译的语种”下拉列表中可以选择多种翻译的语种，如图 4-3-15 所示。

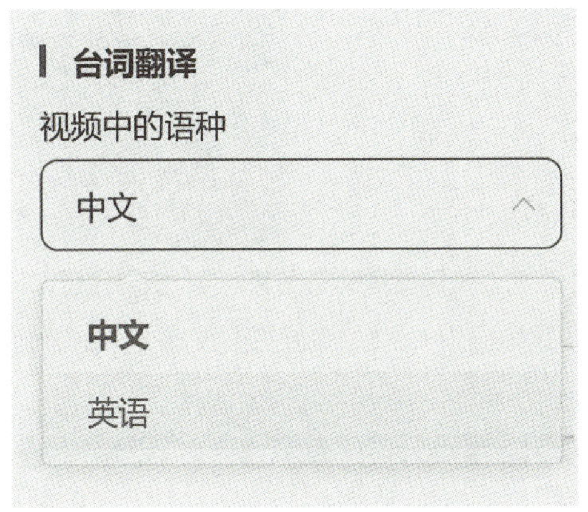

图 4-3-14 “视频中的语种”下拉列表

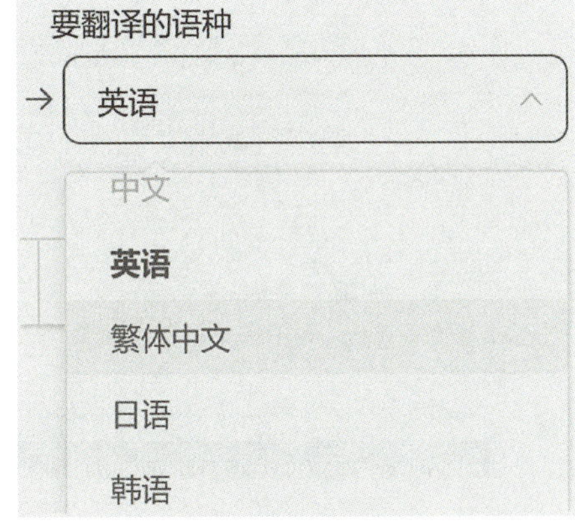

图 4-3-15 “要翻译的语种”下拉列表

(2) 编辑字幕。视频翻译完成后，单击当前作品，弹出对话框如图 4-3-16 所示，单击“字幕调整 & 下载”按钮，进入编辑字幕界面，如图 4-3-17 所示。

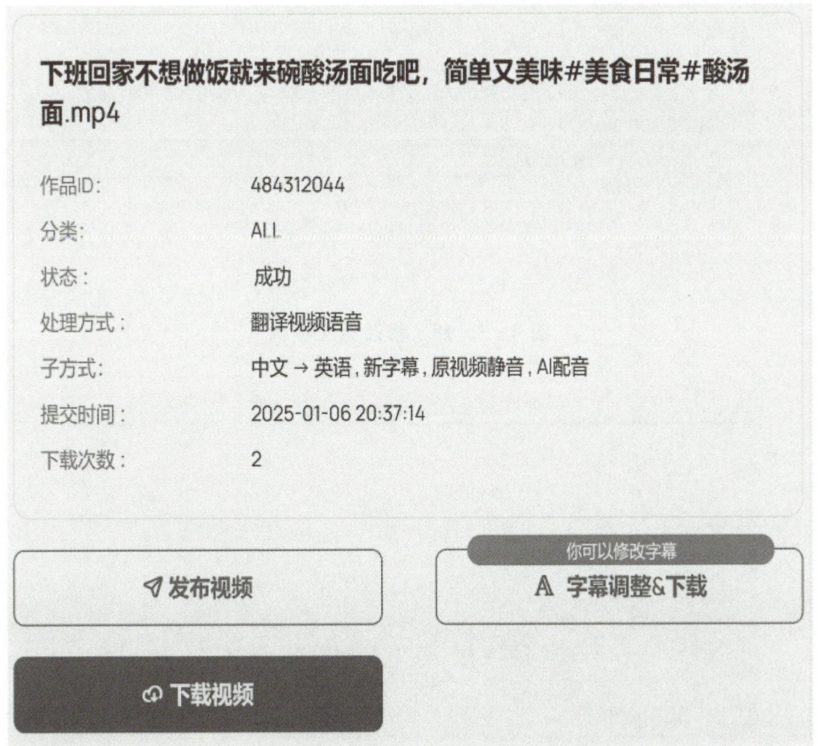

图 4-3-16 “视频翻译完成”对话框

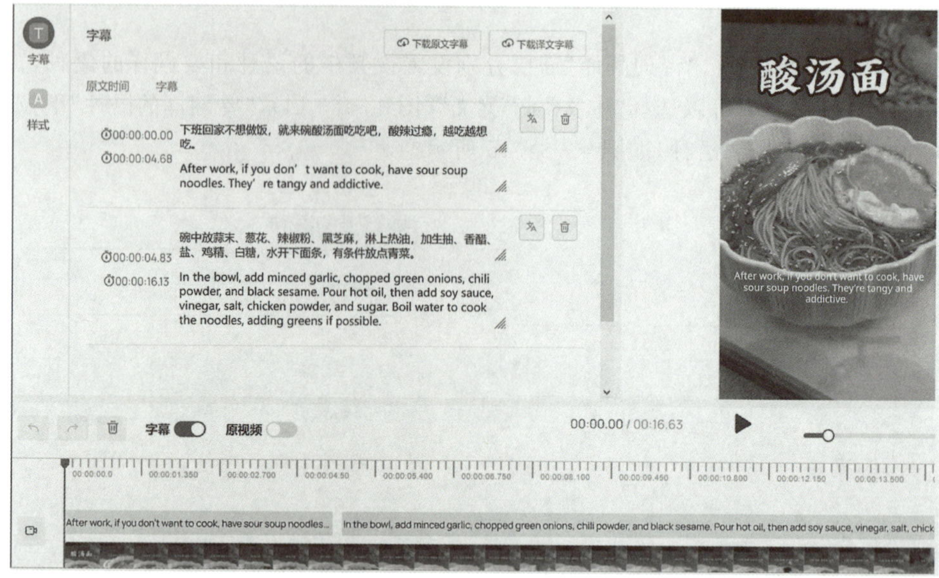

图 4-3-17 编辑字幕界面

如果用户需要修改原文字幕，可在字幕片段中间，单击的“增加”按钮(如图 4-3-18 所示)，增加时间轴并在文字添加框中增加字幕，如图 4-3-19 所示。

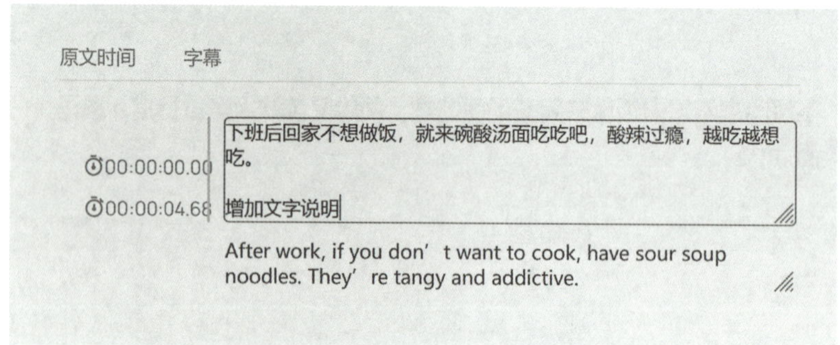

图 4-3-18 修改原文字幕

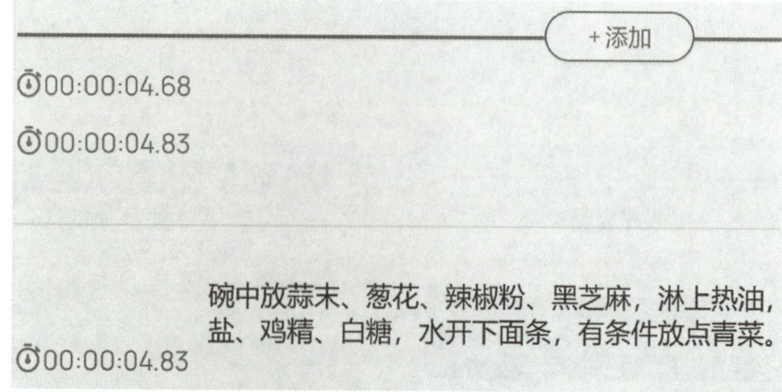

图 4-3-19 增加字幕

单击左侧菜单中的“样式”按钮，打开“字幕样式”列表，如图 4－3－20 所示，然后可在“字幕字号大小”选项框中，设置合适字体大小，如图 4－3－21 所示。

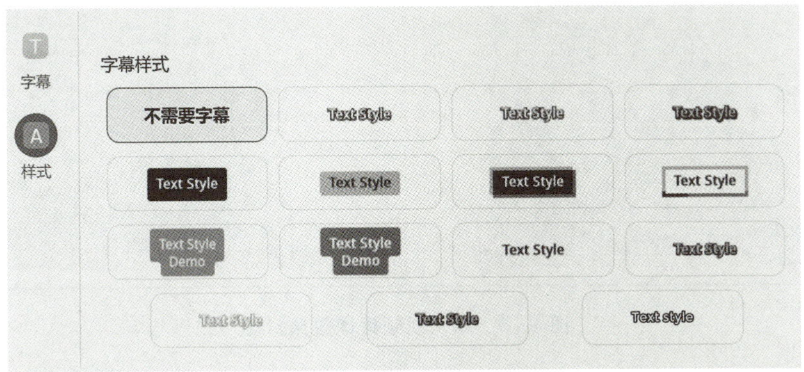

图 4－3－20　“字幕样式”列表

图 4－3－21　“字幕字号大小”对话框

实训操作

1. 选择一部中文电影片段，通过 AI 视频翻译实现中英文双语字幕，然后交流创作方法。

2. 选择一段 15 s 左右的中文视频，通过 AI 视频翻译将字幕分别换为英语、西班牙语和印尼语，对比相同时间帧的字幕效果，如图 4－3－22 所示。

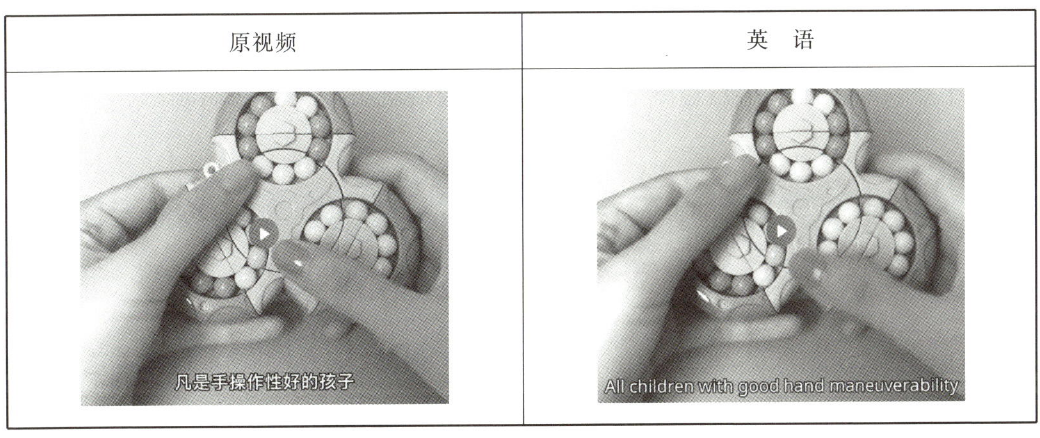

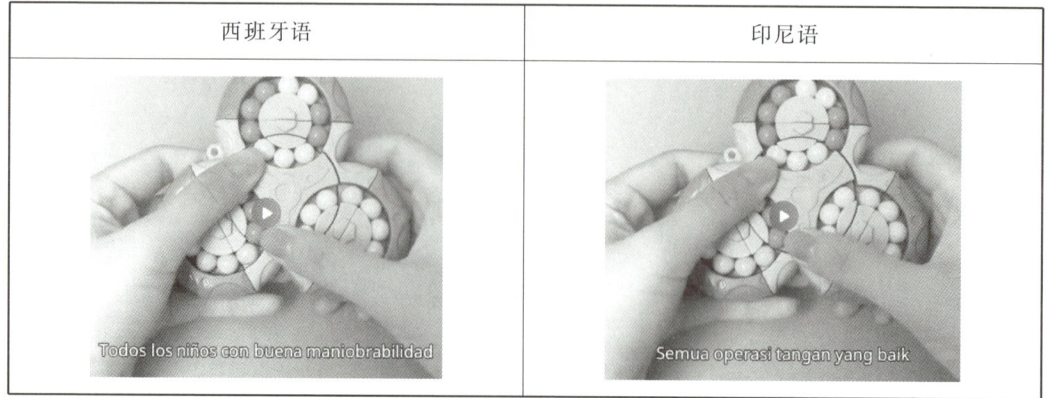

图 4-3-22 视频翻译效果对比

活动二 视频擦除

活动描述

最近，公司重新设计了 LOGO 标识，原有视频也需要更换为公司的 LOGO 标识，这可不是一个小工程。张华使用 AI 技术，很快就完成了任务，公司里的其他同事都对他刮目相看。

活动分析

传统的视频处理过程中，要去掉或更换原视频中的 LOGO 标识一般都是采取遮盖的方法，处理过程较为繁杂，而且影响视觉效果。现在，使用鬼手剪辑平台的文字和水印擦除功能，可以轻松去掉原视频中的 LOGO 标识，并添加新的标识。

活动展开

1. 视频去文字

(1) 登录鬼手剪辑平台，选择“智能去文字”功能模块，如图 4-3-23 所示。

图 4-3-23 “智能去文字”功能模块

活动展开

视频擦除

(2) 单击“去创作”按钮。

(3) 在弹出界面中选择需要去掉的文字语种，如图 4-3-24 所示。

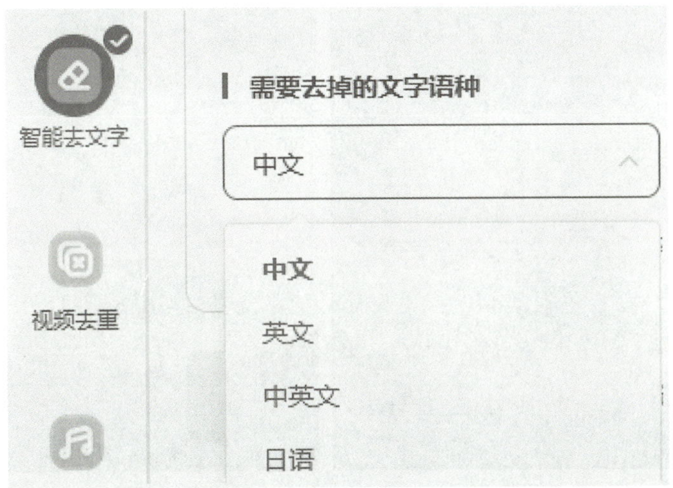

图 4-3-24　选择需要去掉的文字语种

(4) 上传需要去除文字的视频，如图 4-3-25 所示。

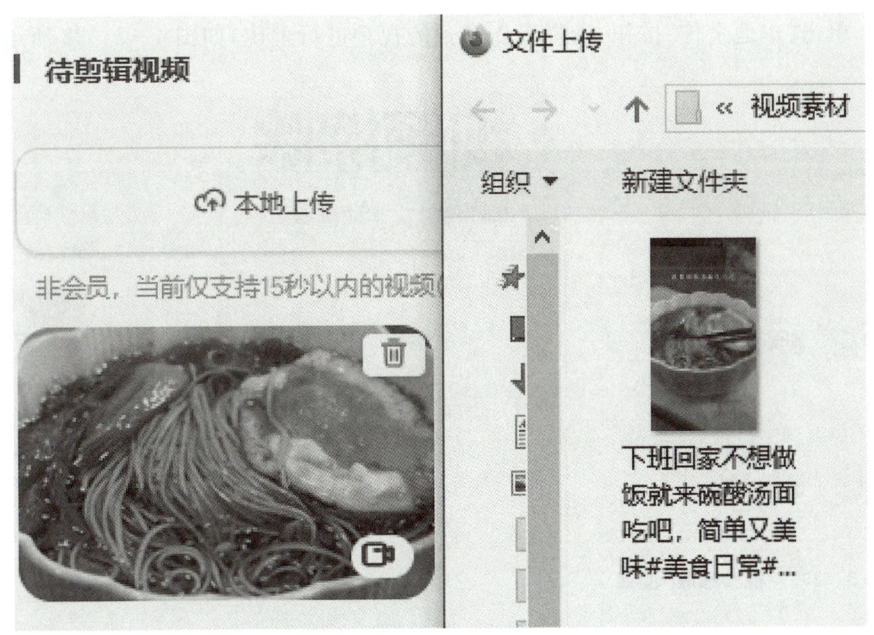

图 4-3-25　上传需要去除文字的视频

(5) 提交后等待 AI 处理完成，下载视频，对比去除文字后的效果，如图 4-3-26 所示。

原视频

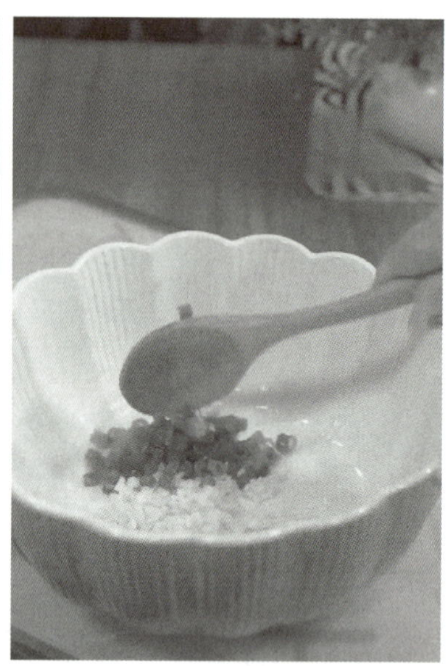

新视频

图 4-3-26 视频去除文字后的效果对比

2. 视频擦除

(1) 单击“视频擦除”按钮，如图 4-3-27 所示。

(2) 单击“本地上传”按钮，选择事先准备的视频进行上传，如图 4-3-28 所示。

图 4-3-27 “视频擦除”按钮

图 4-3-28 上传事先准备的视频

(3) 单击“添加擦除区域”按钮，如图 4-3-29 所示。

(4) 拖动蓝色擦除框设置擦除区域，如图 4-3-30 所示。

(5) 提交后等待 AI 处理完成，下载视频，对比擦除文字前后效果，如图 4-3-31 所示。

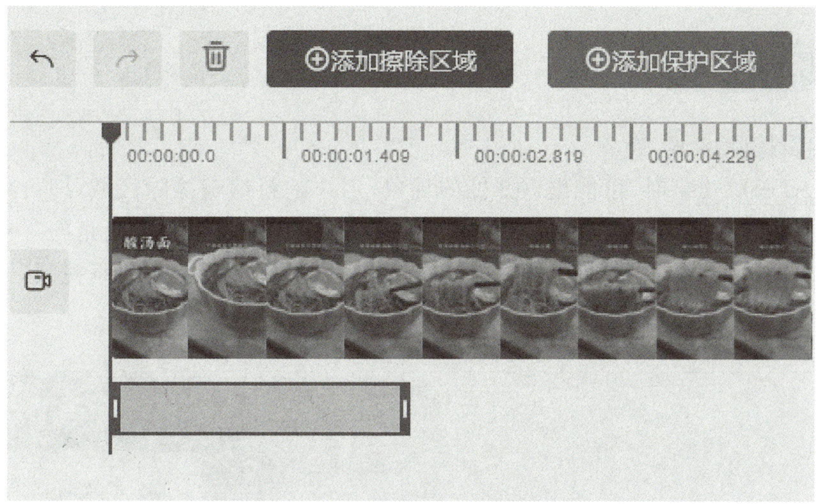

图 4-3-29 “添加擦除区域”按钮

图 4-3-30 设置擦除区域

原视频

新视频

图 4-3-31 擦除文字前后效果对比

1. 编辑擦除区域

使用 AI 擦除文字时，可能出现漏擦的现象，用户重新编辑擦除区域，即可再次擦除。操作时，在“我的作品”菜单的作品列表(图 4－3－32)中，单击视频右上角的“…”按钮，在弹出的列表中单击“编辑视频”按钮，进入文字擦除的调整界面，打开“原视频”开关按钮，如图 4－3－33 所示，调整擦除框，如图 4－3－34 所示。

图 4－3－32　作品列表

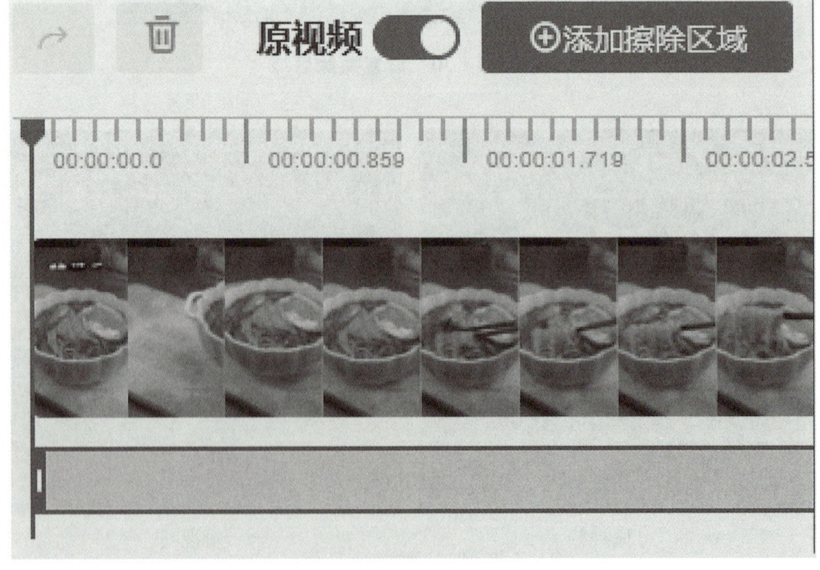

图 4－3－33　“原视频”开关按钮

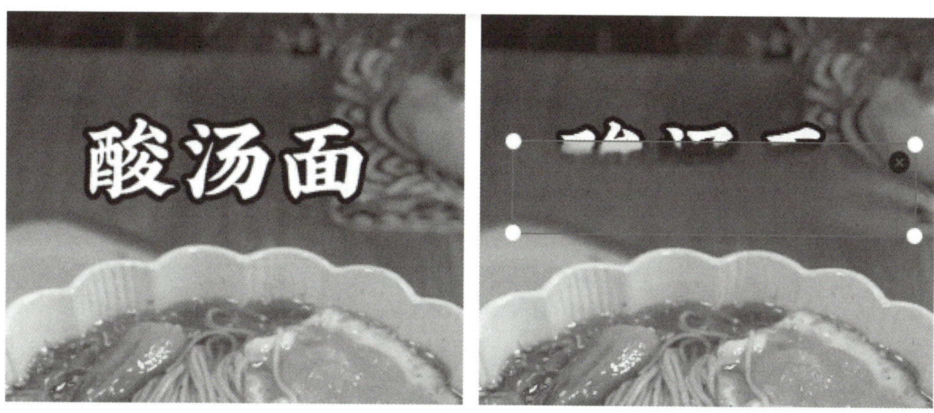

图 4-3-34　调整擦除框

在时间轴上，当遮罩框所在图层比视频时间线短时，如图 4-3-35 所示。为确保整个视频文字被擦除，拖曳蓝色擦除框所在图层与视频图层对齐，保持两者时间线长短一致。

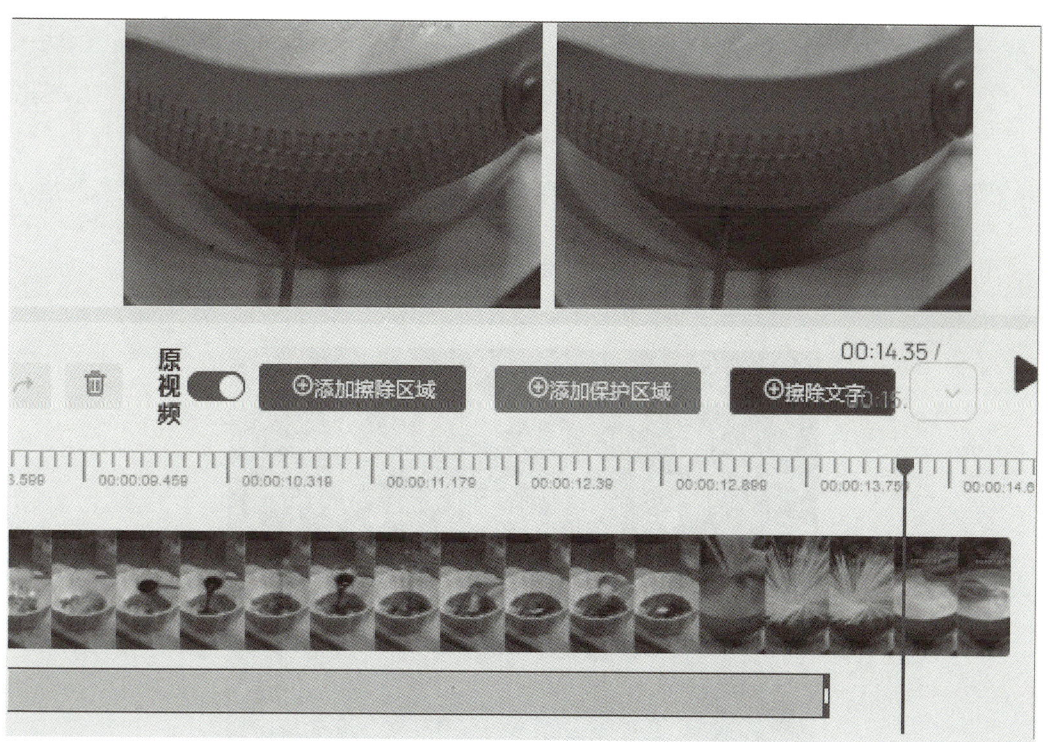

图 4-3-35　调整蓝色擦除框所在图层时间线

2. 添加保护区域

对于视频中不需要擦除的部分内容，可以为其添加保护区域。操作时，在“我的作品”菜单的作品列表中找到对应作品，单击视频右上角的“…”按钮，在弹出的列表中单击“编辑视频”按钮，进入文字擦除的调整界面，单击“添加保护区域”按钮，时间线上增加了保护区域（图 4-3-36），同时在预览界面也会增加透明的保护区域（图 4-3-37）。

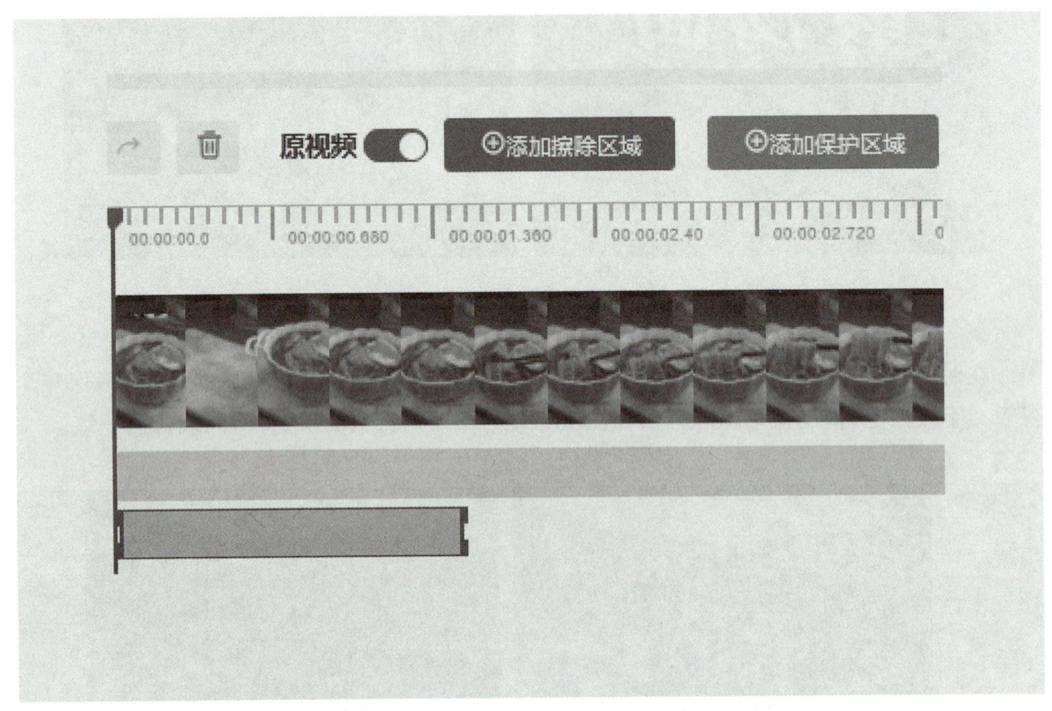

图 4-3-36 时间线上增加的保护区域

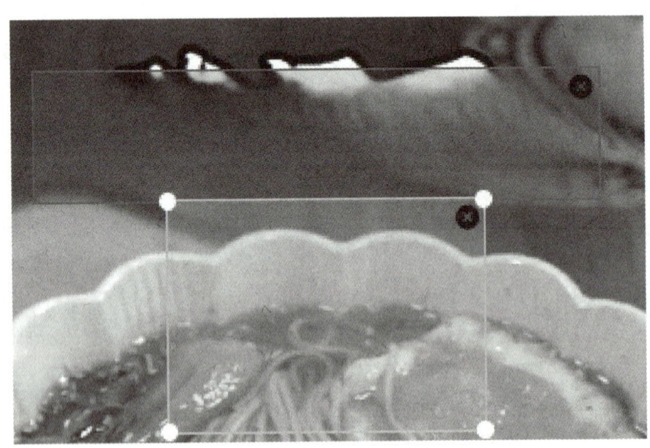

图 4-3-37 预览界面上增加的保护区域

拖动保护区域遮挡标题“酸汤面”（图 4-3-38），保护其不被擦除，同时将时间线上的保护区域拖曳到标题结束的位置，如图 4-3-39 所示。单击“提交”按钮生成视频。

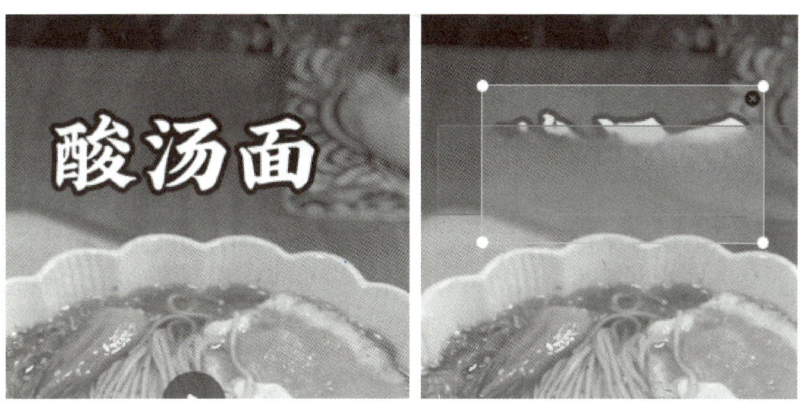

图 4－3－38　保护标题不被擦除

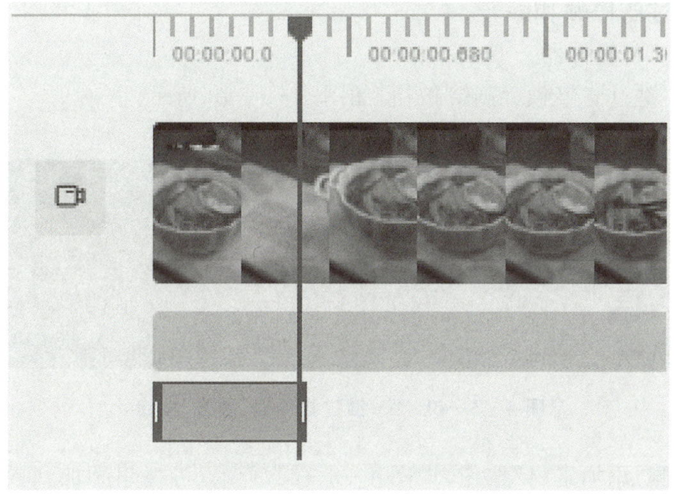

图 4－3－39　设置时间线上的保护区域

实训操作

1. 选择带有文字或 LOGO 标识的视频片段，试着利用“视频擦除”功能去除视频中的文字或 LOGO 标识，然后与他人分享擦除效果。

2. 思考：使用 AI 智能平台擦除他人原创视频中的标识或文字，是否侵犯他人知识产权？

活动三　剪辑视频

活动描述

公司每推出一款新产品，张华都需要制作短视频为新产品进行宣传。最近，公司一下推出了几十款新产品，张华连续加班多日，成效甚微。于是，他尝试使用AI剪辑视频，获得了很好的效果。

活动分析

AI剪辑视频，需要对视频素材画面进行智能识别、画面拆分、自动撰写台词、套用精美花字、配音、添加转场等操作，这一系列复杂的操作均可以由AI自动完成。操作时，用户只需根据提示，进行一些简单的操作即可获取效果较好的视频。

活动展开

活动展开

剪辑视频

1. AI一键过滤停顿和静音

（1）登录自动剪辑神器。

（2）单击“一键过滤停顿、静音”按钮，如图4-3-40所示。

图4-3-40 “一键过滤停顿、静音”按钮

（3）单击左侧“添加素材”按钮，如图4-3-41所示，将视频添加到素材列表，加载完成后弹出设置界面，如图4-3-42所示。

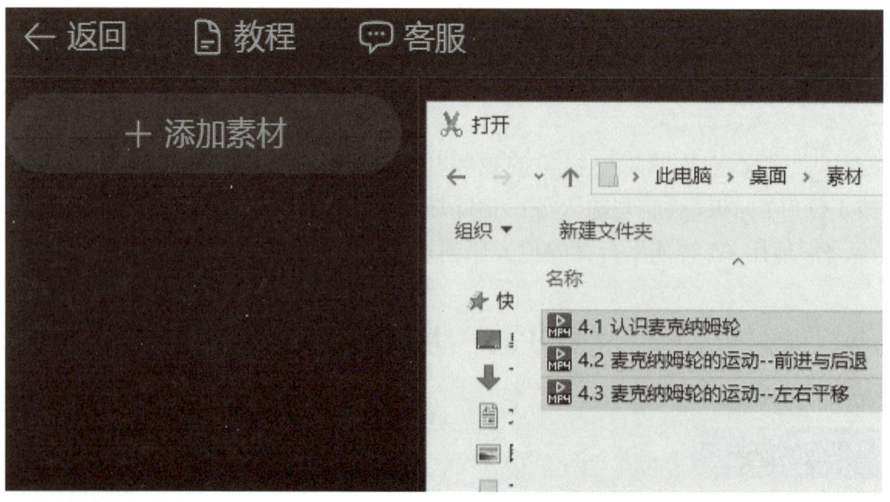

图4-3-41 “添加素材”按钮

图 4-3-42　设置界面

(4) 根据需要设置剪辑节奏，如图 4-3-43 所示。

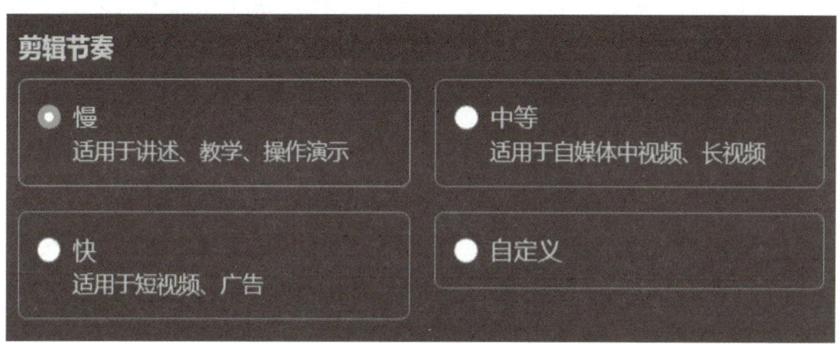

图 4-3-43　设置剪辑节奏界面

(5) 单击“导出”按钮，可修改导出位置，再单击“导出媒体文件”按钮，生成 AI 过滤停顿和静音的作品，如图 4-3-44 所示。

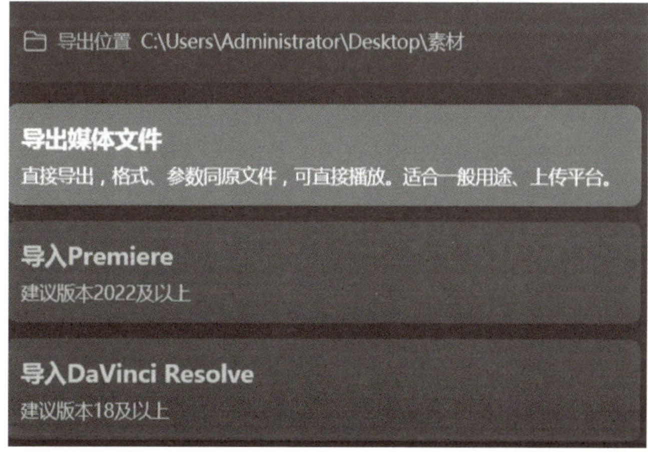

图 4-3-44　导出媒体文件

2. AI 一键视频切片

(1) 单击“一键过滤停顿、静音”按钮，打开操作界面。

(2) “剪辑节奏”选择“自定义”，如图 4-3-45 所示。

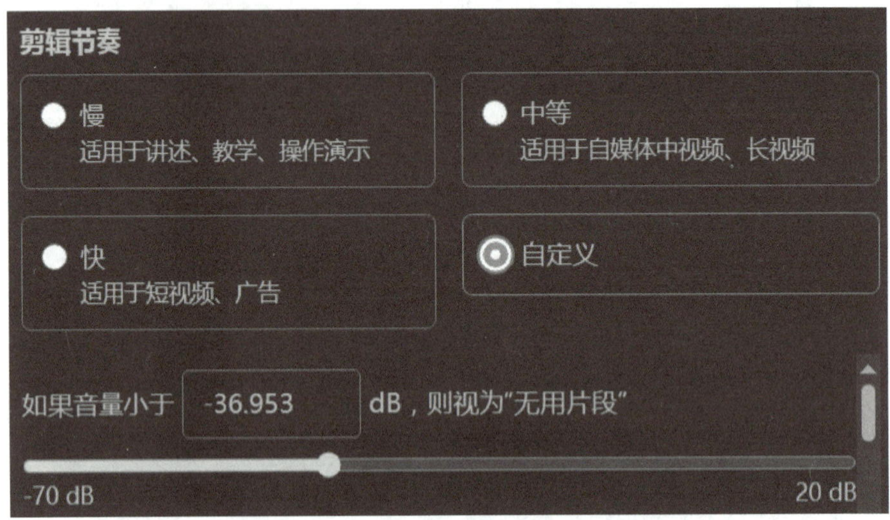

图 4-3-45 “剪辑节奏”选择“自定义”

(3) 拖曳时间轴上当前位置光标到音量较小处，单击“滴管”图标设置声音阈值，如图 4-3-46 所示，当声音小于设置的阈值时被视为无用片段。

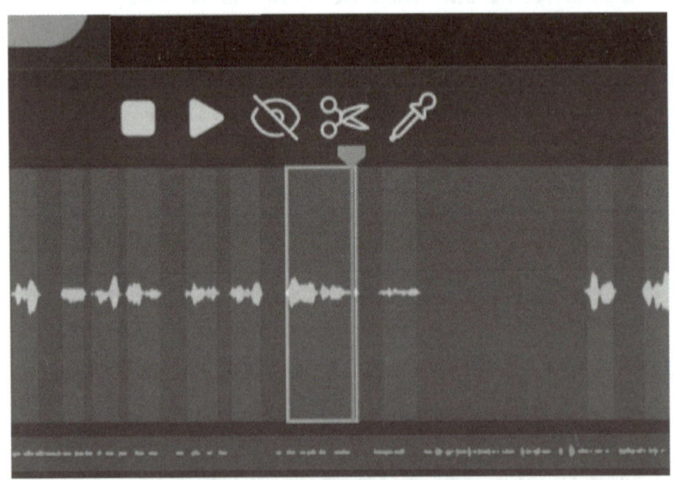

图 4-3-46 设置声音阈值

(4) 依次单击“过滤”按钮和“导出”按钮，设置导出位置后单击“导出切片”按钮，如图 4-3-47 所示。

(5) 等待生成完成后，视频被分成了一个个小切片，如图 4-3-48 所示。

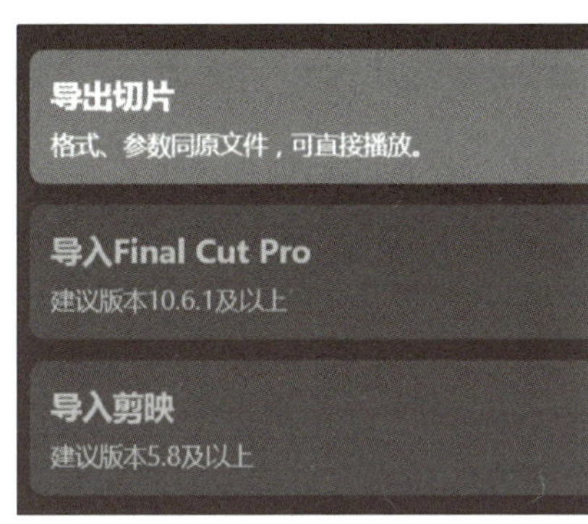

图 4-3-47　单击“导出切片”按钮

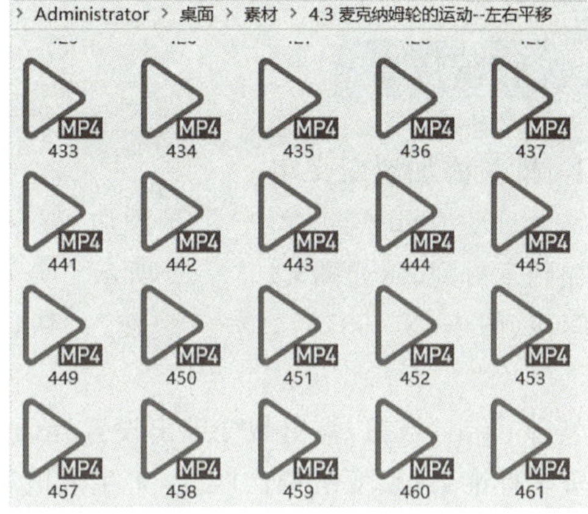

图 4-3-48　生成切片

3. 按时长平均切片

（1）登录自动剪辑神器，单击“按时长平均切分”按钮，如图 4-3-49 所示。

（2）添加视频到素材列表，在打开的操作界面中设置切分时间，如图 4-3-50 所示。

图 4-3-49　“按时长平均切分”按钮

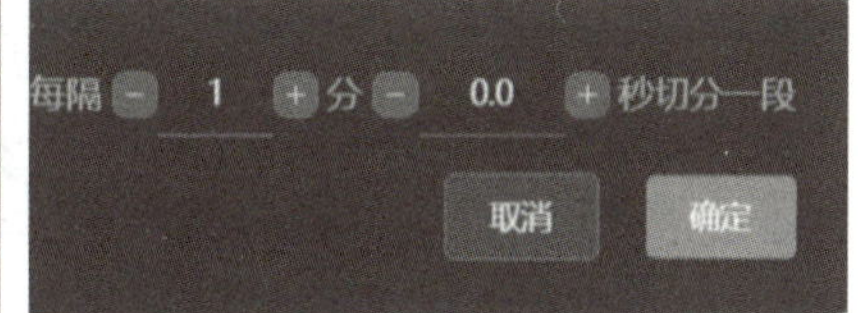

图 4-3-50　设置切分时间

（3）勾选切片后需要生成的片段（图 4-3-51），单击“导出切片”按钮。

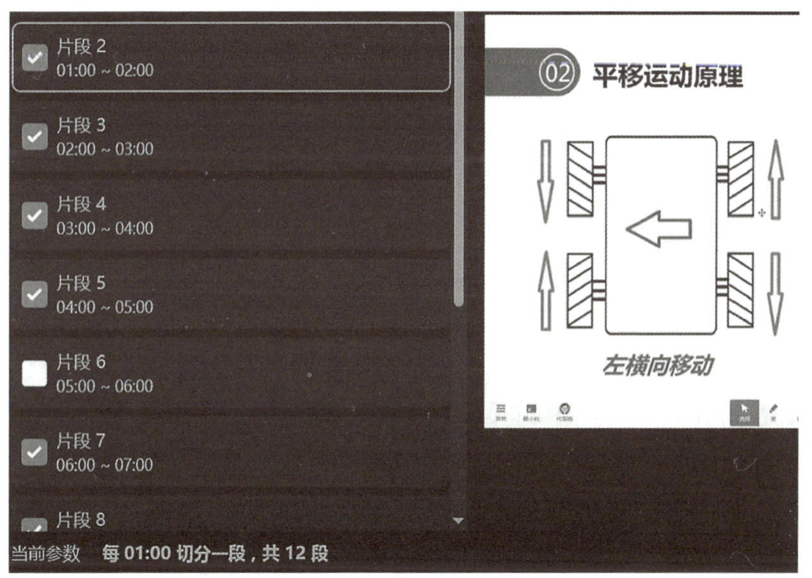

图 4-3-51　勾选切片后需要生成的片段

拓展提高

1. 批量添加裂变文字

登录自动剪辑神器，单击“批量添加、裂变文字”按钮，在打开的操作界面中选择视频并添加到素材列表，如图 4-3-52 所示。分别添加“文字 1”和“文字 2”的内容并设置显示时间段(图 4-3-53)后，单击“裂变”按钮，克隆一份后修改字体设置，如图 4-3-54 所示。

单击“导出”按钮，弹出裂变导出设置界面，选择“全部导出”(图 4-3-55)，每个视频将与每个标准组、裂变组依次匹配，将生成的 2 个裂变视频导出并截图对比，如图 4-3-56 所示。

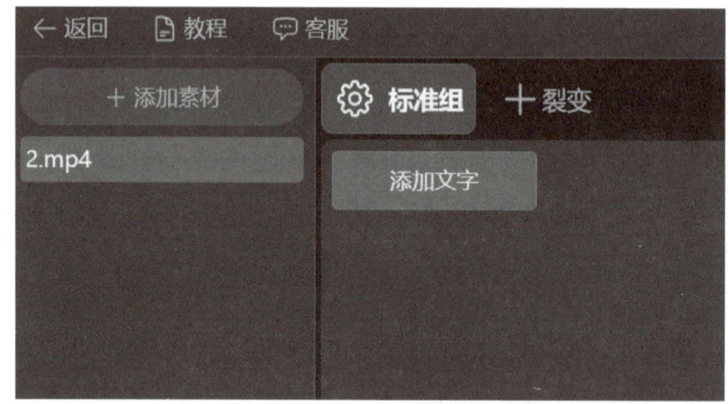

图 4-3-52 添加视频到素材列表

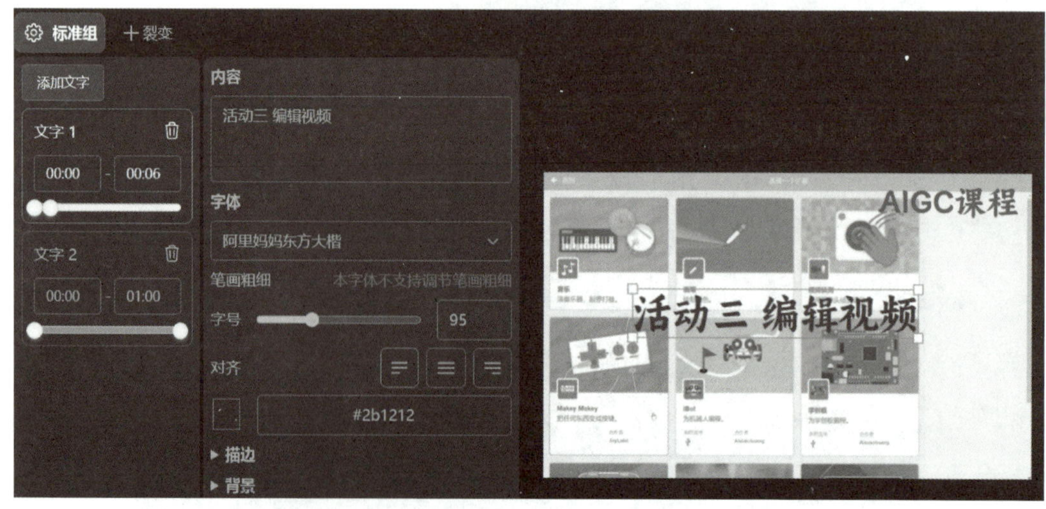

图 4-3-53 添加文字并设置显示时间段

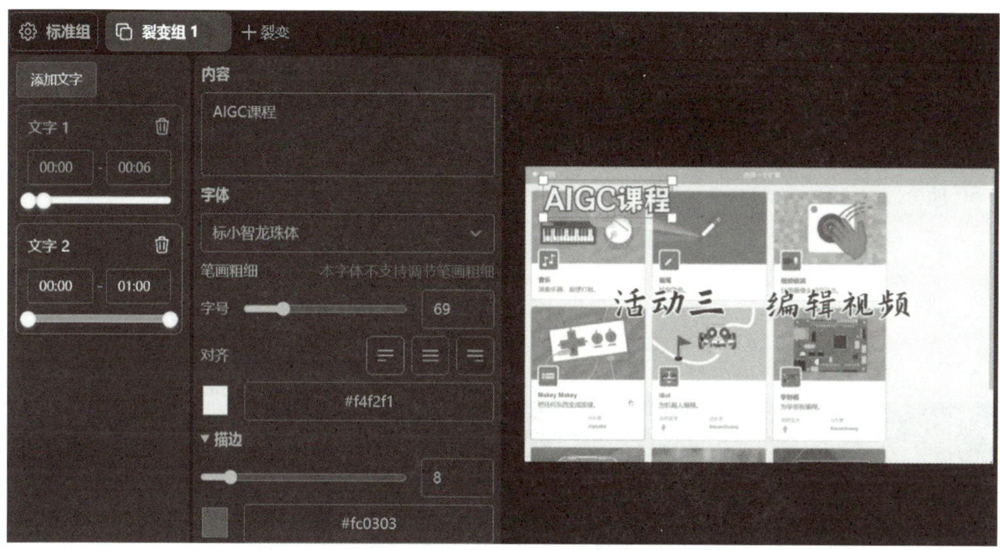

图 4-3-54　裂变文字操作

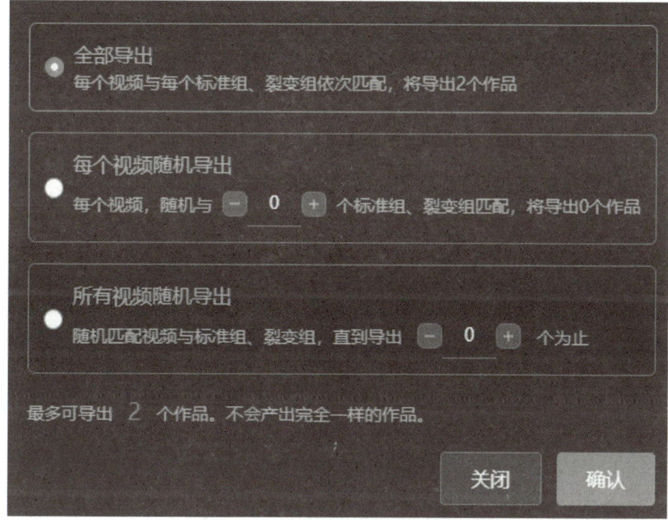

图 4-3-55　裂变导出设置界面

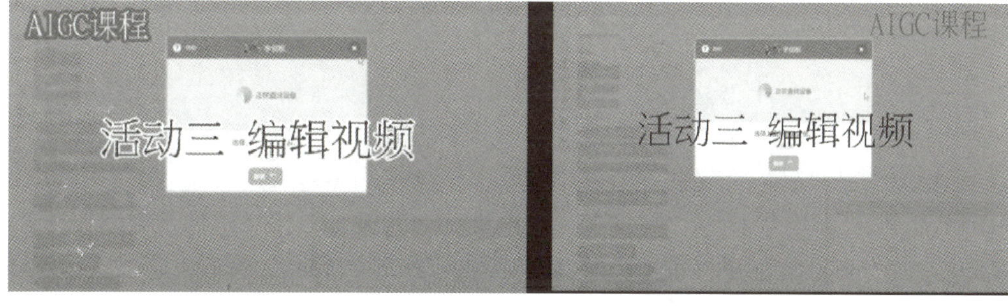

图 4-3-56　裂变视频截图对比

2. 一键随机拼接视频

登录自动剪辑神器，单击“一键随机拼接片段”按钮(图 4 - 3 - 57)，添加多个视频到素材列表并修改名称，如图 4 - 3 - 58 所示。根据需要设置“组合模式”和“复用模式”(图 4 - 3 - 59)后，单击“保存并应用参数”按钮，在弹出的对话框中设置导出作品数量，如图 4 - 3 - 60 所示。

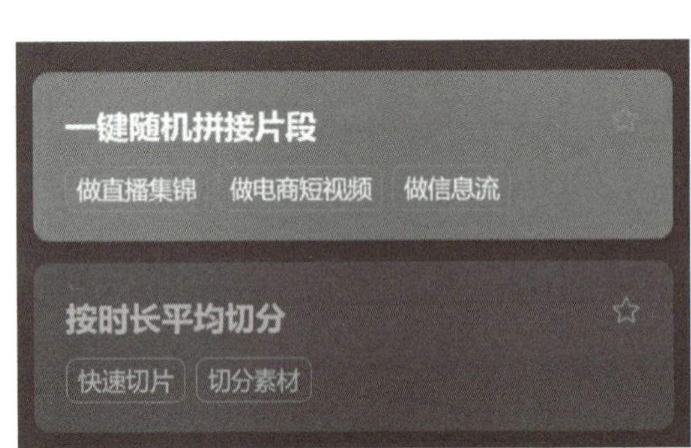

图 4 - 3 - 57　“一键随机拼接片段”按钮

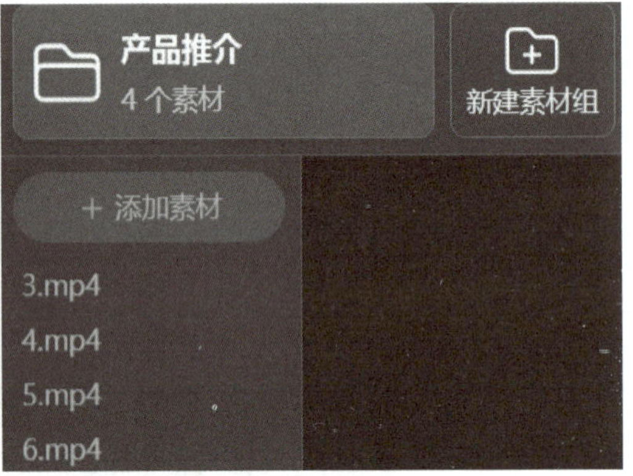

图 4 - 3 - 58　添加多个视频到素材列表

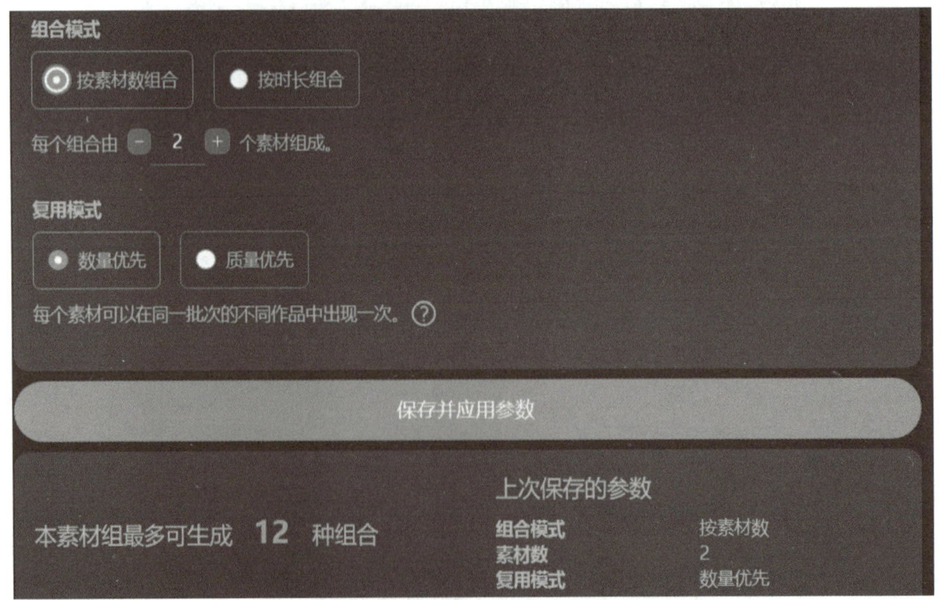

图 4 - 3 - 59　设置“组合模式”和“复用模式”

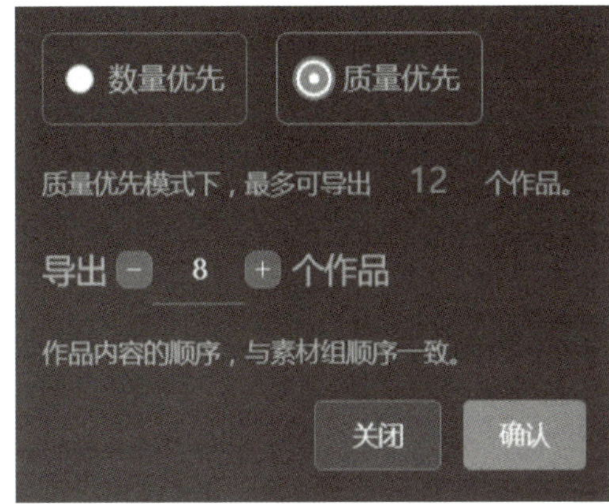

图 4-3-60 设置导出作品数量

1. 选择一个 5 min 左右的视频，根据内容切成 5 个片段，尝试给每一段视频增加文字，然后与他人交流制作方法。

2. 利用一键随机拼接视频的方法，选择 5 个视频片段，每 3 个视频拼接一次，一共能生成多少个不同的视频？对比生成前后的效果。

任务评价

在完成本次任务的过程中，学习了视频翻译、视频去文字和水印的方法，请对照表 4-3-1，进行评价与总结。

表 4-3-1 评价与总结

评 价 指 标	评 价 结 果	备 注
1. 会使用 AI 翻译视频中的字幕	□A □B □C □D	
2. 会使用 AI 擦除视频中的文字或图标	□A □B □C □D	
3. 会使用 AI 剪辑视频	□A □B □C □D	
4. 掌握规范使用 AI 处理视频的流程	□A □B □C □D	
5. 了解智能 AI 处理视频可能存在风险	□A □B □C □D	
综合评价：		

项目五　用人工智能高效办公

在人类从事工作的历程中，办公方式经历了令人惊叹的发展变化。从最初的简单工具到如今强大的AIGC辅助，每一次技术进步都带来了巨大变革。

在早期，人们主要依赖纸笔进行办公，每一份文件都需要亲手书写和手工编排，不仅耗时费力，而且不易修改和复制。随着科技的发展，办公方式迎来了翻天覆地的变化。20世纪中叶，电子计算机的出现为办公带来了第一次重大变革。人们开始利用计算机进行文档编辑、数据处理等工作，大大提高了办公效率。文字处理、电子表格等办公软件逐渐兴起，为办公带来了更多的便利。

20世纪末至21世纪初，办公软件不断迭代升级，功能越来越强大，界面越来越友好。从简单的文字排版到复杂的数据分析，从单一的文档处理到兼容多格式文件，办公软件的发展让办公变得更加高效和专业。

进入21世纪，随着互联网的飞速发展，云办公成为新趋势。人们可以通过网络随时随地访问和编辑文档，实现了灵活且协同的办公。各种在线办公工具如雨后春笋般涌现，为办公提供了更多的选择。

当前，AIGC的出现为高效办公带来了前所未有的体验。AIGC可以自动生成文档、分析数据、回答问题等，大大减轻了办公人员的工作负担。例如，在撰写报告时，AIGC可以根据给定的主题和关键词快速生成初稿，然后由办公人员进行修改和完善，极大地提高了办公效率。在处理数据时，AIGC可以快速分析大量数据，提取关键信息，为决策提供有力支持。

让我们一起借助AIGC工具，开启高效办公之旅吧！

项目分解

- 任务一　处理文档
- 任务二　制作PPT
- 任务三　处理表格
- 任务四　智能阅读

处理文档

情境故事

小明在一家企业里担任行政助理，每天都要处理大量的文档，特别是在时间比较紧的时候，文档配图、优化语句、纠正错别字以及格式排版等任务，更是让他焦头烂额。此外，他还经常收到不同格式的参考资料，光是转换格式就需要耗费大量的时间和精力。如今，他发现了 AIGC 的奇妙之处，轻松解决了文档处理的难题。

本任务将借助生成式人工智能来辅助进行文档处理。

任务目标

1. 了解常用的 AIGC 办公应用平台及其功能。
2. 了解 AIGC 文档处理工具的基本操作流程。
3. 尝试 AIGC 转换文档格式、智能写作、自动排版等方法与技巧。
4. 体会到人工智能给办公带来的高效与便捷。

任务准备

1. AIGC 文档处理基本原理

AIGC 在文档处理中的原理主要是自然语言处理和机器学习技术，能够理解用户输入的文本内容，并根据特定的指令进行分析和处理。例如，当用户要求为文档添加合适的图片时，它会分析文档的主题和内容，然后从庞大的图像数据库中筛选出最匹配的图片，并自动插入到合适的位置。对于文本优化，它会自动检查文本中的错别字和语法错误并进行修正，使语句通顺，甚至还可以根据要求调整文风，对文案进行优化，让语言表达更加流畅、生动，提升文档的可读性。

2. 认识创作平台

(1) 360AI 办公平台。360AI 办公平台是一款强大的智能办公工具，致力于为职场人士提供更高效、便捷的办公体验。它拥有较为强大的语言理解和生成能力，可以快速准确地回答各种问题，提供专业的建议和解决方案。无论是撰写报告、回复邮件，还是进行创意构思，360AI办公平台都能助你一臂之力。同时，它还具备智能文档处理功能，能够自动识别文档中的关键信息，并进行分类整理，让你的文件管理更加轻松有序。在协作方面，360AI办公平台也表现出色。它可以实时翻译多种语言，打破语言障碍，让团队成员之间的沟通更加顺畅。

使用时，只需安装360AI办公平台，注册、登录后即可通过简洁明了的操作界面开启高效办公之旅。360AI办公平台操作界面如图5－1－1所示。

图5－1－1　360AI办公平台操作界面

（2）WPS AI创作平台。WPS AI是一款由金山办公推出的智能化办公助手，旨在为用户提供高效、智能的办公体验。用户可以通过自然语言交互的方式，让WPS AI协助完成各种文档处理任务。

WPS AI能够理解用户的指令，快速生成文档内容、进行文本润色、提取关键信息等。同时，它还可以与WPS软件的各种功能无缝衔接，如文字处理、表格制作、演示文稿等，极大地提高了办公效率。

使用时，用户只需打开WPS软件，在相应的功能模块中找到WPS AI的入口，注册、登录后即可通过语音或文字输入指令。WPS AI创作平台操作界面如图5－1－2所示。

图 5-1-2 WPS AI 创作平台操作界面

活动一 自动转换文档格式

活动描述

最近，公司接到一个重要项目，需要将大量不同格式的文档进行整理和转换文件格式。为了高效完成任务，小明利用 360AI 办公平台，无论是 PDF 转 Word、Excel 转 PDF，还是图片转文档，都能轻松搞定。原本繁琐的文件格式转换工作变得异常简单，大大节省了时间和精力。

活动分析

文档格式转化主要考虑精准地将一种格式的文档转换为另一种格式，同时确保内容的完整性和准确性。转化时，一是要明确需要转化的文档类型和转换的目标格式。二是根据不同的格式要求确定转化的具体步骤，如果要把 PDF 文档转化为 Word 文档，就要注意保留原文档的排版、图表等元素，并提炼出 AIGC 工具能够识别的关键指令。保留原文档页面排版格式的提示语可以是“转化后的文档需保持原有的字体、字号、段落间距等排版格式”，保留原文档中的图表提示语可以是“确保文档中的图表在转化后依然清晰可见，位置和大小与原文档一致”。使用 360AI 办公平台，即可轻松完成文档格式转化任务。

活动展开

1. PDF 转换其他文件

（1）登录 360AI 办公平台。

（2）单击“功能分类”列表中“办公工具”，打开“多功能 PDF 处理”界面。

（3）单击“PDF 转 Word/Excel/PPT”，打开“360PDF 转换”操作界面，如图 5－1－3 所示。

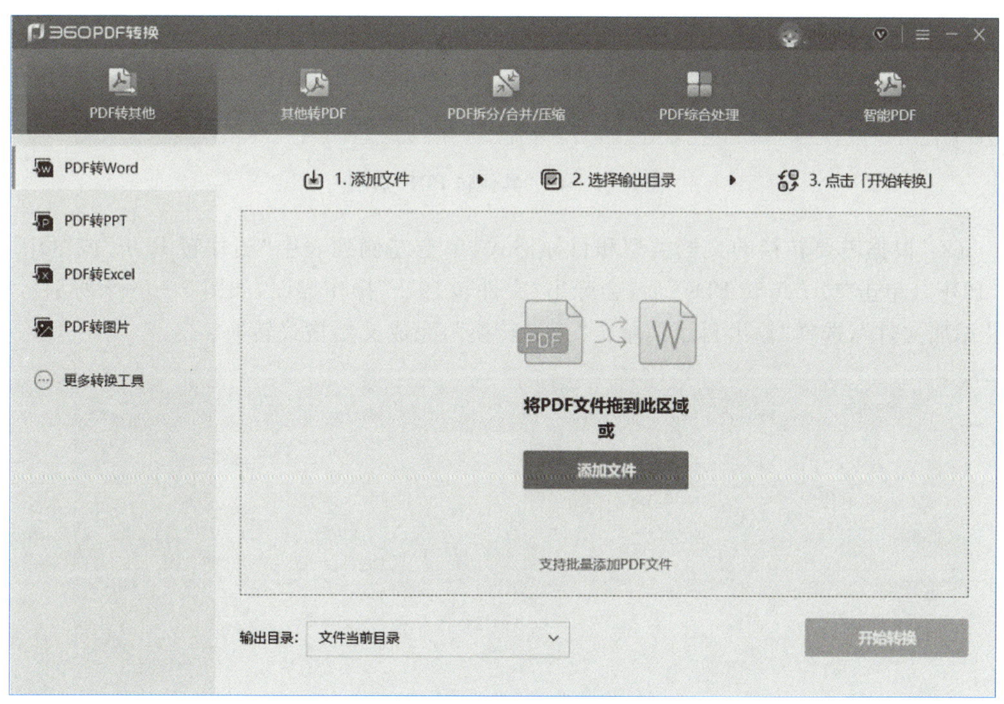

图 5－1－3　“360PDF 转换”操作界面

（4）根据需要转换的文档类型和目标格式，单击左侧列表中相应的选项，在“360PDF 转换”操作界面中单击“添加文件”，选择“输出目录”，单击“开始转换”，完成文档格式转换。

小提示：如果 PDF 文档有密码保护，需要先解除密码才能进行转换。转换过程中可能会出现一些格式偏差，转换完成后要仔细检查。

2. 其他文件转 PDF

(1) 在“360PDF 转换”操作界面中单击“其他转 PDF”选项,如图 5-1-4 所示。

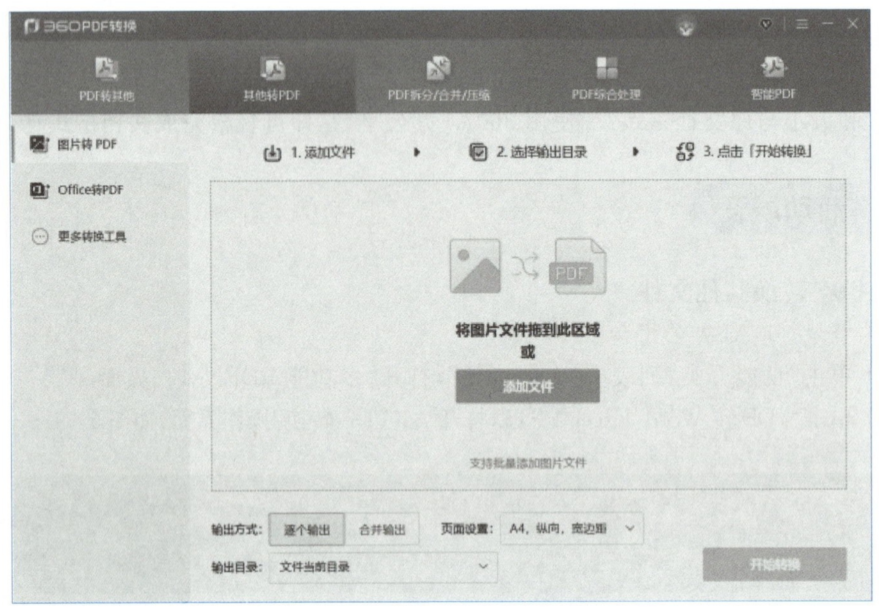

图 5-1-4 “其他转 PDF”选项

(2) 根据需要转换的文档类型和目标格式,单击左侧列表中“图片转 PDF”或“Office 转 PDF”(单击“Office 转 PDF”后,会弹出“文件转 PDF”操作界面,如图 5-1-5 所示),单击“添加文件”,选择“输出目录”,单击“开始转换”,完成文档格式转换。

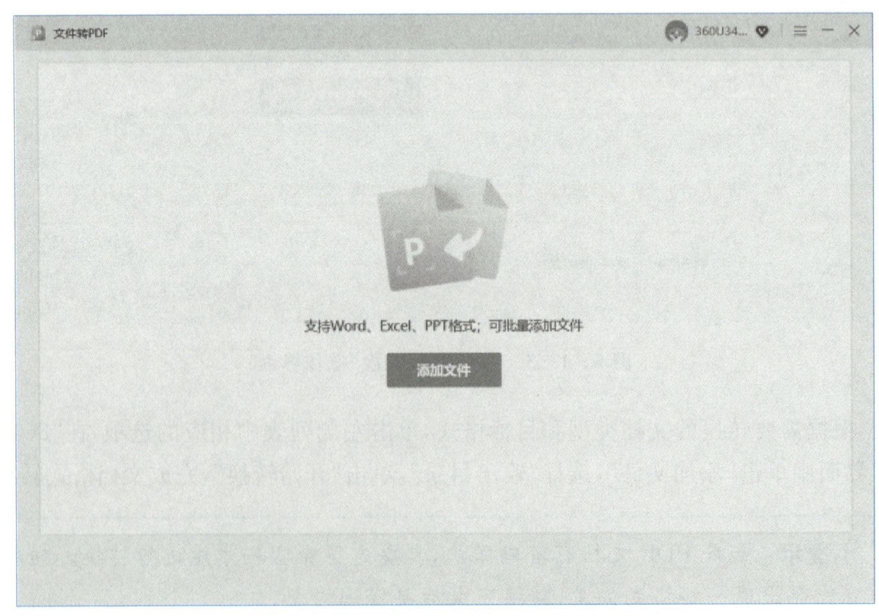

图 5-1-5 “Office 转 PDF”操作界面

小提示："Office 转 PDF"功能可批量添加文件，实现多个文件同时转化文档格式，提高工作效率。

拓展提高

1. 拆分/合并/压缩 PDF 文件

360AI 办公平台提供了 PDF 拆分、合并、压缩等功能。使用"PDF 拆分"功能，可以将一个 PDF 文件拆分成多个 PDF 文件；使用"PDF 合并"功能，可以将多个 PDF 文件合并为一个 PDF 文件；使用"PDF 压缩"功能，可以快速压缩 PDF 文件大小。操作时，在"360PDF 转换"操作界面中单击"PDF/拆分/合并/压缩"选项，打开操作界面，如图 5-1-6 所示。单击"PDF 压缩"选项，在弹出的"PDF 压缩"操作界面中添加文件，如图 5-1-7 所示，进行自定义压缩设置，选择"输出目录"，单击"开始压缩"，完成 PDF 文件压缩。

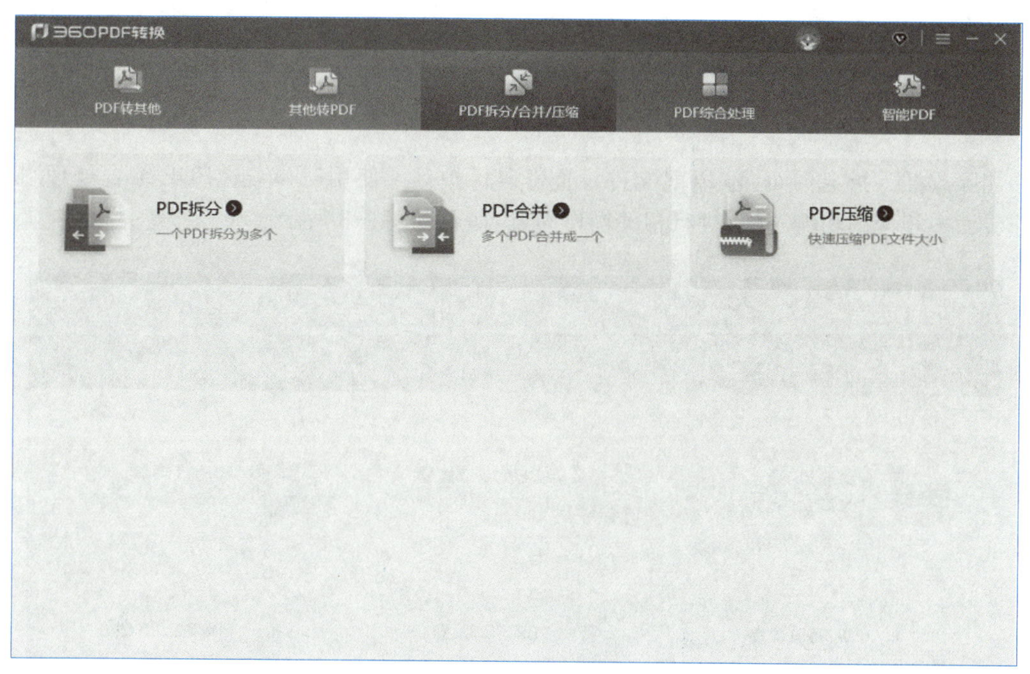

图 5-1-6 "PDF 拆分/合并/压缩"操作界面

小提示："PDF 压缩"功能支持批量拖拽上传，可同时压缩多个文件。压缩文件时，可根据需要设置不同的压缩强度，确保文件大小适中，显示效果清晰。

2. 综合处理 PDF 文件

使用"PDF 综合处理"功能，可为 PDF 文件加水印、加页眉页脚、加页码、在 PDF 文件

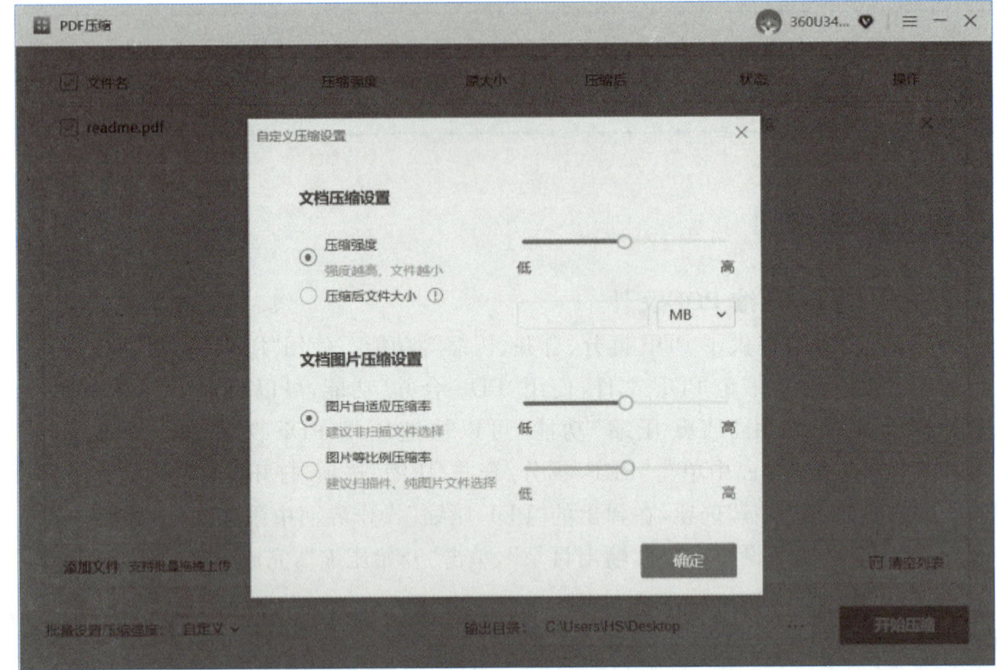

图 5-1-7 “PDF 压缩”自定义压缩设置界面

中删除或插入指定页面、为 PDF 文件设置密码保护等。使用时，单击“PDF 综合处理”操作界面中相应的功能选项，进行相关操作即可，如图 5-1-8 所示。

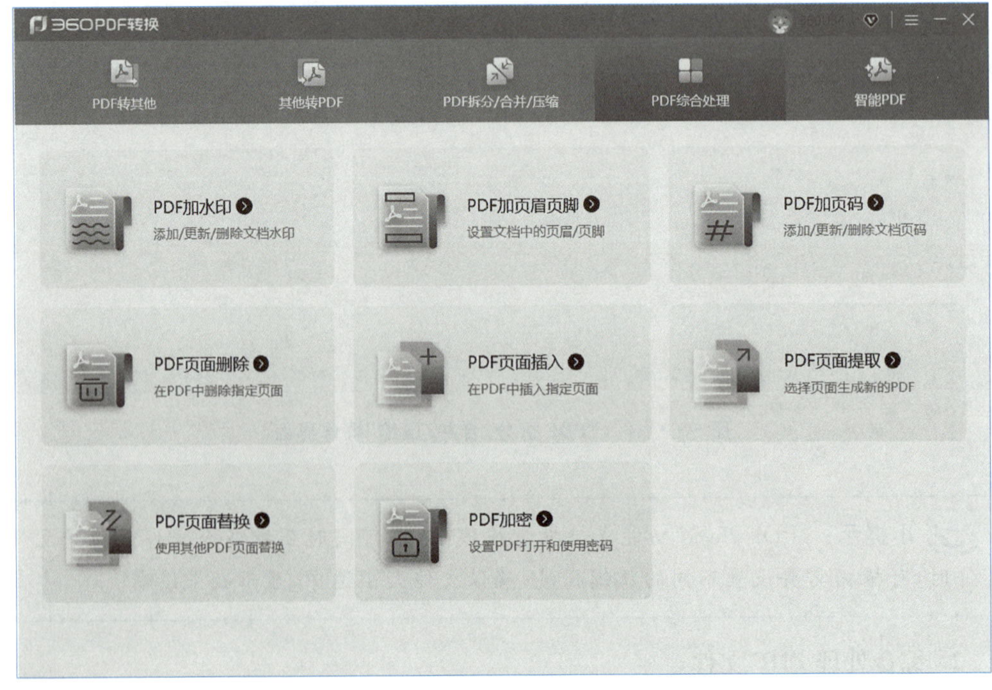

图 5-1-8 “PDF 综合处理”操作界面

（1）给 PDF 文件加水印。操作时，单击“PDF 综合处理”操作界面中“PDF 加水印”选项，打开文件选择对话框，选择需要添加水印的 PDF 文件，单击“打开”按钮，在“PDF 水印”对话框中设置水印的文本内容及字体、字号、旋转角度、不透明度等效果，如图 5－1－9 所示，单击“应用”按钮，完成 PDF 文件加水印操作。

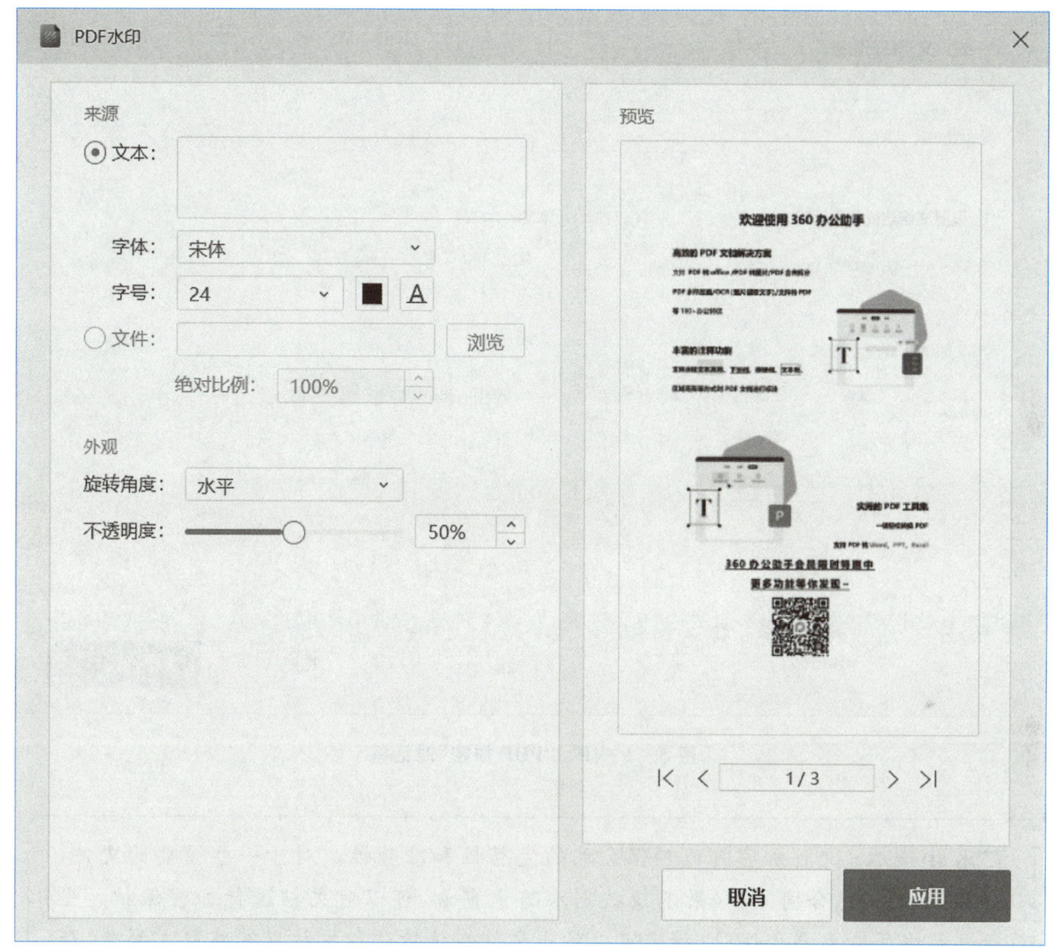

图 5－1－9 “PDF 水印”对话框

小提示：给 PDF 文件加水印，具有保护知识产权、防止内容被随意篡改的作用。加水印可以防止他人未经授权而随意使用文件，明确版权归属，保护劳动成果。对于一些重要文件，水印可以作为文件真实性的标志，如果有人试图篡改文件内容，水印的存在会让这种行为更容易被发现，确保文件的完整性和可信度。

（2）给 PDF 文件加密。单击“PDF 综合处理”操作界面中“PDF 加密”选项，打开文件选择对话框，选择需要添加密码的 PDF 文件，单击“打开”按钮，在“PDF 加密”对话框中设置“文档打开密码”和“文档功能使用密码”，如图 5－1－10 所示，然后单击“确认”按钮，完成 PDF 文件加密。

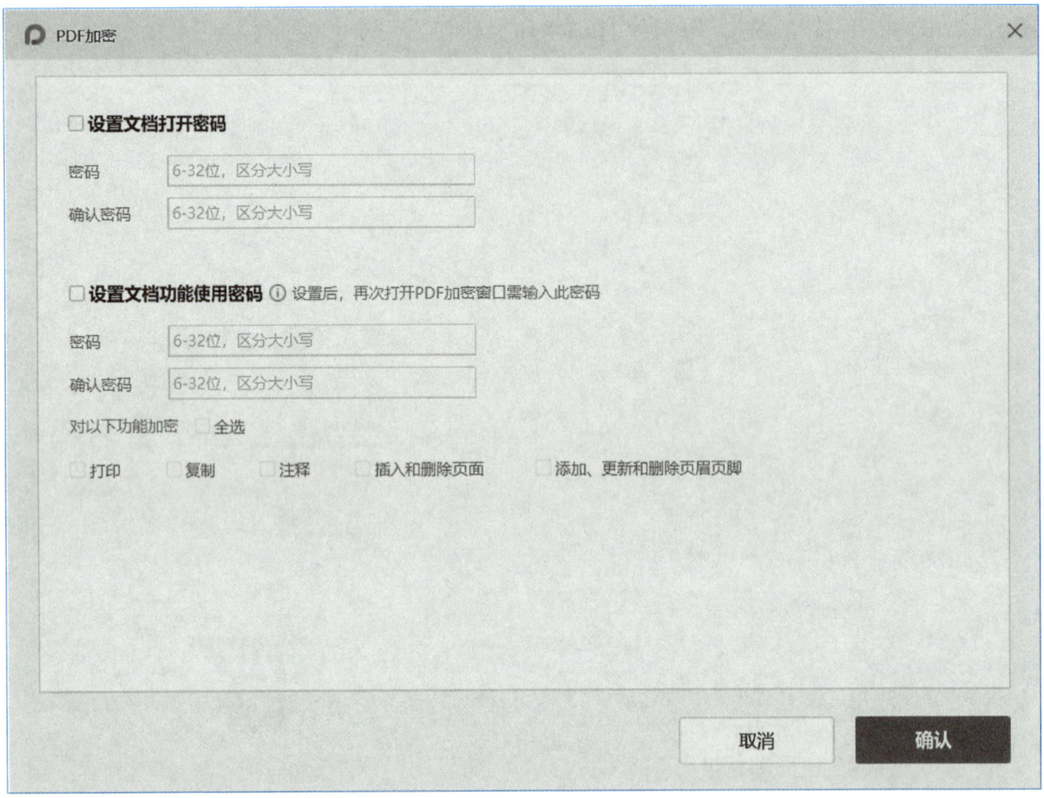

PDF加密

设置文档打开密码

密码 6-32位，区分大小写

确认密码 6-32位，区分大小写

设置文档功能使用密码 设置后，再次打开PDF加密窗口需输入此密码

密码 6-32位，区分大小写

确认密码 6-32位，区分大小写

对以下功能加密 全选

打印 复制 注释 插入和删除页面 添加、更新和删除页眉页脚

取消 确认

图 5－1－10 “PDF 加密”对话框

小提示： 文件加密可以确保文件的完整性和准确性。对于一些重要的文件，如商业计划书、合同等，如果不想被别人随意查看，可以对文档进行加密保护。当通过网络传输重要文件时，加密可以防止文件在传输过程中被黑客窃取或篡改，让文件传输更加安全可靠。

3. 智能 PDF

除了可以对 PDF 文件进行格式转换、合并、拆分、综合处理等操作外，还可以对 PDF 文件进行智能化处理，如“PDF 一键摘要”“PDF 智能问答”“PDF 智能重写”等功能，如图 5－1－11 所示。例如使用“智能问答”功能时，单击“智能 PDF”操作界面中的“PDF 智能问答”选项，打开文件选择对话框，选择需要打开的 PDF 文件，单击“打开”按钮，在弹出的“文档问答”对话框中输入需要提问的问题，单击 Enter 键，“智能 PDF”就会根据文档内容提供解答，如图 5－1－12 所示。

图 5－1－11 “智能 PDF”操作界面

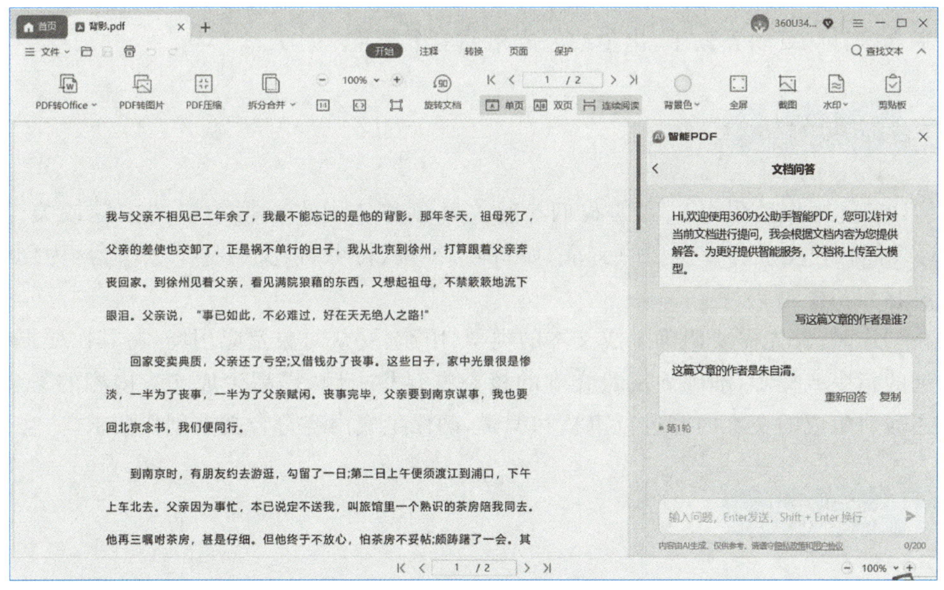

图 5－1－12 “文档问答”对话框

1. 选择一张带有文字的图片文件，尝试将图片文字转换为可编辑的 Word 文档格式，然后与同学交流图片转换 Word 文档格式的操作过程，简要地记录在表 5－1－1 中。

表 5-1-1 图片转 Word 过程记录表

图片文件	转换过程	输出效果

2. 通过使用 360AI 办公平台进行 PDF 页面替换，说一说你的处理过程及体会。

活动二 智能创作文本内容

活动描述

最近，公司计划组织全体员工进行生成式人工智能应用能力提升培训，需要小明制定一份全面可行的实施方案，并拟定活动通知。为了尽快做好培训方案，小明使用 WPS AI 创作平台，通过 AI 写作助手，出色地完成相关工作任务。

活动分析

WPS AI 写作助手可以帮助我们进行文章创作。用户根据给定的主题或关键词，WPS AI 能快速生成各种类型的文章，如新闻、小说、诗歌、散文、论文、公文等，为创作者提供灵感和初稿。

在创作时，首先需要明确生成文本的类型、用途、受众对象及应用场景；其次要提供准确详细的指令或提示，准确地反映文本的核心内容和主题，提高生成文本内容的契合度；最后还需对生成的文本内容进行审核和编辑，确保生成内容符合文本创作要求。

活动展开

智能创作文本内容

活动展开

1. AI 生成全文

知识拓展

用 DeepSeek 进行智能创作

（1）打开 WPS 软件，登录 WPS AI 个人账号。

（2）单击 WPS 文字右上方菜单栏“WPS AI”选项卡。

（3）单击“帮我写”选项，在弹出的文本框中输入需要 WPS AI 回答的问题或写作的内容主题，如图 5-1-13 所示。

（4）输入“生成式人工智能应用能力提升培训实施方案”，单击 Enter 键，AI 将自动生成全文内容，如图 5-1-14 所示。

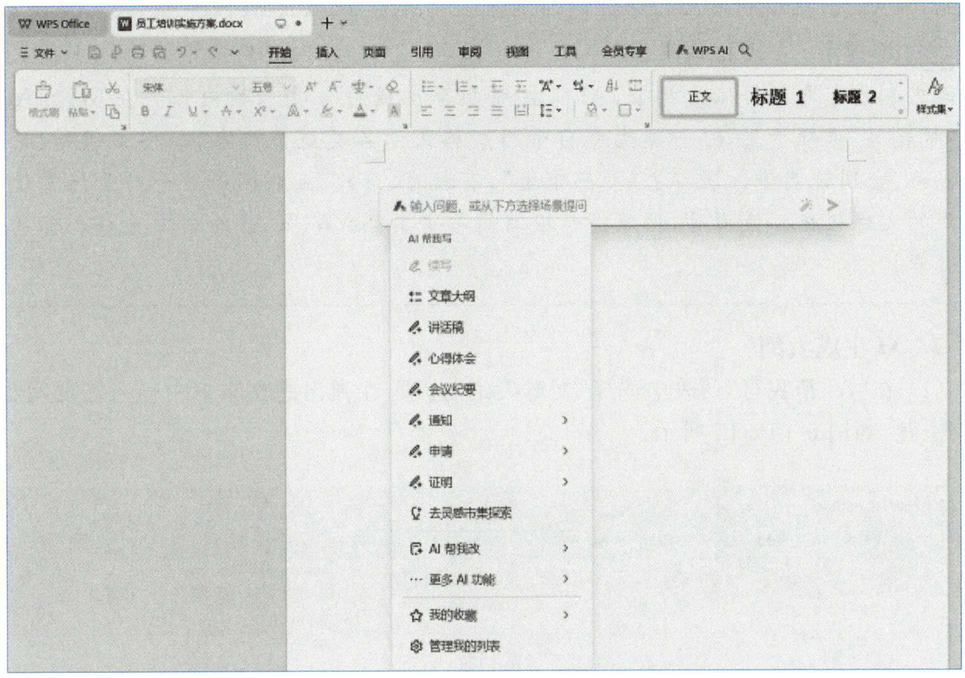

图 5-1-13　"WPS AI 帮我写"文本框

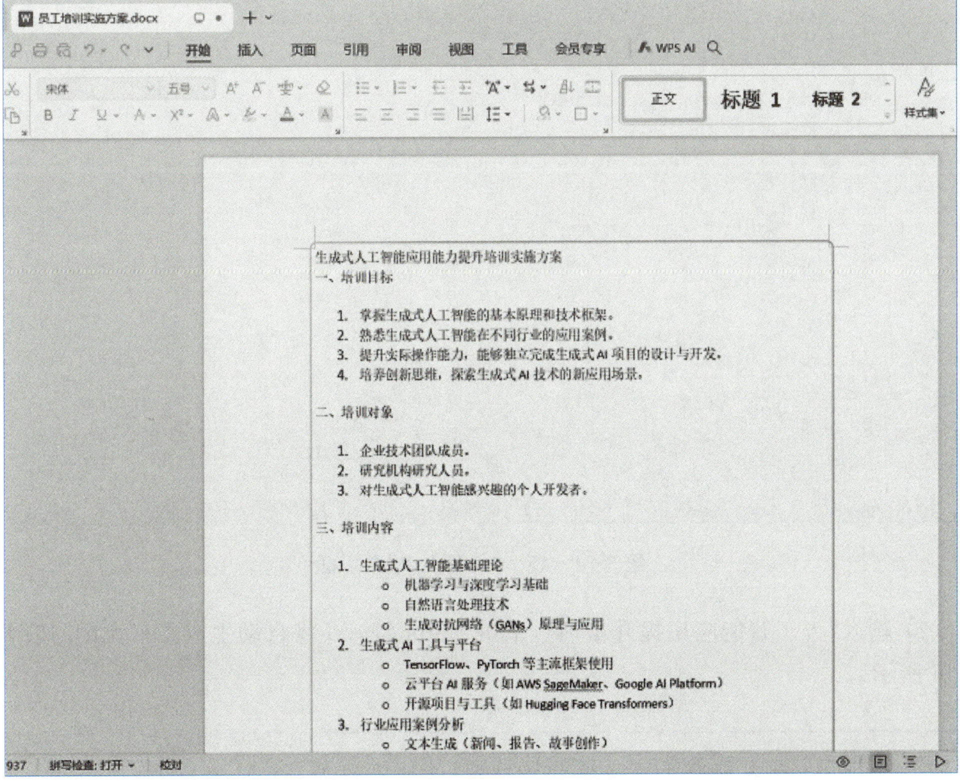

图 5-1-14　AI 自动生成全文内容

小提示：在文档编辑区输入主题后，单击文本右侧的“优化指令”按钮，输入的文本内容即刻转化为指令，AI 将按照指令生成符合要求的内容。在 WPS AI “帮我写”选项卡里，可一键生成自带排版格式的各类规范文书，如公文通知、请假条、合同证明等。还可去“灵感市集”，有教育、行政、互联网等多个行业经常使用的文件模板。使用时，按照提示填写简单文本，让 WPS AI 的创作更符合你的心意。

2. AI 生成大纲

（1）在“AI 帮我写”列表中选择“文章大纲”选项，在弹出的文本框中输入需要写作的大纲主题，如图 5-1-15 所示。

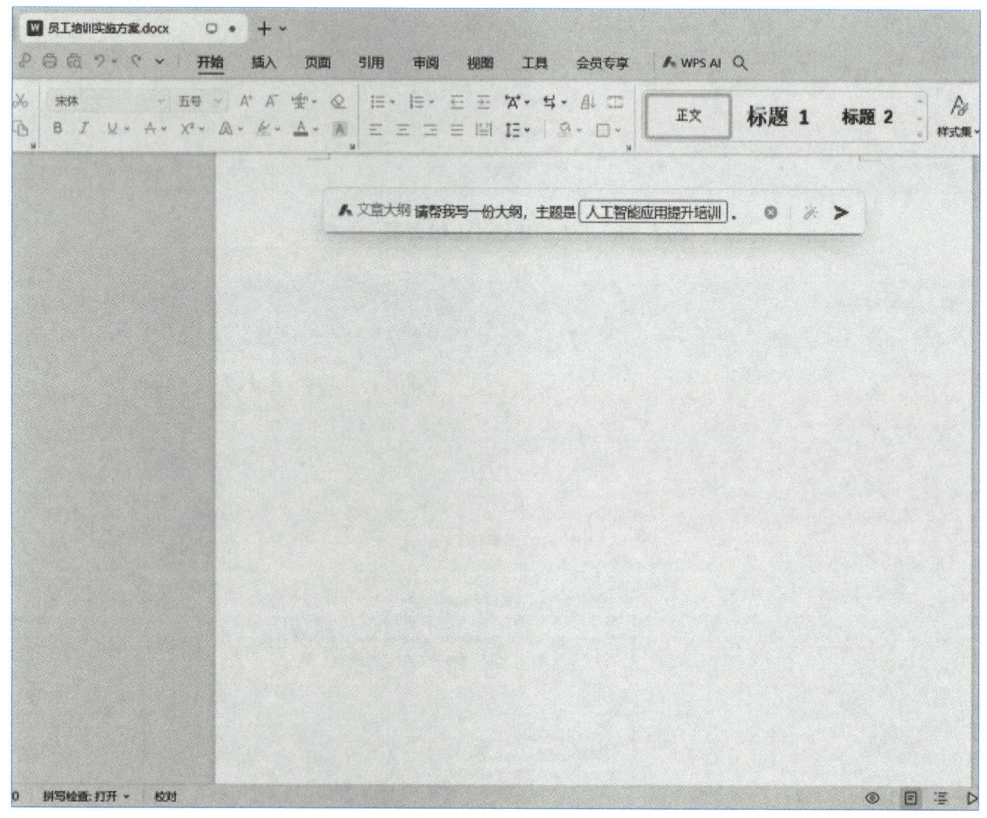

图 5-1-15 “文章大纲”文本框

（2）输入“人工智能应用提升培训”，单击 Enter 键，AI 将自动生成文章大纲，如图 5-1-16 所示。

 小提示：在文档内还可以双击 Ctrl 键，快捷唤起 WPS AI 对话框。

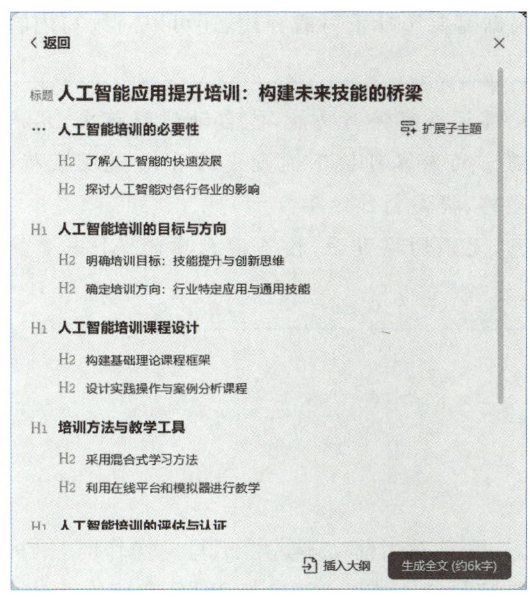

图 5-1-16 生成文章大纲

3. AI 续写内容

（1）将鼠标光标定位到需要续写内容的位置，单击“WPS AI”选项卡中“续写”选项，AI 将自动理解前文，并根据前文内容、主题自动续写下文，如图 5-1-17 所示。

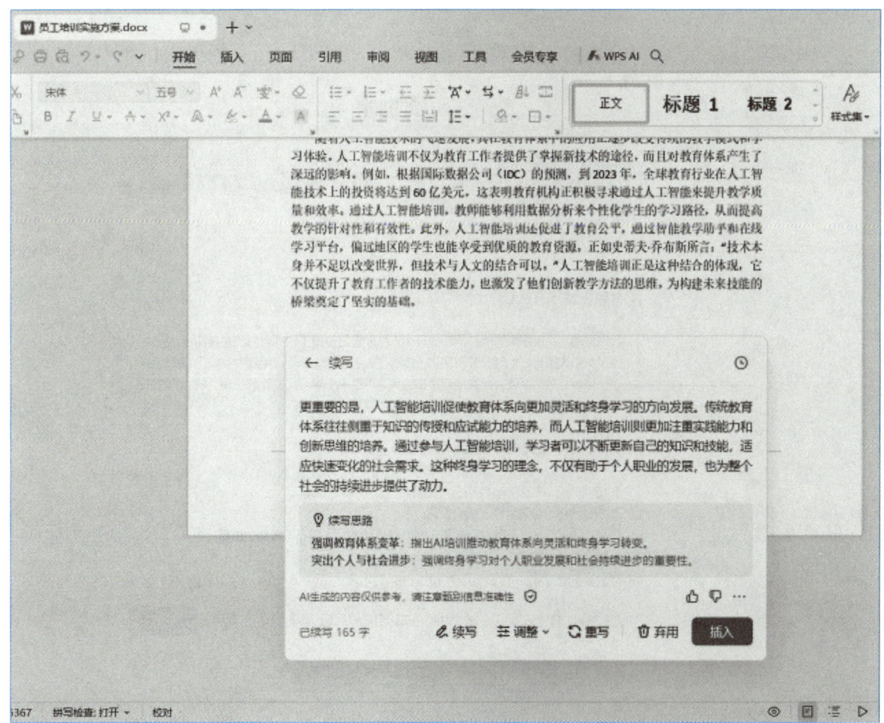

图 5-1-17 续写内容

（2）续写完成后，根据需要选择重写或弃用，还可以对续写内容进行调整。

> **小提示：** WPS AI还具有伴写功能，能自动理解前文，用浅灰色文字，实时提供内容写作建议。满意的内容可按下键盘中的Tab键或鼠标单击来采纳。伴写功能可以拓展写作思路，提高创作效率。
>
> 若对续写不满意，无须切换页面，按下键盘中的Alt＋↓键，即可查看更多建议，获取更多创作灵感。

拓展提高

1. AI扩写文本

用户可以使用WPS AI针对当前文本进行扩写。操作时，鼠标光标定位到需要扩写的段落位置，或选中需要扩写的文本内容，单击WPS文字右上方菜单栏“WPS AI”选项卡，单击“AI帮我改”列表中“扩写”选项，AI将自动理解文本内容，并根据内容主题自动扩写文字。扩写完成后，根据需要选择重写或弃用，还可以对扩写内容进行调整，如图5-1-18所示。

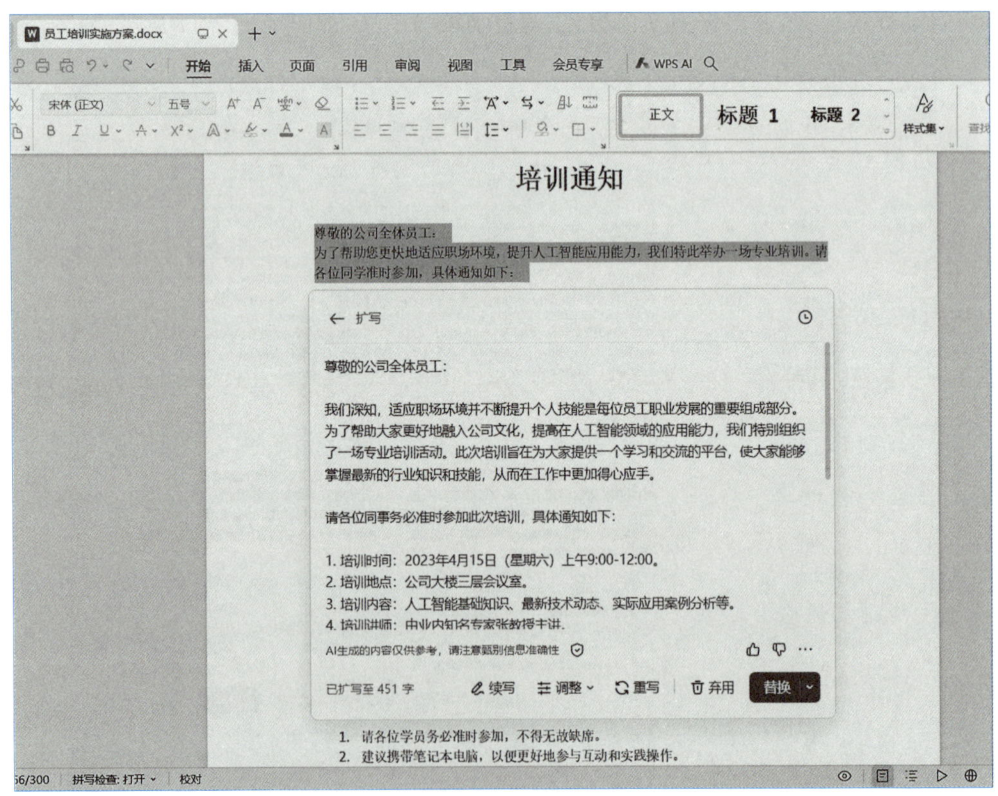

图5-1-18 扩写内容

2. AI缩写文本

较长的文本阅读费时,用户可以使用 WPS AI 针对当前文本进行缩写。操作时,选中需要缩写的文本内容,单击 WPS 文字右上方菜单栏"WPS AI"选项卡,单击"AI 帮我改"列表中"缩写"选项,AI 将自动理解文本内容,并根据内容主题自动缩写文字。缩写完成后,根据需要选择重写或弃用,还可以对缩写内容进行调整,如图 5-1-19 所示。

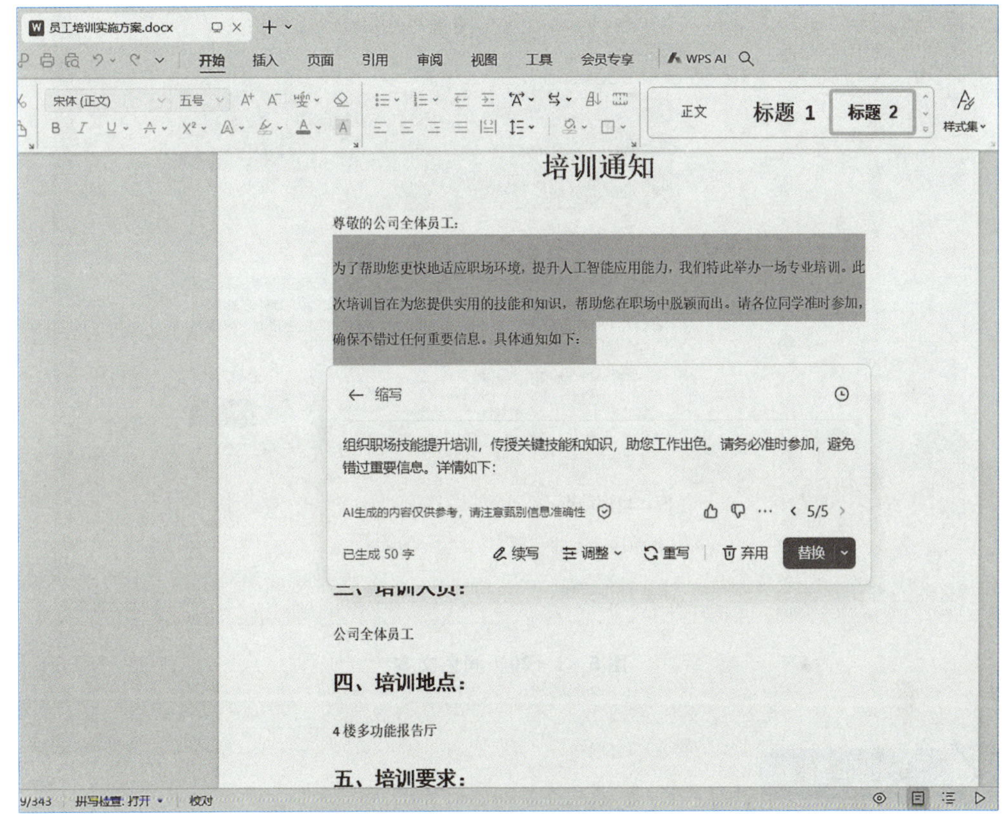

图 5-1-19　缩写内容

小提示:使用 WPS AI 一键扩写、缩写时,可以根据需求调整文本长短,由词扩句、由句扩段、由段生文,也能快速缩写,精简语言不失文意。

3. AI润色文本

一篇优秀的文章不仅要求使用规范的语法,还需要恰当地选择词汇和句子结构。WPS AI 提供了强大的文本润色功能。它能精准地纠正语法错误,优化词汇表达,调整语句结构,让段落条理清晰、逻辑连贯。还可以根据需求选择快速润色风格,如更正式、更活泼、党政风、口语化等,将文本文风进行调整,使文章风格更加适合不同的场景。

操作时,选中需要润色的文字内容,单击 WPS 文字右上方菜单栏"WPS AI"选项卡,打开"AI 写作助手"选项列表,单击"AI 帮我改"列表中"润色"选项,AI 将自动理解文本内容,并根据内容主题自动对文字进行润色。润色完成后,根据需要选择重新润色或弃用,还可以对润色后的内容进行调整,如图 5-1-20 所示。

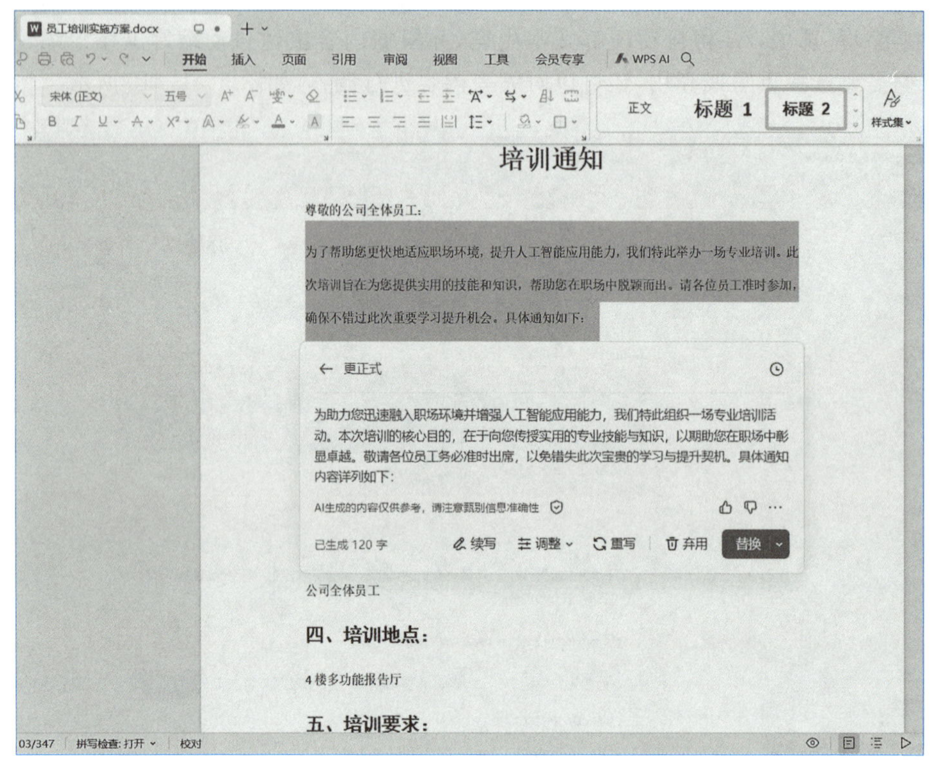

图 5-1-20 润色文本

实训操作

1. 运用 WPS AI 创作一首古诗,然后与同学交流创作方法。

2. 运用 WPS AI 将自己写的作文进行改写和润色,并与同学交流改写心得。

3. 体会 WPS AI 智能办公平台的应用过程,说一说它能带来哪些便利,简要地记录在表 5-1-2 中。

表 5-1-2 WPS AI 应用场景记录表

应用领域	应用场景	带来的便利
学习		
生活		
工作		

活动三　自动排版文档格式

活动描述

最近，公司很多重要的文件需要小明进行排版和制作，稍微慢一点都会挨批评，让他十分头疼。自从使用了 WPS AI 智能办公平台，文档排版变得轻松高效。无论是工作报告、活动通知、设计方案、合作合同等重要文件，还是日常的文档撰写，WPS AI 都能为他提供出色的自动排版服务。

活动分析

文档自动排版主要考虑格式的规范统一和美观易读，便于文件的传阅。在排版之前，需要明确两个方面的意图：一是明确排版的目的，例如是为了正式提交还是便于阅读分享；二是根据文档的类型和用途确定排版的风格，例如工作报告可能需要简洁大气的风格，学术论文则要求严谨规范。

使用 WPS AI 进行文档自动排版，只需要简单几步操作就能让文档焕然一新。先明确文档的主题和受众，然后提炼出关键的排版要求，让 WPS AI 更好地理解我们的需求。例如，如果是一份商业计划书，提示语可以是“文档需采用专业的商务风格排版，字体为宋体，字号适中，标题突出，段落间距合理，图表清晰美观”。

活动展开

活动展开

自动排版文档格式

1. 唤起 AI 排版

(1) 打开 WPS 软件，登录 WPS AI 个人账号，打开需要排版的文档，如图 5－1－21 所示。

(2) 单击 WPS 文字右上方菜单栏“WPS AI”选项卡。

(3) 在弹出的下拉列表中选择“AI 排版”，对应操作界面如图 5－1－21 所示。

2. 开始自动排版

(1) 在右侧弹出的 WPS AI 排版功能界面中选择“党政公文”文档类型。

(2) 选择“党政公文”文档类型中的“通知”类型。

(3) 单击“开始排版”，WPS AI 会自动对文档进行排版，排版后的文档如图 5－1－22 所示。

小提示： WPS AI 排版功能，无论是通用文档、学位论文、合同协议，还是党政公文、行政通知，选择对应的文档类型，WPS AI 都能完成自动排版。

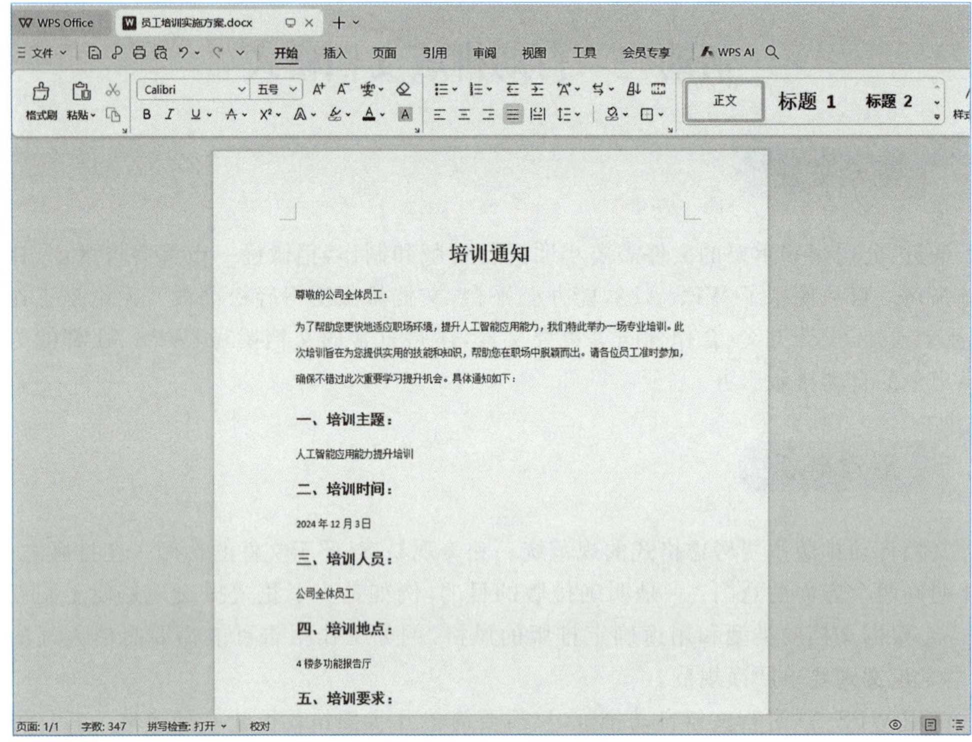

图 5-1-21 需要排版的文档

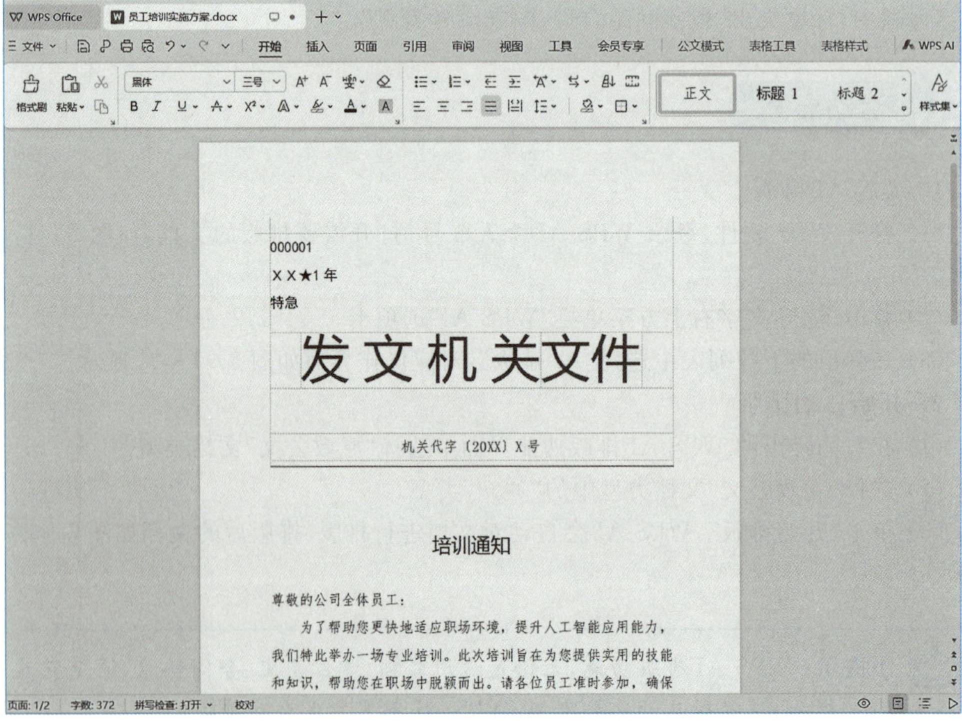

图 5-1-22 排版后的文档

拓展提高

1. 了解排版模板

WPS AI 提供了学位论文、党政公文、合同协议、招投标文书等多种排版文体类别，如图 5-1-23 所示。每种文体类别提供了不同的文档排版模板供用户选择，如图 5-1-24 所示。使用时，用户只需要将文本打开，然后选择合适文体类别排版即可。

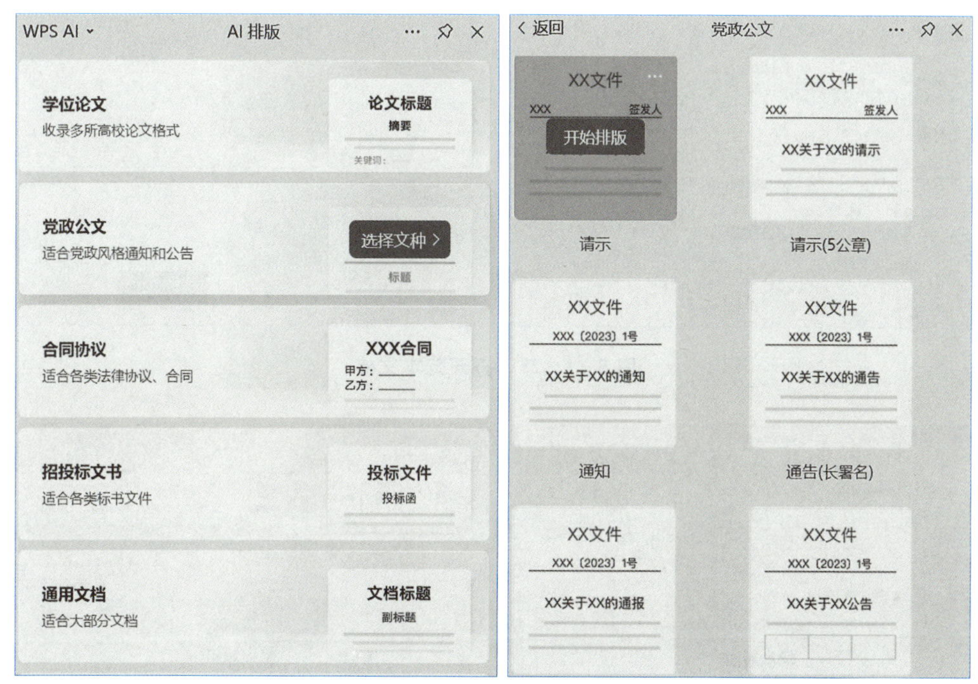

图 5-1-23　排版文体类别　　图 5-1-24　文档排版模板

2. 自定义排版

除了选择预设的排版模板外，WPS AI 还支持自行上传范文，智能识别格式，实现个性化智能排版。排版完成后，文档会生成排版前后效果对比预览，方便快速定位，进行自定义调整优化。

操作时，打开需要排版的文档，单击 WPS 文字右上方菜单栏“WPS AI”选项卡。在弹出的下拉列表中选择“AI 排版”在右侧弹出的 WPS AI 排版功能界面中选择“导入范文排版”选项。在打开的窗口中选择导入的范文文件，如图 5-1-25 所示。打开范文文件后，AI 将自动按照范文文件排版格式对当前文档进行排版，如图 5-1-26 所示。

小提示：为了更好地利用 WPS AI 进行文档排版，可以学习一些排版技巧。例如，合理使用标题层级，让文档结构更加清晰；运用图表和图片来增强文档的可读性；注意色彩搭配，使文档更加美观。

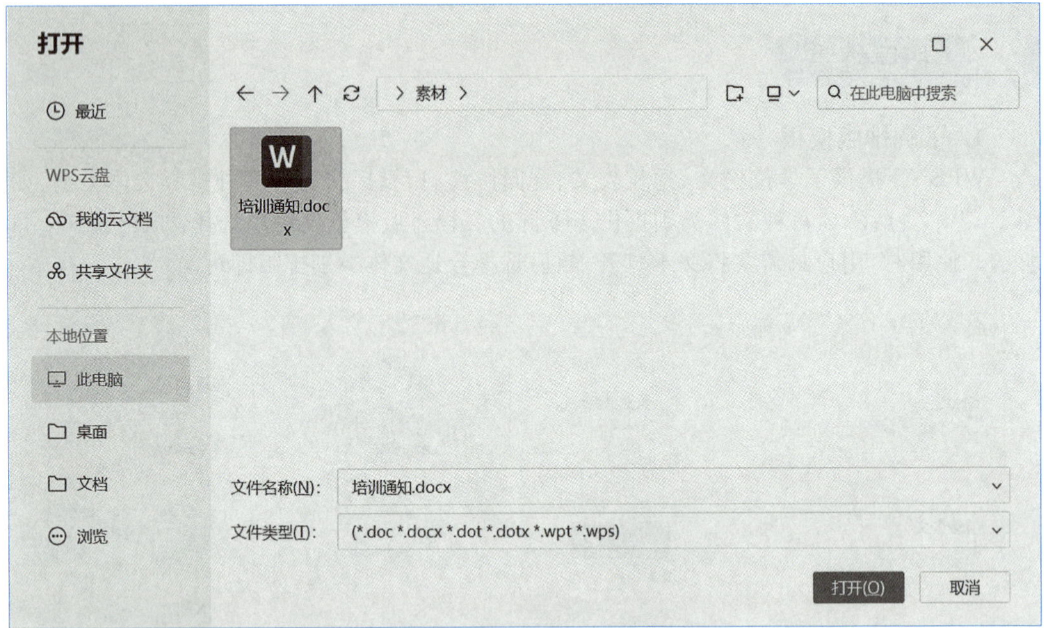

图 5-1-25 打开范本文档

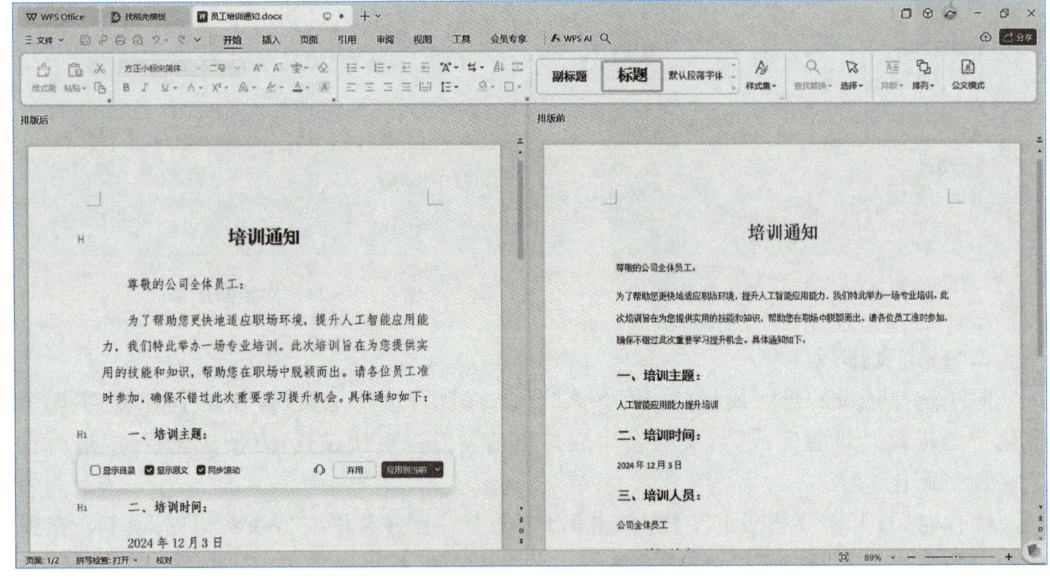

图 5-1-26 排版效果对比

实训操作

1. 选择一篇自己撰写的文档，如工作报告、论文或作文，使用 WPS AI 进行自动排版，然后与交流排版效果和使用心得。

表 5-1-3 AI 自动排版记录表

文档类型	排版要求	WPS AI 排版效果

2. 总结使用 WPS AI 进行文档自动排版的过程和体会，分享自己在排版过程中遇到的问题及解决方法。

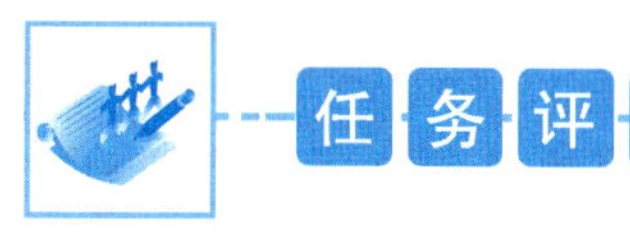

任务评价

在完成本次任务的过程中，学习了利用 AI 进行文档处理的多种方式，请对照表 5-1-4，进行评价与总结。

表 5-1-4 评价与总结

评价指标	评价结果	备注
1. 了解 AI 文档处理工具的基本操作流程	□A □B □C □D	
2. 掌握 AI 转换文档格式的方法与技巧	□A □B □C □D	
3. 掌握 AI 智能创作文本内容的方法与技巧	□A □B □C □D	
4. 掌握 AI 智能排版的方法与技巧	□A □B □C □D	
5. 体会 AI 给办公带来的高效与便捷	□A □B □C □D	
综合评价：		

任务二 制作 PPT

情境故事

小美是一名公司的市场专员，经常需要制作各种 PPT 向客户展示公司的产品和服务。然而，每次制作 PPT 都让她感到非常头疼，从收集资料到设计排版，都需要花费大量的时间和精力。有一次，小美接到了一个紧急任务，需要在三个小时之后向重要客户进行新产品汇报。正当她感到无从下手的时候，同事向她推荐了 AI 一键生成 PPT 的功能，让她圆满完成了任务。

本任务将一起学习利用生成式人工智能制作 PPT 的方法。

任务目标

1. 了解 AI 生成 PPT 的功能和优势。
2. 掌握利用 AI 一键生成 PPT 的方法与技巧。
3. 学会利用 AI 提高工作效率。
4. 深刻体会人工智能技术给办公带来的高效与便捷。

任务准备

1. 了解 PPT 的应用领域

在现代社会，PPT（PowerPoint）已经成为人们工作展示、交流不可或缺的工具。它用途多样，无论是用于商务汇报、学术交流、教育培训还是产品展示，PPT 都能发挥其重要作用。商务汇报时，PPT 能够帮助人们向客户展示公司的业务、产品或服务，辅助进行项目提案和工作总结，从而提升企业形象和沟通效率；学术交流时，可以利用 PPT 分享研究成果，与同行进行交流探讨，传播学术思想；教育培训，可以借助 PPT 进行辅助教学，改变传统的课堂形式，使知识更加生动形象，进而提高学生的学习兴趣；产品展示时，企业可以利用 PPT 生动地展示产品特点和优势，吸引潜在客户。凭借其强大的功能和广泛的应用场景，PPT 已经成为展示信息、传达思想、交流汇报的重要工具。

2. 了解 PPT 的优势

使用 PPT 展示、汇报工作有如下优势：

(1) 可视化表达。PPT 能够将复杂的信息通过图表、图片、文字等多种形式生动地展现，使观众一目了然。与单纯的文字描述相比，PPT 更加生动形象，有助于观众更容易地记住关键内容。

(2) 逻辑清晰。通过恰当的布局和排版，可以使内容的逻辑结构更为明晰。引导观众循序渐进地深入理解主题，从而避免信息的混乱。

(3) 方便修改和更新。如果需要对内容进行调整，只需在计算机上简单操作即可。用户可随时根据实际情况进行修改和完善，满足不同场合的需求，确保信息的准确性和时效性。

(4) 增强表现力。通过设置不同的字体、颜色和布局，添加动画效果、转场效果等，可以让 PPT 更加生动有趣，吸引观众的注意力。使展示的内容不再是枯燥的陈述，而是一场精彩的视觉盛宴。

3. 了解 AI 生成 PPT 的基本原理

AI 一键生成 PPT 运用了自然语言处理和机器学习算法，能够深入分析用户输入的主题、文档或大纲内容，系统自动生成具有专业设计风格的 PPT 演示文稿。这项技术不仅能够理解用户的需求，还能智能地选择合适的模板、布局和配色方案，从而确保生成的 PPT 既美观又实用。

使用 AI 一键生成 PPT，用户可以节省大量制作 PPT 的时间和精力。过去，制作一份高质量的 PPT 需要花费大量的时间和精力在设计、排版和配色上。而现在，这项技术可以自动完成这些烦琐的工作，用户只需确定主题，提供基本的内容，AI 平台就能快速生成一份高质量的 PPT。这不仅提高了工作效率，还使得非专业设计人员也能轻松制作出专业的 PPT。

此外，AI 一键生成 PPT 还具备高度的灵活性和可定制性。用户可以根据自己的需求，对生成的 PPT 进行进一步的编辑和调整，以满足特定的场景和个性化需求。无论是商务报告、学术演讲还是产品展示，AI 一键生成 PPT 都能提供高效、便捷的解决方案，帮助用户在各种场合下都能呈现出最佳的演示效果。

活动一　主题生成 PPT

活动描述

最近，小美接到一项紧急任务，需要她制作一份关于公司新产品推广方案介绍的 PPT，她决定尝试用 360AI 一键生成 PPT，然后进行适当的修改，快速完成本项工作。

活动分析

制作 PPT，首先需要明确 PPT 的主题，并对 PPT 的用途及内容进行详细分析，然后确定该 PPT 要突出新产品的特点、优势以及推广策略，以便向公司内部的销售团队和合作伙伴进行介绍，帮助他们更好地了解新产品，从而推动产品的销售和市场推广。

本活动需要我们掌握如何准确提供 PPT 主题的关键词，让 360AI 能够理解用户的需求。同时，还需要了解不同主题可能适合的模板风格和配色方案。

活动展开

活动展开

主题生成 PPT

1. 登录 360AI 办公平台

(1) 打开 360AI 办公平台，登录账号。

(2) 进入“360 AI PPT”页面，如图 5-2-1 所示。

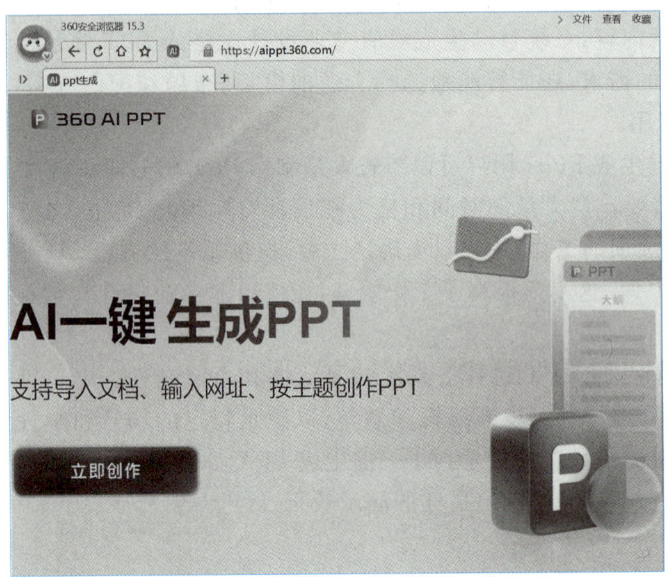

图 5-2-1 360 AI PPT 页面

(3) 单击“立即创作”按钮，进入“一键生成 PPT”页面，如图 5-2-2 所示。

2. 输入主题关键字

(1) 在文本框中输入“公司新产品推广方案介绍”关键词。

(2) 单击“立即生成 PPT”按钮，进入“大纲”页面，如图 5-2-3 所示。

小提示： 用户可根据需要选择 PPT 内容的丰富度，确定是否需要“演讲稿备注”按钮。

图 5－2－2　一键生成 PPT 页面

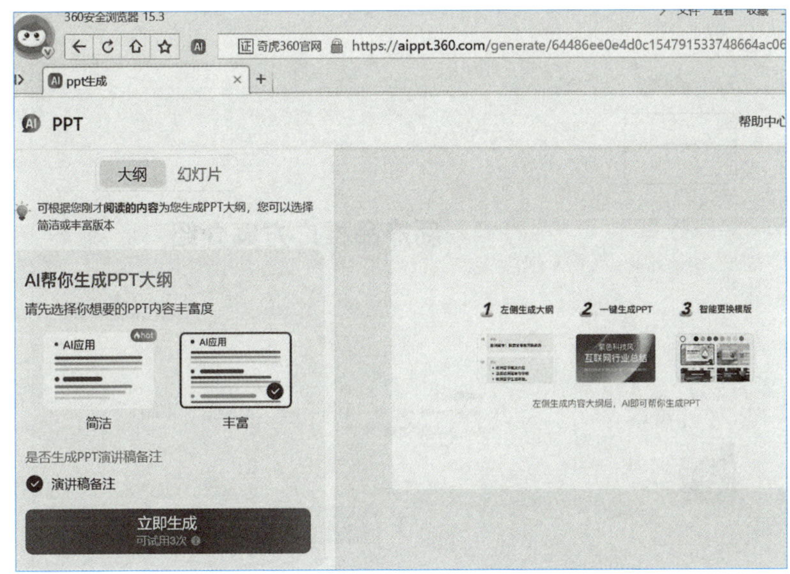

图 5－2－3　生成大纲页面

3. 一键生成 PPT

（1）单击“立即生成”按钮，AI 会根据主题自动生成一份 PPT 大纲初稿，若对大纲内容不满意，还可以对大纲内容进行修改和完善。其显示界面如图 5－2－4 所示。

（2）单击“生成 PPT”按钮，AI 将会根据生成的大纲自动生成 PPT。生成 PPT 效果如图 5－2－5 所示。

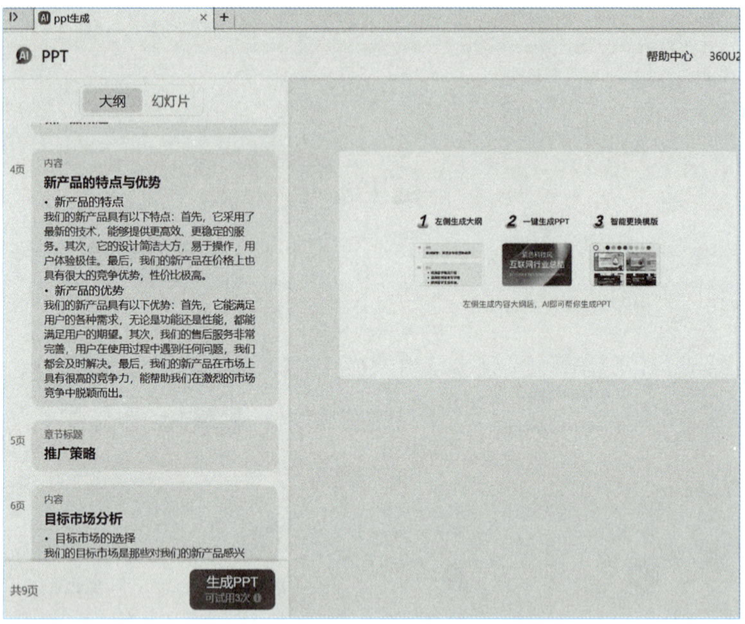

图 5-2-4 生成 PPT 大纲

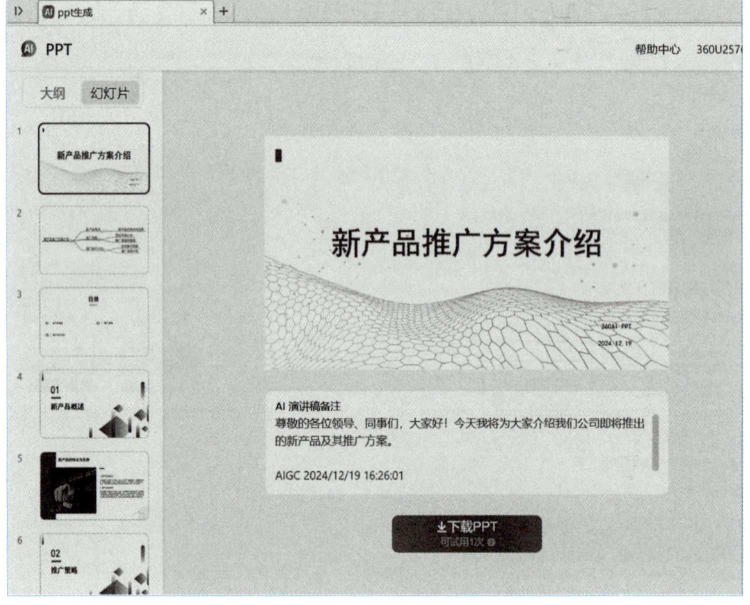

图 5-2-5 生成 PPT

(3) 单击“下载”按钮，即可将生成的 PPT 下载到本地进行编辑。

小提示： 输入主题关键词时，尽量简洁明了，避免过于复杂或模糊的表述。可以尝试将几个不同的关键词组合，以获得更符合需求的 PPT。

拓展提高

1. 个性化设计 PPT 模板风格

在生成 PPT 后，如需对 PPT 进行个性化更换模板、设置动画效果等，可以单击界面右侧的“AI 换模板、AI 换字体、AI 生成动画”等功能选项，选择相应的主题风格、字体和动画效果，增强 PPT 的交互性和表现力。操作界面如图 5－2－6 所示。

图 5－2－6　个性化设计 PPT

> 小提示：360 AI PPT 还能智能分析大纲内容，挑选最匹配的色系、模板，并支持一键更换模板、字体、动画效果等，让创意表达变得更加直接、高效、简单。对于 AI 生成的 PPT，我们还可以下载到本地磁盘进行再次编辑，以达到满足用户最终需求的目的。

2. 网页生成 PPT

360 AI PPT 具有多元化生成方式，能够跨越传统 PPT 制作的界限，可在网页中自动提取关键信息，迅速生成结构完整、设计专业的 PPT。

在“360 AI PPT”操作界面中单击“网页生成 PPT”，打开操作界面。选择窗口下方的“上传网页”功能选项，在弹出的窗口中输入网址链接。单击“立即生成”，AI 将自动总结网页内容，智能生成 PPT。对应操作界面如图 5－2－7 所示。

> 小提示：通过网页生成 PPT，必须输入正确的网址链接，且一次仅支持添加一个网页地址，网址格式要求必须以 http://或 https://协议开头。

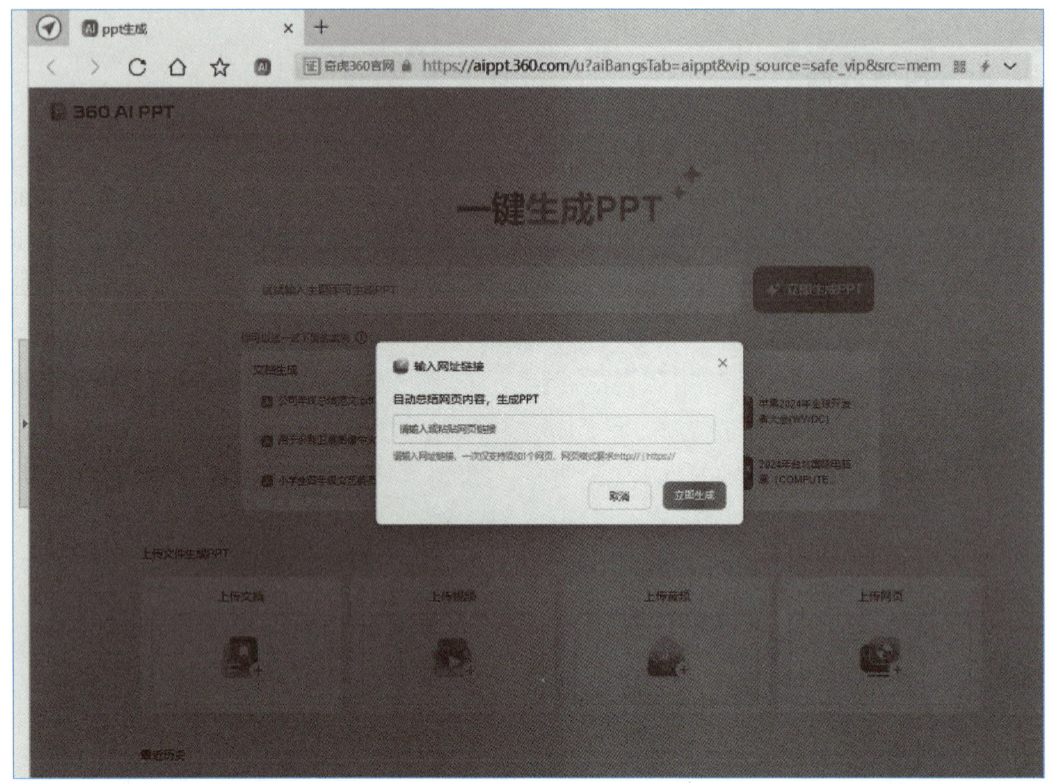

图 5-2-7 网页生成 PPT

实训操作

1. 选择一个自己熟悉的主题，如“自我介绍”或“旅游景点推荐”，尝试使用 360 AI PPT 平台，利用主题一键生成 PPT，并与同学分享，听取他们的意见和建议。

表 5-2-1 利用主题一键生成 PPT 过程记录表

PPT 内容主题	输入主题关键字	生成 PPT 效果	改 进 建 议

2. 选择一个自己感兴趣的网页，使用“网页生成 PPT”功能生成 PPT 并进行个性化设计，说一说你的处理过程及体会。

活动二　文档生成 PPT

活动描述

小美所在公司总经理交给她一份工作总结，让她做成 PPT 演示文稿。小美想如果能直接把文档转换成 PPT，那将会极大地节省工作时间。于是，她决定尝试用 360 AI PPT 的文档生成 PPT 功能，将文档内容自动转化为 PPT。

活动分析

360 AI PPT 能够自动识别并分析用户上传的完整文档，提炼出核心内容要点，并据此生成 PPT 大纲。这对于频繁需要准备汇报和策划方案的用户来说，无疑是一个提高工作效率的实用工具。

使用 360 AI PPT 的文档生成 PPT 时，只要将文档的标题理清楚，段落划分明确，排版要求规范，按照简单的操作流程即可生成 PPT，没有技术门槛。

活动展开

活动展开

文档生成 PPT

1. 登录 360AI 办公平台

（1）打开 360AI 办公平台，登录账号。

（2）进入“360 AI PPT”页面，如图 5－2－8 所示。

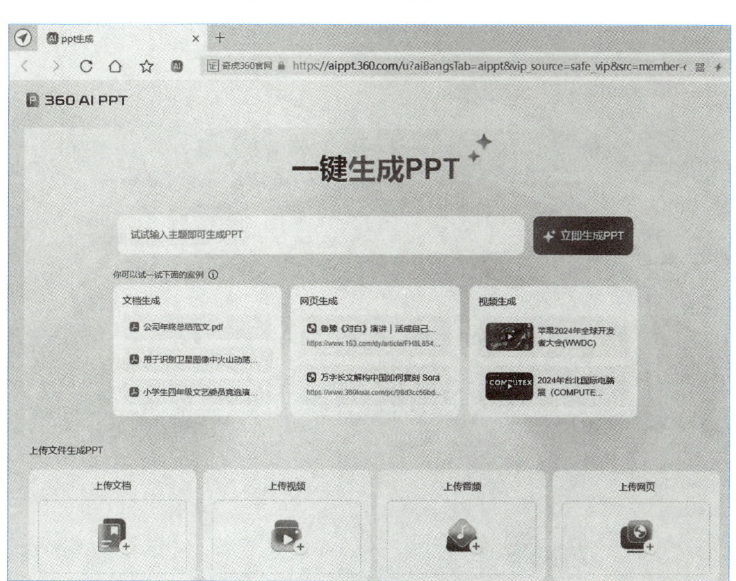

图 5－2－8　360 AI PPT 页面

2. 上传文档

(1) 单击“上传文档”选项，在弹出的窗口中选择需要上传的文件，单击“打开”按钮。

(2) 设置选项“演讲稿备注”选项，如图 5-2-9 所示。

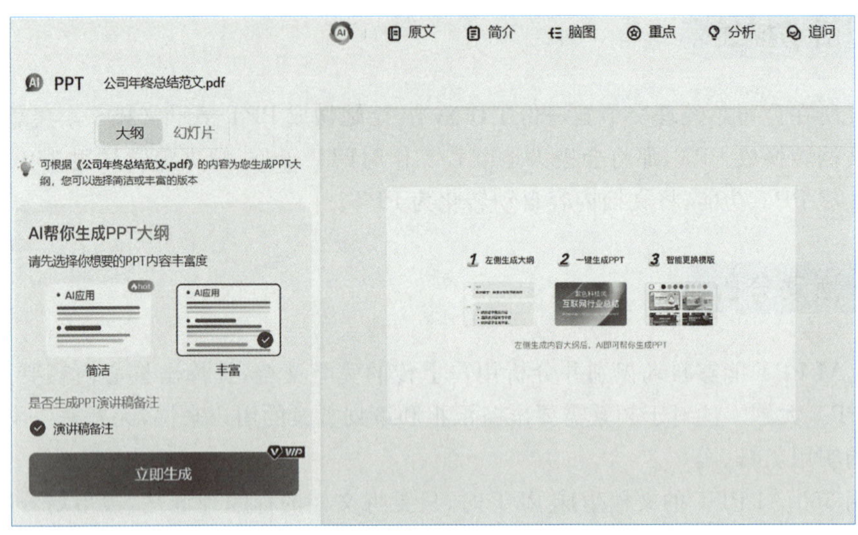

图 5-2-9 设置选项

3. 一键生成 PPT

(1) 单击“立即生成”按钮，AI 会根据文档内容自动生成一份 PPT 大纲初稿，若对大纲内容不满意，还可以对大纲内容进行修改和完善。其显示界面如图 5-2-10 所示。

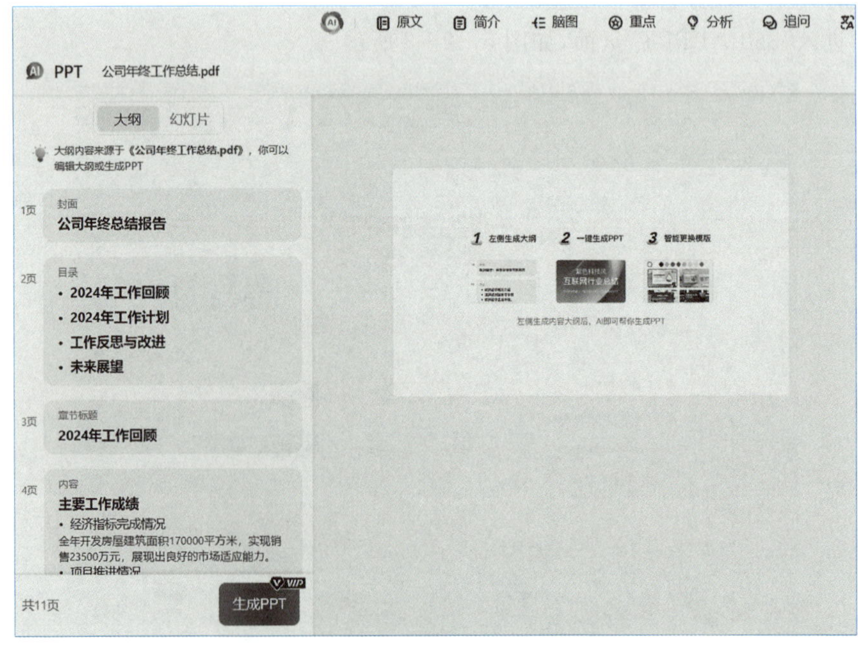

图 5-2-10 AI 文档生成 PPT 大纲

(2) 单击“生成 PPT”按钮,AI 将会根据生成的大纲自动生成 PPT。生成的 PPT 效果如图 5-2-11 所示。

(3) 单击窗口右侧的“AI 换模板、AI 换字体、AI 生成动画”等功能选项,可个性化设计 PPT 显示效果。

图 5-2-11 生成 PPT

1. 视频生成 PPT

360 AI PPT 能自动理解视频内容,只要上传一个视频,360 AI PPT 就能够迅速理解视频中的各种内容,不管是精彩的演讲、生动的教程还是有趣的故事,它都能精准提炼内容要点,形成清晰的逻辑框架,进而生成一份完整的 PPT。

在“360 AI PPT”页面中单击窗口下方的“上传视频”选项,“打开”事先准备的视频文件,单击“立即生成”按钮,AI 将自动识别视频内容,生成 PPT 内容大纲,单击“生成 PPT”,即可将视频内容自动生成 PPT 文档,如图 5-2-12 所示。

小提示: 视频生成 PPT,对视频的质量要求较高。使用时尽量选择画面清晰、内容明确的视频,便于 360 AI PPT 更好地识别和理解视频内容。如果视频模糊不清或者声音嘈杂,可能会影响生成效果。此外,视频内容的结构安排也至关重要，若视频具有明确的章节划分和主题分段，那么由此生成的 PPT 大纲将更加有序和准确。因此，在录制或挑选视频素材时，应特别注意内容的结构和布局，以确保最终生成的 PPT 内容准确。

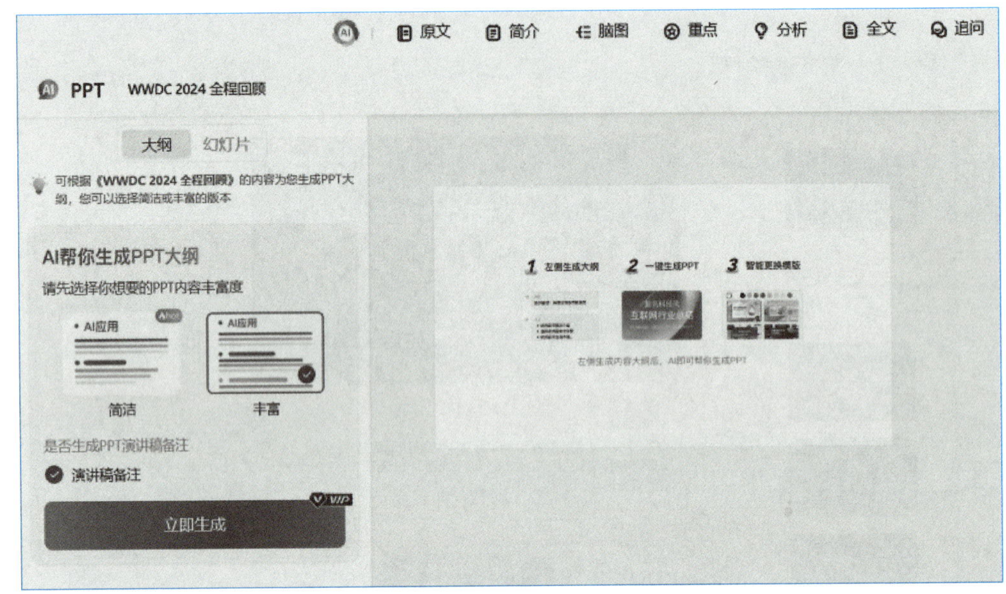

图 5-2-12 AI 视频生成 PPT 操作界面

2. 了解 PPT 设计

AI 生成的 PPT，设计比较简洁，但个性不足，用户可以进一步优化，调整模板、修改配色、添加动画效果等。在优化过程中，建议遵循以下原则。

(1) 内容结构化。确保每张幻灯片只传达一个主要概念，避免信息过载。使用标题和小标题来划分不同的部分，使观众能快速抓住重点。通过大小、颜色和字体的对比来强调关键信息。做到逻辑清晰、层次分明、信息突出。

(2) 视觉简洁性。在设计中适当留出空白区域，避免过于拥挤，使内容更加突出。简化文字，尽量使用图表和图像代替长段文字，使信息一目了然。统一风格，保持整个演示文稿的风格一致，包括颜色方案、字体和布局。

(3) 逻辑清晰性。构建有逻辑的故事线，让观众跟随 PPT 的思路，更好地理解和接受信息。将内容分成易于消化的小部分，每部分聚焦于一个主题或论点。确保幻灯片之间的过渡平滑且逻辑连贯，避免突兀的跳转。

(4) 视觉美观性。使用和谐的颜色搭配，增强视觉效果的同时不分散注意力。合理运用图形和图标来辅助说明，使抽象概念具体化。适度使用动画效果以增强表现力，但避免过度使用。

内容结构化、逻辑清晰和简洁美观的 PPT，有助于提升 PPT 的专业性和吸引力，使演示更加有效。

**小提示：**除了利用 PowerPoint 自带的模板及配色功能，还可以使用一些在线图表制作工具和图片库，进一步丰富 PPT 的内容。例如 PPT 宝藏、觅知网、图表秀、千图网等在线学习网站，可根据需要下载模板、图片，在线生成可视化图表等。

实训操作

1. 选择一篇自己写的文章或报告，用文档生成 PPT 功能制作一份 PPT，并在班级或小组内进行展示，分享制作过程中的经验和体会。

2. 运用 360AI 将自己感兴趣的课程教学视频转换为 PPT，并与同学交流。

3. 将 AI 生成的 PPT 文档进行优化设计，并认真总结制作 PPT 的方法与技巧。

活动三 大纲生成 PPT

活动描述

最近，公司领导有个重要的项目要汇报，需要小美帮忙制作一份 PPT。起初，小美花了很长时间，东拼西凑出来一个结构混乱、逻辑不清、视觉效果也一般的 PPT。一次偶然的机会，小美听同事说先制定一个内容大纲，可以让 PPT 的结构和逻辑更加清晰。于是，小美精心制定了一个详细的大纲，整个 PPT 的设计思路明朗了很多。之后，她决定用 WPS AI 的大纲生成 PPT 功能来快速生成 PPT，很快就完成了工作任务。

活动分析

WPS AI 利用先进的人工智能技术，通过对大量优秀 PPT 的学习和分析，理解不同主题和内容的结构特点。当用户输入一些关键信息或主题描述后，它能够快速生成一个逻辑清晰的大纲。这个大纲涵盖了 PPT 的各个部分，包括标题、目录、章节内容、总结等，为后续制作 PPT 搭建了基础。

知识拓展

DeepSeek 生成 PPT 大纲

在本活动中，需要掌握如何编写清晰、有条理的大纲，以便 WPS AI 能够准确地生成 PPT。在制定内容大纲之前，首先应明确 PPT 的主题和制作目标，例如，PPT 是用于演讲、培训还是汇报等。接着，可以搜集一些与主题相关的资料，为大纲内容提供参考。然后，根据主题和目标，搭建一个初步框架，涵盖开头、主体内容和结尾。最后，在初步框架的基础上进一步细化内容，确定具体的标题和要点，并进行调整和优化，确保逻辑清晰、内容完整、重点突出，从而形成更加贴合实际需求和标准的内容大纲。

活动展开

活动展开

大纲生成PPT

1. 登录 WPS AI 平台

(1) 打开 WPS 软件,登录 WPS AI 账号。

(2) 新建一个空白演示文稿。

(3) 在"WPS AI"菜单中,单击"AI 生成 PPT"→"大纲生成 PPT"命令,如图 5-2-13 所示,打开"AI 生成 PPT"操作界面,如图 5-2-14 所示。

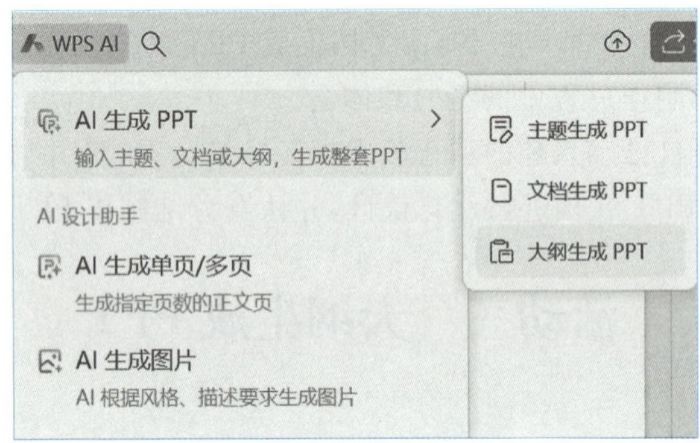

图 5-2-13 选择命令

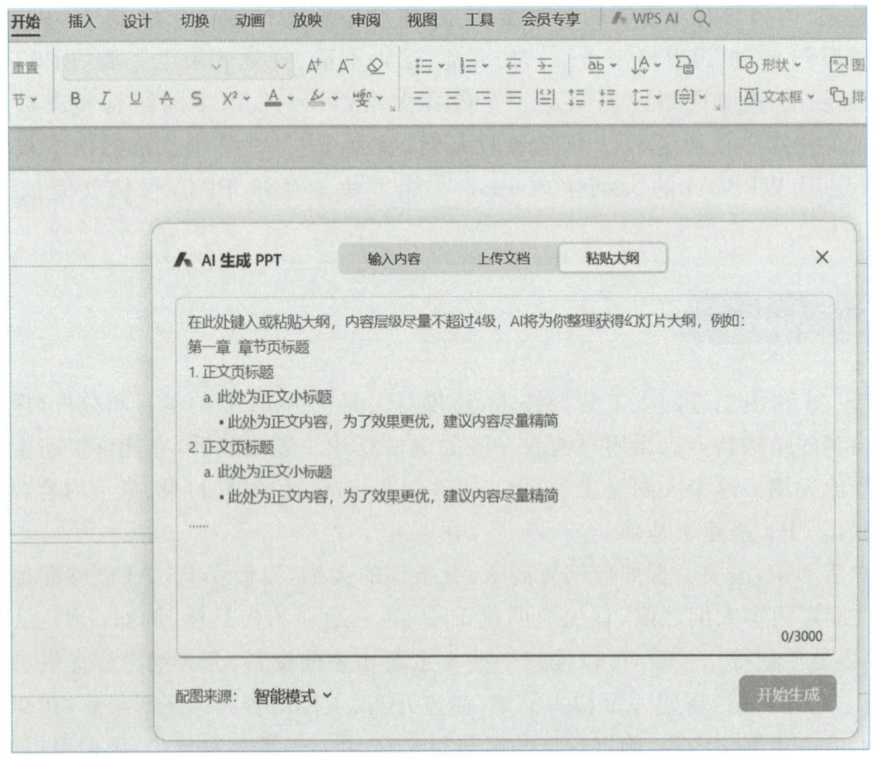

图 5-2-14 "AI 生成 PPT"操作界面

2. 输入 PPT 大纲

(1) 选择“粘贴大纲”选项。

(2) 将事先准备好的大纲内容粘贴进来，如图 5-2-15 所示。

(3) 单击“开始生成”按钮，AI 会智能生成幻灯片大纲，如图 5-2-16 所示。

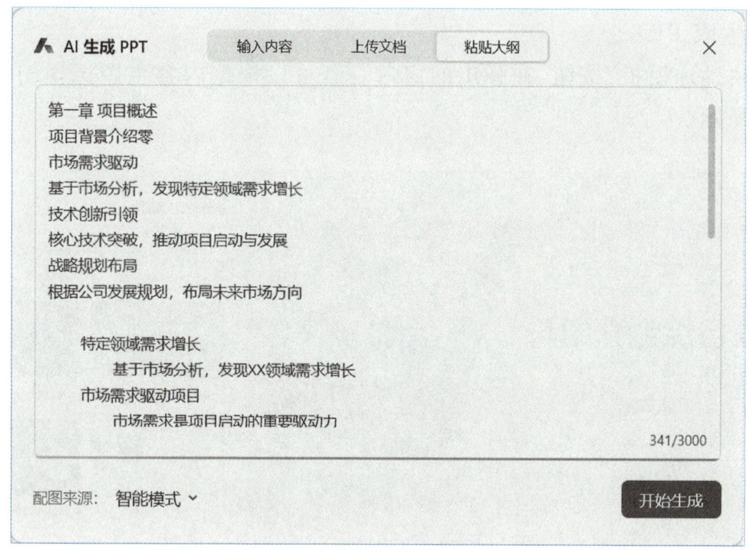

图 5-2-15　粘贴大纲

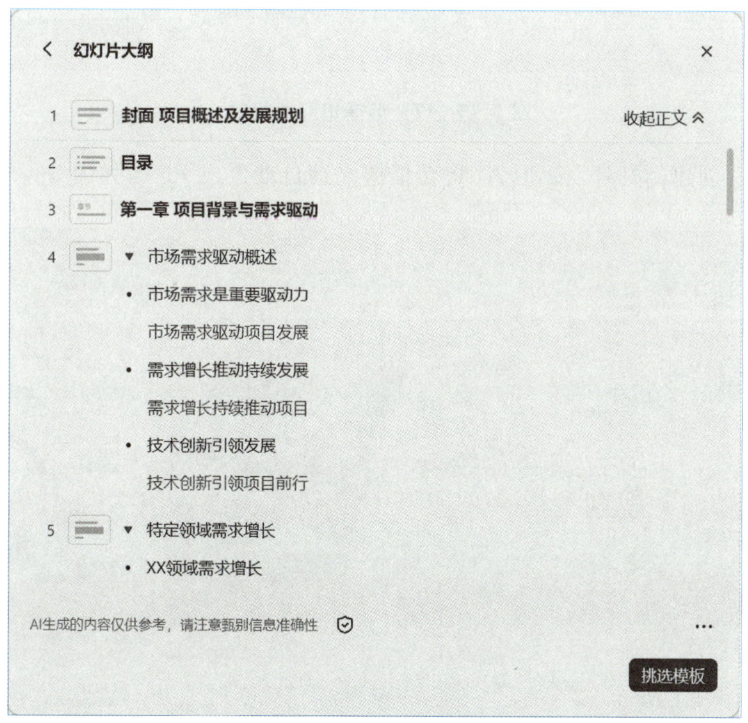

图 5-2-16　智能生成幻灯片大纲

> 小提示：大纲可以采用输入文本、导入文件和粘贴内容三种方式输入。大纲内容尽量简洁明了，避免过于冗长和复杂。可以使用一些关键词和短语来概括每个标题的内容，方便 WPS AI 进行识别和生成。

3. 自动生成 PPT

(1) 单击“挑选模板”按钮，在弹出的窗口右侧可以根据内容主题选择幻灯片模板，如图 5－2－17 所示。

图 5－2－17 选择幻灯片模板

(2) 单击“创建幻灯片”按钮，AI 将会根据大纲自动生成 PPT，如图 5－2－18 所示。

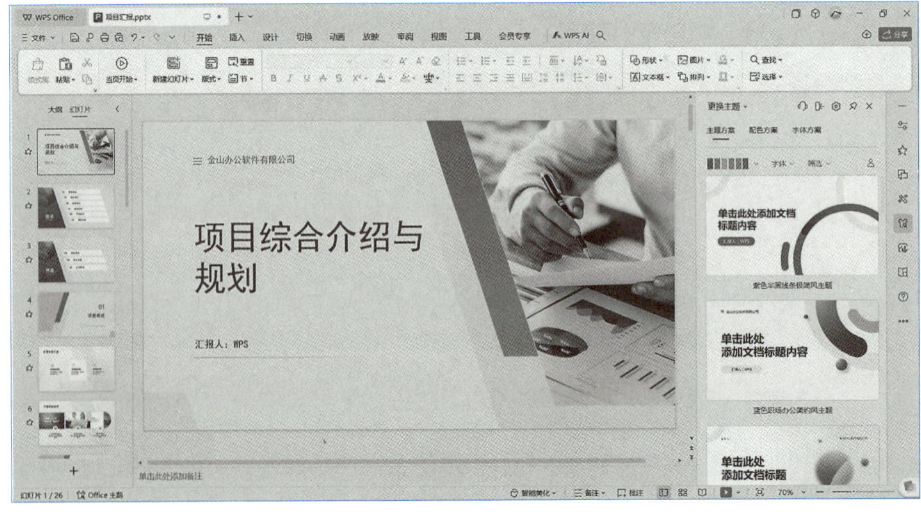

图 5－2－18 自动生成 PPT 效果

(3) 在窗口右侧还可根据需要更换“主题方案、配色方案、字体方案”等，美化 PPT 效果。

拓展提高

1. AI 生成单页/多页

WPS AI 提供了多种生成 PPT 的方式，用户可以根据自己的需求进行选择。除了能够生成一份完整的 PPT，它还能够根据用户的具体需求生成指定页数的正文页，以满足不同的应用场景。

若需要生成指定正文页数的幻灯片，首先需要单击窗口右上角功能选项中的 WPS AI，唤起 AI 功能，在弹出的列表选项中选择“AI 生成单页/多页”，在弹出的对话框中选择“主题生成”或者“大纲生成”方式，在对应的窗口中输入幻灯片正文页主题或者内容大纲，选择需要生成的正文页数，单击“智能生成”，AI 将根据输入的主题和大纲智能生成 PPT 正文页，操作界面如图 5-2-19 所示。

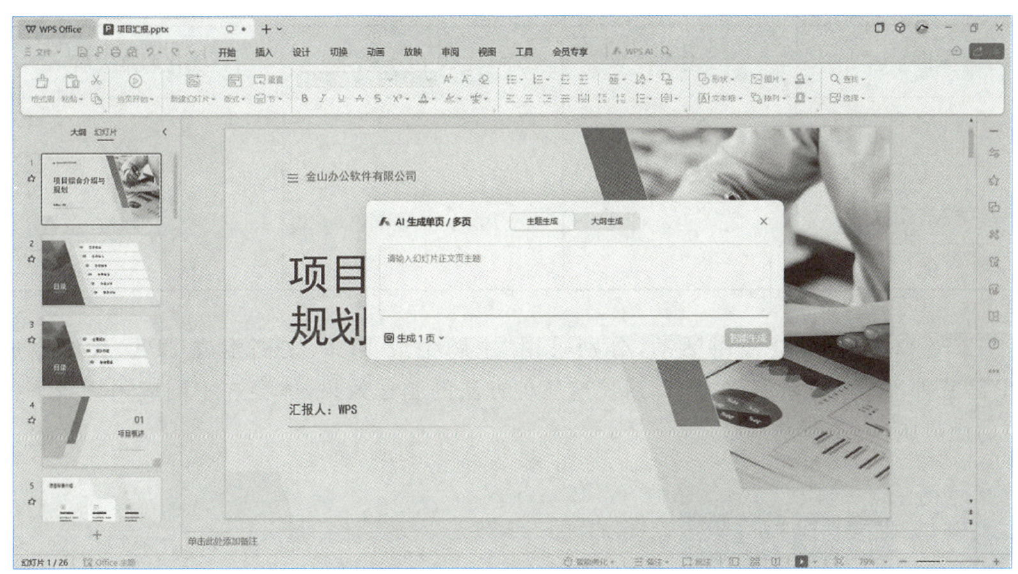

图 5-2-19 “WPS AI 生成单页/多页”操作界面

2. 丰富 PPT 内容

使用 AI 生成 PPT 后，还需要有针对性地丰富内容，提升演示效果，主要方法如下。

(1) 明确主题和目标。丰富内容时，首先要明确演讲主题和目标，也就是希望观众从演讲中获得什么信息或采取什么行动，筛选出与主题紧密相关的信息，确保每一页幻灯片都服务于中心思想。

(2) 精选内容。不要试图在 PPT 中包含所有的信息，要提炼核心观点，选择最重要的数据和事实，用简洁明了的语言呈现，每一页幻灯片应该只有一个中心思想，避免信息过载。

（3）合理使用图表。图表能够直观地描述复杂的数据和趋势，使观众更容易理解。使用高质量的图片可以增强视觉冲击力，使内容更加生动和吸引人。

（4）增加互动元素。在 PPT 中加入互动元素，如问答、投票或小游戏，可以提高观众的参与度。通过提问或讨论环节，鼓励观众思考和参与到演讲中来。

（5）设计风格统一。选择合适的模板可以使用户设计的 PPT 保持一致的风格，包括字体、颜色和布局。适当地使用动画和过渡效果可以增强 PPT 的吸引力，但不要过度使用，以免分散观众的注意力。

1. 请为一个即将进行的主题班会演讲制作一个大纲，用 WPS AI 的“大纲生成 PPT”功能制作一份 PPT，并进行预演，根据效果进行调整和优化。

表 5-2-2 AI 生成 PPT 记录表

演讲主题	大纲内容	AI 生成 PPT 效果	优化调整策略

2. 针对主题班会演讲活动，分别采用“主题生成 PPT、文档生成 PPT、大纲生成 PPT”三种不同的方法制作 PPT，对比这三种方法的制作效果，体会在不同应用场景下各自的优势所在。

在完成本次任务的过程中，学习了利用 AI 自动生成 PPT 的多种方式，请对照表 5-2-3，进行评价与总结。

表 5-2-3 评价与总结

评价指标	评价结果	备注
1. 了解 AI 自动生成 PPT 的基本操作流程	□A □B □C □D	
2. 掌握 AI 主题生成 PPT 的方法与技巧	□A □B □C □D	

续 表

评 价 指 标	评 价 结 果	备 注
3. 掌握 AI 文档生成 PPT 的方法与技巧	□A □B □C □D	
4. 掌握 AI 大纲生成 PPT 的方法与技巧	□A □B □C □D	
5. 体会 AI 一键生成 PPT 的便捷与高效	□A □B □C □D	
综合评价：		

任务三 处理表格

情境故事

小李在一家贸易公司的市场部工作，主要负责统计各区域的销售数据，并根据数据制作销售报表和分析图表，为公司销售策略的制定提供依据。然而，面对海量的数据，传统的电子表格处理方式效率低下，且容易出错。小李尝试使用了 WPS AI 工具，轻松地完成了数据的整理、分析和图表制作，高效地完成了任务。

本任务将学习使用生成式人工智能处理电子表格。

任务目标

1. 了解使用 WPS AI 对表格进行数据处理的基本操作步骤。
2. 掌握使用 WPS AI 进行数据分析及图表制作的方法与技巧。
3. 体会 AI 给学习、生活和工作带来的便捷性。

任务准备

1. 了解 WPS AI 处理表格数据的基本原理

WPS AI 运用先进的机器学习和深度学习算法，能够快速识别表格中的关键信息，并根据用户的需求对数据进行多维度的分析和处理；通过自然语言交互，用户可以轻松地提出问题或下达指令，WPS AI 会根据指令自动执行相应的操作，实现自动化的数据处理和智能化的决策支持。

(1) WPS AI 具有智能填充数据、排序并筛选数据、分类汇总数据、清洗数据和智能生成图表等功能。

WPS AI 能够依据现有的数据信息，自动补全缺失的数据。例如，若一列数据包含连续的日期，其中夹杂着几个空白单元格，WPS AI 能够准确识别并补全缺失的日期序列。

WPS AI 能够将单一列或多列数据升序或降序排列，帮助用户快速锁定所需信息。

同时,它还能筛选出关键数据,排除无用数据,从而提升数据处理的效率。

WPS AI 可以迅速将数据按照不同类别分组,并对各类别的分组数据进行处理,包括求和、取平均值、计数等。例如,在处理销售数据时,WPS AI 能够轻松地按产品类别计算销售额总和、平均销量等关键指标。

WPS AI 能够自动识别并修正表格中的错误数据,如重复值、格式不一致的数据。例如,将格式不规范的电话号码统一整理为标准格式,并且能够删除重复的行记录。

WPS AI 能够根据表格数据的特性,自动推荐合适的图表类型,并一键生成美观且合适的图表,使得数据可视化变得简单便捷。

(2) 尽管 WPS AI 功能强大,但其分析和处理结果依赖于输入数据的准确性。若原始数据中存在大量错误或信息不完整,可能会对最终处理结果产生影响。因此,在使用前,务必确保数据的准确性。用户在处理敏感数据时,需注意 WPS AI 的使用环境和权限设置,防止数据泄露。因此,建议在本地处理敏感数据,避免随意上传至云端分析,除非能够确保云端服务的安全性。同时,并非所有复杂的数据处理场景都能完美适应 WPS AI 预设的功能。对于一些特别复杂或专业性极高的数据分析需求,可能仍需结合传统数据分析方法和工具进行人工处理,特别是一些需要高度定制化和基于复杂统计模型的数据分析任务,WPS AI 的功能尚未完全成熟。例如,在执行多元回归分析或构建时间序列预测模型时,它可能无法完全满足数据分析师的全部需求。在处理大批量数据时,WPS AI 的处理速度可能会降低,并可能导致卡顿,这在一定程度上限制了其在大规模数据处理场景中的应用潜力。

2. 认识创作平台

WPS AI 电子表格就像是一位智能办公小帮手,它使得表格处理工作变得轻松愉快。其用户界面简洁直观,为数据处理人员提供了一个高效的智能化平台,只需发出简单的指令,便能让 WPS AI 迅速执行复杂的数据计算、整理和分析工作。

WPS AI 电子表格提供了丰富的智能化功能,使用时只需打开电子表格,在窗口右上方单击"WPS AI"功能选项卡就能开启智能办公之旅了,其操作界面如图 5-3-1 所示。

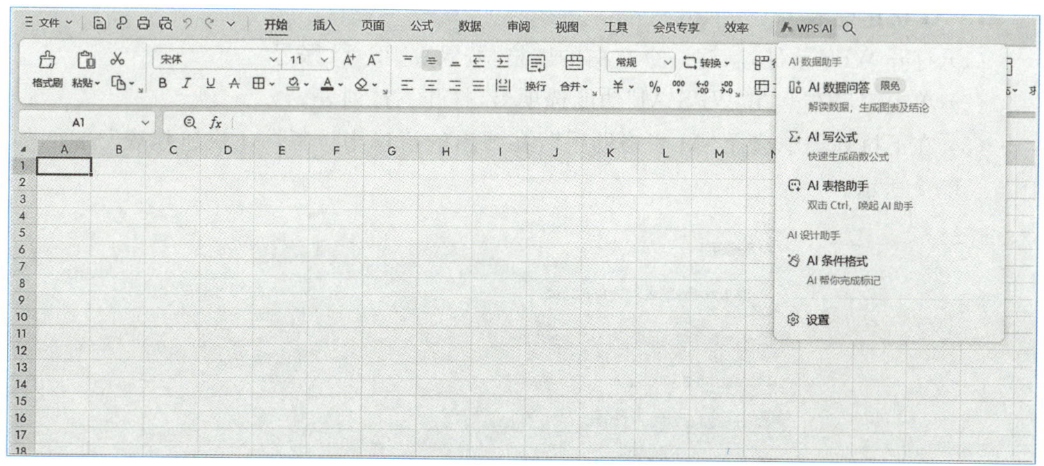

图 5-3-1 WPS AI 电子表格操作界面

活动一 设计表格

活动描述

小李每月都会对各区域的销售额进行详尽的统计与深入的分析，以便掌握各区域的销售业绩和市场动向，进而制定出有针对性的营销策略。鉴于传统的手工记录方法既烦琐又容易产生错误，为了提升工作效率和处理数据的准确性，小李决定采用 WPS AI 来构建区域销售额统计分析表，并进行数据分析。

活动分析

区域销售额统计分析表应涵盖各个销售区域的详细信息，包括区域名称、产品类别、销售数量、销售单价、销售额、销售成本、利润以及同比增长或下降情况等关键数据，并能够根据这些数据生成直观的图表进行分析。使用 WPS AI 时，首先要明确所需统计分析的具体内容和指标，例如确定需要统计的产品类别、明确销售成本的计算方法等。其次，要准备好原始销售数据，确保数据的准确性和完整性。例如，创建一个包含区域、产品类别、销售额、销售量、销售日期、销售代表的表格，利用 WPS AI 即可快速生成满足需求的表格。

活动展开

活动展开

设计表格

1. AI 快速建表

（1）打开 WPS 软件，新建一个空白的表格，登录 WPS AI 账号。

（2）单击窗口右上方“WPS AI”功能选项卡，打开下拉列表。

（3）在下拉列表中选择“AI 表格助手”，在弹出的窗口中选择“AI 快速建表”选项，如图 5－3－2 所示。

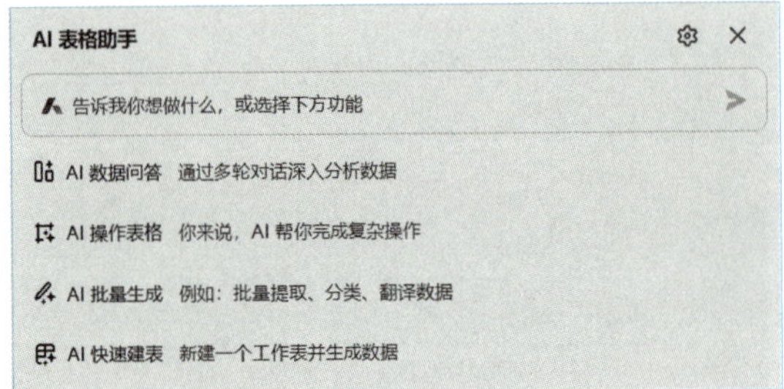

图 5－3－2 AI 表格助手窗口

(4) 在弹出的“AI 快速建表”对话框中输入需要创建的表格类型及用途，例如，输入“创建一个区域销售额统计分析表”，如图 5-3-3 所示。

(5) 按 Enter 键，WPS AI 将自动根据输入的指令创建相应的表格，生成的表格如图 5-3-4 所示。

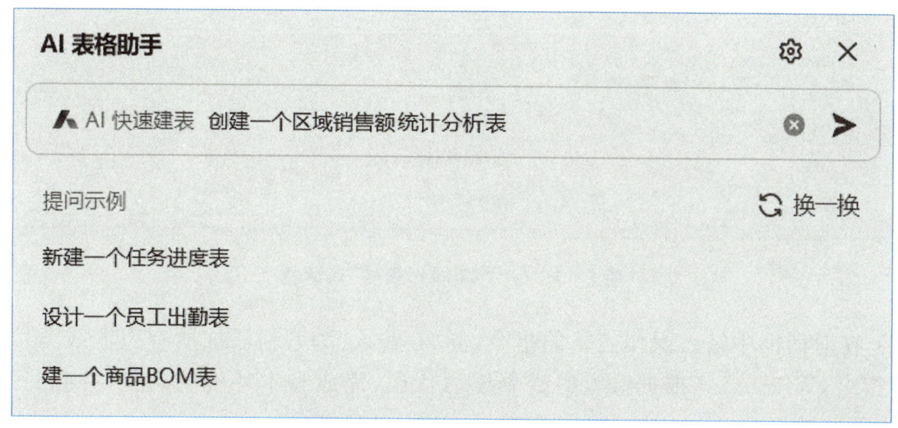

图 5-3-3 “AI 快速建表”对话框

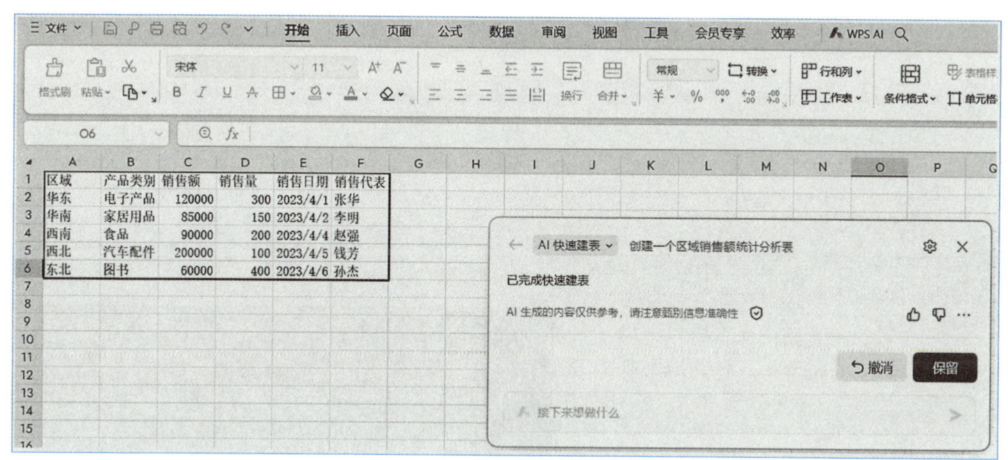

图 5-3-4 WPS AI 创建的表格

小提示：使用 WPS AI 快速建表时，尽量用简洁、明确的语言描述表格的结构和内容需求，避免使用模糊不清或过于复杂的指令，以免生成的表格与需求相差甚远。例如“创建一个 5 行 3 列的员工信息表，包含姓名、年龄、职位”，这样能更精准地得到符合预期的表格框架。

2. 设置表格样式

(1) 单击“AI 表格助手”对话框中的“AI 操作表格”选项，打开“AI 操作表格”对话框，如图 5-3-5 所示。

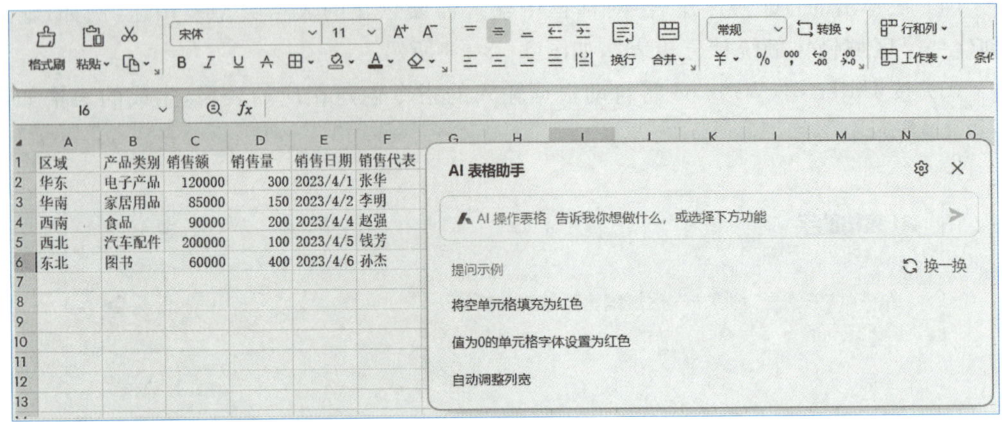

图 5-3-5 “AI 操作表格”对话框

（2）在对话框中输入操作表格的指令，例如，输入“为表格添加所有边框线”，按 Enter 键执行指令，WPS AI 将根据输入的指令编写代码，完成脚本环境初始化，并执行代码指令，生成预览效果。

（3）单击“保留”按钮，WPS AI 将会把指令生成的效果应用到表格中，如图 5-3-6 所示。

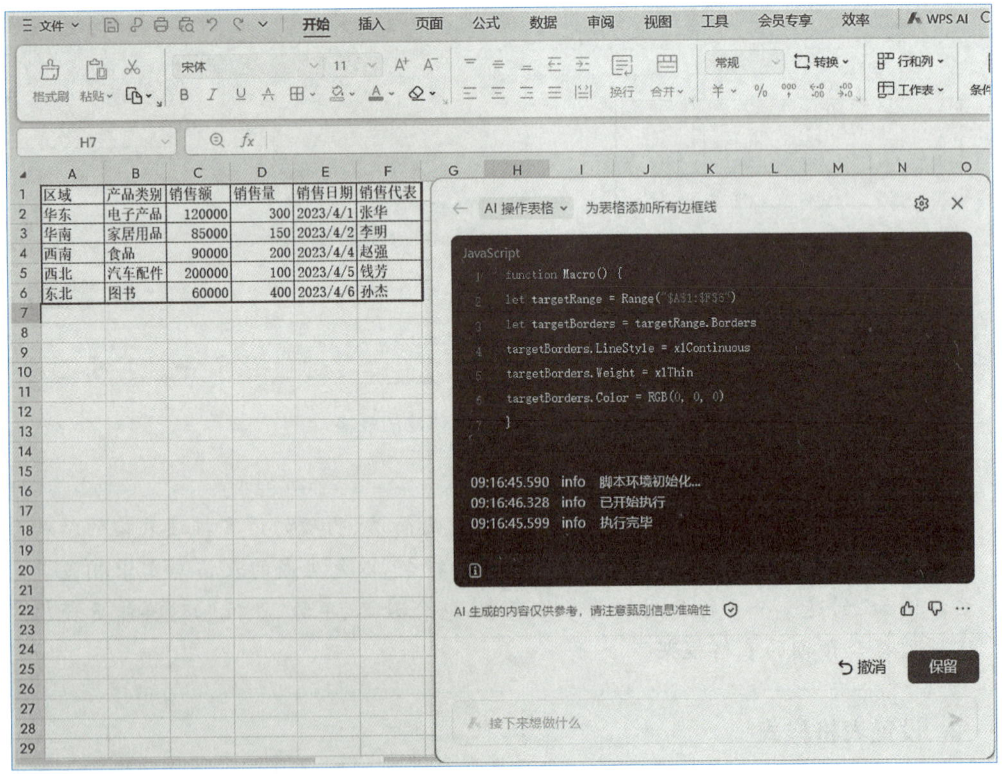

图 5-3-6 AI 自动添加表格边框

（4）在 AI 操作表格对话框中继续输入操作指令，例如，输入“调整表格行高为 20 磅”，按 Enter 键，WPS AI 将根据输入的指令调整表格行高，如图 5－3－7 所示。

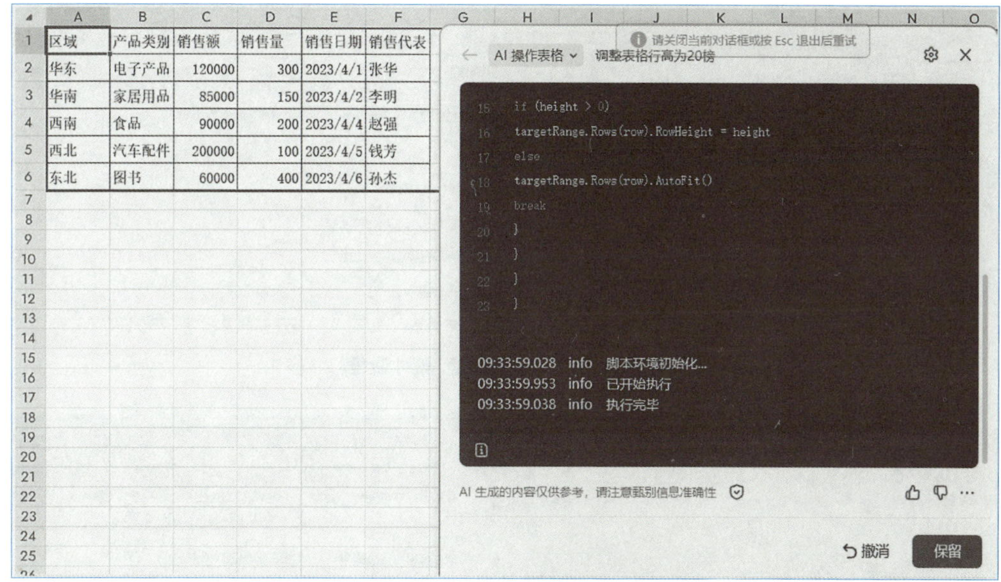

图 5－3－7　AI 自动调整表格行高

> **小提示：** WPS AI 操作表格，除了可以在对话框中直接输入需要对表格进行操作的指令以外，还可以选择窗口下方提供的参考指令。WPS AI 能根据表格的功能和样式自动识别表格可能需要进行的操作，如下方提供的指令不能满足需求，可以单击“换一换”按钮，更换指令提示。

1. AI 数据问答

WPS AI 数据问答功能强大、操作简单，无须复杂公式和代码，只需通过简单对话，即可快速进行数据检查、数据洞察、预测分析、关联性分析等。无论是销售报告、市场研究还是用户行为数据，WPS AI 数据问答都能轻松应对。

操作时，打开需要进行 AI 数据问答处理的 WPS 表格，单击窗口右上方“WPS AI”功能选项卡，在弹出的下拉列表中单击“AI 表格助手”选项，在弹出的窗口中选择“AI 数据问答”功能选项，打开“AI 数据问答”对话框，如图 5－3－8 所示。在对话框中输入需要进行问答的指令或者选择下方的功能提示，例如输入“第一季度笔记本电脑的总销量是多少？”，按 Enter 键，WPS AI 将根据输入的指令自动检查和分析数据，得出相应的结果，如图 5－3－9 所示。

地区	产品名称	销售额	销售量	销售日期
华东	笔记本电脑	120000	78	第一季度
华南	手机	230000	150	第一季度
华北	平板电脑	90000	80	第一季度
西南	打印机	70000	50	第一季度
西北	笔记本电脑	60000	40	第一季度
华东	手机	120000	100	第一季度
华南	显示器	230000	150	第一季度
华北	笔记本电脑	90000	49	第一季度
西南	平板电脑	70000	50	第一季度
西北	打印机	60000	40	第一季度
华东	打印机	90000	80	第一季度
华南	平板电脑	70000	50	第一季度
华北	手机	60000	40	第一季度
西南	笔记本电脑	120000	100	第一季度

AI 表格助手

AI 数据问答 告诉我你想做什么，或选择下方功能

提问示例

检查数据中是否有异常

从业务角度可以分析哪些关键问题

帮我做一些有业务价值的图表

从数据中能得出什么结论

图 5-3-8 AI 数据问答对话框

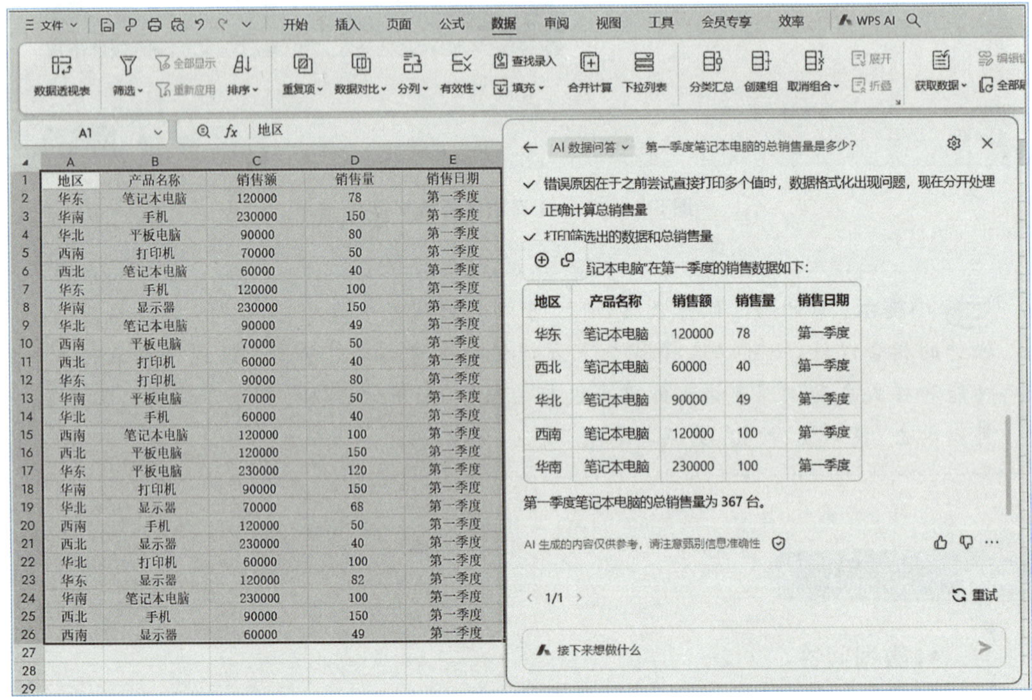

图 5-3-9 AI 数据问答输出结果

小提示：在 AI 数据问答中，提问应具体明确，如“求销售额平均值”或“统计各季度销售数量”，以提高答案准确性。数据量大且复杂时，应限定数据范围，如“在 Sheet2 中查找产品 A 的库存数量”，可提高回答的准确性和效率。对于比较复杂的问题，可逐步拆解提问，以获得更精确的结果。需注意的是，AI 数据问答结果仅供参考，实际应用中还需进一步检查和验证数据准确性。

2. AI 批量生成

WPS AI 的批量生成功能提供了一种高效的数据解决方案，用于处理庞大的数据集。它能够迅速且精确地从文档中提取关键数据，并高效地处理文字和表格信息；自动依据预设规则或算法对数据进行分类，使数据条理化；支持一键批量翻译，适用于多语言文档的处理。这些功能在商务办公和教育科研领域中，能够实现资料整合、报告生成和学术翻译，显著提升数据处理的效率和质量，推动办公智能化的进程。

打开需要用 AI 批量生成的 WPS 表格，单击窗口右上方“WPS AI”功能选项卡，在弹出的下拉列表中单击“AI 表格助手”选项，在弹出的窗口中选择“AI 批量生成”功能选项，打开“AI 批量生成”对话框，如图 5－3－10 所示。在对话框中输入需要进行批量生成的指令或者选择下方的功能提示，例如输入“从身份证号列中批量提取每个人的出生日期”，按 Enter 键，WPS AI 将根据输入的指令自动分析数据，批量完成数据提取操作，单击“保留”按钮即可保留提取的数据，显示结果如图 5－3－11 所示。

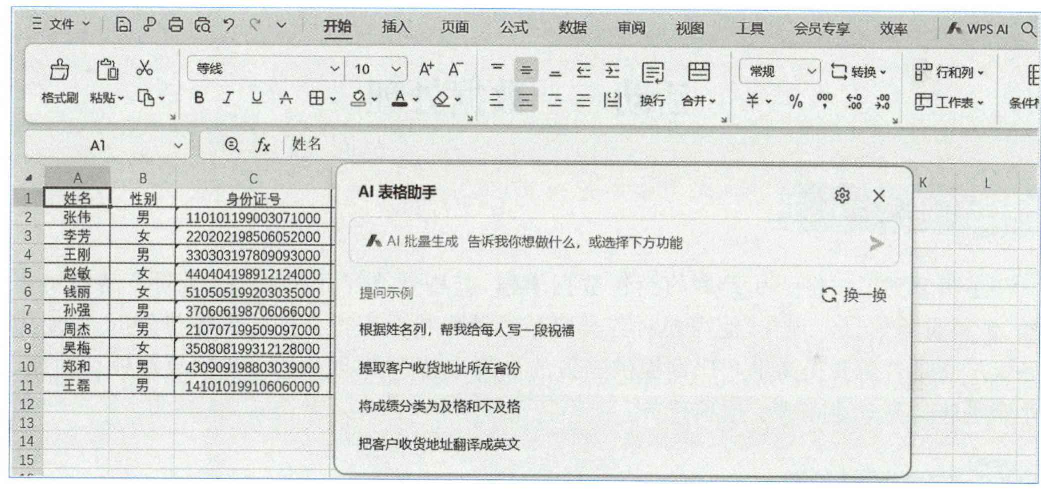

图 5－3－10 “AI 批量生成”对话框

姓名	性别	身份证号	AI 批量生成
张伟	男	110101199003071000	19900307
李芳	女	220202198506052000	19850605
王刚	男	330303197809093000	19780909
赵敏	女	440404198912124000	19891212
钱丽	女	510505199203035000	19920303
孙强	男	370606198706066000	19870606
周杰	男	210707199509097000	19950909
吴梅	女	350808199312128000	19931212
郑和	男	430909198803039000	19880303
王磊	男	141010199106060000	19910606

图 5－3－11 “AI 批量生成”内容结果

小提示：尽管 WPS AI 能高效生成内容，但仍需人工对批量生成的信息进行核对。重点检查关键信息、逻辑连贯性以及语法错误等，避免因机器生成而出现的潜在问题。

实训操作

1. 使用 WPS AI 快速创建一个成绩统计表，统计全班同学各学科期末考试成绩。

2. 运用 WPS AI 数据问答及批量生成功能，对全班成绩进行处理和分析，形成一份有价值的成绩分析报告。

3. 在运用 WPS AI 创建全班成绩分析报告的过程中，总结在操作过程中遇到的问题及其解决策略，并提出丰富和完善 WPS AI 电子表格功能的建议和设想，与同学进行交流和分享。

活动二　数据处理

活动描述

小李拿到了一份杂乱无章的销售数据表格，其中包含了不同区域、不同产品的销售额、销售量等信息。现在，他需要对各类商品的销售状况进行详细的统计与分析，以便为各大厂商是否需要提高生产比例提供有力的决策支持。借助 WPS AI 的数据处理功能，小李迅速且高效地完成了这项任务。

活动分析

本次活动主要把比较复杂的数据整理清楚，然后对数据进行分类、汇总、计算等。WPS AI 具有数据整理、编写计算公式等功能。在操作时，只需要明确数据整理的目标，向 WPS AI 发出清晰的指令，即可将原始数据转化为具有分析价值的信息，为决策过程提供有力的数据支持。

活动展开

活动展开

数据处理

1. AI 条件格式

（1）打开需要进行数据处理的 WPS 表格，并登录 WPS AI 账号。

（2）单击窗口右上方“WPS AI”功能选项按钮，打开 WPS AI 下拉列表。

（3）在下拉列表中选择“AI 条件格式”选项，弹出“AI 条件格式”对话框，如图 5-3-12 所示。

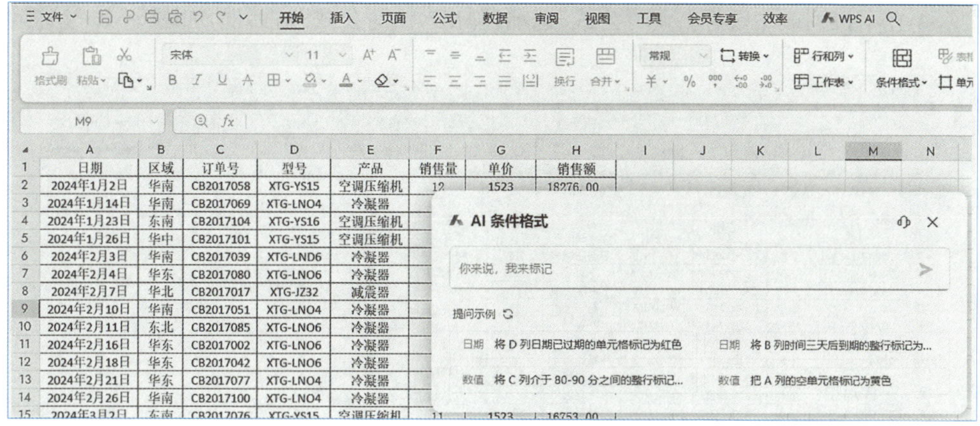

图 5－3－12　“AI 条件格式”对话框

（4）在对话框中输入条件格式命令，例如输入“将销售量大于 10 的产品用红色标注”。

（5）按 Enter 键，WPS AI 将自动根据输入的指令标识相应的数据，如图 5－3－13 所示。

（6）单击“完成”，将条件格式应用到电子表格中。

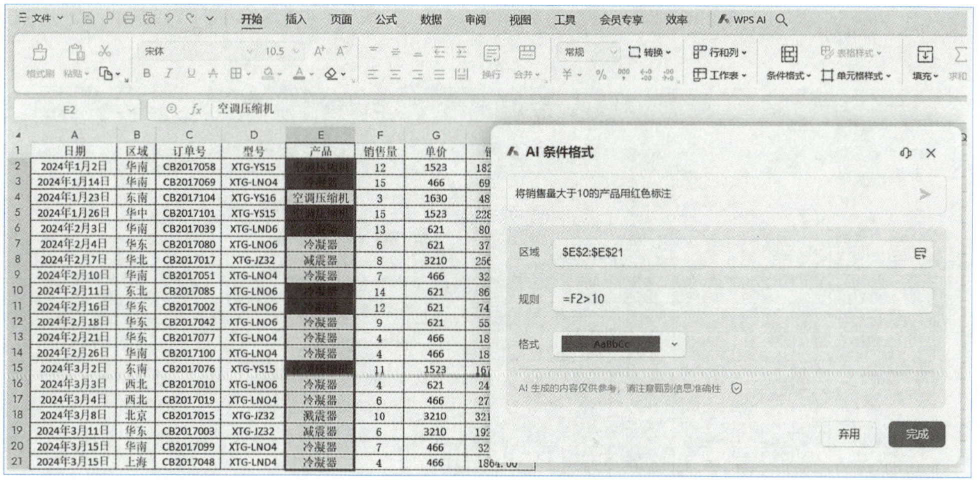

图 5－3－13　“AI 条件格式”标识效果

小提示： 设定条件时，需要明确判断标准和运算符，如大于、小于、等于、包含等。例如，要突出显示销售额大于 1 000 的单元格，设置条件命令应为“单元格值大于 1 000”，避免模糊条件影响格式准确性。同时，设置多个条件格式规则时，应注意规则的优先级顺序，重要的规则应置于前列。

2. AI 写公式

（1）将鼠标光标定位到需要输入计算公式的单元格。

（2）单击电子表格窗口右上方“WPS AI”按钮，打开 WPS AI 下拉列表。

(3) 在下拉列表中选择“AI 写公式”选项，弹出“AI 写公式”对话框，如图 5-3-14 所示。

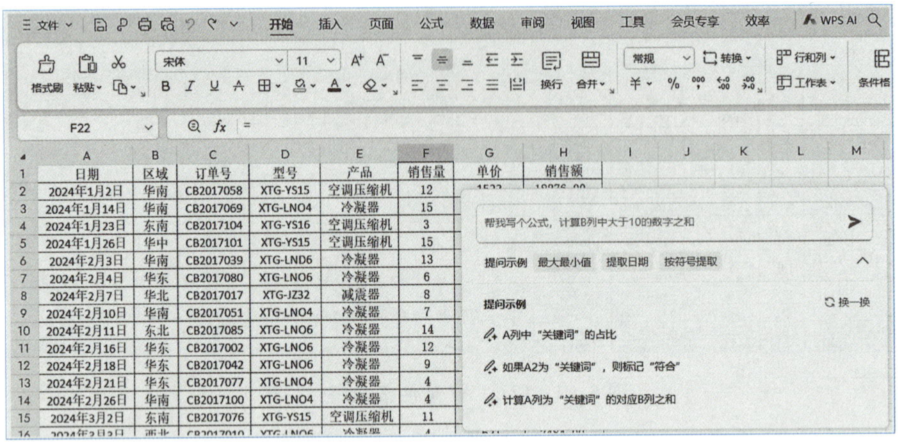

图 5-3-14 “AI 写公式”对话框

(4) 在“AI 写公式”对话框输入需要实现计算的操作指令，例如输入“计算销售总额”，按 Enter 键，WPS AI 将根据输入的指令生成相应的公式或函数，并自动完成计算，如图 5-3-15 所示。

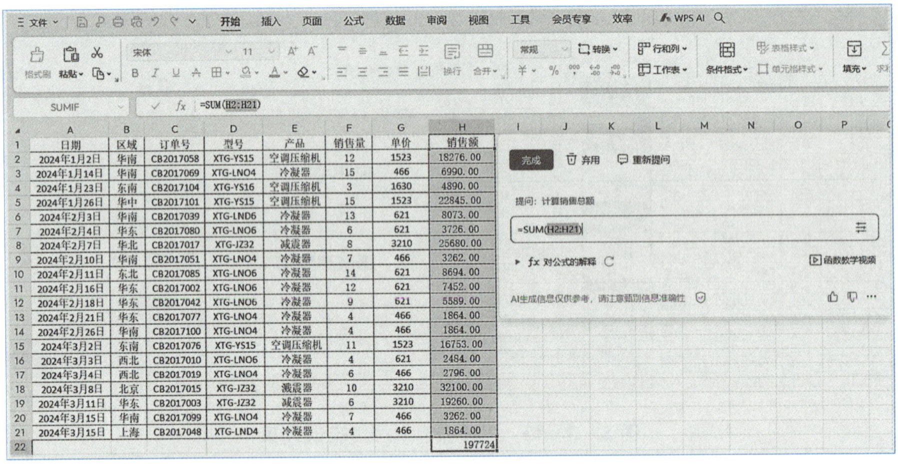

图 5-3-15 “AI 写公式”计算结果

小提示：使用 WPS AI 写公式时，需要精确描述计算需求，如要计算某列数据的平均值，应表述为“求 A 列数据的平均值”。WPS AI 不仅能写公式，还能对函数进行解释，帮助我们理解 AI 生成公式中的函数参数，对于复杂函数，需要核对参数，确保逻辑正确，必要时可查阅函数帮助文档加深理解。处理嵌套公式时，要注意括号和运算顺序，优化嵌套层级，提升公式可读性和效率，便于维护调试。在数据结构发生变化后，也需要检查公式的适配性，调整单元格引用，保证计算准确连贯。

1. AI 多条件计算

WPS AI 能够利用公式来实现多重条件的计算，用户只需描述计算需求，系统便能迅速理解并准确执行，例如“统计销售额大于 5 000 且区域为华东的订单数量”，WPS AI 便能智能地识别数据列和条件逻辑关系，自动选择恰当的函数和运算符，迅速生成精确的公式。

打开 WPS 表格，将鼠标光标定位到需要进行 AI 数据处理的单元格，单击“WPS AI”功能选项卡，在下拉列表中选择“AI 写公式”选项，在指令输入框中输入提问命令“统计销售额大于 5 000 且地区为华东的订单数量”，如图 5－3－16 所示。按 Enter 键，WPS AI 将根据输入的指令自动生成公式和函数，并计算出相应的结果，单击“完成”按钮，完成数据计算，如图 5－3－17 所示。

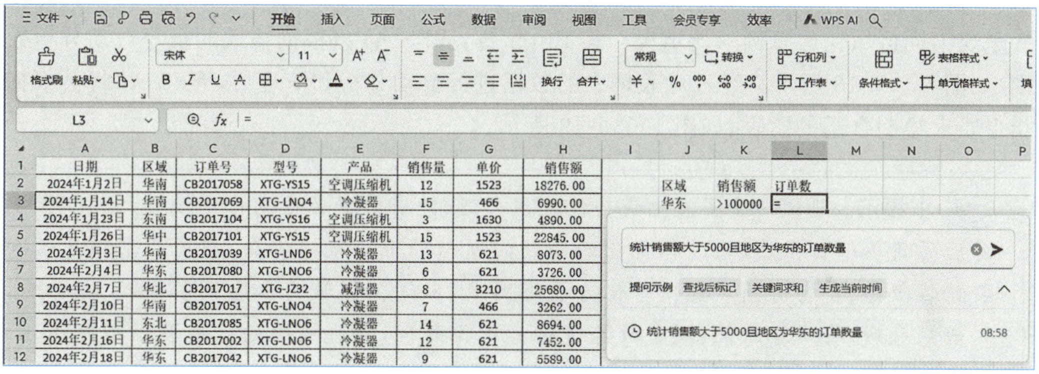

图 5－3－16　“AI 多条件计算”对话框

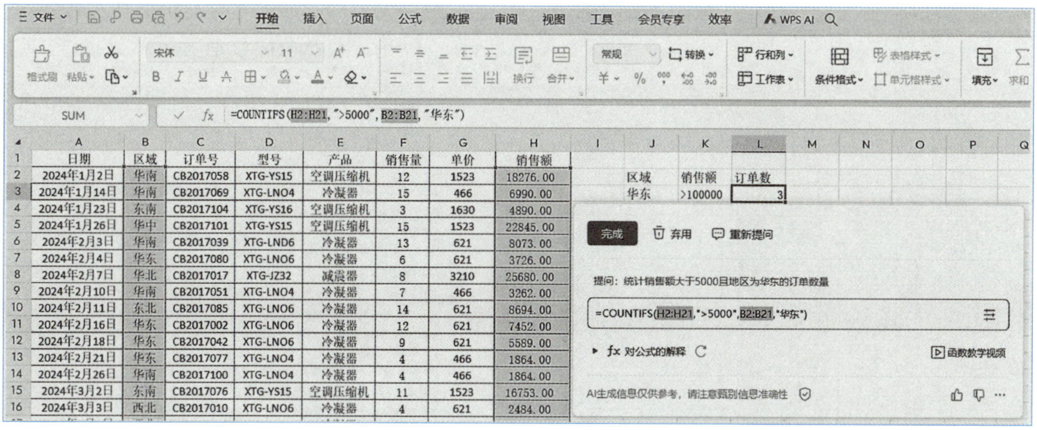

图 5－3－17　“AI 多条件计算”输出结果

> **小提示：**AI多条件计算功能应用广泛，例如，在财务领域，它能够迅速处理复杂的财务指标，核算多重条件下的成本与利润；在人力资源管理中，它能够根据多个条件筛选员工数据并计算绩效奖金；在科研数据分析时，它能够根据多种实验条件筛选数据并进行精确计算。这些功能大大降低了公式编写的技术门槛，提高了数据处理的速度和准确性，使得普通用户也能高效地完成复杂的计算任务，有力地推动了办公和业务流程的智能化进程。

2. AI自动生成图表

WPS AI具备自动生成图表的能力，能够实现数据的可视化表达，提供多种数据呈现形式。它能够智能识别数据特征并分析内在逻辑，根据数据类型自动推荐合适的图表形式，例如，使用柱状图来展现数据差异，使用折线图来呈现数据趋势等。用户只需进行简单操作或输入需求描述，便能迅速生成合适精美的图表。

打开WPS电子表格，单击“WPS AI”功能选项卡，在下拉列表中单击“AI数据问答”选项，在指令输入框中输入需要AI进行数据分析的指令，例如，输入“用图表的形式分析并呈现不同区域销售总额对比情况”，按Enter键，WPS AI将根据输入的指令自动分析数据，如图5-3-18所示。经过对表格中的数据进行自动分析和清理后，WPS AI将会根据指令要求绘制合适的图表，如图5-3-19所示。

> **小提示：**WPS AI图表生成功能应用广泛，能有效提升信息传达效率，让数据背后的价值一目了然，促进各行业的高效沟通与精准决策。例如，在商业汇报中，将销售数据、市场份额等数据转化为直观图表，以增强说服力和决策参考性；在学术研究领域，将实验结果、调查数据进行可视化处理，促进成果的清晰展示与结论交流；在项目管理方面，将进度、资源分配等数据进行共享化管理，方便团队成员直观把握项目进程。

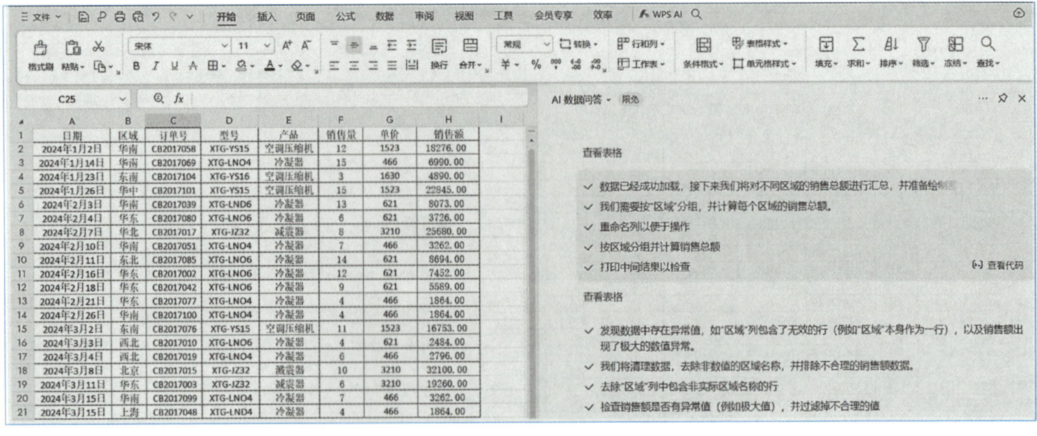

图5-3-18 “AI数据问答”对话框

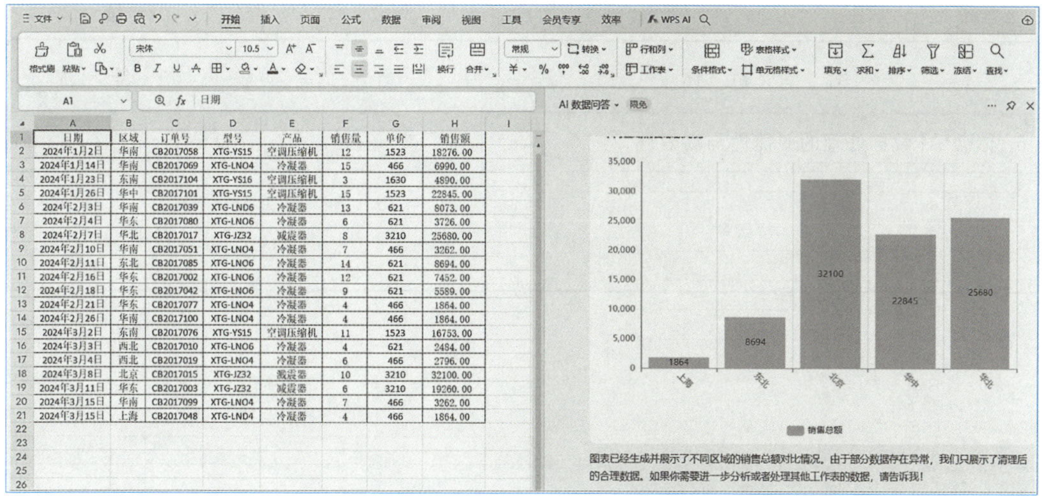

日期	区域	订单号	型号	产品	销售量	单价	销售额
2024年1月2日	华南	CB2017058	XTG-YS15	空调压缩机	12	1523	18276.00
2024年1月14日	华南	CB2017069	XTG-LNO4	冷凝器	15	466	6990.00
2024年1月23日	东南	CB2017104	XTG-YS16	空调压缩机	3	1630	4890.00
2024年1月26日	华中	CB2017101	XTG-YS15	空调压缩机	15	1523	22845.00
2024年2月3日	华南	CB2017039	XTG-LND6	冷凝器	13	621	8073.00
2024年2月4日	华东	CB2017080	XTG-LNO6	冷凝器	6	621	3726.00
2024年2月7日	华北	CB2017017	XTG-JZ32	减震器	8	3210	25680.00
2024年2月10日	华南	CB2017051	XTG-LNO4	冷凝器	7	466	3262.00
2024年2月11日	东北	CB2017085	XTG-LNO6	冷凝器	14	621	8694.00
2024年2月16日	华东	CB2017002	XTG-LNO6	冷凝器	12	621	7452.00
2024年2月18日	华东	CB2017042	XTG-LNO6	冷凝器	9	621	5589.00
2024年2月21日	华东	CB2017077	XTG-LNO4	冷凝器	4	466	1864.00
2024年2月26日	华南	CB2017100	XTG-LNO4	冷凝器	4	466	1864.00
2024年3月2日	东南	CB2017076	XTG-YS15	空调压缩机	11	1523	16753.00
2024年3月3日	西北	CB2017010	XTG-LNO6	冷凝器	4	621	2484.00
2024年3月4日	西北	CB2017019	XTG-LNO4	冷凝器	6	466	2796.00
2024年3月8日	北京	CB2017015	XTG-JZ32	溅震器	10	3210	32100.00
2024年3月11日	华东	CB2017003	XTG-JZ32	减震器	6	3210	19260.00
2024年3月15日	华南	CB2017099	XTG-LNO4	冷凝器	7	466	3262.00
2024年3月15日	上海	CB2017048	XTG-LND4	冷凝器	4	466	1864.00

图 5-3-19　AI 绘制合适的图表

实训操作

1. 利用 WPS 电子表格统计班上同学参与学校社团活动的考勤率、任务完成度等数据，并运用 WPS AI 计算所有成员的综合评分(综合评分＝出勤次数占比 * 0.4＋任务平均得分 * 0.6)，验证结果的准确性。

2. 运用 WPS AI 生成可视化图表，使用饼图展示不同评分段成员的占比，使用雷达图呈现各成员各项指标的对比，便于评优与后续活动的优化。

任务评价

在完成本次任务的过程中，学习了 AI 处理电子表格的多种方式，请对照表 5-3-1，进行评价与总结。

表 5-3-1　评价与总结

评　价　指　标	评 价 结 果	备　注
1. 了解 AI 进行数据处理的基本操作步骤	□A　□B　□C　□D	
2. 掌握 AI 快速建表和操作表格的操作方法	□A　□B　□C　□D	
3. 掌握 AI 写公式的操作方法及其应用	□A　□B　□C　□D	
4. 掌握 AI 数据问答的操作方法及其应用	□A　□B　□C　□D	

续 表

评 价 指 标	评 价 结 果	备 注
5. 体会 AI 数据处理的便捷性与高效性	□A □B □C □D	
综合评价：		

任务四 智能阅读

情境故事

小明工作后，主要从事产品研发工作，每天都要阅读大量的学术文献、专业书籍来扩展视野、提升能力。然而，面对繁杂冗长的资料，他常常花费大量时间梳理内容、提炼要点，因此阅读效率不高。一次偶然的机会，他了解到AI智能阅读可以快速生成思维导图，精准提炼文章要点，并进行内容分析和自由问答，能够使学习变得事半功倍，研究进展也被大大加快。

本任务将学习使用AI进行智能阅读。

任务目标

1. 熟练掌握AI智能提取摘要、生成思维导图的各项功能和操作。
2. 灵活运用AI内容分析、内容问答、文档翻译等辅助阅读功能。
3. 体会智能阅读给学习、工作等带来的便利，提升自身的信息获取与处理能力。

任务准备

1. 了解AI智能阅读

AI智能阅读依托强大的自然语言处理技术和深度学习算法，可以对文本进行深度剖析。它能够识别文本的内容结构、逻辑关系、关键语句，通过复杂的模型运算，将长篇内容转化为简洁的摘要、清晰的思维导图等形式。以生成思维导图为例，AI智能阅读平台会先分析文本的章节层次、核心观点，将其作为思维导图的节点，再依据观点间的关联构建分支，从而直观展现文本的架构。在提炼要点时，AI智能阅读平台会结合文本的高频词汇、段落主旨以及用户设定的领域方向，精准定位关键信息。

此外，AI智能阅读还具备强大的内容分析能力。它能够识别文本中的情感倾向、主题分布以及潜在的逻辑漏洞，为用户提供全面的阅读视角。在问答环节，AI智能阅读平台可以根据用户提出的问题，快速从文本中提取相关信息，并生成准确的答案。对于复杂的专业术语或概念，AI 智能阅读平台还能提供详细的解释和背景知识，帮助用户更好地理解内容。AI 智能阅读不仅提高了阅读效率，增强了用户对文本的理解深度，还能够将海量信息快速转化为结构化的知识内容体系，给学习和工作带来巨大的变革。

2. 认识创作平台

（1）360 AI 智能阅读平台。360 AI 智能阅读平台界面设计简洁，操作简便。文本重点提取功能生成的思维导图布局合理、层次清晰，有助于用户迅速掌握文本的整体结构；极速摘要生成功能能够精确提炼核心信息，适应各种类型文本阅读的需求；文档总结功能从宏观角度梳理了全文的脉络；重点提取功能则聚焦于关键细节，让用户能够直接触及要点。360 AI 智能阅读平台还提供了一些辅助阅读功能，文档内容分析功能能够深入剖析文档的逻辑和风格特点；文档内容问答功能可以即时解答阅读中的疑问；文档翻译功能支持多种语言互译，满足了跨语言阅读的需求，为用户提供了全方位的智能阅读体验。

使用时，只需打开 360 AI 办公平台，选择相应的功能分类或功能选项，即可一键启动智能阅读之旅，如图 5-4-1 所示。

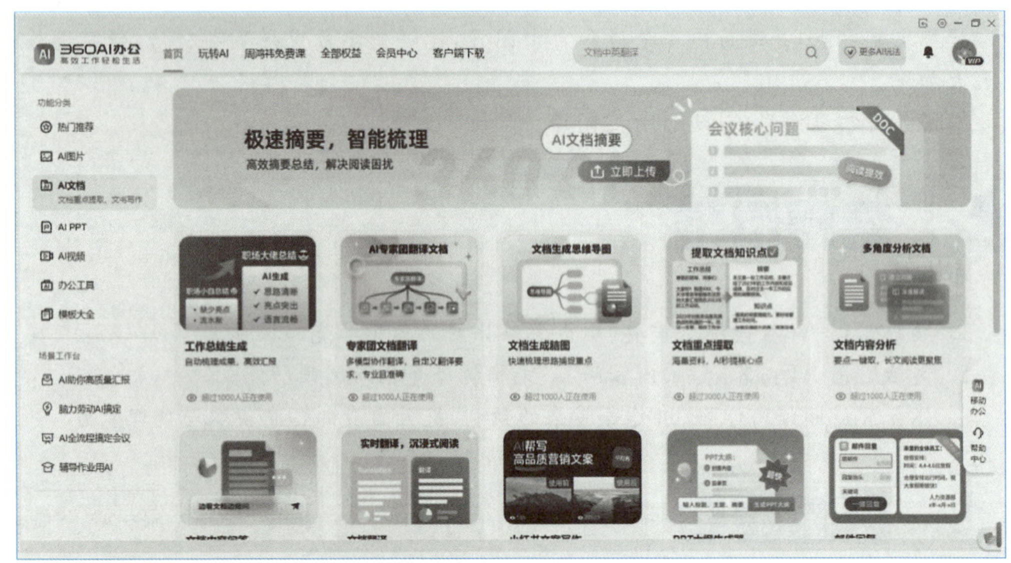

图 5-4-1 360 AI 办公平台操作界面

（2）研学智得 AI 平台。研学智得 AI 平台全新推出 6 项创新功能，全面覆盖“汇读写”全流程及多场景应用。通过整合知网海量数据，实现一站式 AI 学习体验，显著提升数据生成的质量与可信度。AI 选题功能能够基于用户输入的关键词或主题，智能推荐相关研究方向和热点话题，帮助用户迅速锁定研究焦点；AI 文献综述功能能够自动搜集和分析大量文献，生成全面且条理清晰的综述报告；AI 投稿分析功能能够根据目标期刊或会议的要求，智能评估当前论文的适合度和投稿成功率，为用户提供有价值的投稿建议；AI 智能检索功能能够精准定位用户所需信息，实现快速且精准的文献查找；AI 全库问答功能能够即时回答用户在研究过程中遇到的各类问题，提供及时且专业的解答；AI 润色功能能够对用户的论文或报告进行智能处理，优化文本的语言表达和逻辑结构。

使用时，先打开知网研学平台，登录知网研学账号，单击“研学智得 AI”选项，其操作界面如图 5-4-2 所示。

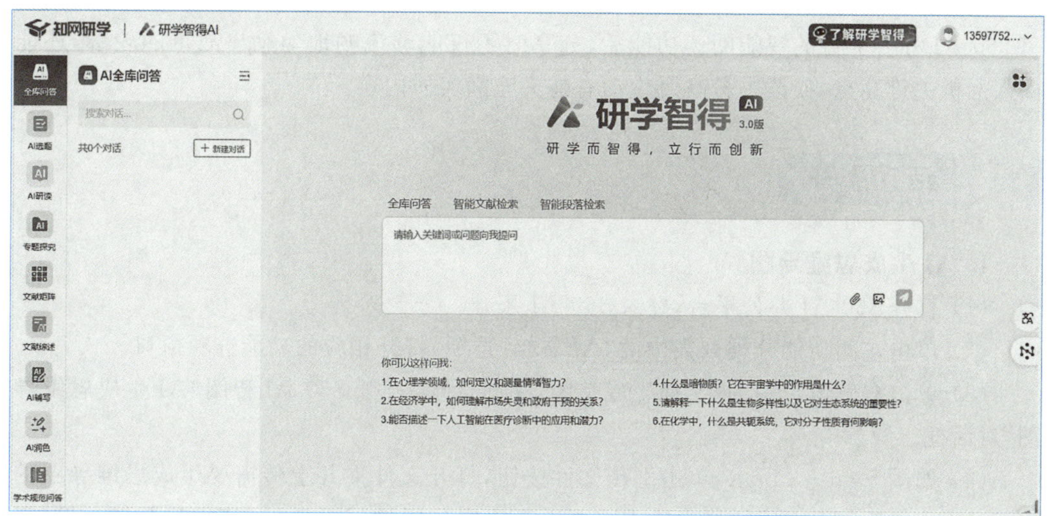

图 5-4-2　研学智得 AI 平台操作界面

活动一　提取摘要

活动描述

小明需要通过文档、视频、音频等多种渠道汲取知识，他将这些文件上传至 360 AI 智能阅读平台迅速提炼出核心要点，并生成了清晰的思维导图，显著提升了他的阅读效率。

活动分析

在运用 AI 智能提取摘要之前，首先应根据阅读目标明确所需的功能。若阅读目标是了解文本梗概，可先利用生成思维导图的功能构建知识框架；若仅需掌握核心要点，生成摘要或重点提取功能则更为合适；对于需要系统性阅读的场合，文档总结功能则是最佳选择。

以阅读《三国演义》这部古典名著为例，若计划在读书俱乐部中分享阅读见解，利用 360 AI 办公平台的智能阅读功能则是一条便捷的途径。首先，运用智能生成思维导图功能，可以迅速梳理出《三国演义》中庞大而复杂的故事情节，从魏、蜀、吴三国鼎立的局势划分，到各势力下名将谋士的从属关系。接着，运用重点提取功能锁定关键信息，只需输入相应的指令，例如，提取关于赤壁之战、诸葛亮草船借箭的相关重点内容，平台将立即深入挖掘大量文本，精确捕捉赤壁之战中火攻策略的布局、各方势力的战前准备，以及草船借箭时诸葛亮的智谋、曹军的应对策略等关键情节，将这些精彩片段一一提炼出来。在使用了360 AI办公平台的智能阅读功能后，分享时不仅能够流畅地勾勒出战事的轮廓，还能深入剖析关键亮点，使读书分享既生动有趣又充满实质内容。

活动展开

活动展开

提取摘要

1. AI生成思维导图

（1）打开360 AI办公平台，登录360 AI账号。

（2）单击左侧功能分类列表中的“AI文档”选项，打开相应的功能选项窗口。

（3）单击右侧窗口中的“文档生成脑图”功能选项，打开360 AI智阅“AI生成思维导图”对话框。

（4）如图5-4-3所示，单击上传文件按钮，打开文件夹并上传需要生成思维导图的PDF文件，或者在下方地址栏中输入需要进行内容分析的网页地址。例如，上传一份《三国演义》PDF文档，360 AI将会根据上传的文本内容自动生成思维导图（脑图），生成效果如图5-4-4所示。

小提示：上传文件或输入网页地址后，360 AI智阅分析的内容会自动在原文内容右侧页面展现，若对生成结果不满意，可单击操作界面右上方的“重新生成”按钮重新生成。此外，左下角的功能按钮可实现模式切换，生成的思维导图支持放大和缩小操作，并且可以下载至本地电脑使用。

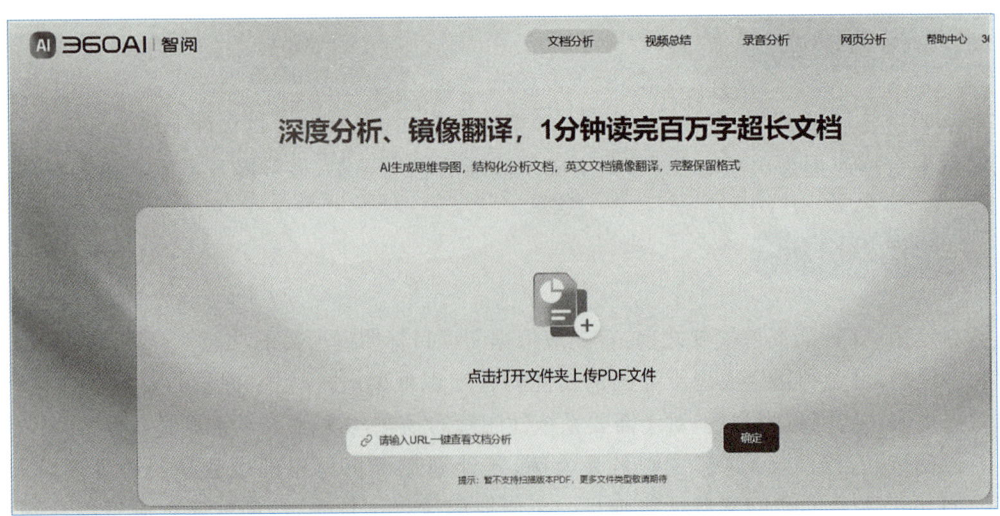

图5-4-3 AI生成思维导图文件上传界面

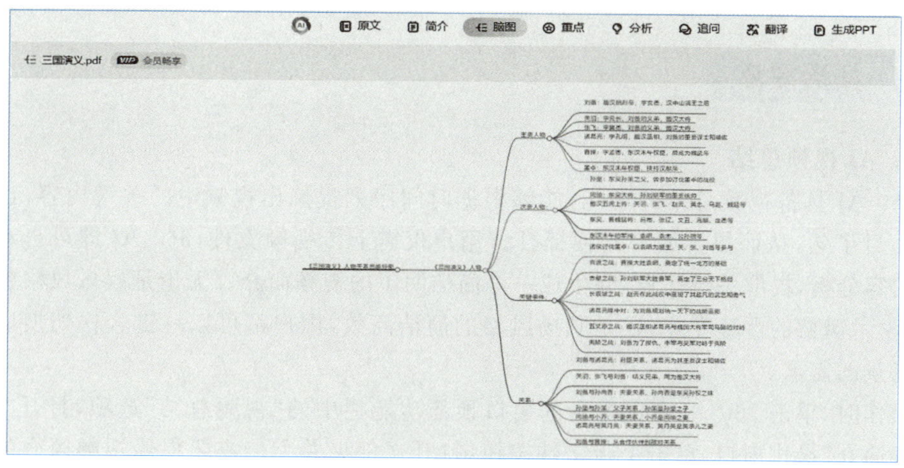

图 5-4-4　AI 生成思维导图(脑图)效果

2. AI 提取文档重点

(1) 单击 AI 文档功能选项窗口中的“文档重点提取”选项,打开“AI 文档重点提取”对话框。

(2) 单击上传文件按钮,打开文件夹并上传需要提取重点内容的 PDF 文件,或者在下方地址栏中输入网页地址。同样以上传一份《三国演义》PDF 文档为例,360 AI 将会根据上传的文本自动提取文档的重点内容,生成效果如图 5-4-5 所示。

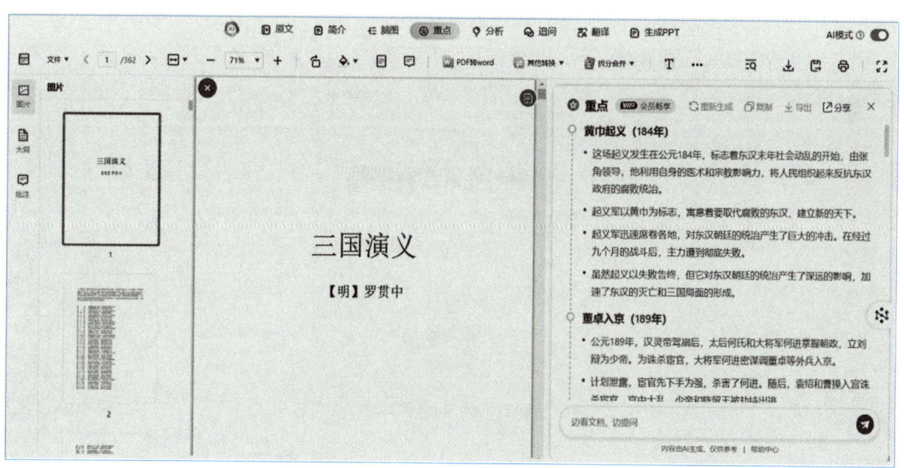

图 5-4-5　AI 文档重点提取的生成效果

小提示: 360 AI 智阅平台的窗口顶部功能栏中包含很多功能,能够同时对文档执行多项任务,包括创建思维导图、提炼重点内容以及生成内容简介等,用户可根据个人需求自由选择。生成的内容可以复制或导出为 Word 文件,方便用户进一步整理和使用,同时也可以将文件在线分享给他人。

拓展提高

1. AI视频总结

360 AI具备视频总结的功能，能够根据时间序列提炼出视频中的关键内容，让核心信息一目了然，从而提升效率与便捷性。用户仅需上传视频文件，360 AI即可自动进行视频内容分析，提取关键信息，并生成一个简洁明了的视频简介。无论是娱乐风格的轻松活泼，学术风格的严谨专业，还是职场风格的简洁高效，用户都可以一键轻松切换以满足不同场景的需求。

操作时，单击360 AI智阅平台的窗口顶部功能栏中的“视频总结”选项，打开“AI提炼视频简介”操作窗口，单击上传文件按钮，打开文件夹并上传需要提炼视频简介的视频文件，或者在下方网页地址栏中输入在线视频的网页地址，操作界面如图5-4-6所示。例如，输入一个关于“2024年苹果全球开发者大会”的在线视频网页地址，单击“确定”按钮或按Enter键，360 AI将自动对视频内容进行总结和提炼，并自动生成视频简介，生成效果如图5-4-7所示。

> 小提示：若要通过在线视频网页地址生成视频总结，则必须确保输入的网址格式无误。目前，仅支持查看哔哩哔哩和搜狐TV的视频，其他平台的功能暂未开放。

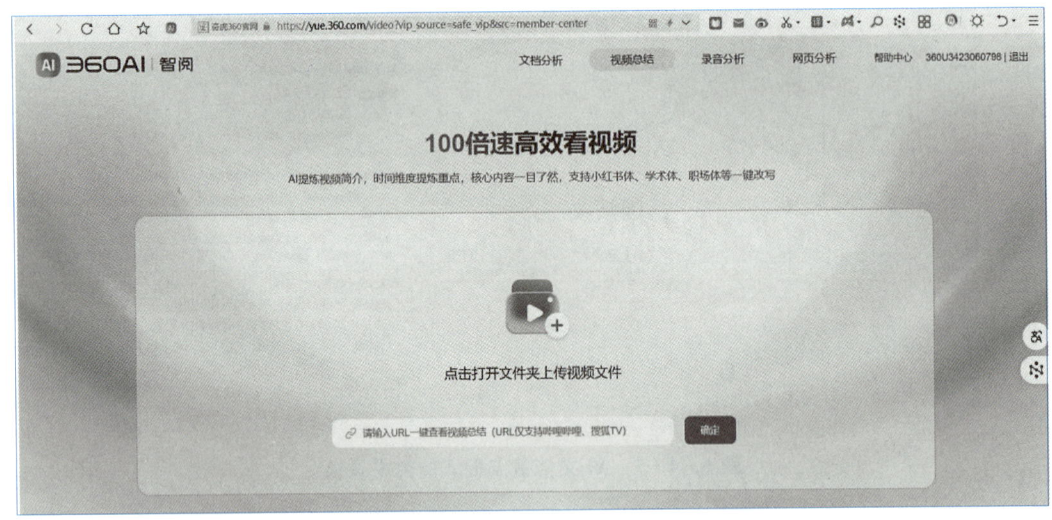

图5-4-6 AI视频总结的上传文件操作界面

2. AI录音分析

即使没有字幕，AI也能够轻松分析音频内容，使用户能更加便捷地收听和理解音频信息。用户仅需上传录音文件，AI便能够自动对上传的录音文件进行分析，识别录音中的不同发言人，并且能够一键总结出每位发言人的主要观点，帮助用户快速了解录音内容

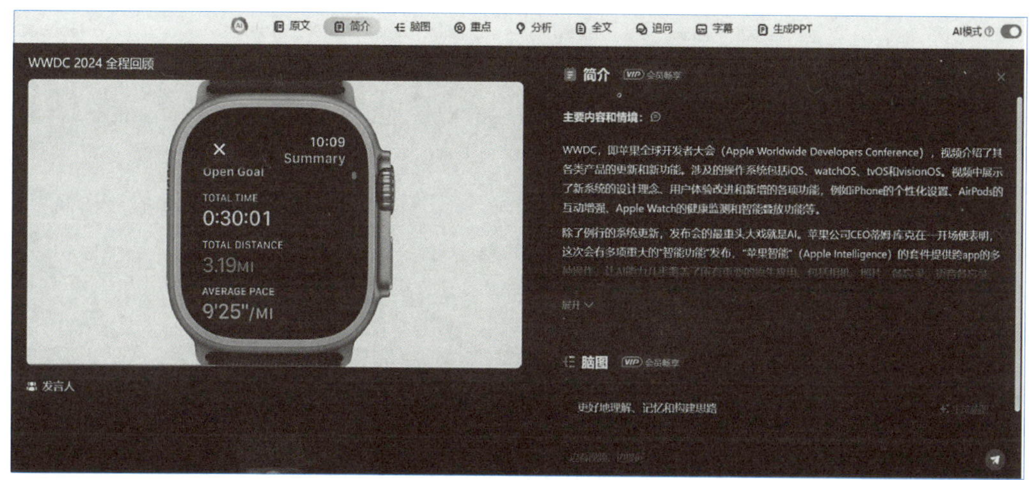

图 5－4－7　AI 生成视频简介效果

的核心要点。无论是会议录音还是其他形式的音频文件，360 AI 智阅系统都能够帮助用户高效地生成相应的录音分析结果，方便用户进一步整理和展示会议内容。

操作时，单击 360 AI 智阅平台的窗口顶部功能栏中的"录音分析"选项，打开"AI 录音分析"操作窗口，单击上传文件按钮，打开文件夹并上传需要进行音频分析的录音文件，操作界面如图 5－4－8 所示。例如，上传一个关于语文课程《如何突出中心》的音频教学文件，单击"确定"按钮或按 Enter 键，360 AI 将自动对音频内容进行分析并自动生成内容简介，录音分析结果如图 5－4－9 所示。

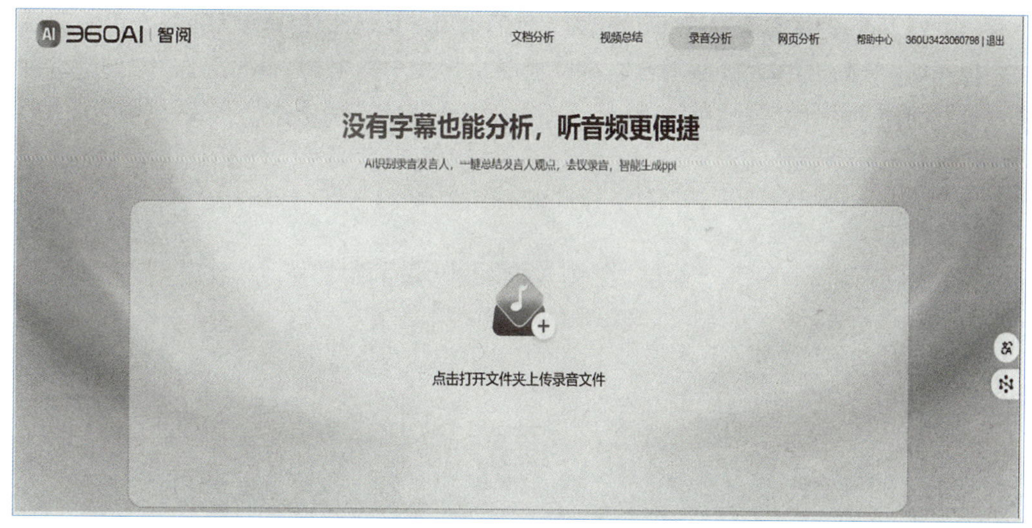

图 5－4－8　AI 录音分析的上传文件操作界面

3. AI 网页分析

AI 网页分析主要专注于解析网页内容，能够提取网页中的文本、图片、链接等元素，并对这些元素进行深入分析。通过智能网页分析功能，用户可以大幅提高信息获取效率，

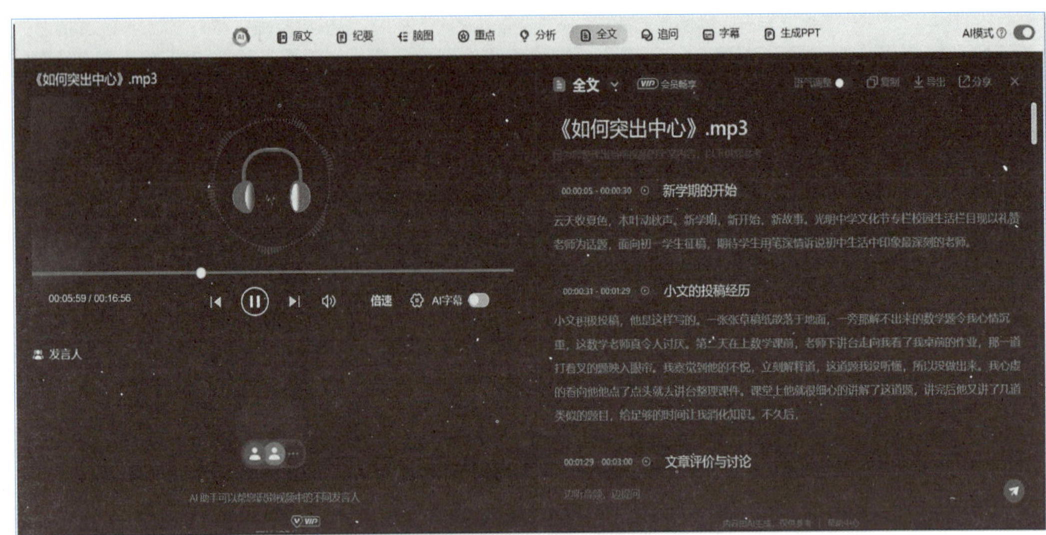

图 5-4-9 AI 录音分析结果

快速筛选出对自己有价值的内容，节省大量阅读和整理网页资源的时间。

用户只需将目标网页地址粘贴到 360 AI 智阅系统中，360 AI 便会自动抓取网页内容并进行智能分析。分析完成后，用户可以获得网页的标题、摘要、关键词等信息。此外，360 AI 还可以生成一个简洁的思维导图，帮助用户快速理清网页中的文章结构与核心内容。对于新闻资讯类网页，360 AI 还能自动提取关键事件、时间、地点等要素，并以时间轴的形式呈现，方便用户快速掌握事件发展脉络。对于学术论文或技术文档，360 AI 则能识别出文章的主要观点、论据和结论，并提供相关文献的引用信息，帮助用户深入理解文章内容。

操作时，单击 360 AI 智阅平台的窗口顶部功能栏中的“网页分析”选项，打开“AI 网页分析”操作窗口，操作界面如图 5-4-10 所示。在地址栏中输入一个网页地址，例如，

图 5-4-10 AI 网页分析操作界面

输入一个关于“AI 大模型正改变着推荐系统的未来”的网页地址，单击“确定”按钮或按 Enter 键，AI 将自动对网页内容进行分析并自动生成网页内容简介，网页分析结果如图 5-4-11 所示。

图 5-4-11 AI 网页分析结果

实训操作

1. 选择一篇文章，使用 360 AI 智阅平台快速生成思维导图，提取文章重点，把握文章的核心内容。

2. 运用并体验 360 AI 智阅平台的各项功能，将各项功能的输出内容进行整理和对比，思考在不同阅读场景下的最佳选择和搭配。

3. 利用 360 AI 智阅平台的分享功能，将生成的思维导图、摘要等内容分享给其他同学，学会在团队项目中分享并同步阅读资料的关键信息，提高协作效率。

活动二 辅助阅读

活动描述

小明最近忙于准备新产品研究的学术论文，需要阅读大量的学术文献以作参考。面对复杂的专业知识和冗长的论文，他难以把握重点，常常陷入信息过载的困境。后来，小明使用“研学智得 AI”辅助阅读文献和构思论文，获得了丰富的写作素材，也提升了学术研究的效率。

活动分析

查找文献、阅读文献是学术研究中不可缺少的工作，学生常常会花大量的时间去查找、阅读对研究有用的文献，提取有效信息，拓展研究视野，深化研究深度。如果使用“研学智得 AI”工具，就能够在海量的文献中迅速抓取关键信息，显著提升阅读效率与精准度，且在操作的过程中不存在技术难度。

活动展开

活动展开

辅助阅读

1. AI 研读

(1) 打开知网研学平台，登录知网研学账号。

(2) 单击窗口上方“研学智得 AI”功能选项按钮，打开相应的窗口。

(3) 单击窗口左侧的“AI 研读”选项，切换到“AI 研读”操作界面，如图 5-4-12 所示。

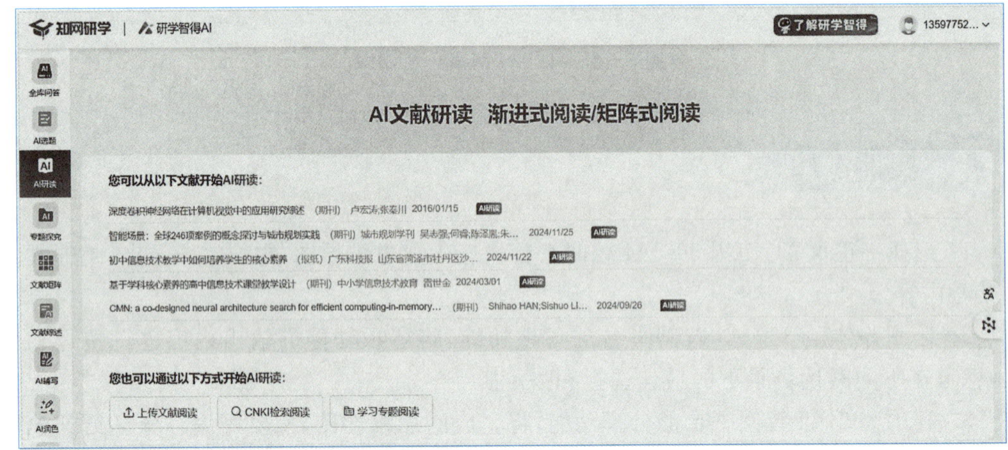

图 5-4-12 AI 研读操作界面

(4) 选择需要在线研读的文献，可单击推荐文献右侧的“AI 研读”按钮，或者单击窗口下方的“上传文献阅读”按钮上传本地文献进行阅读。

(5) AI 将自动对文献进行分析并在窗口右侧生成文章内容摘要，生成效果如图 5-4-13 所示。

> **小提示：** AI 研读不仅支持对已收藏的文献进行智能阅读，还支持本地上传文献阅读、CNKI 检索阅读、学习专题阅读等多种模式。

2. 智能问答

(1) 在“AI 研读”窗口中选择需要在线研读的文献，单击文献右侧的“AI 研读”按钮。

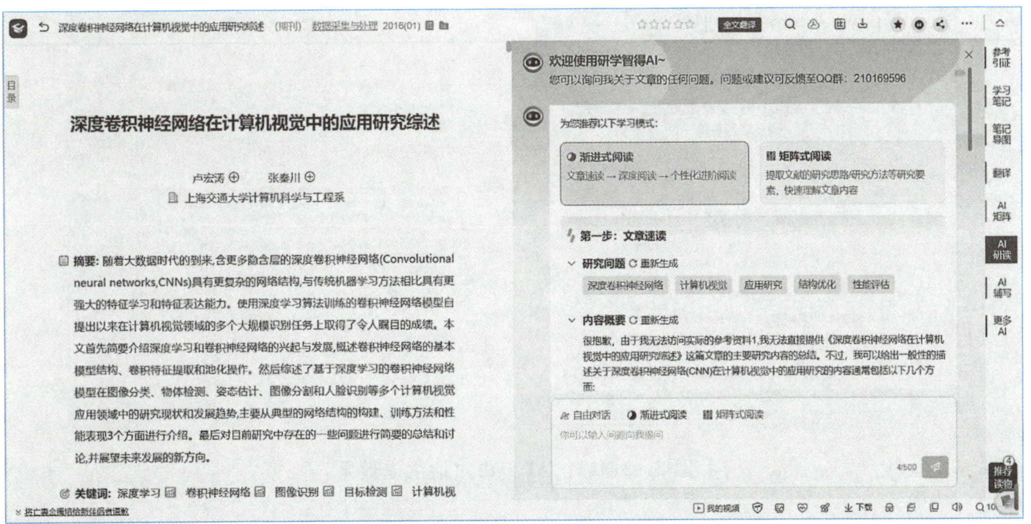

图 5-4-13　AI 研读生成效果

（2）在右侧窗口下方的对话框中选择“自由对话”模式，输入需要进行智能问答的指令，例如，输入“这篇文章的研究结论是什么？”，操作界面如图 5-4-14 所示。

（3）按 Enter 键，AI 将根据输入的智能问答指令生成相应的内容，生成效果如图 5-4-15 所示。

小提示： AI 研读支持渐进式阅读和矩阵式阅读等 2 种阅读模式，可以相互切换。渐进式阅读模式可以实现对文献进行速读、深度阅读和个性化进阶阅读；矩阵阅读可以提取文献的研究思路、研究方法、研究结论等研究要素，帮助用户快速理解文章的核心内容。

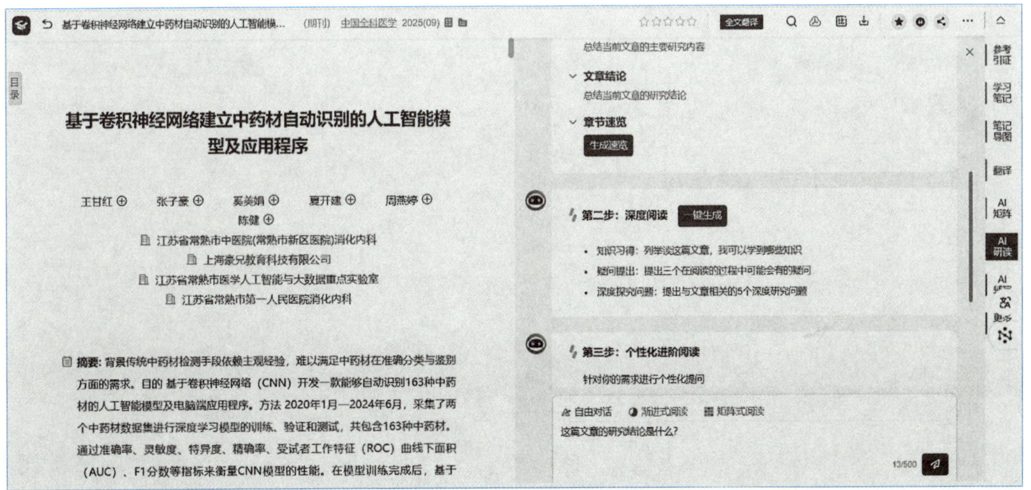

图 5-4-14　AI 自由对话操作界面

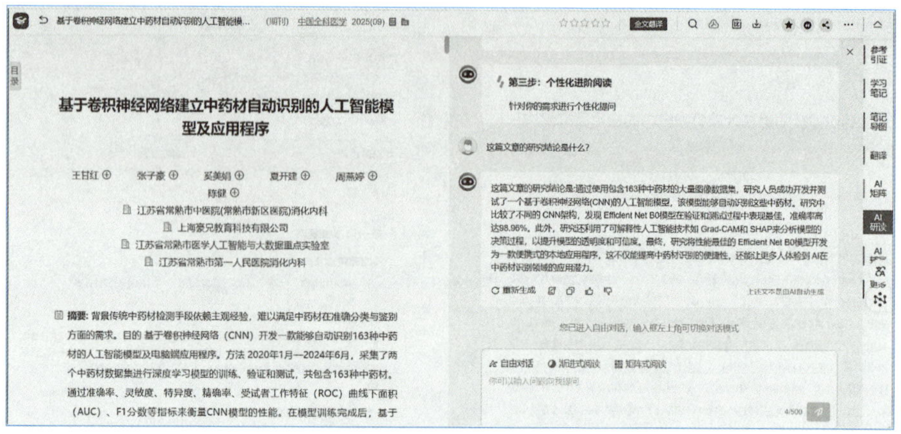

图 5-3-15 AI 自由对话生成效果

1. AI 智能检索

“研学智得 AI”支持全库问答、智能文献检索、智能段落检索等功能。用户仅需在“研学智得 AI”的搜索框内输入查询的问题或检索需求，系统便能迅速在庞大的文献库中找到与查询问题或内容相关的文献，并将其呈现给用户。此外，“研学智得 AI”还支持智能段落检索功能，能够针对用户输入的内容在文献中定位到包含该内容的段落，方便用户快速找到所需信息，极大地提高了文献检索的效率和准确性，为用户提供了更加便捷、高效的文献研读体验。

操作时，打开“研学智得 AI”窗口，单击窗口左侧的“全库问答”选项，进入全库问答的操作界面，如图 5-4-16 所示，选择相应的检索模式，在对话框中输入关键词或需要检索的内容，按 Enter 键，AI 系统将会根据输入的指令在全库进行检索，生成相应的内容，如图 5-4-17 所示。

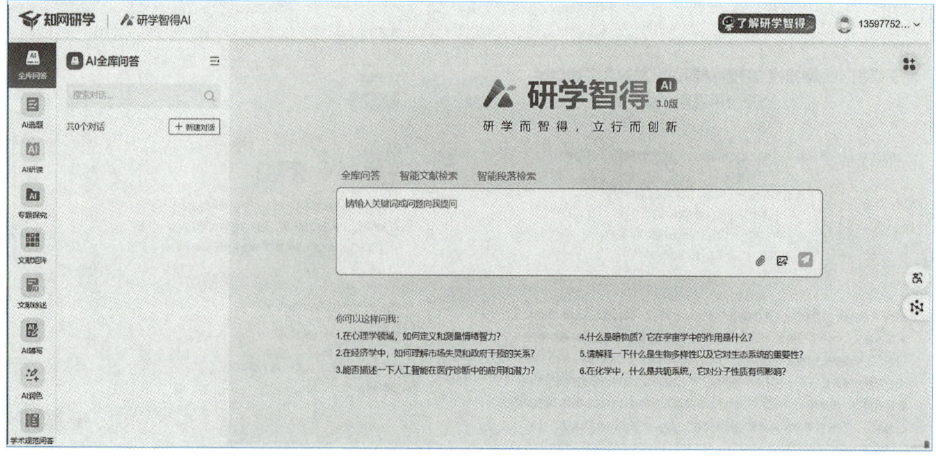

图 5-4-16 AI 全库问答的操作界面

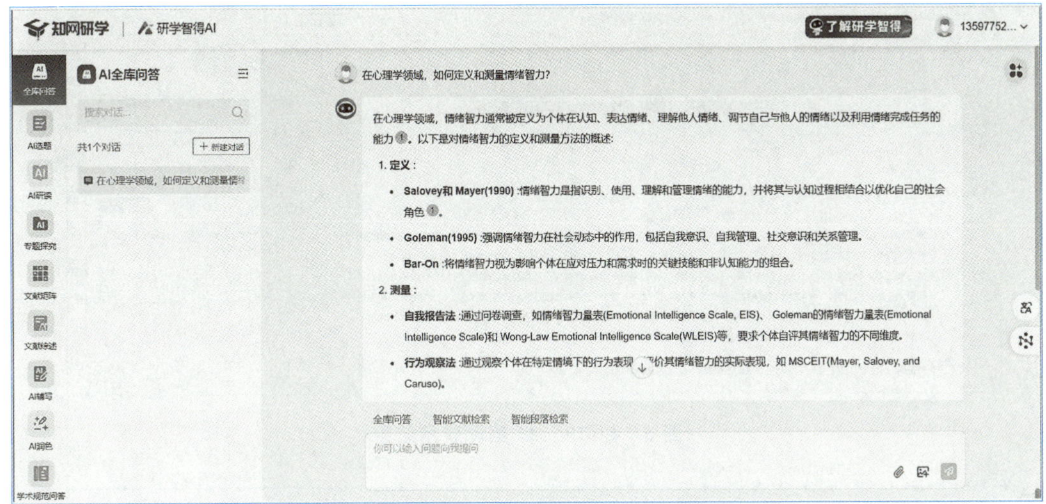

图 5-4-17 AI 全库问答的生成结果

小提示：全库问答检索模式不仅支持输入关键词检索，还支持上传文档和图片进行检索，但对上传的文档和图片有特定的格式和大小限制。

2. AI 智能翻译

“研学智得 AI”的翻译功能不仅强大且便捷，支持多种语言之间的互译，能够满足不同语言环境下的阅读需求，帮助用户跨越语言障碍，吸收和借鉴国际前沿的学术成果。同时，AI 智能翻译还支持对翻译结果进行复制、保存等操作，方便用户进一步使用。

操作时，打开“AI 研读”操作界面，选择一篇在线文献，单击窗口右侧工具栏中的“翻译”选项，拖曳光标框选需要翻译的文本内容，在弹出的工具条中单击“更多”选项，如图 5-4-18 所示，在弹出的下拉列表中选择“翻译”，AI 系统会自动将选中的文本内容翻译成英文并显示在窗口右侧，如图 5-4-19 所示。

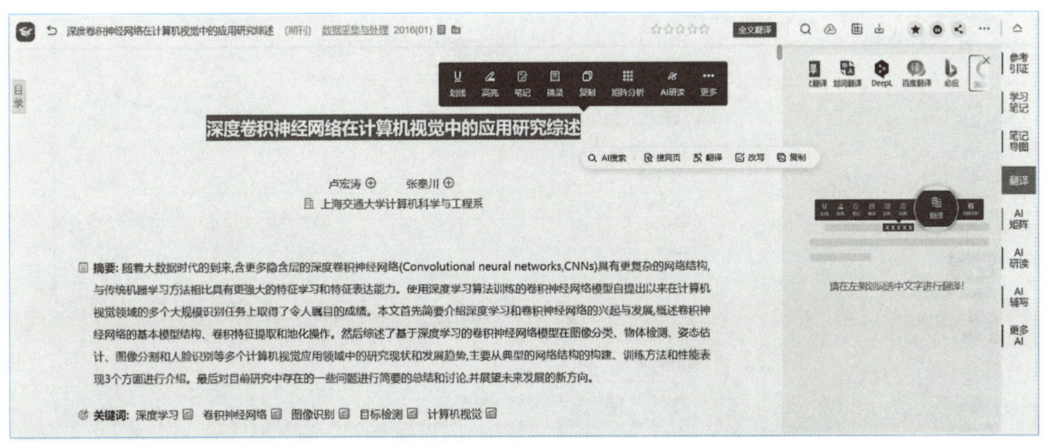

图 5-4-18 AI 翻译操作界面

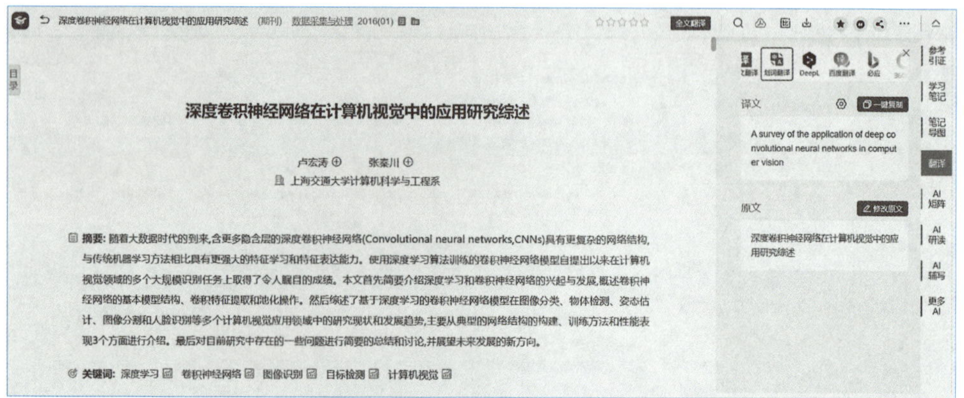

图 5-4-19 AI 翻译显示结果

> **小提示：**“研学智得 AI”提供多种翻译模式供用户选择，包括全文翻译、划词翻译、翻译器翻译以及百度在线翻译。目前，全文翻译功能仅支持将英文翻译成中文，并且对于文档中的图片、扫描件以及 Word 文件暂不提供翻译服务。此外，每次翻译请求的页数限制为 200 页，若超过此页数，则仅翻译前 200 页内容。

3. AI 文献综述

AI 文献综述功能能够迅速地整理和分析海量的学术文献，提炼出关键信息和核心观点。当用户上传文献后，AI 将自动执行深度分析，提炼出研究的背景、目标、方法、结果和结论等关键要素。利用这些分析结果，AI 能够创建一份内容条理化、结构严谨的文献综述报告。该报告不仅概括了每篇文献的核心要点，还对这些文献进行了比较和总结，协助用户迅速辨识出不同研究之间的差异与共性，以及潜在的研究空白，对撰写学术论文和进行研究工作极具价值。

操作时，打开“研学智得 AI”窗口，单击左侧功能列表中的“文献综述”选项，打开 AI 文献综述操作界面，如图 5-4-20 所示。输入综述主题，选择学历，选择参考文献或本地

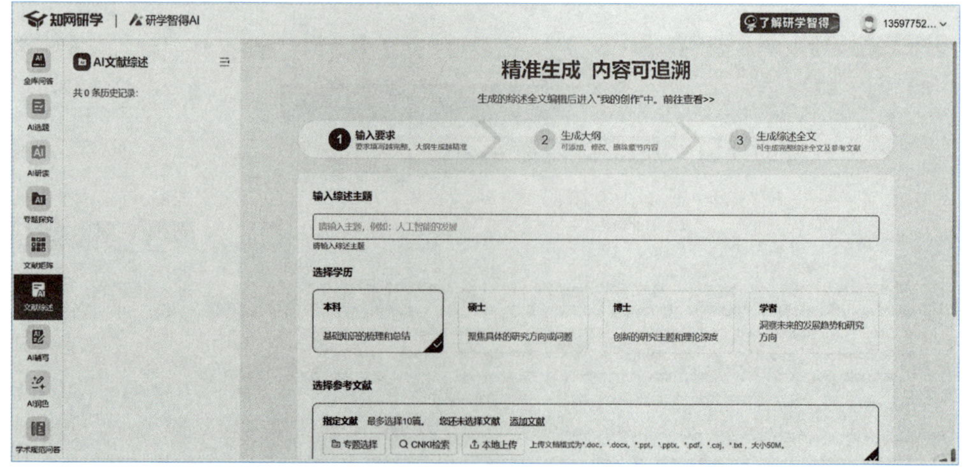

图 5-4-20 AI 文献综述操作界面

上传文献，设置全库文献限定条件，单击“下一步生成大纲”，如图 5-4-21 所示，用户可对生成的大纲内容进行调整。单击“下一步生成全文”，则 AI 将自动提取每篇文献关键内容，融合生成一篇条理清晰、知识全面的文献综述初稿，如图 5-4-22 所示。

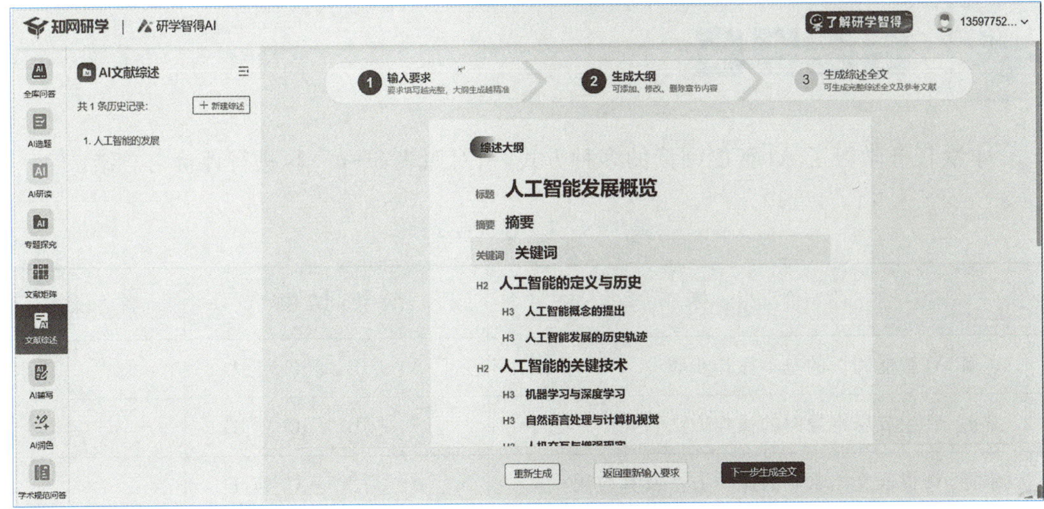

图 5-4-21 AI 生成综述大纲

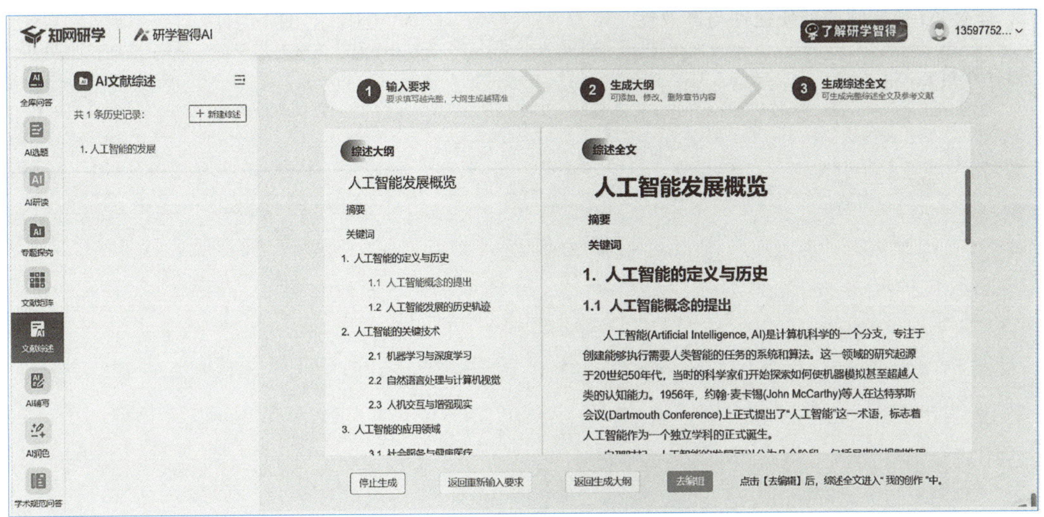

图 5-4-22 AI 生成文献综述初稿

实训操作

1. 从知网检索一篇学术论文，利用“研学智得 AI”的 AI 研读功能提取关键信息，梳理出文章的整体结构和内容框架。

2. 针对文章梳理过程中的疑惑，运用 AI 自由对话功能，提出至少 3 个专业问题并获取答案，整理成知识笔记。

3. 选取一篇英文论文，使用 AI 翻译功能进行全文翻译，对比译文与原文，总结翻译难点与技巧。

本次任务学习了 AI 智能阅读的多种方式，请对照表 5-4-1，进行评价与总结。

表 5-4-1 评价与总结

评价指标	评价结果	备注
1. 了解 AI 智能阅读的基本操作步骤	□A □B □C □D	
2. 掌握 AI 生成思维导图的操作方法	□A □B □C □D	
3. 掌握 AI 提取文档重点的操作方法及其应用	□A □B □C □D	
4. 掌握 AI 辅助阅读的操作方法及其应用	□A □B □C □D	
5. 体会 AI 智能阅读的便捷性与高效性	□A □B □C □D	
综合评价：		

主要参考文献

[1] BEAZLEY D,JONES B K. Python Cookbook:中文版:第3版[M]. 陈舸,译. 北京:人民邮电出版社,2015.

[2] HOWSE J,MINICHINO J. OpenCV 4 计算机视觉:Python语言实现:原书第3版[M]. 刘冰,高博,译. 北京:机械工业出版社,2021.

[3] 王博,周蓝翔,陈云. 深度学习框架PyTorch:入门与实践[M]. 2版. 北京:电子工业出版社,2022.

[4] 李刚. 疯狂Python讲义:5周年纪念版[M]. 北京:电子工业出版社,2023.

[5] 丁亮,姜春茂,于振中. 人工智能基础教程:Python篇:青少版[M]. 北京:清华大学出版社,2019.

[6] 袁飞,蒋一鸣. 人工智能:从科幻中复活的机器人革命[M]. 北京:中国铁道出版社,2018.

[7] 陈炳祥. 人工智能改变世界:工业4.0时代的商业新引擎[M]. 北京:人民邮电出版社,2017.

[8] 吴飞,潘云鹤. 人工智能引论[M]. 北京:高等教育出版社,2024.

[9] 李开复,陈楸帆. AI未来进行式[M]. 杭州:浙江人民出版社,2021.

郑重声明

高等教育出版社依法对本书享有专有出版权。任何未经许可的复制、销售行为均违反《中华人民共和国著作权法》，其行为人将承担相应的民事责任和行政责任；构成犯罪的，将被依法追究刑事责任。为了维护市场秩序，保护读者的合法权益，避免读者误用盗版书造成不良后果，我社将配合行政执法部门和司法机关对违法犯罪的单位和个人进行严厉打击。社会各界人士如发现上述侵权行为，希望及时举报，我社将奖励举报有功人员。

反盗版举报电话 （010）58581999 58582371

反盗版举报邮箱 dd@hep.com.cn

通信地址 北京市西城区德外大街4号 高等教育出版社知识产权与法律事务部

邮政编码 100120